科学出版社“十四五”普通高等教育研究生规划教材
中国科学院大学研究生教材系列

园艺产品采后分子生物学及调控

田世平　蒋跃明　主编

科学出版社
北京

内 容 简 介

《园艺产品采后分子生物学及调控》教材主要从园艺产品采后品质、采后生理、采后病理和采后调控技术 4 个方面全面、系统、准确地介绍了园艺产品采后相关的基本理论和前沿进展。全书共分 4 章，第一章“采后品质”，主要介绍色泽与调控机制、风味与调控机制、质地与调控机制和营养与调控机制；第二章“采后生理”，主要介绍成熟与调控机制、衰老与调控机制和生理失调与调控机制；第三章“采后病理”，主要介绍病原菌及侵染途径、病原菌致病机制及调控、寄主的抗性应答和真菌毒素与调控机制；第四章“采后调控技术”，主要介绍品质保持的调控技术和质量安全的防控技术。教材章节安排科学严谨，内容具有知识性、科学性和前沿性，旨在培养学生的独立思考能力和创新思维。

本教材适用于园艺学和食品科学等相关领域的研究生、教师和科研人员。

图书在版编目（CIP）数据

园艺产品采后分子生物学及调控 / 田世平，蒋跃明主编. -- 北京：科学出版社，2025. 6. --（科学出版社“十四五”普通高等教育研究生规划教材）（中国科学院大学研究生教材系列）. -- ISBN 978-7-03-081183-7

Ⅰ. S601

中国国家版本馆 CIP 数据核字第 2025W18C60 号

责任编辑：张静秋　赵萌萌 / 责任校对：严　娜
责任印制：赵　博 / 封面设计：金舵手世纪

科 学 出 版 社 出版
北京东黄城根北街 16 号
邮政编码：100717
http://www.sciencep.com
北京市金木堂数码科技有限公司印刷
科学出版社发行　各地新华书店经销
*
2025 年 6 月第　一　版　开本：787×1092　1/16
2025 年 8 月第二次印刷　印张：15 1/4
字数：413 000

定价：118.00 元

（如有印装质量问题，我社负责调换）

编 委 会

主　　编　田世平　中国科学院植物研究所 中国科学院大学

蒋跃明　中国科学院华南植物园 中国科学院大学

副 主 编（按姓氏拼音排序）

毕　阳　甘肃农业大学

李博强　中国科学院植物研究所

李正国　重庆大学

陆旺金　华南农业大学

秦国政　中国科学院植物研究所

屈红霞　中国科学院华南植物园 中国科学院大学

张红印　江苏大学

朱本忠　中国农业大学

参　　编（按姓氏拼音排序）

曹建康　中国农业大学

陈　彤　中国科学院植物研究所

陈　勇　中国科学院植物研究所 中国科学院大学

成玉林　重庆大学

傅达奇　中国农业大学

金　鹏　南京农业大学

邝健飞　华南农业大学
李永才　甘肃农业大学
刘豫东　重庆大学
孟祥红　中国海洋大学
曲桂芹　中国农业大学
王豫颖　中国科学院植物研究所
薛华丽　甘肃农业大学
杨　宝　中国科学院华南植物园 中国科学院大学
张占全　中国科学院植物研究所 中国科学院大学
朱鸿亮　中国农业大学

前　言

园艺产品采后分子生物学是一门交叉学科，与园艺学、食品科学、生物化学、分子生物学、植物病理学和微生物学等密切相关。《园艺产品采后分子生物学及调控》将重点阐述园艺产品采后分子生物学的基础理论、研究热点和最新进展，主要介绍园艺产品采后生理、病理、营养、安全的分子基础及调控机制，以及园艺产品采后品质维持与安全防控技术方面的内容。

本教材共分为 4 章。第一章“采后品质”，分为 4 节：第一节“色泽与调控机制”，介绍色素形成的分子基础和色素调控的分子机制；第二节“风味与调控机制”，介绍糖代谢及再分配机制、有机酸代谢机制和香气形成及调控机制；第三节“质地与调控机制”，介绍细胞壁的功能和淀粉的特征；第四节“营养与调控机制”，介绍多糖、维生素、酚类物质和氨基酸的种类及合成调控。第二章“采后生理”，分为 3 节：第一节“成熟与调控机制”，介绍激素调控、转录调控和表观调控；第二节“衰老与调控机制”，介绍衰老变化规律、衰老调控机制和采后品质劣变机制；第三节“生理失调与调控机制”，介绍呼吸失调、低温伤害和失水萎蔫。第三章“采后病理”，分为 4 节：第一节“病原菌及侵染途径”，介绍采后主要病原菌和病原菌侵染过程；第二节“病原菌致病机制及调控”，介绍病原菌致病基因类群、病原菌致病的调控机制；第三节“寄主的抗性应答”，介绍表皮结构与成分、天然抗病物质和诱导寄主抗性；第四节“真菌毒素与调控机制”，介绍主要真菌毒素及危害、真菌毒素合成与调控和真菌毒素的降解。第四章“采后调控技术”，分为两节：第一节“品质保持的调控技术”，介绍衰老调控技术、水分控制技术和催熟技术；第二节“质量安全的防控技术”，介绍病害防控技术和真菌毒素防控技术。本教材融汇了编者的教学经验及科研实践，注重知识的完整性。系统介绍了当前园艺产品采后领域的研究热点和主要进展，内容丰富，重点突出，图文并茂，具有前瞻性和前沿性。本教材注重理论与实践相结合，旨在培养学生的独立思考能力和创新思维，不仅可作为园艺学和食品科学等领域研究生的专业基础教材，为学生全面了解该领域的基础知识和研究思路提供指导，同时也可为相关研究领域的科研人员和教师提供参考。

本教材的编者均为我国园艺产品采后研究领域的知名专家、学者，共有 26 人，编写工作持续了两年多。本教材涉及的内容较多，尽管我们投入了很多时间和精力，但也难免存在诸多不足。在此，恳请读者给予批评和指正。

最后，向对教材编写工作给予大力支持和帮助的中国科学院大学现代农业科学学院冯锋常务副院长、对本教材给予充分肯定并提出宝贵意见的评审专家及参与本书编写的全体人员等表示衷心感谢！本教材得到中国科学院大学教材出版中心资助。

编　者

2025 年 6 月

目　录

《园艺产品采后分子生物学及调控》
教学课件申请单

凡使用本教材作为授课教材的高校主讲教师，填写以下表格后扫描或拍照发送至联系人邮箱，可获赠教学课件一份。

姓名：	职称：	职务：
手机：	邮箱：	学校及院系：
本门课程名称：	本门课程每年选课人数：	
您对本书的评价及修改建议（必填）：		

联系人：张静秋 编辑　　电话：010-64004576　　邮箱：zhangjingqiu@mail.sciencep.com

第一章
采 后 品 质

第一节 色泽与调控机制

【学习目标】
1. 了解园艺作物中天然色素的分布。
2. 了解不同色素的合成及代谢途径。
3. 了解不同色素的分子调控机制。

【主题词】色泽；天然色素；花青素；叶绿素；类胡萝卜素；合成；降解；分子调控

色泽是评价园艺产品外观品质的重要指标，对产品价值起着决定性的影响。园艺产品中主要的呈色色素包括叶绿素、类胡萝卜素、花青素等。此外，还包括一部分黄酮类色素。植物在某一阶段所呈现的特定颜色是色素的不同种类及其含量综合作用的结果。而且，这些色素的合成与降解贯穿整个园艺产品的成熟过程。因此，探明色素成分的合成与代谢对园艺产品采后品质的调控机制具有重要意义。本节主要概括了园艺作物中几种色素物质的合成与代谢途径及主要调控基因的类型、作用机制，并总结了外部环境因素如光照、温度等对色素物质合成代谢的调控方式和作用机制。

一、色素形成的分子基础

（一）天然色素的种类

植物来源的色素通过生物体内各种生化代谢途径合成，具有独特的物理化学特性。这些天然色素含量丰富，并且具有参与光合作用途径、吸引昆虫传播花粉、保护植物免受捕食者和辐射的伤害等多重作用。

园艺产品中天然色素种类繁多，色彩各异。按照溶解性分类，可分为水溶性和脂溶性色素；按照颜色分类，可分为红色、橙色、黄色、紫色、蓝色、绿色及无色色素。目前最常用的分类方法是按照色素分子的化学结构分类，可分为四大类：四吡咯类色素、异戊二烯类色素、黄酮及其他多酚类色素和含氮杂环类色素等。含氮杂环类色素中最主要的是广泛存在于石竹目（Caryophyllales）植物中的甜菜色素（betalain）。甜菜色素主要包括两类：呈黄色或橙色的甜菜黄素（betaxanthin）和呈红色的甜菜红素（betacyanin）。与花青素一样，甜菜色素也是以糖苷的形式储存在植物液泡中。

类胡萝卜素、花青素等天然色素广泛分布在园艺产品的根、茎、叶、花、果实等各个器官中，在赋予园艺产品色泽的同时，也可作为光合色素参与植物营养物质的合成，或者作为中间产物进一步代谢产生挥发性香气物质等。表 1-1 中列举了天然色素的分类及其在常见园艺植物中的分布。

表 1-1　园艺产品中天然色素的分类与分布

色素类型	结构特征	代表性色素	在园艺产品中的分布	
			园艺作物	主要呈色色素及其分布位置
四吡咯类色素	以 4 个吡咯环构成的卟吩为结构基础	叶绿素	菠菜（*Spinacia oleracea*） 油白菜（*Brassica chinensis*）	绿叶蔬菜和未成熟果实中主要含有叶绿素 a、叶绿素 b
异戊二烯类色素	以异戊二烯残基为单元组成的共轭双键长链为结构基础	类胡萝卜素	番茄（*Solanum lycopersicum*）	不同品种的番茄果实呈现出红色、橙色、黄色、粉色等多种不同的颜色。普通的红熟期番茄主要含有番茄红素。个别新品种如利用基因工程培育的‘Xantomato’则富含玉米黄质
			番木瓜（*Carica papaya*）	番木瓜果肉主要有红色和黄色两种。红色果肉中主要积累番茄红素，黄色果肉中主要积累 β-胡萝卜素和 β-隐藻黄素
			柑橘（*Citrus reticulata*）	柑橘果实果皮和果肉都含有丰富的类胡萝卜素，在柑橘中已至少发现包括各种异构体在内的 115 种类胡萝卜素。宽皮柑橘果实汁囊和果皮以积累 β-隐藻黄素为主；甜橙以积累紫黄质为主，其中含量最多的是 β-隐藻黄素，其次为紫黄质；葡萄柚如‘Marsh Pink Star Ruby’等品种含有番茄红素；β-柠乌素是柑橘果实果皮中呈红色的色素；柠檬、柚果实中则含有相对较少的呈色类胡萝卜素
			猕猴桃（*Actinidia chinensis*）	黄色果肉的猕猴桃果实主要含有 β-隐藻黄素、玉米黄质、叶黄素和 β-胡萝卜素
			甜瓜（*Cucumis melo*）	甜瓜果肉主要有 3 种颜色：白色、绿色、橙色。果肉中的橙色主要来自 β-胡萝卜素
			甘薯（*Ipomoea batatas*）	橙色果肉的甘薯主要含有大量 β-胡萝卜素、α-胡萝卜素
			胡萝卜（*Daucus carota*）	普通橙色品种的胡萝卜富含 β-胡萝卜素、α-胡萝卜素。黄色品种胡萝卜含有大量叶黄素，红色品种含有大量番茄红素
			西瓜（*Citrullus lanatus*）	西瓜果肉中含有多种不同类型的类胡萝卜素，可以呈红色、橙色、黄色等。绝大部分品种的果肉呈红色主要是番茄红素累积的结果
			花椰菜（*Brassica oleracea* var. *botrytis*）	主要含有叶黄素。此外含有少量玉米黄质、新黄质、紫黄质等
			玉米（*Zea mays*）	主要呈色色素为玉米黄质。此外也含有 β-胡萝卜素、α-胡萝卜素、β-隐藻黄素、叶黄素等
			羽衣甘蓝（*Brassica oleracea* var. *acephala*）	以叶黄素为主。此外还含有 β-胡萝卜素、玉米黄质、新黄质、紫黄质等色素
			莴苣（*Lactuca sativa*）	主要含有 β-胡萝卜素、叶黄素。此外还含有玉米黄质、新黄质、紫黄质等

续表

色素类型	结构特征	代表性色素	在园艺产品中的分布	
			园艺作物	主要呈色色素及其分布位置
黄酮及其他多酚类色素	以 2-苯基色原酮为骨架衍生的一类色素	花青素	覆盆子（*Rubus idaeus*）	矢车菊素-3-槐糖苷，矢车菊素-3-葡萄糖苷，矢车菊素-3-葡萄糖醛酸苷，矢车菊素-3-芸香糖苷，天竺葵素-3-槐糖苷，天竺葵素-3-葡萄糖苷，分布在果皮和果肉中
			草莓（*Fragaria* × *ananassa*）	天竺葵素-3-葡萄糖苷，矢车菊素-3-葡萄糖苷，天竺葵素-3-阿拉伯糖苷，天竺葵素-3-蔗糖苷，分布在果皮和果肉中
			欧洲李（*Prunus domestica*）	矢车菊素-3-木糖苷，矢车菊素-3-葡萄糖苷，矢车菊素-3-芸香糖苷，芍药素-3-葡萄糖苷，芍药素-3-芸香糖苷，分布在果皮和果肉中
			欧洲甜樱桃（*Prunus avium*）	矢车菊素-3-葡萄糖苷，矢车菊素-3-芸香糖苷，天竺葵素-3-芸香糖苷，芍药素-3-芸香糖苷，分布在果皮和果肉中
			葡萄（*Vitis vinifera*）	花翠素-3,5-二葡萄糖苷，矢车菊素-3,5-二葡萄糖苷，矮牵牛素-3,5-二葡萄糖苷，芍药素-3,5-二葡萄糖苷，锦葵素-3,5-二葡萄糖苷，分布在果皮和果肉中
含氮杂环类色素	含有氮杂环结构，为吡啶衍生物	甜菜色素	甜菜（*Beta vulgaris*）	根部富含红色的甜菜红素和黄色的甜菜黄素
			马齿苋（*Portulaca oleracea*）	花朵呈黄色，主要含有甜菜黄素
			盐地碱蓬（*Suaeda salsa*）	叶片中含有甜菜红素
			火龙果（*Hylocereus polyrhizus*）	红心火龙果果肉呈深紫色，富含甜菜色素各种异构体
			仙人掌（*Opuntia stricta*）	果实中因为同时含有红色和黄色的甜菜色素而呈现出多种色彩

（二）花青素

1. 花青素的结构与种类 花青素是一类水溶性色素，广泛存在于植物的茎、叶、花、果实等器官中，具有赋予植物颜色和风味、吸引昆虫授粉和鸟类传播种子等作用。除此之外，花青素作为一类抗氧化物质，可以保护植物的易氧化成分，以及帮助植物抵御外界环境胁迫等。目前已知的花青素有 100 多种，其中 6 种花青素最为常见，即锦葵素（malvidin）、飞燕草素（delphinidin）、芍药素（peonidin）、牵牛花素（petunidin）、矢车菊素（cyanidin）和天竺葵素（pelargonidin）。在低 pH 的稳定环境中，花青素都含有相同的花色苷单元，只在取代基的部分存在差异，取代基的不同决定植物呈色不同，而且颜色变化范围较大，可以使植物呈现橙色、红色、绿色、紫色、蓝色等多种颜色。

花青素存在类黄酮的典型结构，即 C6—C3—C6 骨架，属于类黄酮化合物。花青素不稳定，主要与糖类形成糖苷键以花色苷的形式存在，其化学结构通式如图 1-1 所示。可以结合的糖类主要有葡萄糖、半乳糖、阿拉伯糖、鼠李糖和木糖，以及由它们组成的二糖或三糖。最常见的是 3-单葡萄糖苷、5-二葡萄糖苷、3,5-二糖苷和 3,7-二糖苷，其中花青素主要以单糖基化（60%～70%）形

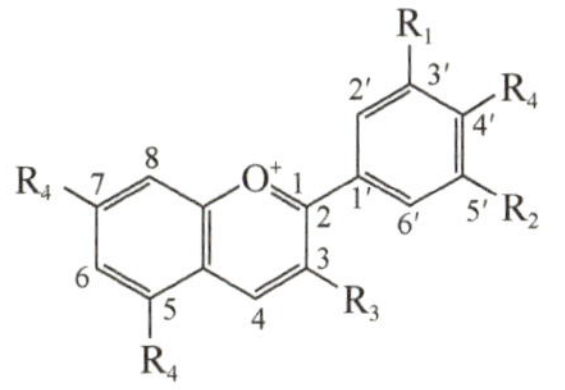

图 1-1 花青素化学结构通式

式存在，其他形式（30%～40%）则与非甾体酚类化合物（如对香豆酸、钙酸或乙酸）进行酰化。图 1-1 中，R_1 和 R_2 是—H、—OH 或—OCH_3，R_3 是糖基或—H，R_4 是—OH 或糖基。取代基可以位于碳骨架基本结构的 3、5、7、3′ 和 5′ 位，而 3 和 5 位通常位于主导地位，不同的取代基可以构成不同的花青素（表 1-2）。

表 1-2　植物中已知的 19 种花青素及其取代基位置和呈现的颜色

花青素	不同位置取代基							呈现的颜色
	3	5	6	7	3′	4′	5′	
秋海棠素	H	H	OH	OH	H	OCH_3	OCH_3	—
arrabidin	H	H	OH	OH	H	OH	OCH_3	—
3′-hydroxyarrabidin	H	H	OH	OH	OH	OH	OCH_3	—
tricetinidin	H	OH	H	OH	OH	OH	OH	红色
天竺葵素	OH	OH	H	OH	H	OH	H	橙色
橙苷素	OH	OH	OH	OH	H	OH	H	橙色
矢车菊素	OH	OH	H	OH	OH	OH	H	橙红色
甲基矢车菊素	OH	OCH_3	H	OH	OH	OH	H	橙红色
芍药素	OH	OH	H	OH	OCH_3	OH	H	红色
松香素	OH	OH	H	OCH_3	OCH_3	OH	H	红色
6-羟基矢车菊素	OH	OH	OH	OH	OH	OH	H	红色
6-羟基飞燕草素	OH	OH	OH	OH	OH	OH	OH	蓝红色
飞燕草素	OH	OH	H	OH	OH	OH	OH	蓝红色
矮牵牛素	OH	OH	H	OH	OCH_3	OH	OH	蓝红色
锦葵素	OH	OH	H	OH	OCH_3	OH	OCH_3	蓝红色
pulchellidin	OH	OCH_3	H	OH	OH	OH	OH	蓝红色
eupinidin	OH	OCH_3	H	OH	OCH_3	OH	OH	蓝红色
capensinidin	OH	OCH_3	H	OH	OCH_3	OH	OCH_3	蓝红色
三甲花翠素	OH	OH	H	OCH_3	OCH_3	OH	OCH_3	蓝红色

资料来源：Alappat and Alappat，2020

2. 花青素的合成与降解　植物体内的物质积累大多数是从光合作用开始的，花青素的合成也不例外。其合成途径已被广泛报道，如图 1-2 所示。

第一步，花青素作为一种类黄酮类物质，和其他类黄酮亚基一样共享前体物质的合成通路，首先通过糖酵解途径和莽草酸途径生成磷酸烯醇丙酮酸和赤藻糖进而合成氨基酸，即由通路中的芳香族化合物通过芳香族脱氢酶（ADH）和芳香族脱水酶（ADT）分别催化生成酪氨酸（tyrosine）和苯丙氨酸（phenylalanine），或者分别通过 4-羟基苯丙酮酸盐转氨酶（HPP-AT）和苯丙酮酸转氨酶（PPY-AT）合成。在苯丙氨酸裂解酶（PAL）作用下，苯丙氨酸可以生成类黄酮的通用前体物质肉桂酸（cinnamate），在肉桂酸-4-羟化酶（C4H）催化下，肉桂酸生成对香豆酸（*p*-coumarate），酪氨酸先合成对香豆酸，进而通过 4-香豆酸辅酶 A 连接酶（4CL）生成肉桂酸香豆酸辅酶 A，再通过查耳酮合酶（CHS）和查耳酮异构酶（CHI）生成柚皮素（naringenin），至此进入类黄酮合成通路。

第二步，进入花青素的合成通路，首先需要通过黄烷酮-3′-羟化酶（F3′H）合成圣草酚，再通过黄烷酮-3′,5′-羟化酶（F3′5′H）合成五羟基黄烷酮，之后通过黄烷酮-3-羟化酶（F3H）

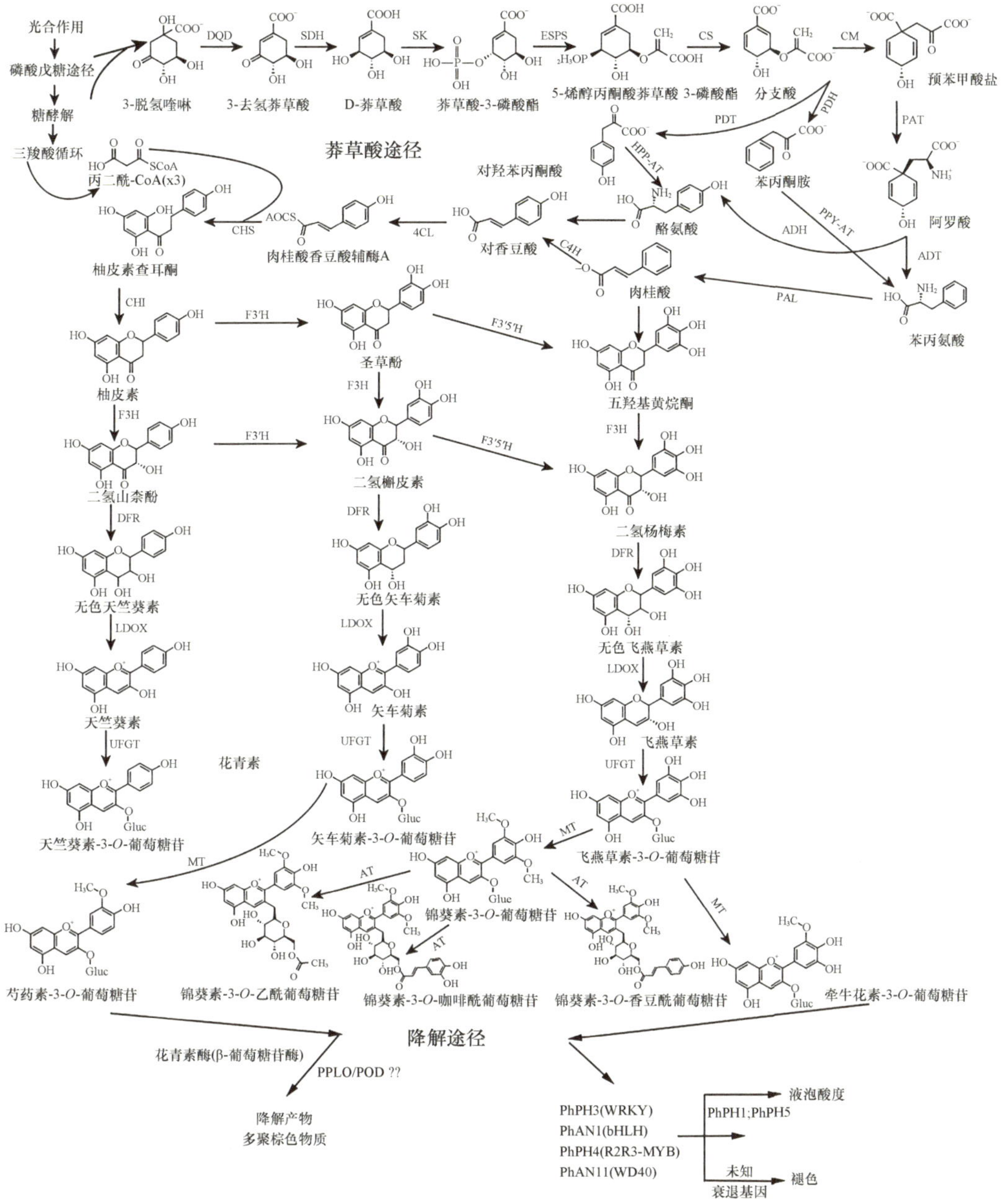

图 1-2 花青素合成和降解途径

催化合成二氢黄酮醇，包括二氢山柰酚、二氢槲皮素、二氢杨梅素；紧接着二氢黄酮醇-4-还原酶（DFR）能够催化二氢黄酮醇生成无色花青素，包括无色天竺葵素（leucopelargonidin）、无色矢车菊素（leucocyanidin）和无色飞燕草素（leucopeonidin）；无色花青素双加氧酶（LDOX）进一步催化合成花青素。由于花青素不稳定，故花青素可通过 UDP-葡萄糖类黄酮葡萄糖基转移酶（UFGT）和单糖形成花青素单糖苷。除此之外，没有被修饰的无色花青素和有色花青素可以分别被无色花青素还原酶（LAR）、花青素还原酶（ANR）催化生成原花青素。其中能直接合成的是天竺葵素-3-*O*-葡萄糖苷、矢车菊素-3-*O*-葡萄糖苷和飞燕草素-3-*O*-葡萄糖苷，而芍药素-3-*O*-葡萄糖苷是由矢车菊素-3-*O*-葡萄糖苷通过甲基转移酶（MT）合成。同样，锦葵素-3-*O*-乙酰葡萄糖苷和牵牛花素-3-*O*-葡萄糖苷是由飞燕草素-3-*O*-葡萄糖苷通过相同方式合成。锦葵素-3-*O*-葡萄糖苷还可以通过酰基转移酶（AT）生成锦葵素-3-*O*-香豆酰葡萄糖苷、锦葵素-3-*O*-乙酰葡萄糖苷和锦葵素-3-*O*-咖啡酰葡萄糖苷。在合成花青素及其衍生物的过程中，具有修饰作用的酶显得尤其重要。花青素糖基转移酶（GT）对植物的花色和花青素的稳定性起到了非常关键的作用，这很有可能是不同植物或者不同品种之间花青苷存在差异的原因之一；而且其表达水平对于植物花青素的积累也会造成影响。例如，在不同颜色的葡萄品种中，随着从红色到绿色的葡萄颜色变化过程，UFGT 的表达量逐渐下降。

第三步，以上花青素合成步骤需要先在细胞质和内质网膜上完成，进而通过转运到液泡中为植物呈色，主要是谷胱甘肽转移酶（GST）作为转运运输器，可以通过疏水作用结合花青素，然后将花青素转运到液泡当中；也可通过小囊泡进行转运，进而呈现植物的不同颜色。

花青素的降解途径主要来自推测的两条降解途径，通过多酚氧化酶（PPO）和过氧化物酶（POD）产生降解产物，可能是一些多聚棕色物质。除此之外，在牵牛花中，验证得出花青素的降解和花的褪色等可能和液泡的 pH 有关，主要由 PhPH4（R2R3-MYB）-PhAN1（bHLH）-PhAN11（WD40）等转录因子组成的 MBW，加上 WRKY 转录因子 PhPH3 形成复合物，负责液泡酸化，调控两个质子泵（PhPH1 和 PhPH5）的表达，最终形成红色的花青素。

（三）叶绿素

1. 叶绿素的结构与种类　叶绿素是地球上分布最为广泛的一类色素，主要分布在绿色植物、藻类和光合细菌中。1817 年，首次分离并命名了叶绿素，接着证明了叶绿素中含有镁离子，以及其核心结构是卟啉环。到目前为止，在自然界中发现了 100 多种叶绿素及其衍生物。根据是否进行放氧反应或者在生物体中的分布，将叶绿素分为放氧光合生物中的叶绿素（chlorophyll，Chl）和不放氧光合生物中的细菌叶绿素（bacteriochlorophyll，BChl）两大类。目前已报道了 7 种 Chl，主要分布在高等植物、藻类和蓝细菌中，分别为 Chl a、Chl b、Chl c1、Chl c2、Chl c3、Chl d 和 Chl f。而 BChl 主要分布在光合细菌中，如绿色硫细菌（green sulfur bacteria）、紫色细菌（purple bacteria）等，目前已发现 7 种，分别为 BChl a、BChl b、BChl c、BChl d、BChl e、BChl f 和 BChl g。下文主要关注放氧光合生物的主要代表——绿色植物中的叶绿素。

对于绿色植物而言，叶绿素与植物的光合作用紧密相连，是植物生长发育、物质积累和能量储存必不可少的。叶绿体是植物进行光合作用的细胞器，叶绿素位于叶绿体内的类囊体膜上，与类囊体膜上的蛋白质结合形成复合体，其主要的生理功能是捕获外界光能，并促使电子转移到反应中心，将光能转变为化学能，同时吸收二氧化碳（CO_2）并同化水（H_2O）生成糖类和淀粉类等主要的有机物并释放氧气，进而为植物生长发育提供能量。植物中最主要的两类叶绿素分别是叶绿素 a（Chl a）和叶绿素 b（Chl b）。当叶片处于正常的生理状态时，叶绿素 a 的含量与叶绿素 b 的含量比为 3∶1，叶绿素 a 可以吸收红光和紫光，反射绿光，因此呈现蓝绿色；而叶绿素 b 以吸收蓝紫光为主而呈现黄绿色。根据两种色素在光合过程中的作用，又将其分为作用中心色素和聚光色素，其中少数具特殊状态的叶绿素 a 属于作用中心色素，而其他的叶绿素 a 和全部的叶绿素 b 属于聚光色素，聚光色素只有聚光作用，只能收集光，将光传递给作用中心色素，完成光化学反应。

根据叶绿素的结构特征，不同的叶绿素在化学结构上存在一定的差异，核心结构是卟啉环“头部”和植醇“尾部”，卟啉环是一个大环结构，包括 4 个吡咯环（Ⅰ、Ⅱ、Ⅲ、Ⅳ环）和 4 个甲烯基（═CH—）连成的大环结构，还包含一个含羰基和羧基的副环（同素环Ⅴ）。卟啉环中存在一个带正电荷的镁离子，与 2 个带有负电荷的氮离子相连，目前发现的几乎全部叶绿素都包括一个植醇结构，是由一个长短不一的异戊二烯单位构成的亲脂部分（除 Chl c 外）和第Ⅳ吡咯环形成酯键，叶绿素的结构差异表现为酯化部分的碳链长度和吡咯环的侧链不同。叶绿素的结构通式如图 1-3 所示。

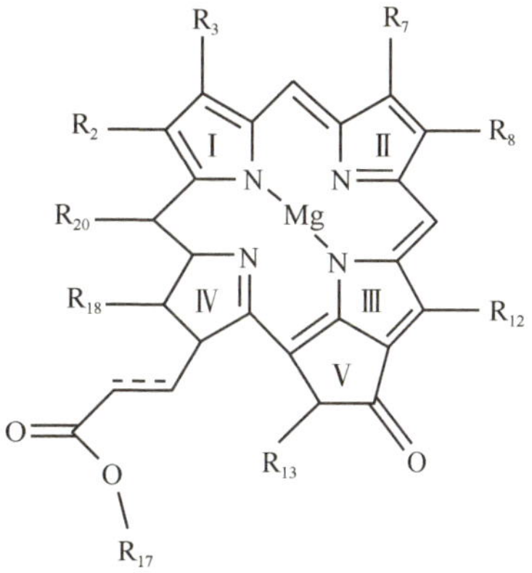

图 1-3　叶绿素的结构通式

2. 叶绿素的合成与降解　如图 1-4 所示，叶绿素的合成涉及四吡咯形成的路径网络，可以被分成三步：①首先生成 δ-氨基乙酰丙酸（ALA），这是所有四吡咯的关键步骤；② 8 个 ALA 分子形成原卟啉（Proto）Ⅸ；③后期镁螯合酶催化 Mg^{2+} 插入 Proto Ⅸ，形成 Mg-Proto Ⅸ，最后生成叶绿素。

第一步，通过两条合成通路（C1+C4 途径和 C5 途径）生成 δ-氨基乙酰丙酸（ALA）。其中 C1+C4 途径是琥珀酸辅酶 A 和甘氨酸（glycine）在 ALA 合成酶的催化下生成 ALA。而对于 C5 途径，首先以谷氨酸或者 α-酮戊二酸为底物，在谷氨酰-tRNA 合成酶（GluTS）的催化下，形成 L-谷氨酰-tRNA，之后在谷氨酰-tRNA 还原酶（GluTR）的催化下，还原为 L-谷氨酸酯-1-半醛和 tRNA，接着在 δ-氨基乙酰丙酸合酶的作用下形成 ALA。此时完成了叶绿素的第一步反应。

第二步，由 8 分子 ALA 合成叶绿素的前体物——原卟啉Ⅸ（Proto Ⅸ）。首先 2 分子 ALA 在胆色素原合成酶的作用下缩合成胆色素原（PBG），其结构含有吡咯环；其次，在胆色素原脱氨酶（PBGD）催化下，4 分子 PBG 合成羟甲基胆色烷；随后吡咯环在尿卟啉原Ⅲ合成酶（UROS）的催化下闭合生成尿卟啉原Ⅲ（uroporphyrinogen Ⅲ）；接着在尿卟啉原Ⅲ脱羧酶（UROD）作用下尿卟啉原Ⅲ脱去羧基，生成粪卟啉原Ⅲ（coproporphyrinogen Ⅲ）；而后粪卟啉原Ⅲ在粪卟啉原氧化脱羧酶作用下生成原卟啉原Ⅸ（protoporphyrinogen Ⅸ）；最后原卟啉原氧化酶（PPOX）促进原卟啉原Ⅸ进行氧化脱氢合成原卟啉Ⅸ。原卟啉Ⅸ是叶绿素及其衍生物的合成前体。

第三步，Mg^{2+} 插入原卟啉Ⅸ形成 Mg-Proto Ⅸ。首先由 Mg 离子螯合酶催化，将 Mg^{2+} 插入原卟啉Ⅸ中形成 Mg-原卟啉Ⅸ。在吡啉环中，引入 Mg^{2+} 过程需要水解 ATP 提供能量。在 Mg-原卟啉Ⅸ甲基转移酶（Chl M 或 Bch M）的催化下，Mg-原卟啉Ⅸ生成 Mg-原卟啉Ⅸ单甲酯。其次，在 Mg-原卟啉Ⅸ单甲酯环化酶（Mg-proto-Ⅸ monomethyl ester cyclase，ACSF，分为 Bch E 和 Chl A）的作用下 Mg-原卟啉Ⅸ单甲酯形成异戊酮环（Ⅴ环），至此，就生成了叶绿素的直接合成前体物——3,8-二乙烯基原氯苯甲酰胺 a（3,8-divinyl-protochlorophylide a，DV-PChlide a），在这个反应中，Chl A 和 Bch E 分别负责在有氧光合生物和厌氧光合细菌中催化此步反应。值得注意的是，微缺氧环境中的细菌会同时具有 Chl A 和 Bch E，随后会分成两个分支进行叶绿素的合成，一个分支是通过原叶绿素酸酯氧化还原酶（POR）还原成 8-乙烯基-原叶绿素酸酯 a（8V-Chlide a），然后在二乙烯基还原酶（DVR）作用下进一步还原生成叶绿素酸酯 a（Chlide a），被称为原叶绿素；另一个分支是通过 DVR 还原生成原叶绿素酸酯 a（PChlide a），再经 POR 催化还原生成 Chlide a，随后在叶绿素特异合成酶（ChlG）催化下 Chlide a 酯化，合成 Chl a。Chl a 加氧酶（CAO）能够催化 Chl a 合成 Chl b，至此完成了植物两种主要叶绿素的合成。

叶绿素降解途径主要是以脱镁叶绿素为中间产物，在脱植基之前在脱镁螯合酶（MDCase）作用下先除去镁离子，生成的脱镁叶绿素 a（phein a）则在脱镁叶绿素酶（PPH）作用下除去植基，最后也生成脱镁叶绿酸 a（pheide a）。之后在脱镁叶绿酸 a 加氧酶（PAO）和红色叶绿

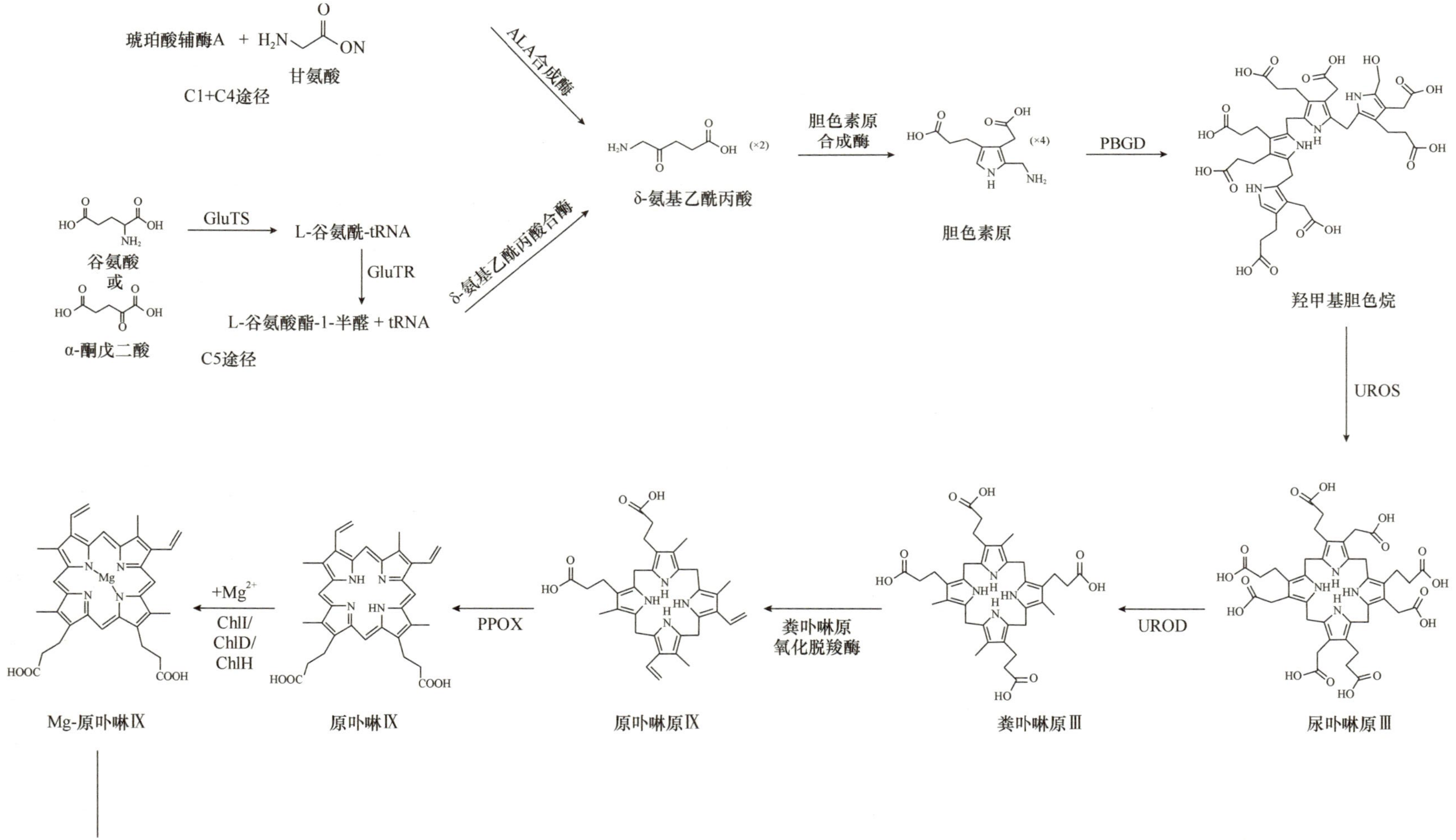
琥珀酸辅酶A + H_2N ON
甘氨酸
C1+C4途径
ALA合成酶
谷氨酸
或
α-酮戊二酸
GluTS
L-谷氨酰-tRNA
GluTR
L-谷氨酸酯-1-半醛 + tRNA
C5途径
δ-氨基乙酰丙酸合酶
δ-氨基乙酰丙酸
(×2)
胆色素原
合成酶
胆色素原
(×4)
PBGD
羟甲基胆色烷
UROS
尿卟啉原Ⅲ
UROD
粪卟啉原Ⅲ
粪卟啉原
氧化脱羧酶
原卟啉原Ⅸ
PPOX
原卟啉Ⅸ
$+Mg^{2+}$
ChlI/
ChlD/
ChlH
Mg-原卟啉Ⅸ

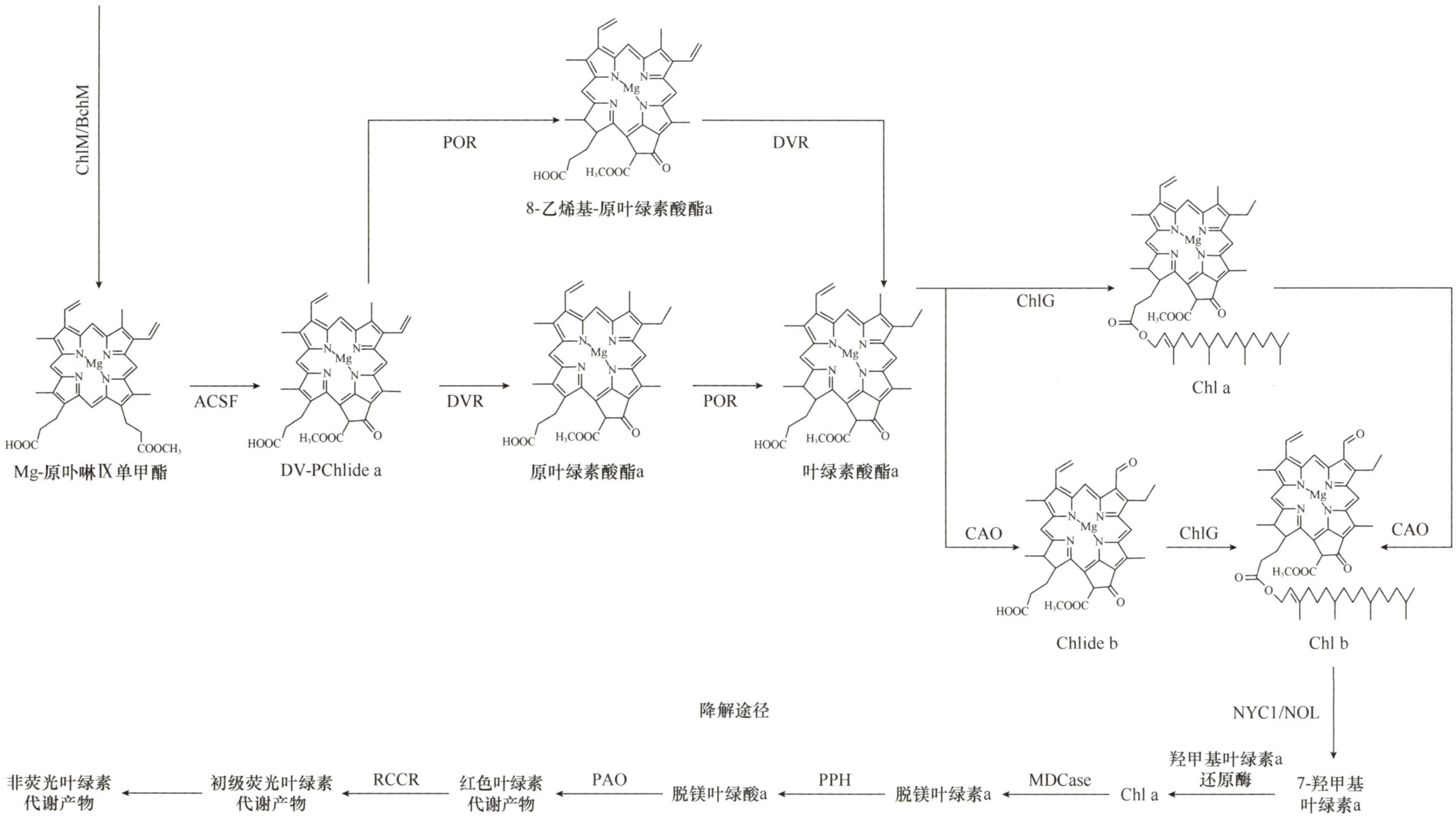

图 1-4　叶绿素合成及降解途径

素代谢产物还原酶（RCCR）作用下，在液泡中最后生成初级荧光叶绿素代谢产物（*p*FCC），其中间产物为红色叶绿素代谢产物（RCC），最后也可通过叶绿素体外途径修饰异构成非荧光叶绿素代谢产物（NCCs）。

（四）类胡萝卜素

1. 类胡萝卜素的结构与种类　类胡萝卜素（carotenoid）是含有一系列共轭双键和甲基支链基本结构的一类高度不饱和化合物的总称，属于四萜化合物。典型的类胡萝卜素含有40个碳原子，由8个异戊二烯单位首尾相连形成。类胡萝卜素按照其结构可分为两大类：一类是胡萝卜素类（carotene），只含有碳和氢原子；另一类是叶黄素类（xanthophyll），由碳、氢、氧组成。类胡萝卜素的颜色因共轭双键的数目不同而变化。类胡萝卜素通常为黄色、橙红色或红色，且共轭双键的数目越多，颜色越偏向红色。目前已经发现了超过1000种具有不同结构的类胡萝卜素。在植物中，类胡萝卜素具有多种不同的功能。在绿色组织中，类胡萝卜素可以通过猝灭单线态叶绿素激发态和三联体态叶绿素，以及清除活性氧等来保护光合系统。同时类胡萝卜素还可以吸收叶绿素无法吸收的440～550nm范围内的自然光，拓宽植物的吸收光谱。此外，类胡萝卜素还是植物中许多其他物质如维生素A、风味物质及脱落酸等的合成前体。

2. 类胡萝卜素的合成与降解　天然的类胡萝卜素可能会以同分异构体的形式存在于各种类型的园艺产品中，通过以番茄为模型，目前人们对类胡萝卜素生物合成途径已经有了较为清晰的了解（图1-5）。香叶基香叶基焦磷酸（GGPP）是植物中类胡萝卜素合成的前体物质。GGPP缩合生成第一个类胡萝卜素物质八氢番茄红素（phytoene），再经脱氢、环化、羟基化、环氧化等转变为其他类胡萝卜素。GGPP可以通过以下两种途径合成：2-C-甲基-D-赤藓糖醇-4-磷酸（MEP）途径和甲羟戊酸（MVA）途径。MEP途径是植物中类胡萝卜素合成最主要的途径，主要在植物细胞器质体中进行，MVA途径以乙酰辅酶A为原料，主要发生在细胞质中。

（1）MEP的合成　MEP途径第一步是以3-磷酸甘油醛和丙酮酸（pyruvic acid）为底物在1-脱氧-D-木酮糖-5-磷酸合成酶（DXS）的催化下生成1-脱氧-D-木酮糖-5-磷酸（DXP）。该步骤是类胡萝卜素合成途径中的第一个限速步骤。DXP在DXP还原异构酶（DXR）的催化下还原成2-C-甲基-D-赤藓糖醇-4-磷酸。

（2）GGPP的合成　MEP接下来依次经过2-C-甲基-D-赤藓糖醇-4-磷酸胞苷酰转移酶（MCT）、4-（胞苷5′-二磷酸）-2-C-甲基-D-赤藓糖醇激酶（CMK）、2-C-甲基-D-赤藓糖醇-2,4-环二磷酸合成酶（MCS）、(E)-4-羟基-3-甲丁-2-烯基二磷酸合成酶（HDS）等酶的催化后生成(E)-4-羟基-3-甲丁-2-烯基二磷酸（HMBPP）。HMBPP紧接着由(E)-4-羟基-3-甲丁-2-烯基二磷酸还原酶催化后生成二甲基烯丙基焦磷酸（DMAPP）或者异戊烯焦磷酸（IPP）。DMAPP和IPP可以在IPP异构酶（IPP isomerase）的作用下相互转换。1分子DMAPP和3分子IPP在香叶基香叶基焦磷酸合成酶（GGPPS）的催化下缩合生成1分子GGPP。

（3）番茄红素的合成　两分子GGPP在八氢番茄红素合成酶（PSY）的催化下缩合生成1分子八氢番茄红素。生成的八氢番茄红素依次经过八氢番茄红素脱氢酶（PDS）、ζ-胡萝卜素异构酶（ZISO）、ζ-胡萝卜素脱氢酶（ZDS）和胡萝卜素异构酶（CRTISO）等酶催化后生成番茄红素（lycopene）。

（4）叶黄素的合成　番茄红素的线性末端可分别在番茄红素β-环化酶（LCYB）和番茄红素ε-环化酶（LCYE）的作用下生成β环和ε环。番茄红素在LCYE的催化下可生成只带有一个ε环的δ-胡萝卜素，δ-胡萝卜素再由LCYB催化后可生成带有一个ε环和一个β环的α-胡

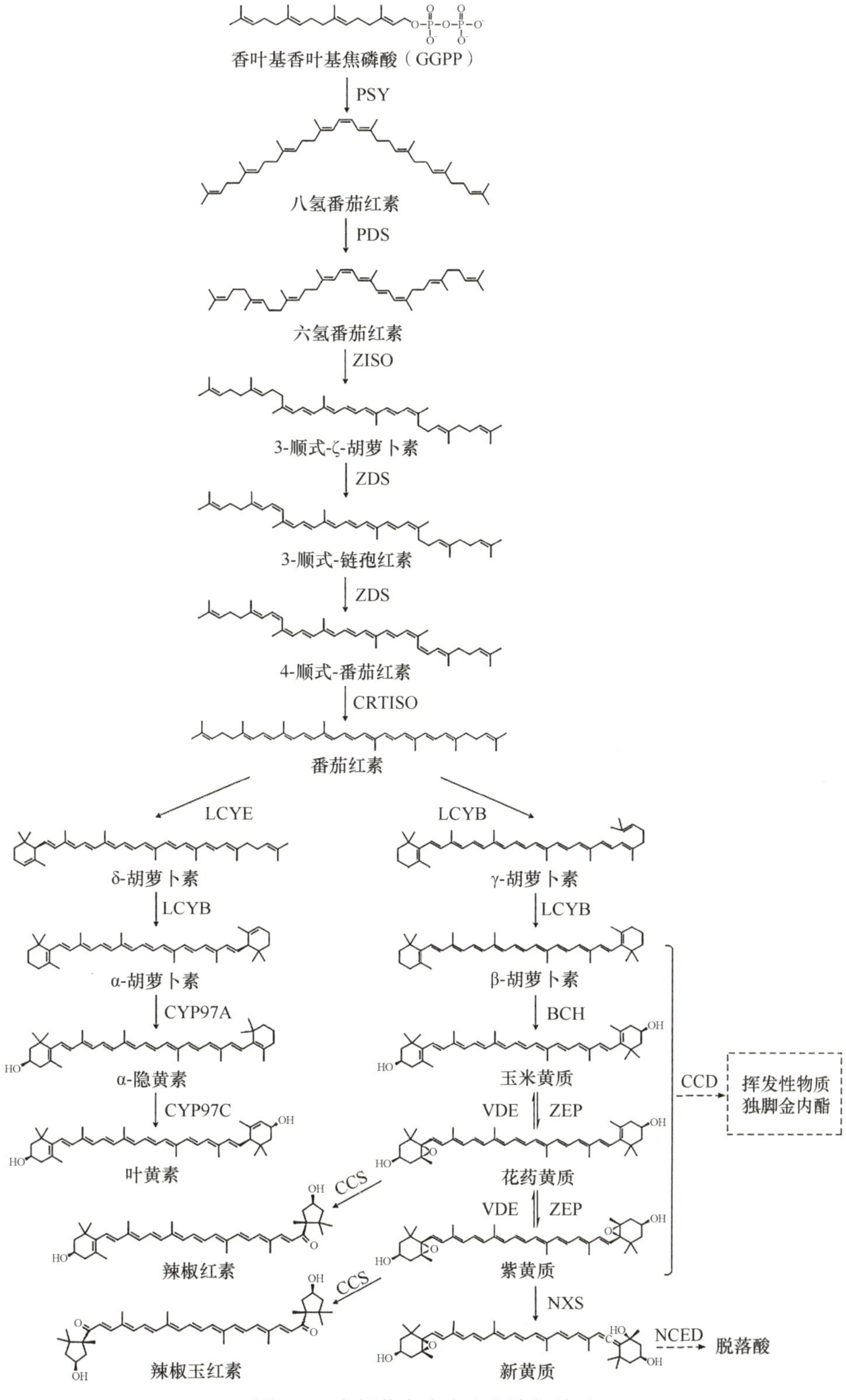

图 1-5　类胡萝卜素合成和降解途径

萝卜素。若番茄红素只受LCYB的催化则生成带有两个β环的β-胡萝卜素。生成的α-胡萝卜素和β-胡萝卜素在羟化酶的作用下发生羟基化，继续生成含氧类胡萝卜素，即叶黄素。α-胡萝卜素经细胞色素P450胡萝卜素β-羟化酶（CYP97A）催化生成α-隐黄素（α-zeinoxanthin），再经细胞色素P450胡萝卜素ε-羟化酶（CYP97C）催化生成叶黄素（lutein）。β-胡萝卜素在β-胡萝卜素羟化酶（BCH）的作用下生成玉米黄质（zeaxanthin）。玉米黄质可进一步被玉米黄质环氧化酶（ZEP）连续催化并依次生成花药黄质（antheraxanthin）和紫黄质（violaxanthin），此步骤可在紫黄质脱环氧化酶（VDE）的作用下逆向进行。最后，合成的紫黄质可由新黄质合成酶（NXS）催化生成新黄质（neoxanthin）。此外，在红色辣椒果实中还存在辣椒红素/辣椒玉红素合成酶（CCS），可将花药黄质转变成辣椒红素（capsanthin），将紫黄质转变成辣椒玉红素（capsorubin）。

参与类胡萝卜素降解途径的酶主要包括9-顺式环氧类胡萝卜素双加氧酶（NCED）和类胡萝卜素裂解双加氧酶（CCD）。在NCED的作用下新黄质裂解生成黄质醛（xanthoxin），黄质醛再继续代谢合成脱落酸（abscisic acid，ABA）。CCD1可催化类胡萝卜素生成挥发性物质，CCD7和CCD8介导了类胡萝卜素向独脚金内酯的合成。

（五）甜菜色素

甜菜色素的合成前体是L-酪氨酸，其合成途径主要包括三个步骤。第一步，L-酪氨酸在酪氨酸酶（tyrosinase）的作用下进行羟基化反应生成L-3,4-二羟基苯丙氨酸（L-3,4-dihydroxy phenylalanine，L-DOPA）。第二步，L-DOPA在4,5-多巴双加氧酶（4,5-dioxygenase，DODA）的催化下形成中间产物开环多巴（4,5-seco-DOPA），并进一步通过自发的分子内凝聚作用形成甜菜醛氨酸（betalamic acid）。第三步，L-DOPA也可以通过细胞色素单氧化酶（cytochrome P450-like）的作用形成环状多巴（cyclo-DOPA）。甜菜醛氨酸可自发地与环状多巴的亚氨基结合，最终形成红色的甜菜红素。甜菜醛氨酸如与氨基酸的氨基或者亚氨基结合，则形成黄色的甜菜黄素。此外，糖基转移酶可以把糖基转移至甜菜苷配基上形成甜菜苷元。

二、色素调控的分子机制

（一）花青素

花青素是决定果蔬花色的主要色素，具有重要的营养和药用价值。目前对植物花青素合成途径的研究已经较为清晰，植物主要通过调节花青素合成途径中结构基因的表达来控制花青素的含量。目前的研究进展中，调控花青素合成相关基因表达的作用方式主要有转录因子调控、表观遗传调控和环境因子调控等方面。

1. 转录因子调控 调控花青素生物合成的转录因子主要包括三类：MYB（v-myb avian myeloblastosis viral oncogene homolog）、bHLH（basic helix-loop-helix）和WD40。在不同植物中，关于三种转录因子对花青素生物合成的调控机制已进行了大量研究，如表1-3所示。

表1-3 不同植物中转录因子MYB、bHLH和WD40调控花青素合成的机制

植物	MYB	bHLH	WD40	调控类型	结构基因
番茄	ANT1			激活	*CHS*、*CHI*、*DFR*、*UFGT*、*GST*
油桃	MYB10			激活	*DFR*

续表

植物	MYB	bHLH	WD40	调控类型	结构基因
猕猴桃	MYBF110			激活	*CHS*、*F3'H*、*ANS*、*UFGT*、*GST1*
甜樱桃	MYBA			激活	*DFR*、*ANS*、*UFGT*
胡萝卜	Rosea1	Delila		激活	*PAL3*、*C4H1*、*4CL1*
苹果	MYB10			激活	*CHS*、*CHI*、*F3H*、*DFR*
荔枝	MYB1	HLH1、HLH3		激活	*DFR*、*UFGT*、*ANS*
玉米	ZmC1	ZmR1	WDR	激活	*DFR*、*UFGT*
马铃薯	MYB44			抑制	*DFR*
金鱼草	MYB308			抑制	*C4H*、*4CL*
拟南芥	MYB112			激活	*ANS*、*DFR*
拟南芥	MYB4			抑制	*C4H*
拟南芥	PAP1、PAP2	GL3	TTG	激活	*PAL*、*CHS*、*DFR*、*GST*

（1）MYB 转录因子　MYB 转录因子广泛分布于高等植物中，它们在转录因子家族中含量最丰富、功能最强，参与植物生长发育的各个方面并对其有很大的影响。完整的 MYB 转录因子由三部分结构组成：DNA 结构结合区（DBD）、转录激活结构域和负调控区。根据 MYB 结构域的数量，MYB 家族可分为 1R-蛋白、R2R3-蛋白、3R-蛋白和 4R-MYB 蛋白 4 类。调控花青素生物合成的 MYB 类转录因子通常包含 R2 和 R3 两个基序（即 R2R3-MYB）。R2R3-MYB 蛋白对植物具有特异性，在双子叶植物和单子叶植物的基因组中有超过 100 个 R2R3-MYB 的成员。

不同物种中，MYB 调控的花青素合成相关靶基因不同。在油桃（*Prunus persica*）中，分离的 MYB10 转录因子能够正调控花色苷合成途径结构基因 *DFR* 的表达，在果实形成过程中合成大量的花青素。拟南芥中，MYB112 可以激活结构基因 *ANS* 和 *DFR* 的表达，进而引起花青素含量的增加。在猕猴桃中，AcMYBF110 对花青素的积累起正调控作用，具体来说，AcMYBF110 可以特异性激活 *AcCHS*、*AcF3'H*、*AcANS*、*AcUFGT3a*、*AcUFGT6b*、*AcGST1* 等几种花青素合成关键基因的表达。在甜樱桃果实中，干扰 PacMYBA 的表达可以抑制 *DFR*、*ANS*、*UFGT* 的基因表达，导致花色苷的积累减少。除上述这些在花青素合成途径中具有正调控作用的转录因子外，MYB 转录因子中还包含可抑制花青素生物合成的转录因子。例如，金鱼草 AmMYB308 转录因子抑制花青素的生物合成，将 *AmMYB308* 在烟草中进行超表达后，花青素合成途径上游结构基因 *C4H*、*4CL* 的表达明显被抑制。而拟南芥的 *AtMYB4* 基因被沉默后，其上游结构基因 *C4H* 表达显著上升，引起花青素的积累。

（2）bHLH 转录因子　bHLH 转录因子是调节花青素合成的另一类重要的调控因子。bHLH 结构域的特征是由两个 α 螺旋通过一个环连接，在 N 端具有一个碱性氨基酸区域，它可以结合 DNA 中的顺式作用元件，进而起到调控下游基因表达的作用。

bHLH 多与 MYB 形成复合物共同参与调控花色苷的合成。在‘Danvers 126’橙色胡萝卜中，同时超表达 *R2R3-MYB*（AmRosea1）和 *bHLH*（AmDelila）导致花青素相关生物合成基因 *PAL3*、*C4H1* 和 *4CL1* 的持续上调，使花青素在叶、茎和主根中得到显著积累。荔枝中，编码 bHLH 的 *LcbHLH1* 和 *LcbHLH3* 转录水平与花青素在不同组织和发育过程中的积累不协调。然而，当与 *LcMYB1* 共侵染烟草时，形成的 MYB-bHLH 复合物激活了烟草中花青素合成基因 *DFR*、*UFGT*、*ANS* 的表达，从而促进了烟草中花色苷的合成与积累。在猕猴桃中，相对于单独表达*AcMYBF110*基因，*AcbHLH1*、*AcbHLH4*或*AcbHLH5*分别与*AcMYBF110*和*AcWDR1*进行共侵染后，烟草叶片和猕猴桃果实中花青素的积累量更大。

（3）WD40转录因子　WD40蛋白是一类高度保守的蛋白质，一般含有4～16个串联重复的WD基元，每个WD基元含有44～60个氨基酸残基组成的保守序列。WD40参与调控花色苷的合成，主要是通过与MYB、bHLH这2个转录因子形成MYB-bHLH-WD40（MBW）三聚复合体来进行的。

玉米中bHLH转录因子ZmR1可以与MYB蛋白ZmC1和WD40蛋白WDR结合形成MBW三聚复合体，激活花青素合成基因*DFR*、*UFGT*的表达从而促进花青素的合成。拟南芥中MBW三聚复合体可以调节*bHLH*基因的表达，以间接调控花青素的合成。另外，在水稻中WD40基因*OsTTG1*也可与*Kala4*、*OsC1*、*OsDFR*和*Rc*等花青素合成基因发生物理性相互作用，进而影响水稻花青素含量的变化。

（4）与花青素合成相关的其他转录因子　除以上三大转录因子家族调控花青素的合成途径外，AZ（jasmonate-ZIM domain）转录因子在拟南芥花青素的合成中也起到负调控作用，它可以作用于MBW三聚复合体，从而抑制花青素的合成。苹果中bZIP（basic region/leucine zipper motif）转录因子MdHY5可以通过调节*MdMYB10*的表达间接调控花青素生物合成基因*CHS*、*CHI*、*F3H*、*DFR*的表达，进而影响花青素的积累。

2. 表观遗传调控　除了转录因子调控，近几年表观遗传调控花色苷的合成研究逐渐增多。表观遗传是指DNA序列不发生变化但基因表达却发生了可遗传的改变。表观遗传调控植物花青素合成的研究以DNA修饰和蛋白质修饰为主。

（1）DNA修饰　在植物中，DNA修饰主要通过DNA的甲基化和去甲基化调控花青素合成相关转录因子的表达，进而调控花青素的合成。在红肉心里美萝卜（*Raphanus sativus*）中，*RsMYB1*基因的启动子上包含一个CACTA转座子，该转座子过度甲基化会导致下游*RsMYB1*基因表达被抑制，从而导致花青素生物合成受到抑制，进而形成白肉突变体；用去甲基化剂5-azaC处理可部分恢复花青素的积累。在苹果属观赏海棠中，沉默*HDA6*基因或者用曲古柳菌素处理植株会降低*MET1*的表达量和*MYB10*的甲基化水平，从而增加了*MYB10*的表达水平，促进花青素的积累，进而引起了植物叶片的变红。

（2）蛋白质修饰　蛋白质修饰实际上是对蛋白质进行共价加工，通过在一个或几个氨基酸残基上加上官能基团而改变蛋白质的性质。在杨树中，分离鉴定到一个组蛋白去甲基化酶基因*JMJ25*，研究发现*JMJ25*通过改变其染色质的组蛋白H3K9甲基化状态，直接影响转录因子MYB182的表达，抑制了花青素合成基因*DFR*、*UFGT*的表达，从而导致花青素含量降低。拟南芥中，染色质重塑复合物SWR1与H3K4me3组蛋白甲基化修饰相互拮抗，从而调控拟南芥生长发育过程中花青素合成基因的表达。茄子在光照下，SmCRY抑制泛素化酶SmCOP1的活性，从而使调节基因*SmHY5*和*SmMYB1*与花青素合成基因*SmCHS*和*SmDFR*的启动子结合，促进茄子花青素的生物合成；在黑暗中，SmCRY未能抑制SmCOP1的功能。因此，*SmHY5*和*SmMYB1*被SmCOP1靶向泛素化，随后通过26S蛋白酶途径被降解，从而阻断了*SmMYB1*的激活，导致花青素生物合成被抑制。

3. 环境因子调控　植物都有适合自己生长发育的环境条件，环境恶劣时会出现胁迫反应，抑制植物的正常生理生化活动。前人研究发现，除转录因子和表观调控以外，环境条件也对花青素的合成具有重要调控作用。

（1）光照　光照是影响花青素合成最重要的环境因素之一。光照对花色苷合成的影响主要包括两个方面：光照通过光合作用影响糖、苯丙氨酸等有机物的合成；光照可以调节花青素合成通路上酶的活性。

对于不同光强来说，强光主要通过控制 R2R3-MYB 转录因子调节花青素的产生。SlAN2 和 CaMYBA 分别编码番茄和辣椒中的 R2R3-MYB 转录因子，在强光下，SlAN2 和 CaMYBA 可以作为植物组织中花青素合成的正调节剂促进花青素合成基因 *DFR*、*CHS* 和 *CHI* 的表达，促进花青素的积累。与遮阴部分相比，直接暴露于光照的番茄果实，部分表面显示出更强烈的花青素色素沉着。对于不同的光质来说，紫外光、红光都可以促进苹果、甜樱桃等果实花青素的积累。在番茄幼苗中，花青素的含量随着蓝光比例的增加而升高。

（2）温度　温度是影响花青素代谢的另一个主要环境因素。在番茄中，低温可以诱导编码转录因子 SlAN2、SlAN1 和 SlJAF13 的基因表达上调，进而激活花青素合成基因 *SlCHS*、*SlF3H*、*SlF3'5'H* 和 *SlDFR* 的表达，促进花青素生物合成。高温下葡萄浆果中花青素生物合成基因的表达水平会受到抑制。花青素在体外会氧化降解成原儿茶酸。在李果实中，20℃下 H_2O_2 处理后原儿茶酸浓度几乎没有变化，但在 35℃下原儿茶酸浓度显著增加，这是由于温度升高促进过氧化物酶催化活性上升，加剧了花青素的降解。在马铃薯中，*StMYB44* 负调控花青素合成，高温会激活 *StMYB44* 表达，从而抑制花青素合成基因 *DFR* 表达，降低花青素的含量。

（二）叶绿素

叶绿素（Chl）是绿色植物参与光合作用的重要色素，在光合作用的能量捕获及能量传递中起着至关重要的作用。此外，随着生长发育的进行，为防止出现光合损伤，植物还会将过多的叶绿素分子从光合反应中心脱离下来，在植物体内降解为不具有光合毒性的物质。叶绿素降解途径也是植物进行自我调控的重要步骤。植物叶绿素的合成与降解在发育过程中受到转录因子、表观遗传及环境因子调控。

1. 转录因子调控　参与调控叶绿素生物合成和代谢的转录因子主要有 Golden2-like、HAP3、HY5、PIF 等。在不同植物中，转录因子调控叶绿素合成的机制如表 1-4 所示。

表 1-4　不同植物中转录因子调控叶绿素合成的机制

植物	转录因子	调控类型	结构基因
柑橘	ERF6、ERF13	激活	*PPH*
番茄	ARF10	激活	*GLK1*
香蕉	MYB30	激活	*SGR*
水稻	GLK	激活	*PORB*、*CAO*、*LHCB1/2/4*
水稻	HAP3	激活	*RBCS*、*CAB*
拟南芥	HY5	激活	*PORC*、*LHCA4*、*GUN5*、*CAB1*
拟南芥	GLK1、GLK2	激活	*LHCB6*
拟南芥	PIF1	激活	*PORC*
拟南芥	PIF1	抑制	*eChlI*
拟南芥	PIF3	抑制	*GUN5*、*LHCB2.2*、*PSBQ*、*PSAE1*
拟南芥	PIF4	抑制	*PORC*、*LHCA4*、*GUN5*
拟南芥	PIF5	激活	*SGR1*、*NYC1*
拟南芥	RVE1	激活	*PORA*

（1）Golden2-like 转录因子　Golden2-like 转录因子，又名 G2-like 和 GLK，是一类在植物中广泛存在的转录因子。*GLK* 基因包含两个高度保守的结构域：N 端特异性结构域（GCTbox）和 C 端 DNA 结合结构域（DBD）。GLK 是植物界叶绿体发育的强效正调控因子，可影响叶绿素的合成。在番茄中，*SlGLK2* 和 *SlGLK1* 的过表达会使未成熟的番茄果实果色比正常果实更偏深绿色。在辣椒中，*CaGLK2* 对辣椒果实果色和叶绿素含量都会造成影响。

（2）HAP3 转录因子　HAP3 转录因子是一种植物特异性转录因子，可以与 CCAAT 框结合并控制基因的表达。HAP3 包括 3 个结构域：氨基端和羧基端分别有一个不保守的 A 区（A domain）和 C 区（C domain），中部有一个保守的 B 区（B domain）。其中 B 区是 HAP3 蛋白序列中较重要的区域，HAP3 通过 B 区氨基酸残基与其他亚基发生相互作用。在水稻中，Miyoshi 鉴定了 3 种 HAP3 复合体的基因 *OsHAP3A*、*OsHAP3B* 和 *OsHAP3C*。研究发现，在构建反义和 RNA 干扰的转基因水稻中降低了这 3 种基因的表达量后，细胞核内光合作用基因 *RBCS* 和 *CAB* 的表达量会降低，导致水稻出现叶片颜色变浅、叶绿素含量下降、叶绿素退化的情况。

（3）HY5 转录因子　HY5（elongated hypocotyl 5）是亮氨酸拉链类转录因子，含有与特异 DNA 序列相结合的碱性结构域，肽链 N 端的碱性区可以与 DNA 直接结合。HY5 可以通过调节叶绿素生物合成基因 *PORC* 的表达来调控叶绿素的合成。HY5 也可与 BBX11 启动子中 G-box 变体的 P1 区结合并激活其表达，PIF3 与 BBX11 启动子含有 G-box 变体的 P1 区结合，可以在黑暗中抑制 BBX11 的活性。因此，HY5 与 PIF 具有拮抗作用，可以共同调控叶绿素的合成。此外，光暗变化中，HY5、COP1 及 ABI4 等转录因子在细胞核与细胞质中发生动态变化，调控了 *PORA*、*HEMA2*、*FC2* 等四吡咯合成酶的关键基因，从而影响了叶绿素的含量。

（4）PIF 转录因子　光敏色素作用因子（phytochrome-interacting factor，PIF）属于 bHLH 转录因子家族中的一个亚家族成员，具有与 phyA 结合的 APA 基序或与 phyB 结合的 APB 基序。其中，PIF1 和 PIF3 是拟南芥 6 个 PIF 蛋白（PIF1、PIF3、PIF4、PIF6、PIF7 和 PIF8）中最主要的光响应转录因子，在叶绿素合成过程中起主导作用。例如，在植物去黄化过程中，PIF1 可以直接结合 *CHLH*、*PORC*、*CAO*、*FC*、*HO3* 等叶绿素合成相关的功能基因并调控它们的表达，进而影响叶绿素的生物合成。在拟南芥中，PIF 还能与 BZR1 和 GRF7 蛋白相互作用，形成 BZR1-PIF4-GRF7 转录复合体，协同促进编码叶绿素生物合成关键酶基因的表达，进而促进植物黄化幼苗转绿。小麦中，TaTDRL 也可通过 AtPIF1 响应光照变化，负调控叶绿素的生物合成。

（5）与叶绿素合成相关的其他转录因子　MYB 转录因子成员 StRSM1 在烟草中过表达会增加黑暗条件下叶绿素结合蛋白 *CP24* 基因的表达，进而反向调控叶绿素含量的积累。在烟草中，超表达柑橘 *ERF13* 基因，发现叶绿素降解的关键基因 *PPH* 表达被上调，导致叶绿素含量的下降。在椪柑中，乙烯响应因子第Ⅱ亚族的 CitERF6 和 CitERF13 均可诱导叶绿素降解关键结构基因 *CitPPH* 的表达，使果皮叶绿素快速降低，呈现明显黄色。

2. 表观遗传调控　除转录因子以外，表观遗传调控也非常重要，如 DNA 修饰及蛋白质修饰，在叶绿素合成和代谢过程中发挥着重要的调控作用。

（1）DNA 修饰　DNA 甲基化是通过在转录因子或结构基因启动子区域的胞嘧啶发生甲基化，调控下游 CDS 区的表达，进而影响色素的生物合成。DNA 甲基化对叶绿素合成的调控作用研究较少。2018 年在拟南芥中鉴定了一个转座子并命名为 NMR19，NMR19 被进一步分类为 NMR19-4 和 NMR19-16。NMR19-4 的甲基化可以抑制叶绿素降解的关键基因 *PPH* 的表达，进而抑制叶绿素降解。

（2）蛋白质修饰　蛋白质修饰的表观遗传调控中，组蛋白乙酰化和甲基化参与调控叶绿素的生物合成。通常来说，组蛋白乙酰化通常引起下游基因转录激活，而组蛋白去乙酰化会引起下游基因转录抑制。组蛋白乙酰化水平由 HAT（histone acetyltransferase）和 HDA（histone deacetylase）的共同作用决定。PIF3 与 HDA15 共同抑制黄化拟南芥幼苗中叶绿素的生物合成和光合作用。组氨酸甲基转移酶 SDG8 通过改变叶绿素合成基因 *HEMA1*、*PORB* 和 *CHLM* 的启动子上组蛋白的甲基化水平，调控叶绿素的累积。

3. 环境因子调控　　叶绿素含量受多种因素共同调控，其中光照以多效性的方式调控植物的生长发育，对叶绿体发育及叶绿素合成起主导性作用。目前，关于光照对叶绿素合成和代谢调控机制的研究较为深入，而其他环境因素如温度对叶绿素含量调控的分子机制也取得了一些进展。

（1）光照　　光信号是叶绿素生物合成的重要调控因子。植物色素感光细胞通过激活光合色素的产生来促进光合自养，这对于园艺产品的生长发育过程尤为重要。

光通过调控叶绿素生物合成途径中关键基因的表达来影响叶绿素的生物合成。植物中的原叶绿素酸酯氧化还原酶 A[①]（PORA）可以将原叶绿素酸酯 a 转化为叶绿素酸酯 a。PORA 在拟南芥黄化苗中有较高表达，但见光后，PORA 表达量迅速下调，叶绿素含量升高。含有 Mg^{2+} 的叶绿素合酶（ChlG）可以将叶绿素酸酯 a 和叶绿素酸酯 b 催化为叶绿素 a 和叶绿素 b，拟南芥中 ChlG 在见光后表达量逐渐增加，引起叶绿素含量的积累，这也进一步表明光通过调控叶绿素生物合成途径中结构基因的表达水平来影响叶绿素的生物合成，黑暗或长期遮光不利于植物叶绿素的积累。

由于植物对不同光合色素的吸收光谱不同，不同的光照质量对叶绿素的含量也有不同的影响。对黄瓜、彩椒、大白菜、生菜和大蒜幼苗的研究表明，红光有利于叶片中叶绿素的积累，而蓝光则抑制叶绿素的积累。相同光照质量对叶绿素生物合成的影响在不同植物中也存在差异。研究发现，蓝光下生长的水培生菜叶片中叶绿素含量高于红光下，红蓝光混合处理下大白菜叶绿素生物合成含量高于单色光处理。在柑橘中，研究发现蓝光照射使得温州蜜柑中叶绿素分解代谢相关基因 *CitChlase*、*CitPao* 和 *CitRCCR* 表达量增加，促进叶绿素的降解进而引起蜜柑果实的脱绿。

（2）温度　　叶绿素的生物合成和降解是一系列酶促反应，受温度影响很大。低温可导致氨基乙酰丙酸向原叶绿素酸酯的转化和 Mg-Proto Ⅸ向 Mpe 的转化受阻。12℃时水稻的生长就会受到影响。低温胁迫超过 48h 后，水稻叶绿体类囊体和基质片层结构发育就会受到抑制，造成叶绿素含量下降。高温和低温都会影响叶绿素的生物合成，芹菜叶在低温胁迫下，叶绿素含量显著降低，并且与叶绿素合成相关的 15 个基因（如 *AggltX*、*AgHEMA*、*AgHEMB*、*AgCHLH-H*、*AgCRD* 和 *AgHEME* 等）表达量也呈降低趋势。研究发现，高温对芹菜叶绿素的抑制比低温更强，可能与叶绿素合成基因的表达量在高温中下降程度更大有关。高温还会增强香蕉 E3 泛素连接酶 MaBAH1 与转录因子 MaMYB30 互作，从而增强 MaMYB30 泛素化降解，削弱 MaMYB30 对叶绿素降解基因 *MaSGR* 的激活效应，抑制香蕉的采后脱绿，导致香蕉果实的“青皮熟”。

（三）类胡萝卜素

类胡萝卜素是一类天然脂溶性色素的总称，在所有光合作用生物体的采光、光保护、色素-蛋白质复合物的结构维持等方面起重要作用。在植物体内，经由 2-C-甲基-D-赤藓糖醇-4-磷酸（MEP）的类胡萝卜素合成途径已大致阐明。该途径受到转录因子、表观遗传及环境因子等调控。

① 原叶绿素酸酯氧化还原酶（POR）包括三种亚型：PORA、PORB 和 PORC

1. 转录因子调控 类胡萝卜素是一类重要的天然色素，是胡萝卜素和叶黄素两大类色素的总称。影响植物类胡萝卜素合成途径的转录因子主要包括 MADS-box 家族、NAC 家族、AP2/ERF 家族、HD-Zip 家族、NF-Y 家族等。在番茄中，转录因子调控类胡萝卜素合成的机制如表 1-5 所示。

表 1-5 转录因子调控类胡萝卜素合成的机制

转录因子	调控类型	结构基因
MADS1	抑制	*PSY1*
MADS-RIN	激活	*PSY1*
SlAN2	抑制	*PSY1*
PIF	抑制	*PSY1*
FUL1/TDR4、FUL2/MBP7	激活	*PSY1*、*ZDS*
NOR-like1	激活	*SlSGR1*、*SlGgpps2*
SlERF6	抑制	*DXS*
LeHB-1	激活	*LeACO1*
SlCMB1	激活	*PDS*
SlMBP8	激活	*PDS*
SlNAC4	激活	*LCYE*
SlNAC1	抑制	*LCYE*

（1）MADS-box 家族转录因子 MADS-box 家族是一类广泛存在于植物中的转录因子。高等植物中，*MADS* 基因由 4 个保守程度不一的区域组成，分别是 MADS 区、I（intervening）区、K（keratin-like）区和 C 端（M-I-K-C domain structure）。MADS-box 家族是影响植物类胡萝卜素合成途径数量最庞大的家族之一。该家族调控类胡萝卜素合成的转录因子包括 MADS-RIN、MADS1、FUL1/TDR4 和 FUL2/MBP7 等。转录因子主要通过调控类胡萝卜素合成途径中结构基因的表达，进而控制通路代谢流量来调节类胡萝卜素的积累。PSY1 是类胡萝卜素生物合成途径中的第一个关键酶，RIN 通过与 *PSY1* 基因的启动子结合，进而调控类胡萝卜素的生物合成。MADS1 是 MADS-box 家族中发现的第一个抑制番茄果实成熟的转录因子。在番茄中对 SlMADS1 进行 RNA 干扰，观察到 *PSY1* 基因的表达量显著增加，证明 MADS1 负调控番茄果实类胡萝卜素的合成。FUL1/TDR4 和 FUL2/MBP7 可以正向调节基因 *PSY1* 和 *ZDS* 的表达，FUL1/TDR4 和 FUL2/MBP7 通过与 MADS-RIN 形成异源二聚体对番茄果实成熟具有促进作用；同时沉默了番茄中 *FUL1* 和 *FUL2* 基因，使番茄果实呈现出不成熟的橘黄色表型，并表现为不依赖于乙烯的果实不成熟模式。

（2）NAC 家族转录因子 NAC（NAM、ATAF 和 CUC）家族是植物特有的一类转录因子，NAC 转录因子最显著的结构特点是在 N 端具有一个高度保守的 150 个氨基酸的 NAC 结构域，用来进行 DNA 结合，以及拥有一个具有高度多样性的 C 端转录功能区。该家族调控类胡萝卜素合成的转录因子主要有 SlNAC1、SlNAC4 和 NOR。利用 RNA 干扰技术沉默 NAC1 的转基因番茄中发现果实表现出成熟延迟和较深的红色外观。完全成熟的 RNAi-NAC1 果实也比野生型品系产生更高的总类胡萝卜素含量，这些都表明 SlNAC1 负调控番茄果实中类胡萝卜素的合成。与 SlNAC1 的调控模式相反，在 RNAi-SlNAC4 转基因株系中，SlNAC4 表达量的降低导致果实成熟延迟，类胡萝卜素含量下降。NOR-like1 是番茄果实成熟的正调控因子，沉默 *NOR* 基因后番茄中类胡萝卜素含量受到了影响，番茄果皮颜色变浅且表现出成熟异常。

（3）AP2/ERF 家族转录因子　AP2/ERF（APETALA2/ethylene-responsive factor）是植物中广泛存在的一类超大家族转录因子，含有 1～2 个由 60 个氨基酸组成的 AP2/ERF 结构域，根据 AP2/ERF 结构域的数量及结合序列可以将其分为 5 个亚家族：AP2（APETALA2）、ERF（ethylene-responsive factor）、DREB（dehydration-responsive element-binding protein）、RAV（related to ABI3/VP1）和 Soloist。在番茄中，超表达 *SlERF6* 能够显著抑制类胡萝卜素的生物合成，在 *SlERF6* 沉默的转基因株系中，类胡萝卜素合成途径基因 *DXS* 的表达量升高，类胡萝卜素含量增加，表明 *SlERF6* 负调控类胡萝卜素的生成。与 *SlERF6* 一致，*SlAP2a* 同样负调控番茄类胡萝卜素的生成，通过 RNAi 抑制 *SlAP2a* 的表达，观察到番茄提前成熟，且类胡萝卜素的积累使果实成熟后呈现橙红色。

（4）HD-Zip 家族转录因子　HD-Zip（homeodomain-leucine zipper）家族转录因子是一类植物特有的转录因子，由高度保守的同源异形结构域（homeodomain）和亮氨酸拉链（leucine zipper）元件组成。同源异形结构域由同源异形框（homeobox）基因编码的 60 个或 61 个保守氨基酸构成，它会折叠为一个特殊的三螺旋，并在两个回环和一个转角的帮助下结合到目标 DNA 双螺旋的大沟上，与其发生相互作用。LeHB-1（lycopersicon esculentum homeobox-1）是 HD-Zip 家族中类胡萝卜素合成途径的正调控因子。在番茄中，*LeHB-1* 基因直接结合编码 ACC 氧化酶的基因 *LeACO1* 的启动子，正调控乙烯的合成，最终正调控类胡萝卜素的生物合成。沉默 *LeHB-1* 基因可以使番茄果实成熟延缓，部分果实的果皮呈现黄/橙色。

（5）与类胡萝卜素合成相关的其他转录因子　参与调控类胡萝卜素代谢合成的转录因子还有 MYB、NF-Y 家族等。MYB 转录因子在植物类胡萝卜素生物合成途径中起着重要作用。该家族中大多数成员起正调控作用，如 MYB305。在烟草中沉默 MYB305 后，植株不再积累 β-胡萝卜素。CNR 是果实成熟所必需的转录因子，该基因的沉默会导致果实出现未成熟表型，果皮颜色变淡。

2. 表观遗传调控　蛋白质修饰包括蛋白质的乙酰化、泛素化、糖基化和甲基化等。目前的研究进展表明，植物中表观遗传调控类胡萝卜素生物合成主要是以组蛋白甲基化修饰的形式进行的。拟南芥 *CCR1* 基因编码一个组蛋白甲基转移酶 SDG8，可以催化组蛋白 H3K4 和 H3K36 的甲基化。在 *ccr1* 突变体中，类胡萝卜素异构酶 CRTISO 基因转录起始位点的三甲基-H3K4 减少，二甲基-H3K4 增加，导致类胡萝卜素异构酶表达受抑制进而影响类胡萝卜素的累积。

3. 环境因子调控　环境因子主要是光照和温度，其在植物类胡萝卜素合成途径中发挥重要作用。光和温度调控植物类胡萝卜素的生物合成和代谢，贯穿植物整个生命过程，不同光照强度和温度直接影响类胡萝卜素的合成量。

（1）光照　强光照可抑制类胡萝卜素的含量，但在低光照下，光对类胡萝卜素的合成有正调节作用。在番茄中，弱光或遮阴条件下 PIF1 同系物（PIF1a）通过与 PSY1 启动子结合抑制类胡萝卜素积累，在果实成熟期间调节类胡萝卜素的生物合成。不同波长的光处理对类胡萝卜素合成的影响有所不同。例如，相对于其他光质，红光更能诱导橘皮中 β-玉米黄质的合成，通过检测 *CitPSY*、*CitPDS*、*CitZDS*、*CitLCYb1*、*CitLCYb2*、*CitHYb*、*CitZEP* 的表达水平，发现上述这些基因的表达受到红光的诱导。但在对苦荞芽的研究中发现，与蓝光和红光相比，白光处理反而增加了总类胡萝卜素的含量。

（2）温度　除光照可以调控类胡萝卜素的合成外，温度也是一个重要的调控因子。番茄果实的着色过程既受到高温又受到低温的抑制，具体来说，高温可以使番茄果实提早转色，但温度过高也导致番茄果实类胡萝卜素含量即使到完熟阶段仍保持在转色水平，并严重影响番茄红素在果实中的积累；而低温会导致果实不能转色。在枸杞中，温度升高后类胡萝卜素合成途径终端β-胡萝卜素分支途径的合成酶，包括番茄红素β环化酶（LCY-B）、有色体特异的番茄红素β环化酶（CYC-B）、β-胡萝卜素羟化酶（CRTRB）、玉米黄素环氧化酶（ZEP）和紫黄质脱环氧化酶（VDE）的表达量都显著上调，从而促进类胡萝卜素积累。

展 望

近年来，色泽作为园艺产品品质的重要指标，受到了消费者的广泛关注。呈色物质主要是类胡萝卜素、花青素等，以下方面需要重点关注。①花青素的合成途径并不完善，而且不同花青素或花青素和其他物质之间的相互作用也鲜有报道，因此，综合多组学的手段寻找其更多的关键结构基因和调控因子，并探究其相互作用尤为重要。②对于叶绿素，应着眼于不同叶绿素之间的相互作用及叶绿素降解的精准调控机制，同时利用基因工程等方法，完善叶绿素的分子合成途径，增强植物的光合效率，提高物质的积累量。③类胡萝卜素自身的结构导致其缺乏一定的稳定性，易受到光照、氧气、pH及温度等影响。因此，如何提高类胡萝卜素的稳定性值得探究。同时，未来也可以通过多靶点操作调控合成代谢通路，以此来获得类胡萝卜素的最大产率。④果实的色泽发育是一系列复杂的生理生化反应过程，转录因子、光照、温度和激素等都是影响色素合成的重要调控因子。因此，探究不同因子协同调控色泽发育及风味形成的内在机制，对改善果蔬色泽具有重要意义。

第二节　风味与调控机制

【学习目标】

1. 了解采后园艺产品风味物质代谢的基本特征和原理。
2. 掌握风味代谢和品质控制基本技术。
3. 了解园艺产品风味物质代谢的研究进展。

【主题词】糖；酸；香气；风味；物质代谢；品质控制

糖、酸和芳香物质是风味品质形成的物质基础，其组分和含量的变化是采后园艺产品风味品质变化的主要原因。风味物质变化是果蔬成熟衰老及品质劣变的重要指标。本节系统研究果蔬品质形成和成熟衰老进程中的糖、酸及芳香物质代谢组分的变化，以及环境因素对风味物质代谢的影响，挖掘参与风味物质代谢的调控基因和结构基因，以及表观遗传调控风味物质代谢的主要进展。本节还介绍了园艺产品的糖、酸和芳香物质等风味物质代谢的基本特征，以及外因和内因对风味物质代谢的调控机制。

一、糖代谢及再分配

在植物的生长发育及代谢过程中，糖既是植物光合作用产物，也是呼吸作用底物，为植物生长发育提供碳源和能量。植物叶片的光合作用产物经维管束韧皮部等组织运输进入果实等库器官，通过糖代谢合成各种糖类物质，并储存在果实等器官中。糖类物质不仅为细胞提供能量，维持细胞充盈，而且作为信号分子调节果实发育，赋予果实独特的风味。糖的种类、含量、构成比例及转运动态是影响果实品质的重要因素。因此，深入探究果实糖代谢和再分配机制可为果实品质的遗传改良奠定重要基础。

（一）糖类物质与风味

糖是决定果实风味品质的关键指标之一，糖的种类和含量直接影响着果实的甜度。另外，糖代谢是整个生物代谢的中心，连通蛋白质、脂类、核酸及次生物质等代谢，果实中含量较多的一些糖类物质（如葡萄糖、果糖、蔗糖、淀粉和山梨醇等）是果实其他重要品质成分（维生素和色素等）和风味物质（芳香物质）合成的基础原料。因此，糖是决定果实商品价值的重要因素。

不同种类或同种类不同品种的水果，由于可溶性糖的含量和组分不同而呈现不同的风味。在大多数水果中，果糖、葡萄糖和蔗糖是主要的可溶性糖（表 1-6），其中菠萝、龙眼、柑橘、香蕉等水果中蔗糖含量最高，草莓、苹果和梨等水果中果糖含量最高。番茄、葡萄和甜瓜以葡萄糖、果糖两种单糖为主，它们的含量相当；与其相反，在桃果实中，蔗糖则是主要的糖，约占总可溶性糖的 65%（表 1-6）。山梨醇是一种糖醇，存在于某些种类的果实中，特别是蔷薇科植物。

表 1-6　常见水果中所含的糖类物质

物种	主要糖类物质
番茄（*Solanum lycopersicum*）	葡萄糖、果糖，两者含量相当
葡萄（*Vitis vinifera*）	葡萄糖、果糖，两者含量相当
甜瓜（*Cucumis melo*）	葡萄糖、果糖，两者含量相当；有时蔗糖含量也很高
菠萝（*Ananas comosus*）	蔗糖、葡萄糖、果糖，其中蔗糖含量最高
龙眼（*Dimocarpus longana*）	蔗糖、葡萄糖、果糖，其中蔗糖含量最高
柑橘（*Citrus* spp.）	蔗糖、果糖、葡萄糖，其中蔗糖含量最高
香蕉（*Musa* spp.）	蔗糖、葡萄糖、果糖，其中蔗糖含量最高
芒果（*Mangifera indica*）	蔗糖、果糖、葡萄糖，其中蔗糖含量最高
草莓（*Fragaria ananassa*）	果糖、葡萄糖、蔗糖，其中果糖含量最高
苹果（*Malus* × *domestica*）	果糖、葡萄糖、蔗糖和山梨醇，其中果糖含量最高
梨（*Pyrus* spp.）	果糖、葡萄糖、蔗糖和山梨醇，其中果糖含量最高
猕猴桃（*Actinidia chinensis*）	果糖、葡萄糖、蔗糖，其中果糖含量最高
西瓜（*Citrullus lanatus*）	果糖、蔗糖、葡萄糖，其中果糖或蔗糖在不同品种中含量最高
桃（*Prunus* spp.）	蔗糖，约占总可溶性糖的 65%

根据果实糖积累的特性，可将果实分为淀粉转化型、糖直接积累型和中间积累型。①淀粉转化型果实：叶片的光合作用产物除用于果实的呼吸消耗和生长发育外，剩余部分则以淀粉的形式贮藏在果实中，在果实后熟过程中的某一时期内，呼吸速率和乙烯释放量突然升高，淀粉转化为可溶性糖，这类果实主要指香蕉、猕猴桃和芒果等呼吸跃变型果实。②糖直接积累型果实：果实的糖分主要来源于叶片光合作用产生的蔗糖，蔗糖再经过相关酶的分解或催化转换为葡萄糖和果糖，并贮藏于液泡中，这类果实主要指柑橘、葡萄和龙眼等非呼吸跃变型果实。③中间积累型果实：在果实发育早中期光合产物主要以淀粉的形式积累，在果实发育后期淀粉含量下降，转化为可溶性糖类，如苹果、桃和梨等。

1. 糖代谢的关键酶　糖代谢是一个十分复杂的过程，在不同的果实中糖代谢机制也不尽相同。按照糖代谢的产物可将果实中的糖代谢分为蔗糖代谢、山梨醇代谢、己糖代谢和淀粉代谢等类型。糖主要以蔗糖的形式运输，且蔗糖在果实成熟的糖积累中发挥重要作用，所以蔗糖代谢是果实糖积累的重要环节。果蔬组织中与蔗糖代谢密切相关的酶主要有蔗糖磷酸合酶、蔗糖合酶和转化酶，这 3 种酶对果实中糖的积累、运输和转化起着重要的作用。

（1）蔗糖磷酸合酶　蔗糖磷酸合酶（sucrose phosphate synthase，SPS）是一种低丰度的可溶性酶，广泛存在于植物的细胞质中，在蔗糖的生物合成中起重要作用。SPS 主要催化尿苷二磷酸葡萄糖（uridine diphosphate glucose，UDPG）和果糖-6-磷酸生成蔗糖，其催化蔗糖合成的过程是不可逆的。研究发现，SPS 是影响脐橙果实膨大期可溶性糖积累的主要酶，高的 SPS 酶活性有利于果实内糖的积累。甜瓜蔗糖含量的差异与果实发育过程中 SPS 酶活性升高的程度密切相关，甜瓜的蔗糖合成能力反映在 SPS 的酶活性上，并决定着蔗糖的积累。李和梨的后熟过程中，蔗糖随着 SPS 酶活性的升高而逐渐积累。研究表明，SPS 也参与了果实成熟过程中淀粉转化成蔗糖的过程。在香蕉成熟过程中，淀粉水解成可溶性糖，在果实成熟过程中，SPS 的酶活性随着果实中蔗糖浓度的升高而显著提高。另外，分子层面也证实蔗糖磷酸合酶参与果实可溶性糖的积累。柑橘中克隆到 3 个编码 SPS 的基因，它们在柑橘果实蔗糖积累过程中的果皮组织、汁胞组织和囊瓣表皮等不同部位表达。在番茄中，过表达 SPS 基因会显著提高番茄果实的蔗糖含量，抑制番茄 SPS 基因表达，会使果实蔗糖含量降低，进而影响坐果与果实发育。

（2）蔗糖合酶　蔗糖合酶（sucrose synthase，SS）是蔗糖代谢中的一种可溶性酶，存在于细胞质中，通过影响果实的库强度来影响其糖积累，它既能催化蔗糖合成又能催化蔗糖分解，是促使蔗糖进入各种代谢途径的关键酶之一。与 SPS 不同的是，SS 催化 UDPG 和果糖生成蔗糖的反应是可逆的，SS 通过这个可逆反应保持蔗糖的浓度梯度，从而影响果实中的糖积累。研究表明，在苹果果实的成熟周期，特别是后期，果实蔗糖积累与 SS 的活性呈显著正相关，与其他糖代谢酶不存在显著的相关性，说明苹果果实蔗糖积累主要受 SS 的调控。SS 对甜橙、番木瓜等的蔗糖积累也起主要作用，影响果实库强度。然而，在对温州蜜柑的研究中发现，在蜜柑的幼果期 SS 的合成和分解活性都相对较高，随后却迅速下降，之后又略有上升，说明不同果实在不同时期，SS 所起的作用可能不同。

（3）转化酶　转化酶（invertase，Inv）是蔗糖的分解酶，参与蔗糖的分解代谢，可将蔗糖分解为葡萄糖和果糖，在植物体内具有重要的生理作用。在植物体中，转化酶根据最适 pH 可分为酸性转化酶（acid inverse，AI）、碱性转化酶和中性转化酶（neutral，NI）。酸性转化酶不仅存在于光合组织中，还广泛存在于非光合组织中，其最适 pH 为 3～5，它分为可溶性和不可溶性两种类型：前者存在于液泡内，调节植物糖的积累和液泡中蔗糖的利用；后者存在于细胞间隙并结合在细胞壁上，主要参与韧皮部质外体卸载时蔗糖的分解，以此来保持库源之间蔗糖的浓度。中性/碱性转化酶最适 pH 为 6.5～8.0，存在于细胞质中，具有可溶性，蔗糖是唯一底物。Inv 的酶活性与果实蔗糖的积累呈负相关，转化酶活性降低是蔗糖积累的前提，Inv 的酶活性高，则果糖和葡萄糖的积累较多。在梨、杨梅、杏等水果中，果实成熟前期，酸性转化酶和中性转化酶活性均很高，蔗糖含量低，然而在果实成熟后期，酸性转化酶和中性转化酶活性下降，蔗糖开始逐步积累。

2. 糖的再分配　光合产物从合成到运输至果实等库组织和器官，需经合成、降解、转运和贮存等过程，转运是其中的关键环节，影响糖的再分配及各器官可溶性糖的积累。由于糖在植物体内运输时数次穿过细胞膜（质膜）和液泡膜等膜结构，需相应的载体蛋白——糖转运蛋白（sugar transporter）介导糖的跨膜转运。因此，糖转运蛋白对糖的再分配和库器官的糖积累具有重要的调控作用。根据转运糖的种类，植物糖转运蛋白主要分为 4 类：单糖转运蛋白、蔗糖转运蛋白、SWEET 蛋白家族和其他糖转运蛋白，它们在果实的糖积累中发挥重要作用。

（1）单糖转运蛋白　植物中单糖运输主要是单糖转运蛋白介导的，单糖转运蛋白对单糖的转运、吸收、利用和积累均起作用，并影响植物的生长与发育。一般情况下可分为己糖转运蛋白和葡萄糖转运蛋白。葡萄己糖转运蛋白（*Vitis vinifera* hexose transporter，VvHT）在葡萄果实成熟的细胞分化期和细胞生长期发挥作用，并且为这两个过程提供必要的能量，负责葡萄糖的转运，但不负责甘露糖、山梨醇和甘露醇的转运。在橄榄果实中，糖是提供能量并作为油橄榄生物合成前体的主要可溶性成分，油橄榄单糖转运蛋白（*Olea europaea* monosaccharide transporter，OeMST）在橄榄果实成熟中发挥作用，负责葡萄糖的转运，但不负责果糖、阿拉伯糖、甘露醇等的转运。

（2）蔗糖转运蛋白　高等植物中，非光合器官的能量和碳源是由进行光合作用的绿色叶片提供的，蔗糖是植物体内碳水化合物长距离转运的主要甚至是唯一的形式，为植物生长发育提供碳架与能量。因此，在所有糖转运蛋白当中，对蔗糖转运蛋白（sucrose transporter，SUC/SUT）家族的研究也最多。在草莓、番茄、苹果、葡萄、梨、桃和柑橘等重要经济水果中，鉴定出果实高量或特异表达的蔗糖转运蛋白，通过转基因等手段，验证了它们在果实糖积累中的重要调控作用。研究发现，过表达草莓蔗糖转运蛋白编码基因 *FaSUT1* 后，果实蔗糖含量明显增加；干扰 *FaSUT1* 后，果实蔗糖含量明显降低。干扰番茄蔗糖转运蛋白编码基因 *LeSUT2* 后，番茄果实糖含量降低。另外，苹果蔗糖转运蛋白 MdSTU4.1 也被证实参与果实中可溶性糖含量的调节，其表达量和果实糖的含量呈现负相关，过表达 MdSTU4.1 后，果实中水溶性糖含量降低。PbSUT2 是梨的蔗糖转运蛋白，在番茄中过表达 PbSUT2 导致果实中蔗糖含量增加，然而葡萄糖、果糖和总可溶性糖含量下降。这些研究结果表明，蔗糖转运蛋白在不同果实的可溶性糖积累中发挥着重要的功能。

（3）SWEET 蛋白家族　SWEET（sugar will eventually be exported transporter）是近年来才发现的一类新型糖转运蛋白家族，它们在植物中参与糖类的运输和分配，从而调控植物响应逆境胁迫、抵抗病原菌侵染，以及种子形成和发育等生理过程。与单糖转运蛋白和蔗糖转运蛋白不同，SWEET 蛋白既可运输单糖，又可运输多糖，可顺浓度梯度对糖分进行双向跨膜运输。目前大多数研究鉴定的 SWEET 蛋白具有转运葡萄糖、果糖或蔗糖的功能。对植物 SWEET 蛋白家族进行系统进化分析发现，SWEET 家族主要可分为 4 个分支，其中分支Ⅰ、Ⅱ、Ⅳ主要转运果糖和葡萄糖等己糖，分支Ⅲ主要负责运输蔗糖。在模式果实番茄的研究中发现，控制果实甜度的 *SlFgr* 基因编码的是一个能转运葡萄糖但不能转运果糖的 SWEET 蛋白，过表达 *SlFgr* 基因会使番茄果实的葡萄糖含量降低。通过分子标记等方法证实，苹果果实糖转运蛋白 MdSWEET9b 和 MdSWEET15a 与果实的糖积累紧密相关。另外，在香蕉、荔枝、龙眼、葡萄和杨桃等水果中，通过全基因组鉴定和转录表达分析，也鉴定到一些在果实成熟过程中高量或特异表达的 SWEET 基因，它们对这些水果糖积累的贡献有待进一步验证。

（4）其他糖转运蛋白　除单糖转运蛋白、蔗糖转运蛋白及 SWEET 蛋白家族外，还存在液泡膜单糖转运蛋白（tonoplast monosaccharide transporter，TMT）、液泡糖转运蛋白（vacuolar sugar transporter，VST）和液泡膜糖转运蛋白（tonoplast sugar transporter，TST）等其他在特定部位发挥运输糖类作用的转运蛋白，这些蛋白质虽然只在特定的部位发挥作用，但对于植物的正常发育和果实糖的积累等也具有重要的作用。

在苹果中，液泡膜单糖转运蛋白 MdTMT1 和 MdTMT2 可能对果糖和蔗糖有较高的底物亲和性，主要负责果实成熟期糖在液泡中的积累。此外，苹果中的 MdERDL6-1 也是一个定位于液泡膜的转运蛋白，MdERDL6-1 过表达能提高液泡糖内吸蛋白 TST1 和 TST2 的表达，同时介导了果实中葡萄糖的外排，可溶性糖的含量大大增加，该现象也在番茄中得到验证。甜瓜质体糖转运蛋白基因 *CmTST2* 在甜瓜成熟过程中高量表达，且将其在草莓和黄瓜中过表达可导致果实中蔗糖、果糖和葡萄糖的积累显著增加。遗传研究表明，在西瓜第 2 号染色体上存在两个糖含量主效 QTL 位点 Qbrix2-1 和 Qbrix2-2，其中 QTL Qbrix2-2 上的糖分决定基因编码一个液泡膜糖转运蛋白 ClTST2，而 QTL 位点 Qbrix2-1 的糖分决定基因编码一个新型液泡糖转运蛋白 ClVST1，它们通过转运蔗糖和果糖调控西瓜果实糖的积累。这些研究证实了液泡在瓜类果实糖积累中的重要作用。

（二）糖代谢的调控机制

1. 转录调控　果实的发育和成熟是各种植物激素相互作用的结果，其中维持适当的生长素水平对调节果实发育和成熟至关重要。生长素响应因子（auxin response factor，ARF）是一类调控生长素响应基因表达的转录因子，它们在果实糖积累中发挥重要作用。番茄 *SlARF4* 沉默后，果实成熟阶段淀粉合成酶基因转录水平升高，果实淀粉含量高于野生型。由于淀粉的降解是可溶性糖的主要来源，转基因果实中葡萄糖和果糖含量明显高于野生型。SlARF10 也是番茄生长素响应因子，过表达 *SlARF10* 的番茄果实中的淀粉、果糖和蔗糖积累量增加，而抑制 *SlARF10* 表达，果实中的淀粉和蔗糖积累量则减少，由此证实 SlARF10 表达的调控改变了淀粉合成酶基因的表达。

MdAREB2 是脱落酸（abscisic acid，ABA）响应转录因子，脱落酸诱导 MdAREB2 的表达后，可直接结合蔗糖转运蛋白基因 *MdSUT2* 和淀粉酶基因（*MdAMY1*、*MdAMY3*、*MdBAM1* 和 *MdBAM3*）的启动子区 ABA 响应元件，激活它们的转录表达，从而调控苹果果实可溶性糖的积累，也证实了脱落酸在果实糖积累中的诱导作用。

另外，bZIP、MYB 和 WRKY 等转录因子也参与了果实糖的积累。蔗糖诱导的翻译抑制（sucrose-induced repression of translation，SIRT）首次在拟南芥的 bZIP 转录因子 AtbZIP11 中发现，该抑制作用是由 AtbZIP11 的上游可读框（upstream open reading frame，uORF）介导。番茄 bZIP 转录因子 SlbZIP1 和 SlbZIP2 的 uORF 也参与蔗糖诱导的翻译抑制作用，将 *SlbZIP1* 和 *SlbZIP2* 基因（去除该 uORF 编码序列）进行过表达，番茄果实的可溶性糖（蔗糖、葡萄糖和果糖等）含量显著提高。FaMYB44.2 是草莓中的一个转录抑制因子，在草莓白果期前，它具有转录调控草莓果实中与蔗糖积累相关的关键基因 *FaSPS3* 的作用，而在草莓白果期后，转录因子 FaMYB10 会抑制 FaMYB44.2 的表达并削弱 FaMYB44.2 与其辅抑制因子 FabHLH3 的相互作用，紧接着会与 FabHLH3 合作激活 *FaSPS3* 的表达。因此，FaMYB10 和 FaMYB44.2 的相互作用导致了成熟草莓果实中蔗糖的积累。火龙果 WRKY 转录因子 HpWRKY3 被证实可通过转录调控蔗糖代谢基因 *HpINV2* 和 *HpSuSy1*，从而参与火龙果的糖分积累。*PpTST1* 是桃果实的一个编码糖转运蛋白基因，该基因的启动子序列中发现了 MYB 与 WRKY 转录因子结合的顺式元件，这也表明 MYB 与 WRKY 转录因子可能在桃果实糖积累中发挥作用。

2. 蛋白质翻译后修饰　目前关于果实可溶性糖积累的蛋白质翻译后修饰，主要见于蛋白激酶介导的磷酸化修饰。己糖激酶（hexokinase，HXK）是葡萄糖代谢的第一步催化剂，在许多生物（包括植物）中，作为介导糖感知的关键酶被广泛研究。果实中己糖只有磷酸化后才能被利用。经磷酸化的己糖进入糖酵解途径后，为植物生理活动提供能量和中间代谢产物。因此，己糖的磷酸化对植物淀粉的合成具有重要作用，而催化己糖磷酸化的酶统称为己糖激酶。

为了探讨己糖激酶在梨果实糖积累中的作用，对梨 *HXK* 基因进行分析，鉴定出一个葡萄糖传感器基因 *PbHXK1*，且证实 *PbHXK1* 的表达量与糖含量呈负相关。蛋白质翻译后的氧化还原修饰与磷酸化修饰之间存在对话（crosstalk），ADP-葡萄糖焦磷酸化酶（ADP-glucose pyrophosphorylase，AGPase）的翻译后氧化还原修饰可调节马铃薯淀粉的合成速率，蔗糖和葡萄糖均可导致AGPase的翻译后氧化还原激活，它们分别通过涉及SNF1相关蛋白激酶（SnRK1）和内源性己糖激酶的两种不同途径来实现。

另外，蔗糖是一种葡萄糖和果糖脱水缩合形成的二糖，是大多数植物韧皮部运输的主要糖，到达库组织时，蔗糖必须被转化酶或蔗糖合酶切割。这两种蔗糖切割酶都产生游离果糖，果糖必须被果糖激酶（fructokinase，FRK）或己糖激酶（HXK）磷酸化，但FRK与果糖的亲和力远高于HXK，这使得FRK成为果糖代谢的中心。在番茄果实发育和成熟过程中，随着淀粉水平的降低，果糖激酶和ADP-葡萄糖焦磷酸化酶的活性均显著下降，这些酶限制了淀粉积累的速度。在马铃薯块茎中果糖激酶与蔗糖合酶协同作用，在维持蔗糖合成和降解之间的平衡方面发挥着重要作用，其机制独立于己糖磷酸介导的蔗糖磷酸合酶的激活，维持着蔗糖合成和降解之间的平衡。

3. 表观遗传调控　最新研究发现，DNA甲基化和组蛋白乙酰化等表观遗传调控也参与了果实中可溶性糖的积累。通过转录组学和甲基化组学研究表明，DNA甲基化参与了可溶性糖等风味品质的形成和积累，采后处理（低温贮藏和提前采收等）通过影响糖代谢相关基因的甲基化水平，从而影响果实糖的积累。另外，梨转录因子PuWRKY31通过转录激活糖转运蛋白基因*PuSWEET15*，介导梨果实中蔗糖的积累，提高PuWRKY31启动子的组蛋白乙酰化水平，促进蔗糖积累。该组蛋白乙酰化水平受一个组蛋白乙酰转移酶基因*HOOKLESS1*的调控。

4. 环境因子调控

（1）温度　低温贮藏是目前延长果蔬供应期的一种主要方法。研究表明，低温贮藏能有效延缓草莓、菠萝和柑橘等果实总可溶性固形物含量的下降，且（8±1）℃贮藏效果较好。香蕉在4℃条件下贮藏，蔗糖磷酸合酶（SPS）、中性转化酶（NI）和酸性转化酶（AI）活性及糖含量上升缓慢，蔗糖合酶（SS）活性下降，低温贮藏可降低代谢酶活性及糖分积累速率。然而与常温（20℃）贮藏相比，低温（6℃）贮藏会导致番茄果实果糖和葡萄糖含量显著降低。

热处理作为一种新型环保的物理处理方法，近年来正日益受到国内外果蔬采后保鲜研究者的重视。研究表明，采后热处理能提高芒果、番茄和柑橘等果实的可溶性固形物含量。热处理能有效提高柑橘果实中总糖、总可溶性固形物、果糖、葡萄糖等的含量及蔗糖代谢相关基因*CitAI*的表达量。此外，热处理也能通过调节糖和有机酸来促进桃果实花青素的积累。热处理后的桃果实总糖含量呈现上升趋势。研究表明，随着处理温度的增加，甜瓜果实中果糖、蔗糖、可溶性糖含量增加，相应地与蔗糖代谢密切相关的三种酶（蔗糖磷酸合酶、蔗糖合酶和转化酶）活性升高。因此，热处理对果实糖代谢的调控是通过影响果实糖代谢相关酶活性来产生作用的。

（2）气体　气调与自发气调在果实保鲜中被广泛应用，该技术也可对果实糖代谢产生一定的影响。研究表明，10%二氧化碳（CO_2）处理对梨贮藏期间果实品质及糖代谢具有显著影响。二氧化碳处理可延缓果实软化和促进可溶性固形物（TSS）的积累。此外，二氧化碳还可增强梨果实中蔗糖合酶和蔗糖磷酸合酶的活性，促进葡萄糖、果糖、山梨醇和蔗糖的积累。但是，二氧化碳处理的果实中淀粉酶、酸性转化酶、中性转化酶、果糖激酶（FRK）、己糖激酶（HXK）、山梨醇氧化酶（SOX）等酶活性受到抑制。总而言之，二氧化碳可以通过调节梨不同糖组分的转化来提高可溶性糖的含量，从而维持梨的品质。

另外，有研究发现在低温（0℃）和高二氧化碳（20%）条件下，草莓的可溶性糖含量显著变化，与未经处理的草莓相比，暴露于高二氧化碳中的草莓的可溶性糖含量也显著减少，减少的可溶性糖主要包括蔗糖和肌醇。越来越多的研究证明二氧化碳在采后果实贮藏中发挥重要作用。因此，气调箱及气调包装应运而生。有研究发现，将采后的番木瓜置于加入二氧化碳吸附剂的活性气调包装中，番木瓜多糖和还原糖的含量在贮藏期间先升高后降低。然而，目前关于气调贮藏调控果实糖代谢的机制尚不清楚。

（3）光照　紫外线（UV）和发光二极管（LED）等的照射对植物生长发育的许多方面都有不同的影响。近年的研究表明，采后UV和LED照射对果实品质相关代谢产物的积累具有影响。发光二极管照射采摘后的香蕉果实，能提高其果实的抗坏血酸、总酚及总糖的含量。将成熟的‘Hamlin’甜橙在收获后用发光二极管和紫外线照射6d，高效液相色谱法分析发现LED和UV照射不仅促进了甜橙成熟，而且使甜橙可溶性糖的含量发生了显著变化，其中UV促进糖代谢的效果比LED明显，UVA、UVB和UVC处理的果实总可溶性糖、果糖和葡萄糖含量显著增加，UVB和UVC处理的果实蔗糖含量也显著增加。最新研究也发现，对桃进行40min的UVC光照（254nm，30W）处理，之后在1℃下贮藏35d，检测表明，UVC光照能促进桃果实花青素的积累，同时抑制了桃果实蔗糖的降解。

二、有机酸代谢

酸是果实风味品质的重要组成部分，其中果实中有机酸的种类、含量是影响风味品质的主要因素。果实有机酸形成主要发生在发育和成熟阶段，并在果实采后贮藏阶段含量发生了一些变化。因此，深入了解有机酸的种类、代谢途径、贮存与转运及代谢的调控机制等，是理解和维持园艺产品采后风味品质的基础。

（一）有机酸种类

果实中有机酸多为脂肪族羧酸，如苹果酸、柠檬酸、酒石酸、琥珀酸、草酸、乙酸、甲酸、富马酸、奎尼酸、莽草酸、没食子酸、抗坏血酸等，主要为苹果酸、柠檬酸和酒石酸。在不同果实中，有机酸的种类和含量存在较大差异，这种差异赋予每一种果实独特的风味品质。大多数果实以一种或两种有机酸为主，其他有机酸含量较低，对果实风味品质影响较小。按照果实中有机酸含量的比例，可将绝大部分水果划分为分别以柠檬酸、苹果酸和酒石酸为主的3种果实类型（表1-7），但一些果实品种存在两种有机酸优势类型。例如，梨果实主要含苹果酸和柠檬酸；西洋梨、砂梨地方品种多以柠檬酸优势型为主，而秋子梨、白梨和新疆梨多以苹果酸优势型为主。另外，水果不同部位有机酸种类和含量也存在差异。例如，葡萄柚的外果皮和中果皮均以苹果酸为主，果汁则以柠檬酸为主；甜橙外果皮以丙二酸为主，中果皮以苹果酸为主，而果汁以柠檬酸占绝对优势。

表1-7　常见果实的有机酸类型

水果种类	类型
苹果、桃、杏、李、甜樱桃、香蕉、火龙果、荔枝、龙眼、枇杷	苹果酸优势型
柑橘、草莓、芒果、菠萝、西番莲、杨梅	柠檬酸优势型
葡萄	酒石酸优势型

对于呼吸跃变型果实，在采后贮藏过程中，有机酸经过合成、降解、转化、分隔、贮存和释放等过程，其含量发生了一些变化。其中，李、香蕉、桃、番茄等果实以苹果酸含量增加为主；番木瓜、李、番石榴等果实以柠檬酸含量增加为主；但苹果、猕猴桃、香蕉、番茄等果实的总酸含量增加不大，并且桃果实总酸含量下降。总的来说，呼吸跃变型果实的呼吸作用加强

了有机酸代谢，引起有机酸种类和含量的变化，导致风味品质发生了明显的改变，达到最佳的可食状态，如香蕉、芒果、番木瓜、李、桃等果实。

在非呼吸跃变型果实中，如柑橘在贮藏期间，酸含量下降比例远大于糖，导致酸度缺乏，风味变淡；枇杷在采后贮藏中易衰老变质，含酸量迅速下降，丧失酸甜可口的固有风味；荔枝是最不耐贮的水果，在采后贮藏过程中酸含量下降，果肉风味逐渐变淡。

（二）有机酸代谢途径

果实采收后仍然进行生命活动，需要呼吸作用和能量合成，其中包括有机酸的消耗。果实有机酸代谢比较复杂，线粒体是有机酸合成的主要场所。有机酸合成涉及三羧酸循环（TAC）、乙醛酸循环、γ-氨基丁酸（GABA）支路等途径（图 1-6），属于多途径协同作用的综合代谢结果。其中，TAC 是有机酸代谢的主要途径，可为细胞提供能量底物。通过线粒体中的 TAC，三羧酸盐先转化成二羧酸盐，然后通过二羧酸的苹果酸脱羧形成草酰乙酸（OAA）。OAA 和苹果酸脱羧可以生成磷酸烯醇丙酮酸（PEP），激活糖异生过程，进而参与下游的呼吸作用和能量生物合成等一系列生理活动。

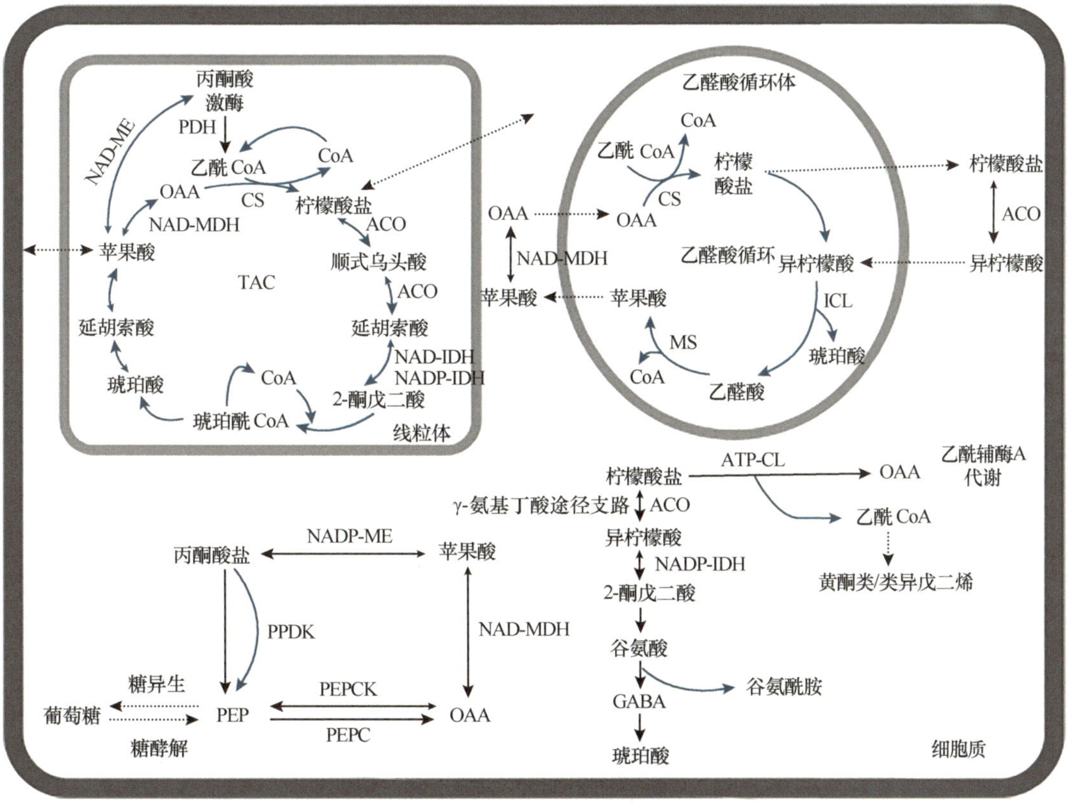

图 1-6 有机酸代谢途径

ACO. 顺乌头酸酶；ATP-CL. ATP-柠檬酸裂解酶；CS. 柠檬酸合酶；ICL. 异柠檬酸裂解酶；MS. 苹果酸合酶；NAD-MDH. 烟酰胺腺嘌呤二核苷酸-苹果酸脱氢酶；NAD-ME. 烟酰胺腺嘌呤二核苷酸-苹果酸酶；NAD-IDH. 烟酰胺腺嘌呤二核苷酸-异柠檬酸脱氢酶；NADP-ME. 烟酰胺腺嘌呤二核苷酸磷酸-苹果酸酶；NADP-IDH. 烟酰胺腺嘌呤二核苷酸磷酸-异柠檬酸脱氢酶；PDH. 丙酮酸脱氢酶；PEPC. 磷酸烯醇丙酮酸羧化酶；PEPCK. 磷酸烯醇丙酮酸羧激酶；PPDK. 丙酮酸正磷酸二激酶。虚线箭头表示有机酸转运

另外，柠檬酸、苹果酸作为 TAC 的底物，还直接参与呼吸作用，为细胞进行各种生理生

化活动提供能量。在 TAC 中，线粒体顺乌头酸酶（ACO）将柠檬酸异构化为异柠檬酸，然后由 NAD 型异柠檬酸脱氢酶（NAD-IDH）催化脱氢生成 α-酮戊二酸。在柠檬果实成熟过程中，线粒体中的 ACO 活性降低有利于果实成熟阶段的柠檬酸积累，而细胞质中的 ACO 活性升高则引起了贮藏过程中果实的柠檬酸含量下降。

（三）有机酸贮存与转运

有机酸合成是在果实液泡中进行的，存在有机酸的贮存与转运，在液泡内外需要跨膜运输（图 1-7）。线粒体三羧酸循环除维持生成还原型烟酰胺腺嘌呤二核苷酸（NADH）和黄素腺嘌呤二核苷酸（FAD）以促进 ATP 合成之外，还为其他生物合成途径提供碳骨架。

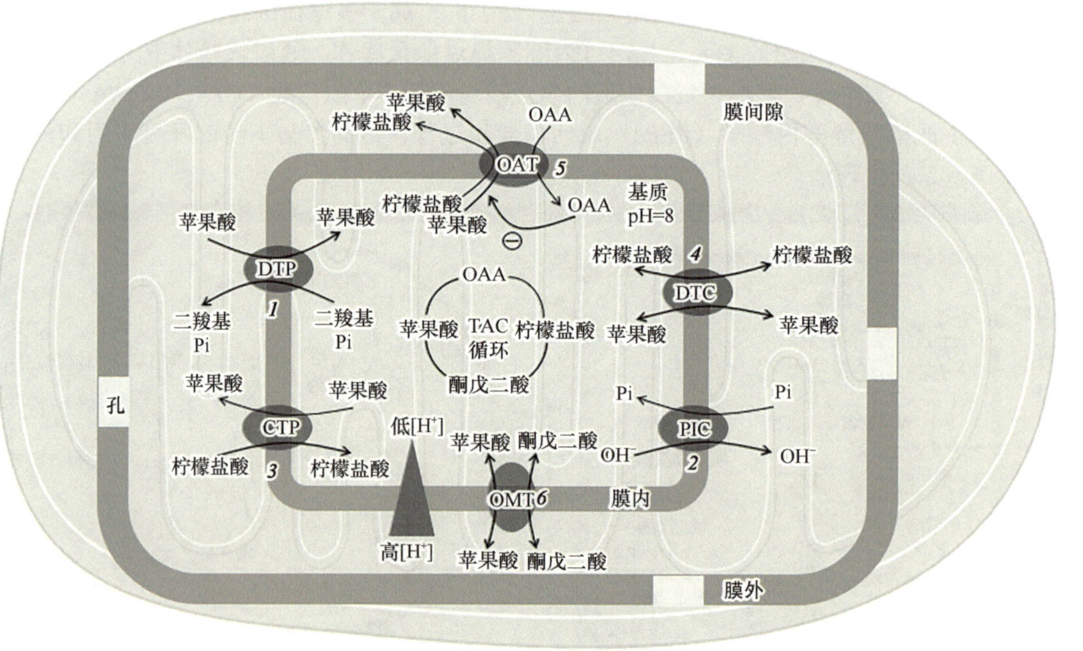

图 1-7　参与有机酸贮存与转运的线粒体转运体

CTP. 柠檬酸盐转运蛋白；DTC. 二羧酸三羧酸酯载体；DTP. 二羧酸转运蛋白；OAT. 草酰乙酸-苹果酸转运蛋白；OMT. 谷氨酸氧代谷氨酸转运蛋白；PIC. 磷酸盐载体；1～6. 有机酸转运步骤

果实有机酸由细胞质转运到液泡贮存是由转运体完成的；线粒体转运体家族蛋白参与了转运过程，并遵循离子跨膜运输原则。在大多数果实中，液泡型 H^+ 转运 ATP 酶（V-ATPase）为主要质子泵，V-ATPase 在有机酸转运至液泡积累过程中起主要作用。液泡中的有机酸积累过程伴随着质子的大量流入，受到 V-ATPase 调控，并且有机酸从线粒体中转运至细胞质再转运至液泡中是依靠液泡膜上的 V-ATPase 进行，通过质子流降低了液泡中的 pH，为有机酸转运提供了驱动力。另外，果实中细胞酸化受两种类型的液泡质子泵［V-ATPase 和 H^+-焦磷酸化酶（V-PPase）］所调控。

柠檬酸运输依赖 ATP 转运载体或离子通道主动扩散，并且苹果酸能强烈抑制柠檬酸离子通道运输。柠檬酸和苹果酸转运是通过共同通道进入液泡内的，两者存在相互联系。果实中有机酸跨液泡膜运输受共同转运载体或者两个不同但高度相似的苹果酸离子通道和柠檬酸离子通道所调控。二羧酸转运蛋白（DTP）、铝激活苹果酸转运蛋白（ALMT）等转运体存在于葡萄、苹果或番茄果实中，转运调控苹果酸。

（四）有机酸代谢的调控机制

1. 转录调控 果实有机酸的代谢受转录因子调控。ACO 是柠檬酸降解途径的关键酶，转录因子 CitNAC62 和 CitWRKY1 协同作用，共同激活 CitACO3 转录。NADP-cytME 在翻译后受细胞质 pH 和苹果酸代谢调控。生物信息学分析表明，可能有一系列转录因子参与调控果实有机酸积累，涉及 bZIP、bHLH、ERF 和 MYB 等多个转录因子家族。在柑橘果实采后枯水过程中，也涉及 E2Fc 和 UPB1 等转录因子。在苹果成熟过程中，转录因子 MdMYB1 和 MdMYB73 调控果实苹果酸的转运和积累。随着研究深入，有机酸代谢的转录因子调控网络正在逐步完善。

2. 表观遗传调控 表观遗传调控果实成熟过程，进而影响有机酸代谢。DNA 去甲基化酶功能的异常将延迟番茄果实成熟，而用 DNA 甲基化抑制剂处理改变了果实成熟进程。通过转录组学和甲基化组学分析，DNA 甲基化和组蛋白乙酰化等表观遗传调控方式参与了果实中有机酸积累。成熟相关基因染色质中的组蛋白甲基化修饰（H3K27me3）调控了果实中有机酸积累。在苹果果实中，DNA 甲基化水平高的有利于有机酸的积累。对于呼吸跃变型果实，采后过程影响代谢相关基因的甲基化水平，从而影响了有机酸代谢的调控。

3. 环境调控 温度对有机酸代谢的影响主要通过糖酵解、TAC、乙醛酸循环和糖异生起作用，还可影响有机酸在液泡中的贮存方式。

低温抑制了碳水化合物代谢相关基因的表达，减少呼吸作用和能量形成的底物消耗，降低有机酸损失，包括猕猴桃、桃、苹果、梨、李、柑橘等果实。在果实冷藏期间，低温抑制 NADP-MDH 活性和下调基因表达水平，能保持较高水平的 CS 和 NAD-MDH 活性，减少柠檬酸和苹果酸的降解。低温还诱导果实在贮藏期内柠檬酸代谢相关基因的表达，如上调 *PEPC*、*CS*、*ACO* 和 *GAD* 等基因表达，调节 GABA 运行途径，积累柠檬酸，并且还可上调 *CmPEPC2/3* 和下调 *CmAI1/2*、*CmNI3*、*CmCS1*、*CmACO1/2* 和 *CmME* 等基因表达，从而保持较高的柠檬酸和苹果酸水平。

高温可通过多种途径影响果实有机酸代谢。热空气处理能上调 *CHX* 和 *DIC* 基因表达，启动柠檬酸降解。采用 50℃热水处理 5min 可以延缓柠檬果实中的有机酸降解，但 40℃热空气处理促进了 GABA 代谢路径，降低了椪柑果实中的柠檬酸等有机酸含量。

适宜的气体成分能延缓果实采后的生命活动，进而影响有机酸代谢和含量，并且不同类型果实对低 O_2 和高 CO_2 浓度响应存在差异。在低 O_2 和高 CO_2 浓度下，琥珀酸盐作为低氧反应的关键代谢产物，有利于保持苹果和梨果实中的琥珀酸含量。在低 O_2 贮藏条件下，GABA 能被分解为琥珀酸半醛（SSA），通过 SSA 脱氢酶作用，从而减少琥珀酸下降。低 O_2 引起厌氧呼吸，还可影响 TAC 中一些酶的活性，进而影响有机酸水平。与外皮层相比，番茄果实内皮层中的苹果酸含量更高。气调贮藏还通过逆转磷酸烯醇丙酮酸产生的草酰乙酸作用，增加延胡索酸盐含量。

UVC 处理明显增加了番茄果实在 13℃贮藏过程中的有机酸含量，提高了 GAD 活性，同时降低 GABA 转氨酶活性，上调有机酸和 GABA 生物合成的相关基因（如 *CS*、*PEPC1*、*PEPC2*、*mMDH*、*cMDH*、*GAD1*、*GAD2* 和 *GAD3* 等），以及涉及 GABA 降解的 *GABA-T1* 和 *GABA-T3* 基因的表达，从而导致 GABA 积累。经 1.5kJ/m^2 剂量的 UVC 处理后的桃果实表现出更高的柠檬酸和苹果酸含量，与苹果酸脱氢酶和柠檬酸合酶的基因表达有关。

三、香气形成及调控

果实香味源于挥发性的芳香物质，香味影响消费者选择，对口感的影响更大。目前，人们从水果中鉴定的香气物质大约有2000种，按照物质种类，香气物质可分为醛类、醇类、酯类、内酯类、萜类、酚类、酮类、醚类和一些含硫化合物等。不同园艺产品的香气物质种类及含量各不相同，主要呈香物质差异也较大。香气物质组成及种类与园艺作物的品种、产品发育阶段、产品成熟度、栽培管理措施及生长环境条件等密切相关，采后处理及贮藏环境也会影响产品的香气物质组成及含量，香气物质的积累及释放等受转录水平、转录后水平及表观遗传水平的多层次调控。

（一）香气的种类及成分

不同园艺产品存在不同种类的香气物质。人们已从梨属植物的栽培品种果实中分离鉴定出300多种香气物质，从桃果实中分离鉴定出100多种香气物质，从香蕉果实中分离鉴定出230多种香气物质。每种果树品种都具有其独特的果实香味，果实特征香气通常以“呈香物质”表示。呈香物质（又称特征效应化合物）通常以其阈值浓度和实际浓度来衡量，挥发性物质能被人的嗅觉器官所感知到的最低浓度即为阈值浓度；实际浓度和阈值浓度的比值为香味值，只有当挥发物的香味值大于1时，该物质才对果实的风味起作用，并且比值越大，贡献也越大。

芳樟醇是挥发性萜类物质最丰富且具有代表性的芳香物质之一，是很多植物的主要呈香物质。萜类化合物是柑橘果实中的主要挥发性成分，单萜类物质E-香叶醇是甜橙果实风味形成的重要香气物质；芳樟醇、橙花醇和香叶醇等萜类物质是玫瑰香型葡萄品种中的特征芳香物质。作为桃果实的主要香气物质之一的芳樟醇，伴随着桃果实的成熟，其含量显著增加。

酯类芳香物质是苹果、桃及番茄等许多成熟果实果香型香气的主要来源。内酯是对桃果实香味影响最大的特征香气物质，被称为“桃味”化合物，具有果香和甜香味，主要以C6～C12偶数碳原子的γ-内酯和δ-内酯的形式存在。

果实发育及成熟阶段影响香气物质种类及香型。例如，未成熟桃果实主要散发C6醛类和C6醇类等青香型香气物质，随着果实成熟，则释放γ-癸内酯、δ-癸内酯、γ-十二内酯和δ-十二内酯等桃果实特征性香气；未成熟粉蕉果实的挥发性物质以C6～C9的醛类和醇类为主，而酯类极其微量；当果实完熟时挥发性物质含量明显增加，酯类含量明显上升，包括异丁酸异戊酯、乙酸己酯、乙酸异戊酯等，形成粉蕉特有的香气特征。

同一物种的不同品种香气含量差异较大。2-甲基丁酸乙酯、乙酸乙酯、己酸乙酯和苯乙酸乙酯是多数厚皮甜瓜的特征香气物质，而薄皮甜瓜的香气成分以烯丙基甲基硫醚、乙酸环己醇等成分为主。菜瓜类型的果实含有丰富的壬醛、(E,Z)-2,6-壬二烯醛等不饱和醇醛类物质。

不同品种的葡萄果实的香气类型不同，包括草莓香型、无香型和玫瑰香型：无香型葡萄‘维多利亚’和‘摩尔多瓦’的香气物质主要是醛类物质，相对含量最高的为2-己烯醛；草莓香型葡萄如‘巨峰’等品种的香气物质主要是醛类、醇类和酯类物质；而玫瑰香型葡萄的香气物质主要是醛类和萜类物质。

（二）香气物质的合成

植物香气物质合成途径主要包括脂肪酸代谢途径、萜类代谢途径及氨基酸代谢途径（图 1-8）。

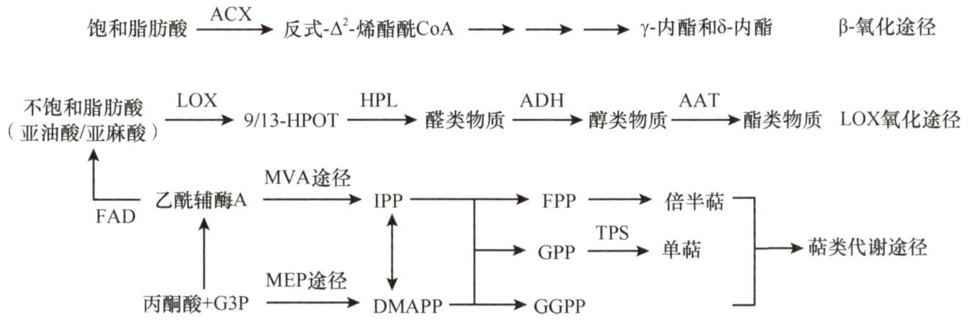

图 1-8　脂肪酸代谢及萜类代谢的芳香物质合成途径

1. 脂肪酸代谢途径　　脂肪酸代谢途径是大多数植物香气物质形成的主要途径。脂肪酸代谢途径可形成醇、醛、酯和内酯等香气物质。脂肪酸代谢途径包括脂氧合酶（lipoxygenase，LOX）氧化和 β-氧化两条分支途径。

（1）LOX 氧化途径　　脂肪酸去饱和酶（fatty acid desaturase，FAD）、LOX、氢过氧化物裂解酶（hydroperoxide lyase，HPL）和醇脱氢酶（alcohol dehydrogenase，ADH）是参与调控 LOX 氧化途径的关键酶。LOX 氧化途径以亚油酸和亚麻酸等不饱和脂肪酸为底物，形成氢过氧化物，氢过氧化物在 HPL 的作用下形成己醛或己烯醛，醛在 ADH 的作用下还原为对应的醇类，醇在乙醇酰基转移酶（alcohol acyltransferase，AAT）的作用下与酰基辅酶 A 形成酯类物质，AAT 在醇转化为酯类物质的过程中起重要作用。

LOX 是含非血红素铁的双加氧酶，广泛存在于动植物和微生物中，其相关基因以多基因家族的形式存在于植物中，是 LOX 氧化途径的关键基因。目前已从番茄、猕猴桃、苹果和橄榄等多种果实中鉴别出参与香气形成的 LOX 家族成员。不同家族成员的 LOX 在香气形成中作用不同，LOX 在桃果实由“青香型”向“果香型”的转变中有重要作用。例如，在桃果实中 PpLOX2 和 PpLOX3 与“青香型”C6 醛的形成有关，而 PpLOX1 和 PpLOX4 在内酯和酯类等“果香型”香气物质的形成中具有重要作用。Tom LOXC 参与 LOX 氧化途径影响香气物质的合成。

HPL 是 LOX 氧化中的第二个酶，属于植物细胞色素 P450 酶，能够裂解亚油酸和亚麻酸对应的十八碳三烯酸（9-hydroperoxy octadecatrienoic acid，9-HPOT）和 13-HPOT，形成 C6 醛或 C9 醛。

ADH 是氧化还原酶，利用 NADP/NADPH 或者 NAD/NADH 类辅酶因子，实现短链醛类与醇类物质间转化。ADH 能将 HPL 形成的醛还原形成相应的醇。ADH 编码基因在果实醇类香气物质形成中起作用，ADH 功能在不同种类的果实中可能具有差异。乙醇酰基转移酶 AAT 是催化酯类物质合成的末端酶，它能将乙酰 CoA 上的乙酰基转移到醇上形成酯类，直接参与酯类的合成。

（2）β-氧化途径　　β-氧化以饱和脂肪酸为底物，在乙酰 CoA 氧化酶（acyl-CoA oxidase，ACX）作用下形成反式-Δ^2-烯酯酰 CoA，之后在一些酶的作用下形成内酯。ACX 是脂肪酸 β-氧化的第一个关键酶，其编码基因是参与内酯类物质合成的关键基因。近年来，在内酯类物质合成途径方面的研究取得了进展。这些途径主要包括脂肪酸去饱和反应、脱氢反应、环氧化反应、羟化反应、β-氧化和内酯化反应等。

2. 萜类代谢途径 异戊二烯 $(C_5H_8)_n$ 是萜类物质的基本单元，萜类物质根据其所含异戊二烯的数目分为半萜、单萜、倍半萜、二萜及多萜等。这些萜类物质主要来源于异戊烯焦磷酸（IPP）及它的同分异构体二甲基烯丙基焦磷酸（DMAPP）。IPP 及 DMAPP 主要来源于甲羟戊酸（MVA）途径或 2-C-甲基-D-赤藓糖醇-4-磷酸（MEP）途径。一般认为，倍半萜和多萜主要来源于发生在细胞质中的 MVA 途径，而单萜及二萜等则主要来源于发生于质体中的 MEP 途径。在 MVA 途径中，IPP 的合成是以乙酰 CoA 为前体，而在 MEP 途径中，最初前体物质为丙酮酸和 3-磷酸甘油酸，中间物为甲基磷酸赤藓糖。脱氧木酮糖 5-磷酸合成酶（DXS）和萜烯合酶（TPS）等是参与萜类物质合成的重要酶类。这些酶由一系列萜烯合酶基因家族编码调控。

DXS 和 TPS 是参与萜类香气物质合成途径的重要酶类，这些酶由一系列萜烯合酶基因家族编码调控。例如，CitTPS16 及 AcTPS1 分别参与甜橙果实单萜类香叶醇合成及猕猴桃果实香气物质的合成。

3. 氨基酸代谢途径 氨基酸代谢途径是果实芳香族香气物质合成的主要途径，其前体物质为芳香族氨基酸。氨基酸在氨基转移酶（ATF）和丙酮酸脱羧酶（PDC）的作用下，形成甲基支链芳香族香气物质。氨基酸代谢途径也可以色氨酸、酪氨酸和苯丙氨酸为前体，合成芳香族的醇、酸和酯类物质。氨基酸合成香气物质都要经过脱羧和转氨基作用，ATF 和脱羧酶（DC）是氨基酸途径的关键酶。

（三）香气物质合成的调控机制

果实香味源于挥发性化合物，而植物的香气物质主要有酯类、醇类、醛类和萜类等。近年来，在有关香气物质在果实成熟及采后品质形成过程中积累的调控机制，酯类、萜类物质合成的结构基因鉴别，以及转录因子对结构基因的调控等方面取得了一定的进展。

1. 转录调控 参与香气物质合成的结构基因受转录因子介导的转录调控。目前，已报道的参与调控香气物质合成的转录因子包括 bZIP、AP2/ERF、NAC、bHLH、MYB、WRKY 和 MADS 等。

MADS 蛋白通过调控番茄果实脂氧合酶途径中结构基因 *LOX* 等的转录来影响香气物质的合成。将 *rin* 基因突变后，其对 LOX 途径的调控作用失效，*rin* 突变体果实中己醛、己醇、反-2-己烯醛和顺-3-己烯醇等芳香物质含量显著低于野生型果实，说明 *rin* 通过直接调控 LOX 途径的 *TomloxC*、*ADH2*、*HPL* 这 3 个关键酶基因的表达来影响香气物质合成。香蕉 MabZIP4 可以直接结合 MaAAT 启动子，而 MabZIP5 则可以直接结合 *MaMT1*、*MaACY1*、*MaAGT1* 和 *MaAAT* 基因的启动子，说明 MabZIP4 和 MabZIP5 可能通过不同方式来调控香蕉香气合成。

桃 PpNAC1 可以靶定并激活 PpFAD3-1 启动子，从而参与短链脂肪酸的挥发性物质合成。通过加权基因共表达网络分析（weighted gene co-expression network analysis，WGCNA），鉴定出了参与猕猴桃果实酯类芳香物质合成的关键基因及其上游调控的转录因子，明确了 AcNAC4 调控酯类物质、芳香物质合成关键基因 *AcAAT10*。

另外，多个转录因子参与调控萜类代谢途径芳香物质的合成。桃 PpWRKY 和 PpAP2/ERF 家族成员分别通过调控 *PpTPS1* 和 *PpTPS3*，从而参与调控芳香醇和 α-法尼烯的生物合成。甜橙 CitERF71 转录激活 *CitTPS16* 调控单萜类 E-香叶醇合成；CitAP2.10 调控柑橘果皮重要香气物质倍半萜瓦伦烯的合成，并且 *TPS* 基因的突变影响转录因子对其的调控能力。

中华猕猴桃（*Actinidia chinensis*）与软枣猕猴桃（*A. arguta*）的果实中单萜含量差异显著，这种单萜含量的差异与*AcTPS1*发生自然突变、转录因子NAC无法与*AcTPS1*的启动子结合而造成其转录水平差异有关。4-羟基-2,5-二甲基-3(2H)-呋喃酮（HDMF）是草莓果实芳香物质的主要贡献者。它的合成最后一步是由醌氧化还原酶（FaQR）催化。在不同草莓品种中，*FaERF9*及*FaQR*的表达量与呋喃酮的含量具有明显相关性，FaERF9与FaMYB98组成的复合体能够直接激活*FaQR*表达并且促进草莓呋喃酮的生物合成。

2. 表观遗传调控　表观遗传参与了果实风味品质的调控。番茄采后低温贮藏诱导了香气物质形成相关的转录因子甲基化水平的改变。*PpAAT1*是参与桃果实酯类芳香物质合成的结构基因。桃PpNAC1通过结合PpAAT1启动子激活基因表达，调控酯类芳香物质的合成，在桃及番茄中超表达*PpNAC1*能够增加桃叶片及转基因番茄果实的酯类物质含量，并且果实成熟过程中酯类芳香物质的合成同时受转录因子NAC和组蛋白甲基化修饰（H3K27me3）的调控（图1-9）。桃果实转录因子PpbHLH1可以直接结合萜类合成酶基因*PpTPS3*启动子的E-box元件，从而激活*PpTPS3*的表达和芳樟醇合成，并且桃果实成熟过程中芳樟醇含量的增加与*PpTPS3*启动子的5mC水平（DNA甲基化）降低有关。

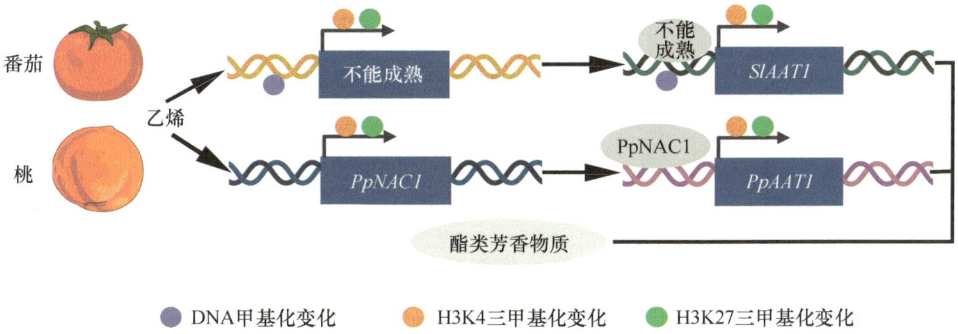

图1-9　番茄及桃果实中酯类芳香物质合成的转录及表观遗传调控

3. 环境调控　贮藏环境如温度、气体成分及光照等都影响园艺产品的香气成分。

低温贮藏影响园艺产品贮藏期及货架期果实的香气成分。低温贮藏一定程度上降低了番茄、桃及南果梨等果实的香气成分含量。在5℃贮藏7d的番茄果实转货架1d后，果实口感与新鲜采收的番茄相距甚远。虽然低温贮藏不影响果实的可溶性糖和有机酸含量，但是芳香物质显著减少，并且芳香物质转货架3d后也不能恢复。低温不仅影响果蔬香气物质的释放，也影响香气物质的类型。例如，桃果实的风味与青香型香气和花香型香气的比值密切相关，比值越低桃果实的特征风味越浓。24℃贮藏3d的桃果实中二者的比值最低，此时食用品质最佳；而在0℃贮藏15d后施加外源乙烯贮藏至30d的桃果实中，二者比值略高于24℃贮藏3d的果实，而明显低于在0℃贮藏30d的果实。

低氧气调贮藏显著降低果实酯类化合物的合成量。苹果果实在低氧贮藏后，乙酸酯类等直链酯含量显著下降，并且随氧分压的降低而降低，但低氧贮藏不影响苹果果实中的支链酯含量。此外，低氧条件下，乙烯的生物合成受到抑制，进而影响AAT等酯类合成相关酶的活性；同时，在低氧条件下还会诱导产生高浓度的乙醛和乙醇。

紫外线（UV）处理影响桃果实贮藏寿命及香气物质的形成。桃果实在受到UV照射时，果实组织迅速积累抗性相关的α-法尼烯，并抑制果实中芳香醇的含量。

展　望

果蔬产品的风味物质影响其品质与消费者习惯。风味物质的代谢与调控是一个极为复杂的过程。风味物质的种类、组分和含量是由内在遗传基因、外在采后贮运环境等因素共同作用的结果。针对风味物质的合成、降解、转化、贮存和转运等作用机制，特别是在果实采后贮藏过程中，需要关注以下几点：①果蔬风味物质代谢属于多因素影响的过程，涉及基因表达、转录因子调控、蛋白质翻译后修饰及表观遗传修饰和生物或非生物胁迫，需要加强基因、细胞、个体和群体的综合研究，完善风味物质代谢基础理论，揭示调控网络；②需要充分利用现代分子生物学技术手段，进一步解析不同代谢途径对风味物质的影响及作用机制；③应用遗传工程验证风味物质代谢关键酶基因的功能，阐明作用机制，为维持采后果实品质提供科学依据；④随着园艺作物基因组测序的不断发展，未来可进一步借助生物信息学和分子生物学等研究方法，挖掘和鉴定调控风味物质的关键基因，完善分子调控网络，为提高果蔬风味品质提供重要基因资源，同时开发新的保鲜调控技术，并利用最新的基因编辑技术进行风味品质的遗传改良。

第三节　质地与调控机制

【学习目标】

1. 了解园艺产品细胞壁的结构及组成。
2. 了解园艺产品采后细胞壁多糖与淀粉降解途径及其调控机制。
3. 了解园艺产品质地与采后品质及贮藏特性的关系。

【主题词】质地；细胞壁；果胶；结构；组成；淀粉；代谢；调控

质地是影响园艺产品硬度和软化的重要指标。园艺产品质地的改变与其细胞壁成分和结构变化密切相关。细胞壁结构及多糖组分与果实质地密切相关，对于采收后淀粉含量较高的园艺产品，淀粉降解是产品品质形成的重要决定因素之一。因此，了解园艺产品质地及其调控机制对调控园艺产品采后品质具有重要意义。本节主要概括园艺作物中园艺产品细胞壁结构及多糖组分、参与细胞壁多糖及淀粉代谢的酶及基因等，园艺产品采后细胞壁多糖及淀粉代谢途径及其调控机制，环境因素对园艺产品质地调控及采后品质与贮藏性的影响。

一、细胞壁的功能

软化是果实成熟最重要的特征之一，果实软化进程中，细胞壁发生高度有序且复杂的结构变化。果实质地也是决定市场认可度的主要品质之一。一般认为，果实质地的改变与果实细胞壁成分和结构变化密切相关。

植物细胞壁由胞间层（中胶层）、初生壁和次生壁组成，从结构上看，果实细胞壁主要由纤维素、半纤维素和果胶组成，果实软化与细胞壁结构瓦解及中胶层的溶解造成细胞间的黏合力减弱等过程密切有关。细胞壁修饰包括聚糖基质解聚、果胶多糖溶解/解聚及果胶侧链中性糖减少等。这些变化最终导致细胞壁纤维素松弛及细胞壁膨胀，为细胞壁降解酶接近底物提供便利，并最终导致果实软化。大部分的肉质果实无论是跃变型还是非跃变型的果实在软化过程中均会发生细胞壁修饰。

（一）细胞壁结构及组分

细胞壁结构瓦解，细胞壁多糖组分解聚，溶解度增加，最终引起果实软化。中胶层位于两个相邻的细胞间，其主要成分为果胶，中胶层影响细胞间的黏连性；初生壁是细胞壁的主要成分，富含纤维素、半纤维素和果胶等多糖物质，还含有少量伸展蛋白（extensin）和糖蛋白等结构蛋白（图 1-10）。根据结构蛋白主链的氨基酸组成，初生壁中的结构蛋白主要分为四大类：富含羟脯氨酸糖蛋白（hydroxyproline-rich glycoprotein，HRGP）、富含脯氨酸蛋白（proline-rich protein，PRP）、富含甘氨酸蛋白（glycine-rich protein，GRP）和阿拉伯半乳聚糖蛋白（arabinogalactan protein，AGP）。

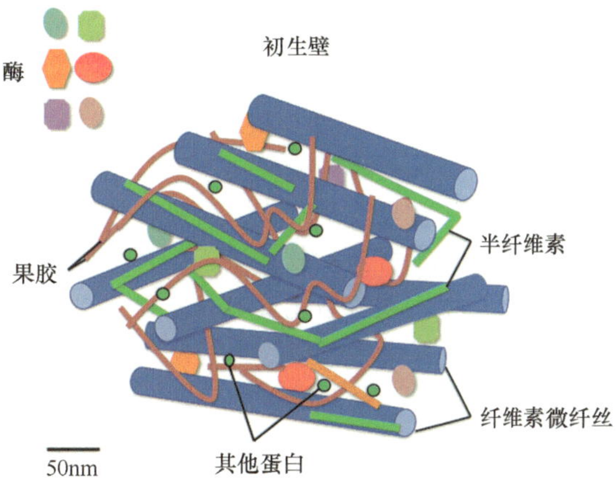

图 1-10　植物初生壁结构示意图

伸展蛋白是一类富含羟脯氨酸的糖蛋白，也是植物细胞壁中的主要结构蛋白，在双子叶植物中占初生壁干重含量的 1%～15%。次生壁主要成分为纤维素、半纤维素及木质素等，对植物起到机械支撑的作用。

细胞壁降解是果实软化过程中最显著的变化之一，主要包含果胶水解溶解、纤维素和半纤维素解聚等。果胶多糖是由半乳糖醛酸聚合形成的多糖，是自然界中结构最复杂的多糖家族，主要包括同型半乳糖醛酸聚糖（homogalacturonan，HMG）、鼠李半乳糖醛酸聚糖Ⅰ（rhamnogalacturonan Ⅰ，RhaⅠ）和鼠李半乳糖醛酸聚糖Ⅱ（rhamnogalacturonan Ⅱ，RhaⅡ），三种不同类型的果胶结构域在细胞壁中彼此共价连接，目前对于这 3 种组分的交联方式与其功能之间的关系尚不明确。此外，根据果胶在不同溶剂中的溶解性，也可以将果胶分为水溶性果胶（WSP）、离子型果胶（ISP）和共价结合型果胶（CBP）。水溶性果胶以游离形式存在，不与细胞壁相连；离子型果胶通过 Ca^{2+} 桥离子键与细胞壁相连，以 HMG 为主，含少量 RhaⅠ 和 RhaⅡ；共价结合型果胶通过共价键结合到细胞壁上，主要成分是 RhaⅠ。果胶分子的主链是以 α-1,4 糖苷键聚合的不同酯化度的半乳糖醛酸链，在果实成熟软化过程中，果胶去酯化、长链果胶解聚、不溶性的果胶转化为可溶性的果胶、果胶的降解促使细胞壁解体、细胞粘连度和果实硬度下降。

纤维素是细胞壁结构的基本骨架，是初生壁中最主要的细胞壁成分，其结构单位为数十条不分支的 β-1,4-D-葡聚糖链通过分子内和分子间氢键和范德瓦耳斯力组成的绳索状结晶态微纤丝，其结构高度稳定。一般微纤丝由 18～24 个葡聚糖链组装而成，每条微纤丝的直径为 3～5nm，多条微纤丝可进一步聚合成纤维素的高级结构，构成纤维素网络结构。

半纤维素主要由木葡聚糖、甘露糖和木聚糖构成，以氢键与纤维素相连交织成细胞壁骨架网状结构，对维持细胞壁形态具有很重要的作用。木葡聚糖的主链由 β-1,4-D-葡聚糖链组成，侧链上有典型重复模式的木糖残基连接于葡萄糖 O-6 位上，形成木葡聚糖的典型结构 XXXG。木葡聚糖侧链上的木糖可进一步被不同的糖残基取代，如半乳糖残基、果糖残基或阿拉伯糖残基等。在植物生长发育中，木葡聚糖及其寡糖参与细胞壁的延伸，其形成的木葡聚糖-纤维素网络结构可决定组织张力及延展性。

（二）参与细胞壁代谢的酶

果实成熟与薄壁细胞的形状、大小和细胞膨压及细胞间中胶层粘连部位的结构关系密切。引起果实软化的主要原因是细胞壁果胶及半纤维素多糖结构的改变，果实软化过程中，细胞壁多糖结构不同程度地解聚或降解，木葡聚糖链发生重组或解离。随着细胞壁降解，细胞壁的中性糖残基出现不同程度损失，不溶性果胶含量降低，可溶性果胶含量则增加。果实软化进程中，纤维素结构与含量变化较小，与果实软化关系不密切。目前，有关细胞壁代谢及修饰酶的关注重点大多在果胶及半纤维素多糖结构及其组分变化等方面。

1. 果胶酶　果实软化进程中，细胞初生壁的主要组分及中胶层被降解，细胞间的黏附力被削弱。根据不同酶催化反应的差异，果胶酶可大致分为三类：酯酶、水解酶和裂解酶。其中研究较多的果胶酶包括果胶甲基酯酶（PME）、多聚半乳糖醛酸酶（PG）、果胶酸裂合酶（PL）、鼠李糖半乳糖醛酸降解酶（RGase）和 β-半乳糖苷酶（β-Gal）等。

PME（EC 3.1.1.11）属于果胶酯酶，可催化水解高聚半乳糖醛酸（HG）果胶中 C-6 位甲酯化羧基生成带负电荷的果胶酸，番茄反义转基因 *PME2* 果实中甲酯化 HG 含量升高；PG 属于水解型解聚酶，可水解 PME 产生的去酯化产物果胶酸，催化断裂未酯化的果胶主链上 Gal A 单体间的 α-1,4 糖苷键。因此，PG 的水解能力很大程度上取决于果胶主链的酯化程度。

PG 可分为内切型 PG（endo-PG；EC 3.2.2.15）和外切型 PG（exo-PG；EC 3.2.1.67）。外切型 PG 主要水解非还原末端的 Gal 单体，而内切型则随机作用于半乳糖醛酸链内的 α-1,4 糖苷键。在番茄、油梨及桃果实中，PG 活性较高，与果实软化程度密切相关；而在草莓、甜瓜及苹果中，PG 活性很低。抑制 PG 表达能够抑制果实细胞壁中胶层的降解，从而维持其完整性，提高果实货架期；单独沉默 *FaPG1*、*FaPG2* 或同时沉默这两个基因，均能够下调细胞壁修饰酶基因的表达，从而延缓草莓果实软化，并且 PG 还能够引起与纤维素及半纤维素相连接的果胶解聚，调节与细胞壁重塑相关的基因表达以促进草莓果实软化。

果胶裂解酶包括果胶酸裂合酶（pectate lyase，PL）和果胶裂合酶（pectin lyase，PNL）两类。它们的主要作用是裂解果胶主链的 α-1,4 糖苷键。PL 底物是去甲酯化后的果胶酸，PNL 虽常见于微生物中，但在香蕉、番茄及草莓等果实中也能检测到 *PNL* 基因表达。沉默 *PL* 基因的草莓果实果胶平均分子量高于野生型果实，转基因果实中离子型和共价型果胶长度较对照均有不同程度的增加。*PL* 基因被认为是调控果实软化的至关重要的细胞壁降解基因，沉默番茄 *PL* 基因，可抑制果胶降解及果实硬度下降。通过反义转基因技术抑制番茄 *TBG4* 的表达，果实中 β-Gal 酶活性降低，果实硬度显著提高。在草莓果实中，利用 RNAi 技术抑制草莓 *β-Gal4* 基因表达，能阻碍细胞壁中共价结合果胶的溶解，进而延缓硬度下降。

2. 半纤维素酶　木葡聚糖是半纤维素的主要组成成分，木葡聚糖链的重组或解离是导致果实软化的主要因素。目前关注较多的参与半纤维素结构修饰的细胞壁酶有木葡聚糖内糖基转移/水解酶（xyloglucan endotransglucosylase/hydrolase，XTH）、内切-β-1,4-葡聚糖酶 [endo-β-(1,4)-glucanase，EGase]。

XTH 是一类具有催化木葡聚糖分子水解和转移双重效应的胞壁酶，其水解酶活性能够水解细胞壁的木葡聚糖链，其转移酶活性则可以将新生成的木葡聚糖链连接到另一条木葡聚糖链中。XTH 的水解及转移双重特性使其广泛参与植物生长和果实发育及软化进程，如种子萌发、胚轴延伸及叶片扩张等。伴随苹果、香蕉、草莓及柿子等果实软化，XTH 的表达量与果实软化进程呈现出显著的正相关性。

EGase 可水解β-1,4-葡聚糖主链上的糖苷键，纤维素酶也是作用于β-1,4-葡聚糖的胞壁酶，因此，纤维素酶也可称作 EGase。此外，木聚糖酶（xylanase，Xyl）、β-甘露聚糖酶（endo-β-mannanase，β-Man）和β-甘露糖苷酶（β-mannosidase，β-Mad）等也参与半纤维素降解。

3. 纤维素酶 纤维素酶在不同种类果实中的作用存在差异。在草莓、鳄梨、芒果、柿子、香蕉、杏和枣等果实发育或成熟后期的软化过程中，纤维素酶活性随果实硬度的下降而增强。然而，在番茄和苹果中，纤维素酶没有参与果实软化过程。在同一种类不同品种的果实中，纤维素酶功能也呈现差别。例如，尖椒类型品系辣椒细胞壁中纤维素含量与纤维素酶活性呈现负相关性，而灯笼椒类型辣椒纤维素含量与纤维素酶活性没有显著相关性，说明纤维素主要参与尖椒果实软化，而不参与灯笼椒软化过程。

4. 细胞壁中的结构蛋白 细胞壁中存在几种结构蛋白，主要是富含羟脯氨酸的糖蛋白（HRGP），其也会对果实质地产生影响。其中，扩展蛋白是缺乏水解活性的细胞壁修饰蛋白，它可以通过破坏基质聚糖和纤维素微原纤维之间的结合，导致果实软化。EXP 蛋白编码基因的活性被证明在番茄、梨、桃和香蕉等果实中均与果实软化呈正相关。在成熟番茄中，过量表达相关的扩展蛋白会导致其基质聚糖解聚显著增加，软化加快；而通过抑制扩展蛋白的表达可减少果胶解聚，维持果实硬度。

（三）细胞壁代谢的调控机制

细胞壁多糖及结构变化是引起果实软化的主要因素之一，并最终改善果实风味。细胞壁多糖及结构在时空上均受到植物激素、转录因子及环境条件等调控。另外，表观遗传也参与果实成熟的调控。

1. 植物激素调控 植物激素乙烯在果实成熟启动及控制方面起着非常重要的作用。IAA、GA 及 CK 不仅对于果实坐果非常关键，对于果实成熟也有一定的作用，尤其是 IAA 在促进果实由营养生长转变为成熟方面起着重要作用；并且 ABA/IAA 对于非跃变型果实如草莓等的成熟至关重要。MeJA 及油菜素甾醇（BR）也参与了调节果实成熟。

乙烯对于跃变型果实如番茄的成熟至关重要。乙烯合成、敏感性及响应与果实发育阶段密切相关。处于营养生长阶段及未成熟阶段的番茄果实，乙烯产生量处于较低水平，并且受外源乙烯的自抑制（称为系统Ⅰ乙烯），随着呼吸速率增加，内源乙烯的合成成百倍地大幅增加，果实由自抑制的系统Ⅰ乙烯向自催化的系统Ⅱ乙烯过渡，并启动果实成熟。乙烯诱导包括果胶甲基酯酶、果胶裂解酶及多聚半乳糖醛酸酶等细胞壁修饰酶基因的表达，以促进果胶解聚，导致果实逐步软化。

ABA 是果实成熟及衰老的重要调节因子。较低的 ABA 水平能够延缓果实软化，有利于延长货架期，而高浓度的 ABA 促进呼吸跃变产生，以及系统Ⅰ乙烯向系统Ⅱ乙烯转变。同时，ABA 能够诱导乙烯产生，加速果实成熟。ABA 诱导乙烯产生及 MADS-RIN 表达，通过调节 ABA 反应元件结合因子（ABA-responsive element binding factor，ABF）参与调节果实成熟，在后期发挥作用。ABA 还能够诱导调节草莓果实重要软化基因 *FaDOF* 的表达。沉默参与 ABA 合成的编码番茄 9-顺式-环氧类胡萝卜素双加氧酶的 *SlNCED1* 基因，导致 *PL* 及 *PG* 等基因表达下调。*FaNAC* 及 *FcNAC1* 与草莓果实成熟密切相关，并且 ABA 诱导 *FaNAC* 及 *FcNAC1* 表达，而生长素抑制该基因的表达。

除乙烯与 ABA 外，生长素、赤霉素等也参与调节果实成熟。IAA 在果实由系统Ⅰ乙烯向系统Ⅱ乙烯过渡的方面起着重要的作用，并与乙烯互相拮抗影响果实成熟。外源 IAA 处理延缓未成熟的果实产生系统Ⅱ乙烯，并影响包括果实色泽变化等许多方面。生长素抑制草莓果实成熟关键转录因子 FaDOF 的表达，通过 ARF 和 ERF 抑制果实成熟。在赤霉素缺失突变体的果实中，乙烯合成加速，果实成熟加快。通过干预赤霉素代谢过程中的关键酶 GA2OX1，抑制赤霉素合成，果实成熟加速。随着果实成熟，内源 MeJA 积累，与乙烯及 ABA 一同调控果实糖、酸、色素及挥发性物质的产生。在果实成熟过程中，产生 BR，超表达 BR 合成的限速酶基因 *CYP90B3*，有利于 BR 合成，这与果实软化及糖、色素和挥发性物质积累呈正相关。

2. 转录因子调控 转录因子在果实成熟及软化中起重要的调控作用。它通过调控细胞壁代谢酶基因表达、细胞壁物质解聚及降解、植物激素合成及其相对比值参与调节果实成熟。跃变型果实番茄与非跃变型果实草莓是目前研究较多的对象。番茄基因组中包含 2026 个转录因子，其中的 516 个转录因子在果实成熟过程中表达。*RIN* 是编码 MADS-box 家族的 SEPALLATA4（SEP4）成员，*NOR* 是编码 NAC 家族的成员，*CNR* 是编码 SPBP（SQUAMOSA PROMOTER BINDING PROTEIN）家族的成员。这三个转录因子的功能主要来源于对其成熟突变体 *rin*（ripening-inhibitor）、*nor*（non-ripening）及 *Cnr*（colorless non-ripening）的研究结果，如 RIN 通过结合细胞壁代谢相关基因 *PG2a*（聚半乳糖醛酸酶基因）和扩展蛋白基因 *EXP1* 的启动子序列，调控这些基因在果实成熟过程中的表达；*Cnr* 突变体的多聚半乳糖醛酸酶和果胶酯酶的含量及活性比同时期野生型果实低；NOR 能够调节 *PG*、果胶裂解酶基因和纤维素合成酶基因表达，进而影响果实软化。这些突变体的果实产生的系统Ⅰ乙烯不能转变为系统Ⅱ乙烯，严重影响色泽、风味及质地，导致果实不能正常成熟。

通过 CRISPR 基因编辑技术和 RNAi 基因沉默技术，对转录因子 RIN 的功能有了更进一步的认识，少许表达或不表达 MADS-RIN 的果实能够变软，但不能完全转红，即表现为部分成熟，果实成熟经典突变体 *rin* 并不是功能缺失型突变体，而是功能获得型突变体，突变形成的 *RIN-MC* 融合基因编码了成熟抑制子，并且乙烯激活 *RIN* 基因的表达，进而诱导果实产生系统Ⅱ乙烯及一系列的成熟变化特征，即 RIN 是跃变型乙烯即系统Ⅱ乙烯形成的关键因子，RIN 抑制了果实采后的过度软化。番茄 SlLOB1 转录因子可以转录调控下游一系列细胞壁降解酶、细胞壁修饰酶和细胞壁结构蛋白编码基因。沉默 *SlLOB1* 可延缓果实软化进程，红果期的硬度为对照的 2 倍多，且番茄红素增加了 60%，同时不影响果实的正常成熟和软化。过表达 *SlLOB1*，可激活下游细胞壁基因，促进番茄果实提早软化。

草莓果实在成熟过程中，果实硬度下降，细胞壁物质降解，细胞壁代谢酶基因表达增强。FaGAMYB 通过影响 *FaPE*、*FaPG* 和 *FaPL* 等基因表达影响草莓果实成熟；FaDOF2 通过影响 MYB、NAC、MADS 和 GRAS 等转录因子，以及 *PE*、*PME*、*XTH*、*PG1*、*PG2*、*EXP*、*b-Glu* 和 *PL* 等细胞壁酶基因的表达调节果实软化。*FaRIF*（ripening inducing factor）是编码 NAC 家族的成员，果实成熟进程中其表达显著增强，其可通过促进 ABA 合成，调节其信号转导、细胞壁降解和修饰、挥发性物质合成等多种过程及果实成熟，是控制果实成熟的重要靶标基因。

ERF 属于 AP2/ERF 亚家族成员，在乙烯信号转导的下游通过调节响应乙烯的基因参与果实成熟。超表达番茄 *SlERF.B3* 可以促进 *PG2a* 的表达，加速果实软化，AdERF9 抑制 *AdXTH5* 的启动子活性进而抑制果实软化。香蕉 MaERF11 通过抑制果实软化相关基因 *MaEXP2/7/8* 的表达抑制果实软化。与柿果实软化相关的 DkERF 蛋白能够结合 *DkXTH11* 和 *DkEXP4* 的启动子，DkERF 能够通过促进细胞壁降解酶活性及乙烯产生参与果实软化。此外，响应低氧的 DkERF8/16/19 通过激活 *DkXTH9* 的启动子参与脱涩过程中的果实软化。桃果实 PpeERF 通过抑制 *PpeNCED2/3* 和 *PpePG1* 的表达，延缓 ABA 合成和细胞壁降解，以防止果实过早软化，同样，番木瓜 CpERF9 也是通过抑制相关细胞壁降解的基因表达，防止果实过早软化。ERF 还可以抑制香蕉及苹果果实的乙烯合成关键酶基因的表达，以控制乙烯的生成，进而控制果实软化。

3. 表观遗传调控　　果实成熟软化除受乙烯及关键转录因子调控之外，表观遗传修饰也被认为广泛参与果实的成熟调控。随着番茄果实成熟，DNA 甲基化水平逐渐减弱，5-胞嘧啶 DNA 甲基转移酶活性抑制剂可导致全基因组的甲基化水平下降，引起成熟特异相关的基因，如转录因子及细胞壁修饰酶及类胡萝卜素合成酶基因表达，促进果实提早成熟。与番茄果实相似，草莓果实成熟过程中也发生基因组甲基化水平下降的现象。草莓果实甲基化水平下降的分子机制与番茄存在差异。在番茄中，果实成熟过程的甲基化下调是去甲基化酶表达上调导致，而草莓果实的甲基化水平下降主要是由小 RNA 介导的甲基化通路减弱引发的。此外，多梳蛋白介导（PcG）的组蛋白 H3K27me3 修饰通过调控果实乙烯合成基因、果实软化基因及番茄红素合成基因的表达参与果实成熟。m^6ARNA 甲基化也参与果实成熟调控，并且 DNA 甲基化与 RNA 甲基化在调控番茄及草莓果实成熟间存在内在关联性。

组蛋白乙酰化修饰参与调控香蕉果实成熟。成熟香蕉果实的 *MaACO1* 和 *MaEXP2/7/8* 基因染色质上的组蛋白 H3 和 H4 的乙酰化水平高于未成熟的香蕉，说明 *MaACO1* 和成熟软化相关基因 *MaEXP2/7/8* 的表达及其染色质上组蛋白的乙酰化水平与香蕉果实成熟密切相关，并且 *MaHDA6* 通过去乙酰化作用来调控下游基因 *MaERF11/15* 的表达，从而参与调控乙烯信号转导途径和香蕉果实的后熟衰老。

4. 环境条件调控　　环境因素如环境温度及气体成分等也对果实质地有重要影响。温度是影响果实软化的重要环境因子之一。一般情况下，低温抑制果实成熟同时延缓软化进程，高温则会促进这一过程。例如，比较橄榄果实在 5℃、8℃和 12℃条件下贮藏 60d 过程中的品质变化，发现果实软化随温度升高而变快。在 30～35℃高温条件下，芒果、番茄、橙和香蕉等果实的采后软化进程显著加快。低温还可以影响枇杷及猕猴桃等果实的木质化。

细胞壁结构重组在植物细胞响应非生物胁迫中也发挥重要作用。在通常情况下，低温胁迫及高温胁迫通过诱导果胶去甲酯化，增加细胞壁机械强度，从而提高植物对温度胁迫的耐受性。香蕉转录因子 MaNAC1 正调控果皮次生壁纤维素多糖的合成，以提高果实对低温的抗性，并且稳定过表达香蕉 MaNAC1，能够增强番茄果实的耐冷性。

气调结合低温可以通过抑制猕猴桃果实硬度下降，达到延长果实贮藏期的目的。高浓度 CO_2 结合 1-甲基环丙烯（1-MCP）处理能够保持涩柿的硬度并使柿果实脱涩。

二、淀粉的特征

淀粉是植物中重要的碳水化合物，来源于植物的光合作用，是植物中存储能量的物质。淀粉颗粒中主要含有直链淀粉和支链淀粉两种淀粉分子。直链淀粉几乎呈线性状态，而支链淀粉则包含高度有序的分支，赋予其晶体状的自然状态。淀粉通常储存于光合器官和种子、果实、块茎、根及叶片等非光合器官的质体中。储存于叶片中的淀粉颗粒通常较小且容易被降解，被称为瞬时淀粉。瞬时淀粉主要作为黑暗时期的碳水化合物储备，在光合作用中断时，瞬时淀粉能被分解为葡萄糖用于糖酵解过程，并为细胞代谢提供能量。长期储存淀粉则通常存在于块茎和谷物种子胚乳等器官的淀粉体上。果实中的淀粉作为细胞内容物，对维持细胞膨压、支持果实硬度起重要作用。对于成熟期淀粉含量仍然较高的果实而言，淀粉降解与果实软化及品质形成密切相关。

（一）淀粉合成与降解

1. 淀粉粒结构　淀粉颗粒中主要含有两种淀粉分子，即直链淀粉和支链淀粉。直链淀粉分子量较小，通常为 10^4～10^5，含有 250～1000 个 D-葡萄糖单元，由葡萄糖分子通过 α-1,4 糖苷键连接而成。支链淀粉是一种高度分支化的聚合物，分子量为 10^6～10^9，通常由 5000～50 000 个 D-葡萄糖单元通过 α-1,4 糖苷键和 α-1,6 糖苷键连接而成，是淀粉颗粒的主要组分。淀粉颗粒中除淀粉以外，还含有蛋白质、脂质、矿物质和葡萄糖的磷脂化合物等。

2. 淀粉合成途径　淀粉的合成是在定位于质体的相关酶的协同作用下实现的。通常认为葡萄糖腺苷二磷酸（ADP glucose，ADPG）是淀粉合酶的底物。卡尔文循环的中间产物果糖-6-磷酸（fructose-6-phosphate，F6P）转化为葡萄糖-1-磷酸（glucose-1-phosphate，G1P），葡萄糖-1-磷酸在腺苷二磷酸葡萄糖焦磷酸化酶（ADP-glucose pyrophosphorylase，AGPase）的作用下，合成淀粉合酶的底物 ADPG（图 1-11）。高等植物的淀粉合酶通常由 5 类基因编码，包括颗粒结合型淀粉合酶（granule-bound starch synthase，GBSS）和可溶性淀粉合酶 SSⅠ、SSⅡ、SSⅢ及 SSⅣ。其中 GBSS 与淀粉粒结合紧密并负责合成直链淀粉，可溶性淀粉合酶参与支链淀粉的合成。支链淀粉的分支由淀粉分支酶（starch branching enzyme，SBE）催化。除淀粉合酶和淀粉分支酶外，能切断分支点的淀粉脱支酶（debranching enzyme，DBE）对支链淀粉的结构也起着重要作用。植物中包含两种类型的 DBE：异淀粉酶（isoamylase，ISA）和极限糊精酶（limit dextrinase，LDE）。DBE 是淀粉粒合成所必需的。

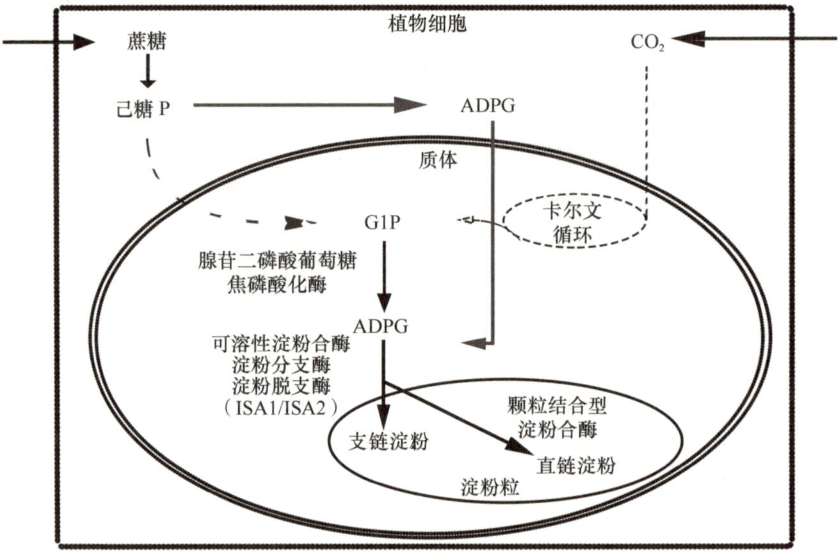

图 1-11　淀粉合成途径

光合细胞和非光合细胞的淀粉合成途径存在差异。在光合组织中，用于合成淀粉的己糖来自于光合产物，磷酸戊糖还原途径中的中间产物果糖-6-磷酸在磷酸葡糖异构酶（phosphoglucoisomerase，PGI）等系列酶作用下，转变为 ADPG，最终成为合成淀粉的底物。在贮藏器官中，来源于细胞质的葡萄糖-6-磷酸（glucose-6-phosphate，G6P）通过磷酸己糖转运蛋白转运至淀粉体中，G6P 转运至淀粉体后转变为葡萄糖-1-磷酸，最终形成淀粉合成的前体物质 ADPG。

3. 淀粉降解酶　对于淀粉降解的了解主要来源于模式植物拟南芥。拟南芥叶片的淀粉降解起始于对完整淀粉粒的水解。淀粉在一系列酶的作用下形成直链葡聚糖，并最终降解为葡萄糖单体。参与该过程的酶主要有葡聚糖水合激酶（glucan-water dikinase，GWD）、磷酸葡聚糖-水合激酶（phosphoglucan-water dikinase，PWD）、磷酸葡聚糖磷酸酶（包括 SEX 和 LSF）、α-淀粉酶（AMY）、β-淀粉酶（BAM）、异淀粉酶（ISA）、极限糊精酶（LDE）、葡聚糖转移酶（glucanotransferase）和葡聚糖磷酸化酶（PHS）。

瞬时淀粉降解的第一步是 GWD 和 PWD 分别在葡聚糖链的第 6 位和第 3 位碳原子添加磷酸基团，打破支链淀粉的半晶体结构，以利于淀粉水解酶接近淀粉粒。由于淀粉的完全水解需要移除先前为破坏支链淀粉半晶体结构而添加的磷酸基团，因此，淀粉颗粒表面结构在被添加的磷酸基团破坏后，磷酸葡聚糖磷酸酶（starch excess 4，SEX4）和 LSF2（like sex 2）分别作用于葡聚糖链的第 6 位和第 3 位碳原子上的磷酸基团，水解磷酸基团。此后，在α-淀粉酶、β-淀粉酶、ISA、PHS 及 DPE 等系列水解酶的作用下，淀粉被水解为麦芽糖和麦芽三糖。麦芽糖及麦芽三糖分别通过麦芽糖转运蛋白（maltose excess 1，MEX1）及质体葡萄糖转运蛋白（plastidic glucose translocator，PGlcT）从叶绿体转运至细胞质。

在细胞质中，一部分麦芽糖在歧化酶 2（disproportionating enzyme 2，DPE2）的催化下合成葡萄糖，然后在己糖激酶（hexokinase，HXK）作用下合成葡萄糖-6-磷酸，进而转化为葡萄糖-1-磷酸；另一部分麦芽糖则在葡聚糖磷酸化酶 2（cytosolic glucan phosphorylase 2，PHS2）的催化下直接合成葡萄糖-1-磷酸，最终在蔗糖磷酸合酶（sucrose-phosphate synthetase，SPS）和蔗糖磷酸磷酸酶（sucrose phosphate phosphatase，SPPase）作用下合成蔗糖（图 1-12）。

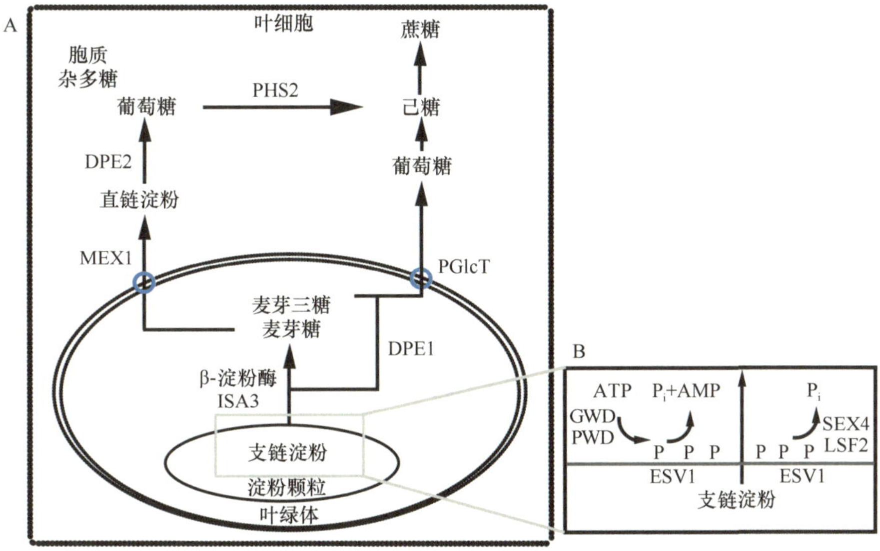

图 1-12 叶片中淀粉降解的途径

A. 淀粉转换成为蔗糖的途径；B. 淀粉粒水解前的磷酸化及去磷酸化过程。PHS2. 葡聚糖磷酸化酶 2；DPE2. 歧化酶 2；MEX1. 麦芽糖转运蛋白；PGlcT. 质体葡萄糖转运蛋白；SEX4. 磷酸葡聚糖磷酸酶；PWD. 磷酸葡聚糖水合激酶；GWD. 葡聚糖水合激酶

定位于叶绿体的 α-淀粉酶 3（α-amylase 3，AMY3）具有内切淀粉酶活性，能切断分支点从而释放线性和分支的低聚麦芽糖，而 β-淀粉酶在瞬时淀粉降解中发挥重要作用。ISA3 和 LDE 可以移除由 BAM 切断的支链淀粉的外链分支。不具有磷酸葡聚糖磷酸酶活性的 LSF1 作为淀粉粒上的结合 BAM 的支架蛋白，能够促进淀粉降解。

4. 淀粉降解与品质形成 果实中的淀粉对维持细胞膨压、支持果实硬度起重要作用。不同种类及成熟状态不同的果实淀粉含量差异较大。例如，在番茄果实中，淀粉含量在破色期升高至 10～20mg/g FW，果实成熟时下降至 0.1mg/g FW；采收前的香蕉果实淀粉含量较高，达 100～300mg/g FW，成熟时则降至 10～150mg/g FW（依不同品种差异较大）；苹果果实在花后 90～120d 时淀粉含量为 20～25mg/g FW，而成熟的苹果果实中淀粉含量则下降至 0.5mg/g FW。

不同种类的果实淀粉积累与降解的模式差别较大。香蕉和猕猴桃等果实在生长发育期大量积累淀粉，果实成熟采收时仍含有大量淀粉；葡萄、桃、甜瓜等果实在生长发育期中积累少量淀粉，果实成熟后淀粉即被降解；苹果等果实在果实发育期积累一定量的淀粉，但随着果实成熟，淀粉逐渐降解，至采收时淀粉则被完全降解（表 1-8）。果实淀粉积累与降解可能与果实的跃变型/非跃变型有关。许多跃变型果实成熟前积累淀粉，果实成熟启动时淀粉降解为可溶性糖；然而，许多非跃变型果实生长及成熟期间主要积累可溶性糖。

表 1-8　园艺产品淀粉/糖积累类型

生长发育期积累淀粉	采收期淀粉含量	后熟期淀粉含量	代表性果实
大量	较高	降解	香蕉、猕猴桃
少量	降解	—	葡萄、桃等
少量	逐渐降解	完全降解	苹果

淀粉降解对于积累淀粉的果实如香蕉及猕猴桃等品质形成非常重要。在香蕉果实成熟过程中，果实内的淀粉发生降解，主要表现为果实质地变软和甜度增加（淀粉转化成可溶性糖），直接影响果实的口感和风味。淀粉降解是香蕉等果实软化的主要原因，并且成熟过程中的淀粉降解也为果实产生风味物质提供碳水化合物，因此，淀粉降解对于采后果实品质形成也至关重要。

淀粉含量较高的果实如香蕉、猕猴桃等的淀粉降解与品质形成密切相关。以香蕉果实为例，目前从香蕉果实中分离获得了 38 个编码淀粉降解相关酶的基因，其中的 27 个淀粉降解酶基因（*MaGWD1*、*MaPWD1*、*MaSEX4*、*MaLSF1*、*MaLSF2*、*MaBAM1*～*MaBAM4*、*MaBAM6*～*MaBAM8*、*MaBAM10*、*MaAMY2B*、*MaAMY2C*、*MaAMY3*、*MaAMY3A*、*MaAMY3C*、*MaISA2*、*MaISA3*、*MaPHS2*、*MaMEX1*、*MaMEX2*、*MapGlcT2-1*、*MapGlcT2-2*、*MapGlcT4-1* 和 *MapGlcT4-2*）在果实成熟中被明显诱导，随着香蕉果实成熟进程而表达增强，并且与果实淀粉含量下降的趋势一致。在香蕉后熟过程中，AMY、BAM 和糖原脱支酶（AGL）的酶活性与淀粉含量变化具有较高的相关性，而 ISA、PU 和 PHS 的酶活性一直较低且保持稳定。

（二）淀粉降解的调控机制

1. 遗传调控　淀粉降解受到转录水平、翻译水平及表观遗传等多水平调控。对果蔬产品的淀粉降解及其机制的认识主要集中于香蕉、猕猴桃等收获时淀粉含量较高的果实。GWD 是淀粉降解的第一个酶。转录因子 MabHLH6 和 MaMYB3 可以特异结合 *MaGWD1* 的启动子，其中 MabHLH6 作为香蕉果实成熟上调的转录激活子，可以直接结合 11 个淀粉相关的基因（*MaGWD1*、*MaLSF2*、*MaBAM1*、*MaBAM2*、*MaBAM8*、*MaBAM10*、*MaAMY3*、*MaAMY3C*、*MaISA2*、*MaISA3* 和 *MapGlcT2-2*）启动子上的 E-box（CANNTG）元件，激活这些基因的表达，从而促进淀粉降解。MaMYB3 作为香蕉果实成熟下调的转录抑制子，抑制 11 个淀粉降解酶基因的表达。MaMYB3 还可以直接抑制 *MabHLH6* 的转录。通过在番茄中超表达 MaMYB3，发现超表达 MaMYB3 的番茄果实中淀粉降解相关基因表达下调，淀粉降解受阻，导致果实成熟延缓。此外，MaMADS36 和 MaMADS55 也能够单独或共同结合 *MaGWD1* 的启动子，以促进香蕉果实淀粉的降解。在猕猴桃果实中，锌指蛋白 AdDOF3 能通过结合 *AdBAM1L* 的启动子区域并驱动其表达，从而促进猕猴桃成熟过程中的淀粉降解。表 1-9 列出了参与香蕉、猕猴桃、苹果及番茄等园艺产品淀粉降解的部分转录因子及其调控的靶基因。图 1-13 展示了香蕉果实淀粉降解的转录调控过程。

表 1-9　参与跃变型果实淀粉降解的转录因子及其调控的靶基因

果实种类	转录因子	调控的靶基因	调控类型
香蕉	MaMYB3	*MaGWD1*、*MaAMY3C*、*MaBAM1/2/8/10*	抑制
	MaMADS36	*MaGWD1*、*MaAMY3C*、*MaBAM1/2/8/10*	抑制
	MabHLH6	*MaGWD1*	激活
	MaEIL2	*MaAMY3*、*MaISA2/3*	激活
	MaMYB16L	*MaISA1*、*MaLSF1*、*MaMEX2*、*MaBAM1/2/4/7/8*、*MaAMY3/3C*	抑制
	MaNAC67	*MaBAM6*、*MaSEX4*、*MaMEX1*	激活
	MaABI5	*MaPWD1*、*MaGWD1*、*MaBAM7*、*MaBAM8*、*MaISA2*	激活
	MaC2H2	*MaPWD1*、*MaBAM4*、*MaISA2*	激活
猕猴桃	AdDOF3	*AdBAM1L*	激活
	AaCBF4	*AaBAM3.1*	激活
番茄	SlHY5	*SlGWD1*、*MaBAM1/3/8*、*SlMEX1*、*SlDPE1*	激活
苹果	MdWRKY32	*MdBAM5*	激活

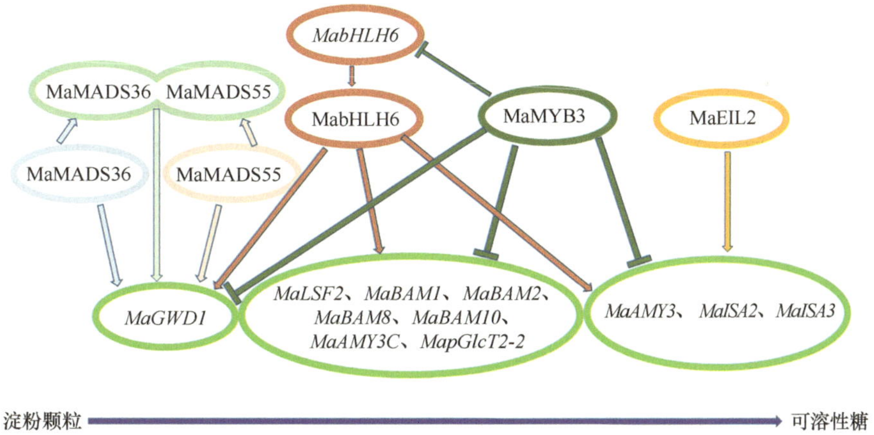

图 1-13　香蕉果实淀粉降解的转录调控过程

2. 环境调控　果实淀粉降解受外源乙烯、贮藏温度及贮藏条件等影响。

外源乙烯加速果实淀粉降解。乙烯能够促进采后‘红阳’猕猴桃淀粉颗粒磷酸化进而促进淀粉降解和果实软化。香蕉乙烯信号转导通路关键转录因子 MaEIL2 可以直接结合并激活 *MaAMY3*、*MaISA2* 和 *MaISA3* 的启动子，以促进香蕉果实淀粉降解。此外，外源乙烯能够促进香蕉果实淀粉降解的第一个酶 *MaGWD1* 基因的表达，进而促进香蕉果实淀粉降解和相应的果实软化。

贮藏温度影响果实淀粉的降解。在 25℃贮藏的‘宝岛蕉’总淀粉、直链淀粉和支链淀粉降解速度均较贮藏在 20℃和 16℃的快。果实在 25℃贮藏 7d 的乙烯释放量与支链淀粉含量变化呈极显著负相关，而在 20℃和 16℃温度下，乙烯释放量与支链淀粉含量变化不相关。

展　望

软化是果实成熟最重要的特征之一，质地反映果实软化程度。果实质地变化与细胞壁代谢及淀粉降解密切相关。随着分子生物学、遗传学及生物信息学等研究手段的改进，果实质地调控机制逐渐被人们所了解，决定果实质地的基因逐步被明晰，利用生物技术手段通过调控果实质地变化进而延长果实贮藏期及货架期逐步成为现实，但是往往会导致果实其他优异特征性状如芳香物质的减少甚至丧失。未来的工作应注重：①进一步从多层次、多维度解析果实质地调控机制；②挖掘既能够调控质地又不影响果实其他性状的基因，为延长果实保鲜期及货架期提供优异基因资源。

第四节　营养与调控机制

【学习目标】

1. 了解园艺产品营养物质的种类及功能。
2. 了解园艺产品营养物质的生物合成及调控机制。
3. 了解园艺产品营养物质与贮藏特性的关系。

【主题词】氨基酸；多糖；酚类物质；维生素；生物合成

营养品质是园艺产品的重要品质特征之一，与人类健康息息相关。营养物质通常分为六大类，包括蛋白质、脂类、碳水化合物、矿物质、维生素和水。酚类物质属于次生代谢产物，因其独特的生物活性与健康效应，已成为园艺产品品质研究领域的热点与重点方向。本节重点对园艺产品中的多糖、维生素、酚类物质及氨基酸的结构、生物活性与代谢调控机制进行介绍。

一、多糖

多糖是由 10 个以上相同或不同的单糖通过糖苷键连接聚合而成的线性生物大分子，广泛存在于动植物和微生物等生物体内。多糖不仅作为机体的能源物质和生物体的组成材料，还广泛参与细胞中各种生命代谢活动，具有抗肿瘤、抗氧化、免疫调节和降血糖等多种生物活性。近年来，多糖由于其来源广泛且具有重要生物功能等特点已成为关注的热点。

（一）多糖的结构及生物活性

多糖是一类天然高分子聚合物，种类繁多，来源广泛，其结构、分子构成及分子量存在差异，生物活性也各有差异。以下对园艺作物中常见多糖的结构类型和生物活性进行归类探讨。

1. 多糖的结构类型　按单糖组成可以将多糖划分成同多糖和杂多糖，其中由相同的单糖组成的为同多糖，如淀粉、纤维素和葡聚糖等；由不同的单糖组成的为杂多糖，如葡甘露聚糖、木葡聚糖和阿拉伯半乳聚糖等。因前文已对淀粉、纤维素和果胶进行了深入的探讨，此处不再赘述。以下重点介绍阿拉伯半乳聚糖、葡聚糖、甘露聚糖、木葡聚糖和木聚糖等的结构特征（图 1-14）。

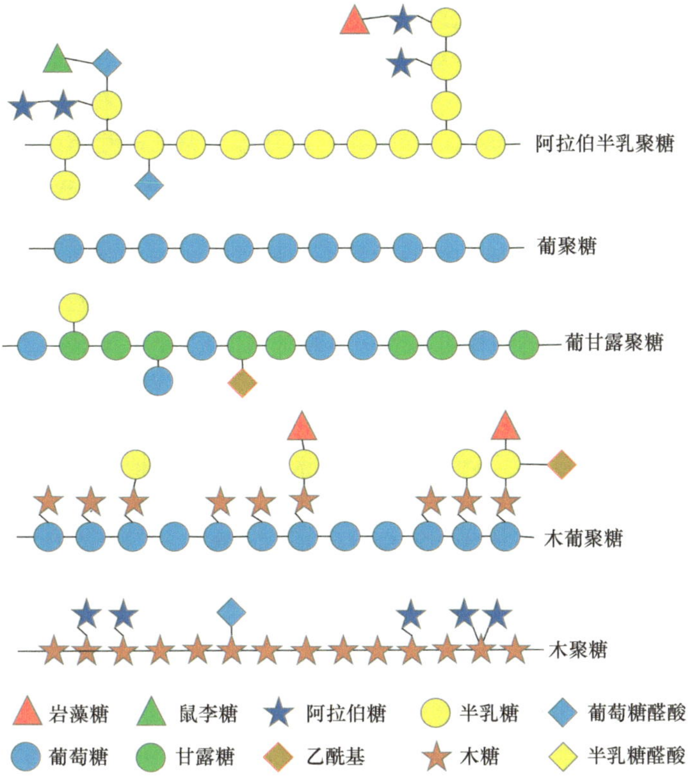

图 1-14　多糖的结构特征

（1）阿拉伯半乳聚糖　阿拉伯半乳聚糖（arabinogalactan，AG）是一类高度分支的由阿拉伯糖与半乳糖组成的半纤维素多糖，通常以独立或糖蛋白聚合物的形式存在。AG广泛分布于玉米、番茄、大豆、胡萝卜、柿子、枸杞、荔枝和黄秋葵等中。AG的分子质量为7.5～100kDa，其主链为半乳聚糖，分支主要为阿拉伯糖侧链。一般认为，AG主要有3种结构类型，其中Ⅰ型AG的主链结构为1,4-β-多聚半乳糖。Ⅱ型AG是高度分支化多糖，一般由1,3/6-β-多聚半乳糖组成骨架结构。Ⅲ型AG主要由β-1,6-半乳糖组成短链半乳聚糖，主链中含半乳糖和阿拉伯糖残基及高度分支化的阿拉伯糖侧链。绿茶中的AG为Ⅱ型AG，而大豆中的AG主要为Ⅰ型AG。花卉作物中也有AG的报道，如两色金鸡菊（*Coreopsis tinctoria*）和红花（*Carthamus tinctorius*）。

（2）葡聚糖　葡聚糖是指由多个葡萄糖通过糖苷键连接聚合而成的高分子聚合物。葡聚糖广泛分布于植物、真菌和细菌中。根据糖苷键构型的不同可分为α-葡聚糖和β-葡聚糖。其中α-葡聚糖主要为葡萄糖以α-1,6或α-1,4糖苷键连接构成。成熟的香蕉果肉中存在大量的1,6-α-葡聚糖。同样的1,6-α-葡聚糖也存在于龙眼果肉、兰州百合和甘薯根茎中。梨果、仙人掌果实和草菇也富含α-葡聚糖。食用菌是β-葡聚糖的主要来源。作为世界第二大食用菌，香菇中香菇多糖的研究备受关注。β-葡聚糖是香菇多糖的主要成分，其结构多以1,3-β-葡聚糖为主链，1,6-β-葡萄糖为侧链。此外，灰树花、平菇、茶树菇和蛹虫草中均有β-葡聚糖存在。

（3）甘露聚糖　甘露聚糖主要含有甘露糖残基，是半纤维素的主要成分。根据结构不同，可分为线性甘露聚糖（甘露糖以β-1,4糖苷键连接而成）、葡甘露聚糖、半乳甘露聚糖和半乳葡萄甘露聚糖。①葡甘露聚糖主要由甘露糖和葡萄糖以β-1,4糖苷键聚合而成。乙酰基（取代度5%～10%）是天然葡甘露聚糖中特殊的功能基团。葡甘露聚糖主要分布于魔芋、芦荟、石斛、欧洲甜瓜和百合等中。魔芋葡甘露聚糖是最常见的葡甘露聚糖。②半乳甘露聚糖的主链为1,4-β-甘露聚糖，α-半乳糖以α-1,6-糖苷键连接到主链上。半乳甘露聚糖主要来源于豆科、旋花科和番荔枝科等被子植物。其中，豆科植物种子是半乳甘露聚糖的主要来源，如葫芦巴胶、瓜尔豆胶、刺云实胶和刺槐豆胶。③半乳葡萄甘露聚糖是针叶树半纤维素的主要组成成分，其主链由葡萄糖和甘露糖以β-1,4-糖苷键连接而成，半乳糖则以α-1,6糖苷键连到主链的任一种糖上。乙酰化半乳葡萄甘露聚糖是黑莓中半纤维素的主要组成部分。

（4）其他多糖　其他多糖如木葡聚糖和木聚糖是植物次生壁的主要组成部分。木葡聚糖是植物半纤维素的重要组成部分，其主链由1,4-β-葡聚糖骨架构成。目前已鉴定出24种独特结构的木葡聚糖。根据寡糖的结构可将木葡聚糖分成XXXG和XXGG两种主要类型，其中XXGG型的木葡聚糖糖基化程度相对较低，一般其侧链不发生岩藻糖取代；木葡聚糖的乙酰基取代发生在XXXG型侧链的半乳糖残基上，而XXGG型主要在主链葡萄糖残基上进行取代。XXXG型木葡聚糖主要分布在双子叶植物中，而禾本科和茄科植物的木葡聚糖主要为XXGG型。木聚糖也是植物半纤维素的主要成分，是一种复杂的多聚五碳糖。木聚糖是木糖以β-1,4糖苷键连接而成，是所有维管植物次生细胞壁的重要组成部分，其含量降低会导致次生壁变薄。根据木聚糖侧链的不同，可将其分为葡萄糖醛酸木聚糖、阿拉伯木聚糖和葡萄糖醛酸阿拉伯木聚糖。

2. 多糖的生物活性　多糖是一类重要的生物活性物质，具有抗氧化、抑菌、抗癌、抗病毒、调节肠道菌群及免疫调节等作用。

（1）免疫调节作用　在多糖众多的生物活性中，免疫调节作用最令人瞩目。多糖是机体免疫系统良好的调节剂，主要表现为免疫增强或免疫刺激。免疫系统是机体重要的防御系统，由免疫器官、免疫细胞和相关免疫因子组成。免疫系统的功能与人类健康密切相关。活性多糖强化的饮食能有效提高机体免疫系统功能。多糖发挥免疫作用具有多途径、多环节及多靶点等特点，不仅可以提高免疫器官指数，增强免疫器官功能，而且可以激活机体免疫细胞，还可以促进细胞因子的生成，激活补体系统及促进抗体的产生。不同来源的阿拉伯半乳聚糖、葡聚糖和甘露聚糖均具有良好的免疫调节作用，特别是阿拉伯半乳聚糖和葡聚糖的免疫调节活性已在动物实验及临床试验中都得到了验证。其中β-葡聚糖被认为是可食用菌中最重要的免疫调节剂。葡萄糖醛酸木聚糖和葡萄糖醛酸阿拉伯木聚糖也被证实具有免疫调节活性。

（2）抗癌作用　活性多糖具有良好的抗癌活性，通过调控机体免疫功能发挥抗癌作用。其中β-葡聚糖是香菇多糖发挥抗癌作用的主要活性形式。此外，食用菌中葡聚糖（尤其是1,3-β-葡聚糖）可通过多种信号途径调节机体的免疫功能，抑制肿瘤生长和转移，进而实现抗癌作用。阿拉伯半乳聚糖可通过诱导细胞凋亡和调控细胞周期抑制癌细胞生长，而甘露糖可提高抗癌药物的抗肿瘤作用。另外，木聚糖可选择性抑制癌细胞的生长，但对正常细胞无明显的影响。

（3）抗氧化作用　氧化损伤所引起的应激反应可诱导机体内活性氧（ROS）的产生。少量的ROS可作为重要的氧化还原信号和效应分子参与多种重要的生物过程。然而，过量的ROS可引起氧化应激，损伤机体生物大分子如蛋白质、DNA和脂质等。氧化应激在慢性疾病如阿尔茨海默病、糖尿病及肿瘤等的发生和发展过程中发挥着重要作用。多糖是一类天然的抗氧化剂，通过直接或间接调节机体内抗氧化系统，如超氧化物歧化酶、过氧化氢酶和谷胱甘肽过氧化物酶等，抑制脂质过氧化发挥抗氧化作用。葡聚糖（特别是β-葡聚糖）、阿拉伯半乳聚糖、葡甘露聚糖等都具有良好的抗氧化活性。

（4）抑菌作用　多糖不仅能够选择性抑制外源有害病菌的生长，还能通过调控肠道微生物菌群的组成来改善肠道功能和提高宿主的免疫力。葡甘露聚糖是一种高效的天然食品防腐剂，能有效地防止食品腐败变质、发霉和遭受虫害，可用于果蔬、豆制品、蛋类及鱼类等食品的贮藏保鲜。β-葡聚糖和木聚糖不仅能调控肠道微生物生长，也可用于果蔬采后保鲜，抑制病原微生物生长。此外，阿拉伯半乳聚糖、甘露聚糖、木聚糖和葡聚糖都可与常见抑菌剂制备纳米保鲜剂，提高抑菌剂的活性。

（5）其他作用　葡聚糖是一类重要的生物活性多糖，具有抗炎、降血糖、降血脂、抗病毒和促进伤口愈合等作用。阿拉伯半乳聚糖有促进胰岛素分泌和改善糖尿病症状的作用，而甘露聚糖具有抗炎、促进伤口愈合和抗老化等作用。

（二）多糖的生物合成途径

多糖的生物合成主要分为 4 个过程：①核苷酸糖的合成；②糖链的起始；③糖链的延伸；④糖链的终止。除纤维素和胼胝体在质膜上合成外，其他细胞壁多糖均在高尔基体中合成。

核苷酸糖是多糖合成过程中的前体物质，通过核苷酸糖转运蛋白转运到质膜和高尔基膜。高能磷酸化单糖，即各种核苷酸糖供体，如尿苷二磷酸（UDP）-葡萄糖、UDP-半乳糖和鸟苷二磷酸（GDP）-甘露糖等，可通过差向异构化、还原、脱羧等反应相互转化（图 1-15）。例如，UDP-葡萄糖在 UDP-葡萄糖差向异构酶（UGE）、UDP-葡萄糖脱氢酶（UGD）和鼠李糖合酶（URS）的作用下分别生成 UDP-半乳糖、UDP-葡萄糖醛酸和 UDP-鼠李糖；UDP-葡萄糖醛酸能在 UDP-葡萄糖醛酸差向异构酶（GAE）的催化下转化为 UDP-半乳糖醛酸。UDP-葡萄糖醛酸还能在 UDP-木糖合酶（UXS）的作用下生成 UDP-木糖，UDP-木糖可在 UDP-木糖差向异构酶（UXE）的催化下转化为 UDP-阿拉伯糖。GDP-甘露糖在 GDP-甘露糖脱水酶（GMD）和 GDP-甘露糖差向异构还原酶（GER）的催化下转化为 GDP-岩藻糖。在缺少可利用碳源的情况下，肌醇可在系列酶的催化下生成 UDP-葡萄糖醛酸、UDP-木糖和 UDP-阿拉伯糖。

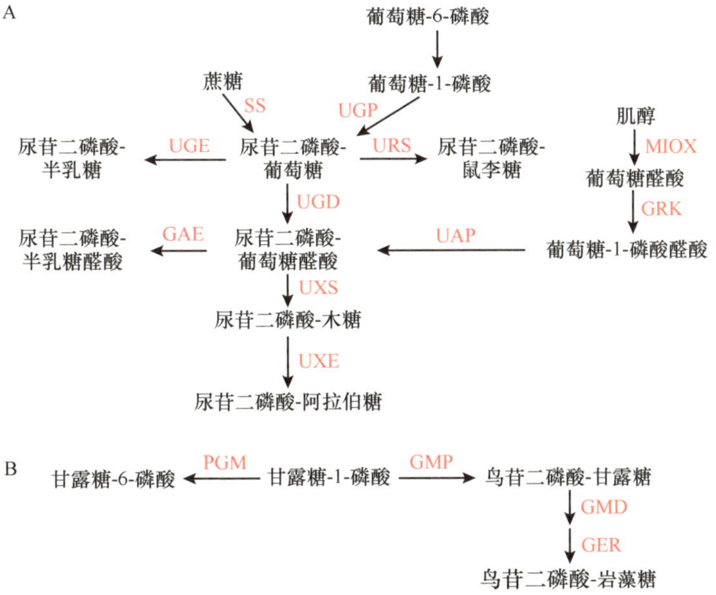

图 1-15　核苷酸糖供体的转化途径

A. 葡萄糖、半乳糖、木糖、阿拉伯糖、鼠李糖、葡萄糖醛酸和半乳糖醛酸供体转化途径；B. 甘露糖和岩藻糖供体转化途径

糖基转移酶（GT）在糖链延伸的过程中发挥关键作用。在植物中，糖基转移酶 GT2 家族

即为 CesA 超家族，CesA 超家族一共可以分成十大家族：CesA 家族和 9 个 Ces-like（CSL）家族（CSL A～H 和 CSL J）。一般而言，参与非纤维素多糖合成的 GT 含有多糖跨膜区域，嵌合在高尔基体膜上。在合成多糖时，前体物质从高尔基体的顺面进入，在中间囊腔内完成合成及修饰等，最终由高尔基体分泌小泡排出，运输到特定位置。

1. 阿拉伯半乳聚糖的生物合成途径 植物中关于 AG 的生物合成主要集中在阿拉伯半乳聚糖蛋白（AGP）上。AG 是 AGP 的重要组成部分，约占其含量的 90%。AGP 糖基化是 AGP 合成的关键，其中 UDP-半乳糖是半乳聚糖中半乳糖的供体，UDP-阿拉伯糖和磷酸化阿拉伯糖可作为阿拉伯糖基供体。一系列酶参与了 AGP 糖基化作用，如 β-1,3-半乳糖转移酶（β-1,3-GalT）、β-1,6-GalT、α-1,3-阿拉伯糖转移酶（α-1,3-AraT）、α-1,5-AraT、岩藻糖转移酶、鼠李糖转移酶、葡萄糖醛酸转移酶和葡萄糖醛酸甲基转移酶等。AGP 糖基化可能开始于内质网中，但主要发生在高尔基体中。

AGP 糖基化的第一步是将半乳糖转移到肽主链上的羟脯氨酸残基上，主要由 *GALT2-6*（GT31 家族）编码的羟脯氨酸-*O*-β-半乳糖基转移酶（Hyp-GAL1T）介导。此外，位于 GT31 家族的另一个亚支的羟脯氨酸糖基转移酶（HPGT）也可负责 AG 糖链的起始链接。Ⅱ型阿拉伯半乳聚糖的结构特征及其合成途径中糖苷转移酶的作用位点如图 1-16 所示。由 *At1G77810* 编码的 β-1,3-GalT 参与了 β-1,3-半乳糖苷主链合成；*At1G08280* 编码的 AtGALT29A 不仅参与 AG 糖链中的 β-1,6-半乳聚糖侧链的延伸，还能将 β-1,6-半乳聚糖添加到 AGP 糖苷的主链 β-1,3-半乳糖苷上；而具有 β-1,6-GalT 活性的酶，如 AtGALT31A 和 AtGLCAT14A-E（GT14 家族）仅参加 β-1,6-半乳聚糖侧链的延伸。此外，AtGLCAT14A-C 还具有 β-葡萄糖醛酸转移酶活性，将葡萄糖醛酸加到 β-半乳聚糖链上。AtFUT4 和 AtFUT6 具有 α-1,2-岩藻糖基转移酶活性，而 AtAGM1 和 AtAGM2 具有葡萄糖醛酸-*O*-甲基转移酶活性。位于高尔基体的 AtRAY1 具有 β-阿拉伯糖基转移酶活性，但 α-1,3-AraT、α-1,5-AraT 和鼠李糖转移酶尚未鉴定。

2. 葡聚糖合成途径 UDP-葡萄糖是葡聚糖合成过程中的重要前体物质。在植物细胞中，UDP-葡萄糖的合成存在以下两条途径：一是蔗糖通过蔗糖合酶（SS）合成；二是葡萄糖-1-磷酸通过 UDP-葡萄糖焦磷酸化酶（UGP）合成。

在真菌中，1,3-β-葡聚糖（最多 1500 个葡萄糖残基）由 UDP-葡萄糖通过 1,3-β-葡聚糖合酶（EC2.4.1.34）催化合成，随后在跨膜酶复合物的催化下转移到壁膜间隙。1,3-β-葡聚糖在壁膜间隙进行进一步的结构修饰，如 1,6-β-葡萄糖侧链的增加等。真菌中 1,3-β-葡聚糖合酶的分子质量约为 200kDa，由具有催化特性（FKS1 和 FKS2）和调节作用（RHO）的两个亚基组成，具有三磷酸鸟苷酶活性。

在植物中，1,3-β-葡聚糖在质膜或高尔基体上通过胼胝质合酶（Csl）/类葡聚糖合酶复合物（Gsl）合成。其中由 GT2 家族成员 *HvCslC2* 和 GT48 家族成员 *AtGSL1,2,5* 编码的 1,3-β-葡聚糖合酶仅分布于质膜上，而由 GT2 家族 *AtCslD1,4,5* 和 *NaCslD1* 及 GT48 家族 *CFL1*、*HvGSL1* 和 *NaGSL1* 编码的 1,3-β-葡聚糖合酶分布于内质网、质膜和高尔基体上。此外，CSLH 和 CSLJ 也参与了 β-葡聚糖的合成。

3. 甘露聚糖合成途径 GDP-甘露糖的合成首先是甘露糖-6-磷酸在磷酸葡萄糖变位酶（PGM）的催化下转化为甘露糖-1-磷酸，然后由甘露糖-1-磷酸在 GDP-甘露糖磷酸酶（GMP）的作用下生成 GDP-甘露糖。GDP-甘露糖、UDP-葡萄糖、UDP-半乳糖是合成甘露聚糖类的供体。GDP-甘露糖在 β-甘露聚糖合酶的催化下合成 β-1,4-甘露聚糖。β-甘露聚糖合酶由 *CSLA* 基因编码，CSLA 属于 GT2 家族。

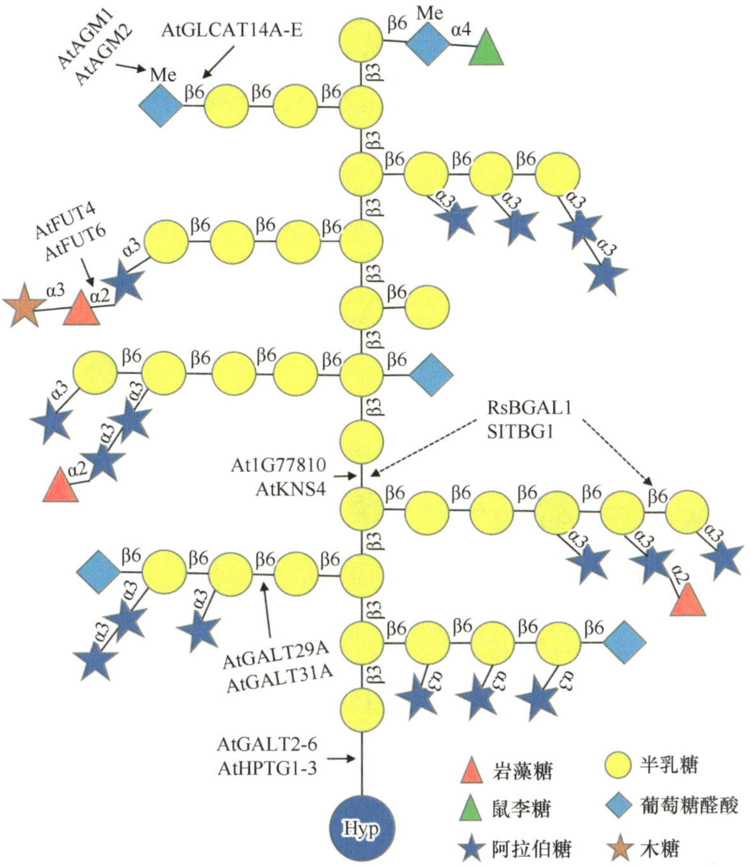

图 1-16 Ⅱ型阿拉伯半乳聚糖的结构特征及其合成途径中糖苷转移酶的作用位点

α3. α-1,3 糖苷键；α4. α-1,4 糖苷键；β3. β-1,3 糖苷键；β6. β-1,6 糖苷键；Me. 甲基；α2. α-1,2 糖苷键；Hyp. 羟脯氨酸；At1G77810 和 AtKNS4. 拟南芥 β-1,3-半乳糖基转移酶；AtAGM1/2. 拟南芥葡萄糖醛酸甲基转移酶 1/2；AtFUT4/6. 拟南芥岩藻糖基转移酶 4/6；AtGALT2-6. 拟南芥半乳糖基转移酶 2-6；AtGALT29A. 拟南芥半乳糖基转移酶 29A；AtGALT31A. 拟南芥半乳糖基转移酶 31A；AtGLCAT14A-E. 拟南芥葡萄糖醛糖基转移酶 14A-E；AtHPTG1-3. 拟南芥羟脯氨酸-*O*-连接半乳糖基转移酶 1-3；RsBGAL1. 白萝卜 β-半乳糖苷酶；SITBG1. 番茄 β-半乳糖苷酶

在拟南芥的 *CSLA* 家族基因中，多个 *CSLA* 成员如 *AtCSLA2*、*AtCSLA3*、*AtCSLA7* 和 *AtCSLA9* 均具有合成 β-1,4-甘露聚糖的能力。此外，*CSLD* 家族成员，如 *AtCSLD2*、*AtCSLD3*、*AtCSLD5* 也具有 β-甘露聚糖合酶活性。*CSLA* 家族成员 *CSLA1*、*CSLA2*、*CSLA3*、*CSLA9* 均参与葡甘露聚糖的合成。由 *TfGMGT* 编码的 GalT 负责甘露聚糖中半乳糖基的引入。此外，位于高尔基体的甘露聚糖合酶相关基因（*GT65* 家族）是甘露聚糖合酶的辅助因子，在甘露聚糖的合成过程中发挥重要作用。TBL（trichome birefringence-like）蛋白是多糖特异性的乙酰基转移酶，由 *TBL* 基因家族成员编码的 TBL25 和 TBL26 参与甘露聚糖的乙酰化修饰。

4. 其他多糖合成途径 作为植物细胞壁的重要组成部分，木葡聚糖的生物合成受到了广泛的关注。木葡聚糖的合成底物主要包括 UDP-葡萄糖、UDP-木糖、UDP-半乳糖和 GDP-岩藻糖。如图 1-17 所示，木葡聚糖主链骨架上葡聚糖的生物合成由 *CLSC* 基因编码的 1,4-β-葡聚糖合酶（CS）负责。木葡聚糖特异木糖基转移酶（XXT）可将 UDP-木糖添加到主链葡萄糖残基的 O-6 位上，完成木葡聚糖骨架的木糖化。在拟南芥中，*GT34* 基因家族成员编码的 XXT1～5 均参与木葡聚糖的合成。大多数木葡聚糖的木糖残基可在 *GT47* 基因家族的一些酶

（如 MUR3）和 *XLT2* 基因编码的 GalT 催化下引入半乳糖基。其中 *MUR3* 专一性将 XXXG 型木葡聚糖的第 3 位木糖残基半乳糖化；而 XLT2 则针对第 2 位木糖残基半乳糖化。此外，*XUT1* 和 *XST1/2* 基因分别编码的半乳糖醛酸转移酶和 AraT 可分别催化木糖残基的半乳糖醛酸和阿拉伯糖基化。

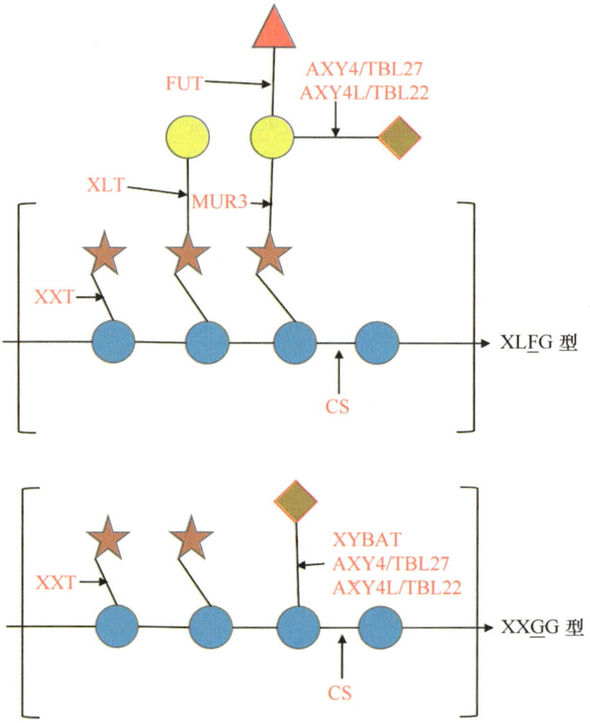

图 1-17　XLFG 和 XXGG 型木葡聚糖结构特征及合成示意图

AXY4L/TBL22 和 AXY4/TBL27. 木葡聚糖特异乙酰基转移酶；CS. 1,4-β-葡聚糖合酶；FUT. 木葡聚糖特异岩藻糖基转移酶；MUR/XLT. 木葡聚糖特异半乳糖基转移酶；XLFG 型. 表示 XXXG 型木葡聚糖上第 2 位木糖残基被半乳糖取代，第 3 位木糖残基被半乳糖取代后半乳糖残基 O-2 位连接岩藻糖，且该半乳糖残基发生乙酰化；XXGG 型. 表示 XXGG 型木葡聚糖上第 3 位葡萄糖残基发生乙酰化；XXT. 木葡聚糖特异木糖基转移酶；XYBAT. 木葡聚糖骨架乙酰基转移酶

木葡聚糖侧链半乳糖残基的岩藻糖基化则由木葡聚糖特异岩藻糖基转移酶 1（FUT1）催化完成。该酶属于 GT37 家族，负责将 GDP-岩藻糖添加到半乳糖基上。在植物中，共有 3 个蛋白质家族参与木葡聚糖的乙酰化，如 TBL、AXY9 和 RWA 家族，其中由 *TBL* 基因家族成员编码的 AXY4/TBL27 和 AXY4L/TBL22 及木葡聚糖骨架乙酰转移酶（XYBAT）可特异地乙酰化木葡聚糖。

木聚糖的合成底物主要包括 UDP-木糖、UDP-葡萄糖醛酸和 UDP-阿拉伯糖。它们主要在 IRX7、IRX8、IRX9/IRX9L、RX10/RX10L、IRX14/IRX14L 和 GT43B/C 等糖基转移酶构成的多酶复合体催化下合成木聚糖。其中，RX10/RX10L 具有木糖基转移酶活性，可催化木聚糖主链 1,4-β-木聚糖的合成，而作为多酶复合体中的结构蛋白，IRX9 和 IRX14 可能有助于维持木聚糖合成酶复合体结构的稳定性。葡萄糖醛酸转移酶（*GUX1-5* 编码）、木糖基转移酶（*XAX1* 编码）、阿拉伯糖转移酶（*XAT1-2* 编码）、甲基转移酶（*GXMT*、*GXM1-3*、*IRX15/IRX15L* 编码）和乙酰基转移酶（*TBL29* 编码）分别参与了木聚糖侧链葡萄糖醛酸基化、木糖基化、阿拉伯糖基化、甲基化和乙酰基化。

（三）多糖生物合成的调控机制

作为细胞壁的重要组成部分，半纤维素多糖的生物合成过程受到一系列调控因子的影响，包括转录因子、表观遗传修饰及环境因子等。

1. 转录因子和表观遗传修饰　植物细胞壁多糖合成的调控研究广受关注，其转录水平及转录后调控机制取得了一定的进展。以 NAC 和 MYB 为核心成员的转录因子对半纤维素多糖的合成发挥关键的调控作用。这些转录因子可通过直接调控参与半纤维素合成途径相关基因的表达来影响半纤维素的合成，也可以通过调控其他转录因子活性，进而影响参与半纤维素合成途径相关基因的表达发挥作用。

在 NAC 家族转录因子中，如拟南芥 AtVNS（VND、NST/SND 和 SMB）家族是细胞壁合成调控网络的转录因子开关。它们既可通过与其下游基因启动子上特殊位点结合的方式来调控下游基因的表达，进而调控细胞壁的合成，也可通过与自身或其他蛋白质形成二聚体来调节其转录活性。转录因子 MYB46/83 是植物次生细胞壁形成的关键调控因子，主要受两类 NAC 转录因子（VND 和 NST/SND）的直接调控，共同参与细胞壁的合成。

MYB46 可直接结合到木聚糖合成相关基因的启动子上，如 *IRX7*/*FRA8*、*IRX8*、*IRX9* 和 *IRX14*，调节基因的表达，从而影响木聚糖的合成；MYB46 也可激活下游转录因子 KNAT7，进而调控木聚糖的合成。其他 MYB 家族成员，如 MYB20/42/43/54/58/63/85 等，可在 MYB46/83 调控下，直接或间接参与调控半纤维素的合成。

microRNA（miRNA）是一类由内源基因编码的非编码单链 RNA 分子。它们在动植物和微生物中参与转录后基因表达调控。miRNA3130、miRNA3135 和 miRNA3157 可能通过调控其共同靶基因 *MAN9* 和 *UGE* 的表达，进而调控半乳糖甘露聚糖的合成。另外，miRNA 对 om80/om571、om76/om571、om78/om77 和 om79/om571 等通过共同靶向 MADS 转录因子家族，可能参与调控木聚糖等半纤维素的合成。

2. 环境因子　多糖的生物合成还受一系列环境因素的影响。不同种植地的铁皮石斛中甘露聚糖的含量各不相同。参与甘露聚糖生物合成的关键酶基因如 *DoUGE*、*DoGalT* 和 *DoMYB3* 等响应逆境胁迫，包括盐胁迫、干旱胁迫和低温胁迫等，参与环境因子对铁皮石斛中甘露聚糖合成的调控作用。此外，干旱胁迫影响了黄羽扁豆中多糖合成相关基因的表达，进而影响细胞壁多糖的结构。

二、维生素

（一）维生素的种类

维生素是生物体维持正常生命活动和代谢过程的一类有机化合物，是人体所必需的微量成分。通常情况下，人体无法自主合成，需要从外源食物中获取。维生素属于小分子有机化合物，有脂肪族、芳香族、脂环族、杂环和甾类化合物等。通常根据溶解性分为两类：水溶性维生素和脂溶性维生素。脂溶性维生素包括维生素 A、维生素 D、维生素 E、维生素 K，而水溶性维生素包括 B 族维生素和维生素 C。园艺产品中各种维生素的主要成分或维生素原、主要活性形式及主要前体物质见表 1-10。

表 1-10　园艺产品中各种维生素的主要成分或维生素原、主要活性形式及主要前体物质

维生素种类	主要成分或维生素原	主要活性形式	主要前体物质
维生素 A	全反式视黄醇和维生素 A 原（α-胡萝卜素、β-胡萝卜素、β-隐藻黄素）	—	GGPP
维生素 B_1	硫胺素	硫胺素焦磷酸（TPP）	5-氨基咪唑核糖核苷酸、半胱氨酸、甘氨酸、NAD^+
维生素 B_2	核黄素	黄素单核苷酸（FMN） 黄素腺嘌呤二核苷酸（FAD）	D-核酮糖-5-磷酸、GTP
维生素 B_3	烟酸 烟酰胺	烟酰胺腺嘌呤二核苷酸（磷酸）$NAD(P)^+$	二羟基丙酮、磷酸盐、天冬氨酸
维生素 B_5	泛酸辅酶 A（CoA）	4′-磷酸泛酰巯基乙胺	缬氨酸、丙氨酸
维生素 B_6	吡哆胺（PL）、吡哆醇（PN）、吡哆醛（PM）及其磷酸化形式	磷酸吡哆醛（PLP）	甘油醛-3-磷酸、D-核酮糖-5-磷酸、谷氨酰胺
维生素 B_7	生物素	生物素	生物素庚二酰辅酶 A
维生素 B_9	叶酸	二/四氢叶酸	分支酸、GTP、谷氨酸
维生素 B_{12}	钴胺素	腺苷钴胺素、甲基钴胺素	谷氨酰 tRNA
维生素 C	抗坏血酸	抗坏血酸	甘露糖
维生素 D	麦角钙化醇 D_2 胆钙化醇 D_3	1, 25-二羟胆钙化醇	法尼基焦磷酸
维生素 E	α-生育酚、β-生育酚、γ-生育酚和 δ-生育酚；α-生育三烯酚、β-生育三烯酚、γ-生育三烯酚和 δ-生育三烯酚	α-生育酚、α-生育三烯酚	分支酸、GGPP
维生素 K	叶绿醌、甲基萘醌	叶绿醌、甲基萘醌	分支酸、GGPP

（二）维生素的分布

不同维生素在果蔬中分布不同。例如，维生素 C 主要分布于叶片中，干燥的种子和休眠的芽中几乎不含维生素 C。作为维生素 A 的前体物质，类胡萝卜素主要包括 β-胡萝卜素、α-胡萝卜素和 β-隐藻黄素。β-胡萝卜素主要在叶片中积累，而 α-胡萝卜素和 β-隐藻黄素主要存在于果实中。例如，南瓜中含有丰富的 α-胡萝卜素和 β-隐藻黄素。B 族维生素在植物组织中的含量非常低，其浓度一般不超过 10mg/100g 鲜重；其中生物素（维生素 B_7）的含量最低，一般每克鲜重组织中维生素 B_7 含量仅为几纳克。在通常情况下，B 族维生素主要在种子中积累，如西瓜种子。维生素 E 在不同的植物及不同的组织中含量和组成差异较大。例如，光合组织中维生素 E 的含量通常低于种子。大多数绿色蔬菜叶片中维生素 K_1 浓度较高，而在种子中的含量较低。

维生素在不同细胞器中的分布也不同。叶绿体中抗坏血酸的累积量占整个叶片抗坏血酸含量的 30%。外泌体、细胞质和液泡中也存在大量的抗坏血酸。维生素 E 主要存在于叶绿体及种子脂质体内。脂溶性维生素 K_1 不仅存在于叶绿体中，还存在于质膜中。B 族维生素主要分布于细胞质、质体和线粒体中。

（三）维生素 A

维生素 A 又名视黄醇，是一个具有脂环的不饱和一元醇，通常以视黄醇酯的形式存在。在园艺作物中，β-胡萝卜素可以与 α-胡萝卜素和 β-隐藻黄素相互转化，它们统称为类胡萝卜素。

（四）B 族维生素

1. B 族维生素的合成　果蔬产品中的 B 族维生素主要包括维生素 B_1、维生素 B_2 和维生素 B_7 等，产品中存在不同的生物合成途径。

维生素 B_1 为抗神经炎维生素，又叫硫胺素，在生物体内常以硫胺素焦磷酸（TPP）的辅酶形式存在。硫胺素是由 4-氨基-2-甲基-5-羟甲基嘧啶焦磷酸（HMP-PP）的嘧啶部分和 2-(2-羧基-4-甲基噻唑-5-基) 乙基磷酸酯（cTHz-P）的噻唑部分组成。HMP-PP 来源于 5-氨基咪唑核糖核苷酸（AIR），而 AIR 向 HMP-PP 的转化由嘧啶合成酶（THIC）所催化。HET-P 来源于半胱氨酸、甘氨酸和 NAD^+ 的缩合。这个过程由噻唑合成酶所催化。HMP-PP 和 HET-P 在叶绿体中缩合偶联形成硫胺素单磷酸（TMP），与原核生物中的 TMP 可以直接转化为 TPP 以产生不同的活性辅因子。在植物中，TMP 先被去磷酸化，然后被硫胺素焦磷酸激酶（TPK）焦磷酸化生成 TPP。

维生素 B_2 又名核黄素，是辅助因子黄素腺嘌呤二核苷酸（FAD）和黄素单核苷酸（FMN）的直接前体。核黄素源自鸟苷三磷酸（GTP），在 GTP 环水解酶Ⅱ（GCHⅡ）的作用下转化为 2,5-二氨基-6-(5-磷酸-D-核糖基氨基) 嘧啶 4(3H)-1，之后中间体经 2,5-二氨基 -6-(5-磷酸-D-核糖基氨基) 嘧啶 4(3H)-1 酮脱氨酶（PD）脱氨及 5-氨基 -6-(5′-磷酸核糖氨基) 尿嘧啶还原酶（PR）还原生成 5-氨基-6-核糖醇氨基-2,4(1H,3H)-嘧啶酮 -5′-磷酸（ARPP）。嘧啶磷酸酶（PYRP）催化 ARPP 去磷酸化生成 5-氨基-6-核糖醇氨基 2,4(1H,3H)-嘧啶酮（ARP）。核酮糖-5-磷酸是核黄素合成途径和嘌呤途径的共同前体，其在 3,4-二羟基 2-丁酮 4-磷酸合酶（RibB）的催化下生成 L-3,4-二羟基丁烷-2-二-4-磷酸（DHBP）。随后 ARP 和 DHBP 在二氧四氢蝶啶合酶（LS）的催化下生成 6,7-二甲基 -8-核糖醇基二氧四氢蝶啶（DMRL）。随后，DMRL 在核黄素合成酶（RS）的催化下合成核黄素和 ARP，生成的 ARP 进一步循环到核黄素生物合成途径中。生成的核黄素通过核黄素激酶（RFK）磷酸化形成黄素单核苷酸（FMN），FMN 在黄素腺嘌呤二核苷酸合成酶（FADS）的催化下合成黄素腺嘌呤二核苷酸（FAD）（图 1-18）。

维生素 B_7 又称生物素，在碳水化合物和脂肪酸代谢中作为酶辅因子催化羧化、脱羧和转羧反应。在植物中，生物素的生物合成（图 1-19）是以 L-丙氨酸和庚二酸为底物，先后转化为庚二酰-CoA、8-氨基-7-氧代壬酸酯、7,8-二氨基壬酸和 D-脱硫生物素。

2. B 族维生素的调控　环境因素改变会对 B 族维生素在园艺作物中的积累产生不同的影响。例如，在氧化胁迫下，植物通过诱导 THI1 和 THIC 关键生物合成酶的表达而积累硫胺素。干旱、强光和高温会促进烟酰胺的积累；而紫外线辐射、高辐照度、高渗透压和干旱可导致维生素 B_6 水平显著增加。

核糖开关是 B 族维生素合成的反馈抑制因子，已鉴定出 4 种维生素核糖开关：TPP（维生素 B_1）、FMN（维生素 B_2）、THF（维生素 B_9）和 cbiMCbl（维生素 B_{12}）。TPP 核糖开关在物种间的工作方式不同。维生素 B_1 与 TPP 核糖开关结合，从而抑制翻译和维生素 B_1 的合成。相反，在高等植物中，THIC 的 3′-UTR 中带有 TPP 核糖开关。维生素 B_1 与该核糖开关相互作用，抑制 THIC 的转录和翻译。在绿藻中，TPP 核糖开关存在于 THIC 的第 6 个内含子中。维生素 B_1 与核糖开关的结合会改变 THIC 的剪接，然后抑制硫胺素的产生。

（五）维生素 C

维生素 C 也称为抗坏血酸，是动植物代谢中必不可少的抗氧化剂分子。抗坏血酸在许多代谢途径中作为辅酶起作用。例如，在 Fe^{2+}/αKG 依赖性双加氧酶脯氨酰 4-羟化酶、脯氨酰

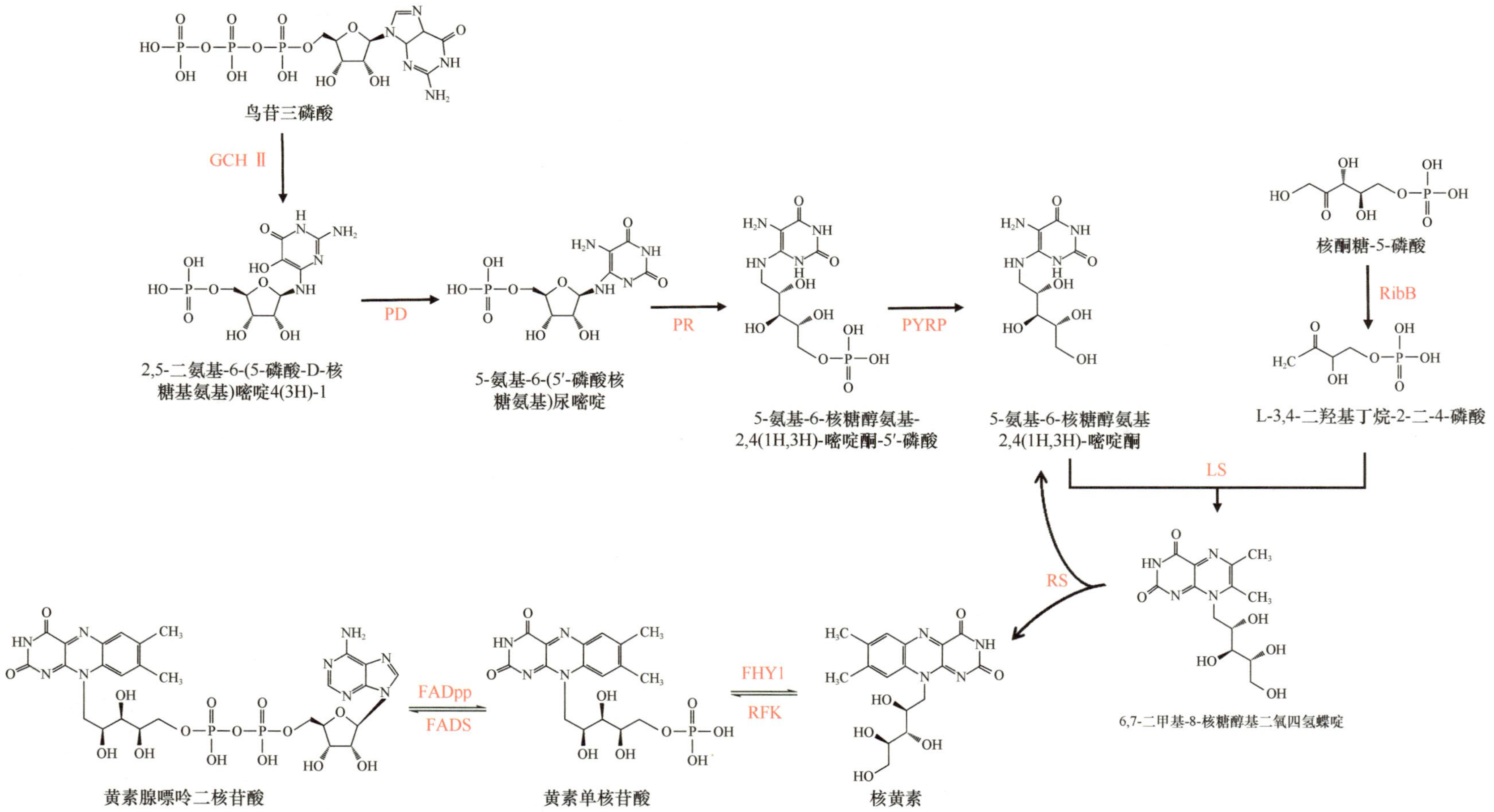

图 1-18　维生素 B_2 的生物合成途径

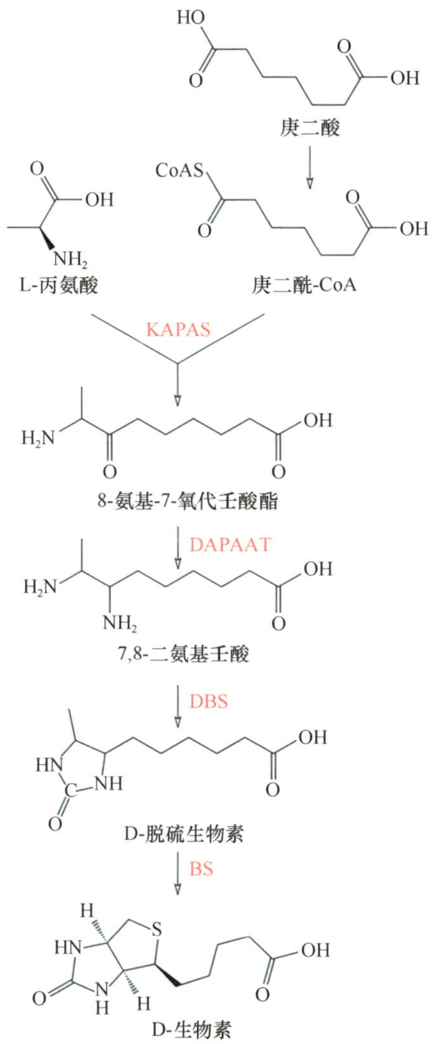

图 1-19 维生素 B_7 的生物合成途径

KAPAS. 8-氨基-7-氧代壬酸酯合酶；DAPAAT. 7,8-二氨基壬酸合酶；DBS. 脱硫生物素合酶；BS. 生物素合酶

3-羟化酶和赖氨酰羟化酶所催化的酶促羟化反应中起辅助因子的作用。

1. 维生素 C 的合成 植物抗坏血酸的合成途径主要为 Smirnoff-Wheeler（SW）途径，又称为 L-半乳糖途径（图 1-20）。该途径中，D-葡萄糖-6-磷酸首先在磷酸葡糖异构酶（PGI）的作用下生成 D-果糖-6-磷酸，然后分别在 6-磷酸甘露糖异构酶（PMI）和磷酸甘露糖变位酶（PMM）的作用下生成 D-甘露糖-6-磷酸和 D-甘露糖-1-磷酸。GDP-甘露糖磷酸酶（GMP）将 GTP 上的鸟苷一磷酸转移至 D-甘露糖-1-磷酸上进而生成 GDP-D-甘露糖，随后通过 GDP-D-甘露糖-3′,5′-差向异构酶（GME）生成 GDP-L-半乳糖。如果 GME 催化 GDP-D-甘露糖向 5′ 差向异构化，则产物是 GDP-L-古洛糖。GDP-L-古洛糖在植物中分布极少。GDP-L-半乳糖在 GDP-L-半乳糖磷酸化酶（GGP）、L-半乳糖-1-磷酸磷酸酶（GPP）和 L-半乳糖脱氢酶（GalDH）的作用下依次生成 L-半乳糖-1-磷酸、L-半乳糖和 L-半乳糖酸-1,4-内酯。L-半乳糖酸-1,4-内酯从细胞质中转移到线粒体内膜上，在 L-半乳糖酸-1,4-内酯脱氢酶（GLDH）的作用下发生氧化反应从而最终生成 L-抗坏血酸。

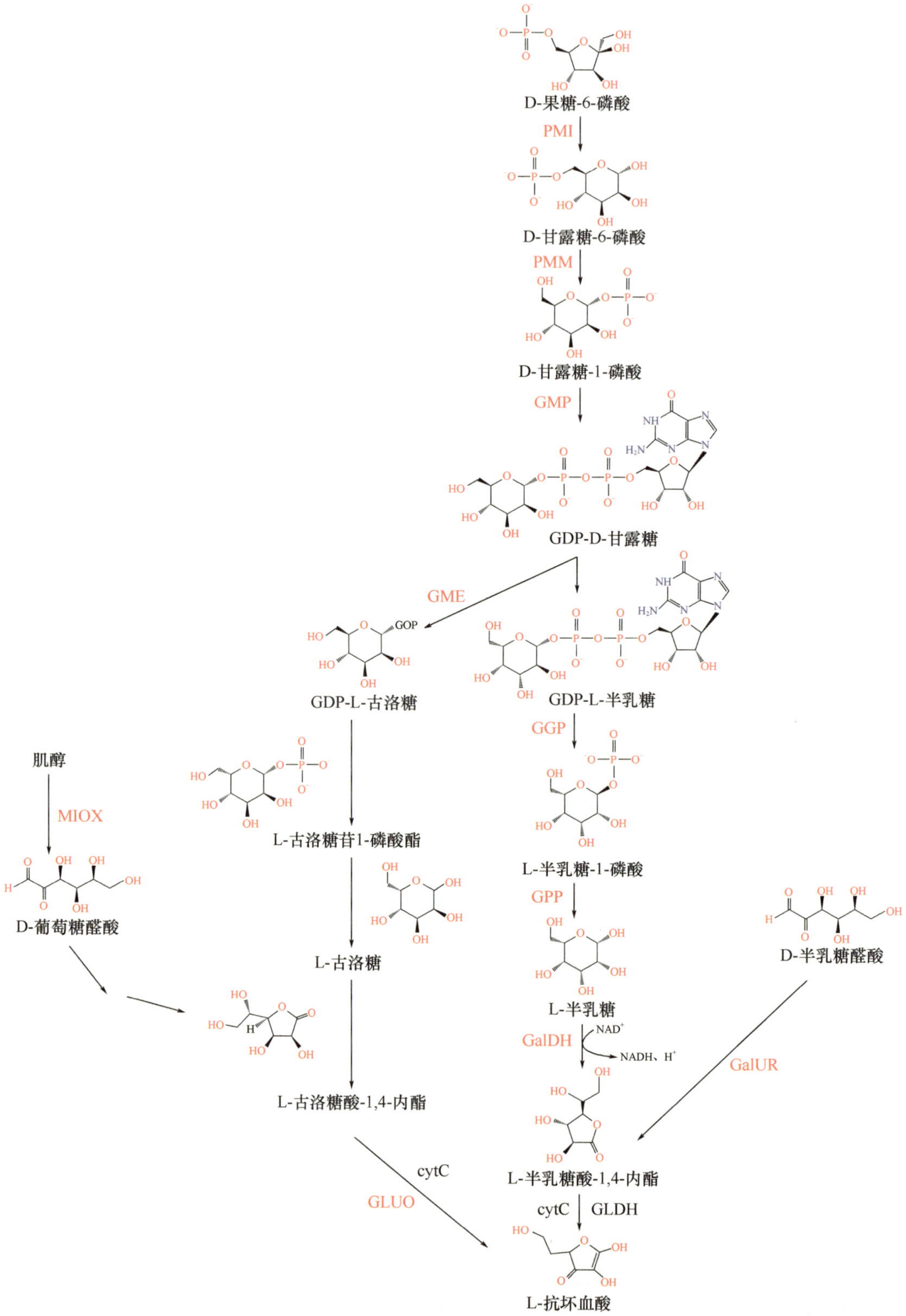

图 1-20　维生素 C 的生物合成途径

除L-半乳糖途径外，还存在抗坏血酸生物合成其他途径。首先是L-古洛糖酸途径，与动物中抗坏血酸的合成相似。以L-古洛糖为底物生成L-古洛糖酸-1,4-内酯，然后在L-古洛糖酸-1,4-内酯氧化酶（GLUO）的催化下生成L-抗坏血酸。第二条补充途径是通过肌醇加氧酶（MIOX）的作用生成D-葡萄糖醛酸，进而补充抗坏血酸的合成前体L-古洛糖酸-1,4-内酯。第三条补充途径是D-半乳糖醛酸途径，在该途径中，D-半乳糖醛酸还原酶（GalUR）将D-半乳糖醛酸转化为L-半乳糖酸-1,4-内酯，即L-半乳糖途径中的最后一个中间产物。

2. 维生素C的调控　参与抗坏血酸生物合成的基因在转录水平受到严格调控，如番茄中的转录因子SlHZ24、SlbHLH59和AMR1等。SlHZ24能够直接结合到*GMP3*的启动子上，正调控抗坏血酸的合成。SlbHLH59直接靶向L-半乳糖途径基因，以促进番茄中抗坏血酸的生物合成。AMR1是抗坏血酸合成的负调控转录因子，编码一个F-box蛋白，而该蛋白质可抑制L-半乳糖途径几乎所有基因的表达，尤其是*GME*和*GGP*。

在翻译水平上，抗坏血酸的生物合成受到上游可读框（uORF）的负反馈调控。例如，生菜*GGP*基因上游存在一个高度保守的uORF，GGP蛋白的翻译受到其精确调控。当植物体内抗坏血酸处于较高水平时，GGP mRNA的翻译受到负反馈调节，进而导致抗坏血酸的合成速度降低。

抗坏血酸生物合成也受到环境因素的调控作用。在强光条件下，光还原和光呼吸作用强烈，产生大量ROS，导致抗坏血酸的合成增加，进而增加ROS的清除和排出。相反，弱光会导致抗坏血酸合成速度降低。例如，拟南芥在黑暗下生长两天，其抗坏血酸含量相对于在光下生长降低20%。

（六）维生素D

维生素D是类固醇的复合物，存在两种形式：麦角钙化醇（维生素D_2）和胆钙化醇（维生素D_3）。

1. 维生素D的合成　维生素D_3的合成过程属于非酶促反应，主要分为两步（图1-21）。首先，7-脱氢胆固醇（7-DHC）在UVB照射条件下B环破裂形成维生素D_3前体；该前体随后在热敏条件下异构化形成维生素D_3。在通常情况下，维生素D_3的合成过程是在人体皮肤中进行的，UVB强度和黑色素的密度都会影响维生素D_3的生物合成速率，黑色素会阻止UVB接触到7-DHC，从而影响维生素D_3的合成速率。在植物中，维生素D主要为维生素D_2。维生素D_2与维生素D_3的不同之处在于在其侧链的C22和C23之间具有一个双键，在C24处有一个甲基结构，其侧链的不同可能会导致与维生素D结合蛋白（DBP）的亲和力降低，从而更容易被植物体代谢。

2. 维生素D的调控　维生素D代谢主要包含三个步骤：25-羟基化、1α-羟基化和24-羟基化。这些反应均由细胞色素P450混合功能氧化酶（CYP）所催化。CYP一般位于内质网（ER）或线粒体中。例如，CYP2R1位于内质网，而CYP27A1、CYP27B1和CYP24A1位于线粒体中。内质网酶的电子供体是还原型烟酰胺腺嘌呤二核苷酸磷酸（NADPH）依赖性P450还原酶。线粒体酶的电子供体链由铁氧还蛋白和铁氧还蛋白还原酶组成。在CYP中，CYP2R1和CYP24A1两个酶被纯化结晶，但是所有的CYP很可能包含许多共同的结构特征；其中包括12个螺旋（A～L）和环（loop）及一个常见的修复基团，即与半胱氨酸的硫醇盐相连的含铁原卟啉Ⅸ（血红素）。CYP2R1与其他微粒体CYP一样，包含两个额外的螺旋。其B′螺旋用于关闭底物结合。目前，关于维生素D代谢的环境因素调控、转录调控及表观遗传调控尚不清楚。

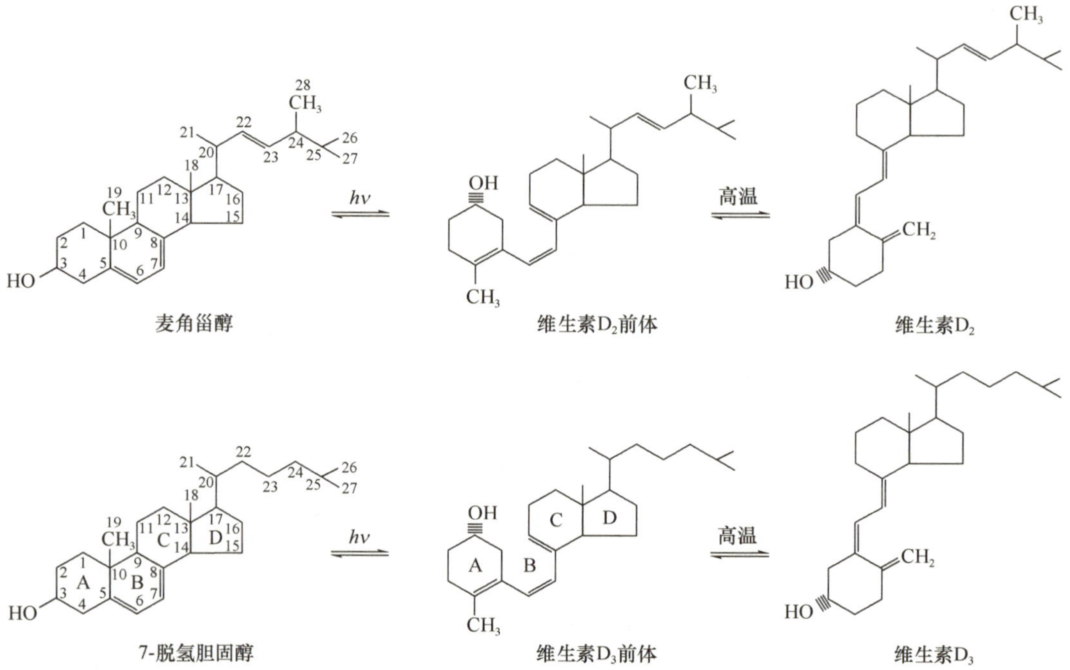

图 1-21　维生素 D 的生物合成途径

（七）维生素 E

维生素 E 是一种脂溶性维生素，包含一个疏水侧链和一个芳香环的极性头部；根据其侧链饱和度可分为生育酚和三烯生育酚两大类。每类依芳香环上甲基数目和位置的不同又分为 α-生育酚、β-生育酚、γ-生育酚、δ-生育酚，以及 α-三烯生育酚、β-三烯生育酚、γ-三烯生育酚、δ-三烯生育酚。维生素 E 能猝灭和清除单线态氧并调节叶绿体中脂质过氧化的程度。此外，维生素 E 还影响植物重要的生理过程，如种子发芽、光合同化产物的转运、植株生长和叶片衰老等。

1. 维生素 E 的合成　维生素 E 的前体物质是在质体内膜上合成的，分别来源于两个途径（图 1-22）。莽草酸途径用于产生苯甲酚环；2-C-甲基-D-赤藓糖醇-4-磷酸（MEP）途径的产物香叶基香叶基焦磷酸（GGPP）和植醇磷酸化途径（phytyl-DP，PDP）用于提供异戊二烯基尾链。植基焦磷酸的另外一个来源是叶绿素降解途径，也称为植醇磷酸化途径。在激酶的作用下，植醇磷酸化为植基单磷酸和植基焦磷酸。植基单磷酸和植基焦磷酸的激酶分别是 VTE5 和 VTE6。与野生型相比，*vte5-1* 突变体的种子和叶片总生育酚含量分别降低了 80% 和 65%。

2. 维生素 E 的调控　维生素 E 的生物合成受到植物激素和环境因素的影响。例如，在维生素 E 的合成途径相关基因 *HPPD* 的启动子区域具有生长素的反应元件。在逆境条件下，茉莉酸甲酯（MeJA）的积累受到诱导，参与叶绿素降解及维生素 E 合成的基因被活化。反之，维生素 E 的积累也会对 MeJA 的水平产生负反馈调节，传递氧化还原信号，对外界环境的氧化应激做出反应。生育酚和三烯生育酚水平与光敏色素（PHY）和光敏色素作用因子（PIF）有关。PIF 是 PHY 的抑制剂。在番茄成熟过程中，SlPIF3 能够结合到 SlGGDRs 的启动子并抑制其转录，进而调控维生素 E 的生物合成；而 SlPHY 能够降解 SlPIF3 并激活维生素 E 的合成。

维生素 E 的生物合成与其他途径还存在相互作用，如 WRI1 直接与乙酰辅酶 A 羧化酶（ACC）的启动子结合。该酶催化质体中脂肪酸合成的第一步。与野生型拟南芥相比，*wri1* 突变体的种子中维生素 E 的积累更多。WRI1 不影响参与维生素 E 合成的基因的表达，而是通过降低脂肪酸合成来降低维生素 E 的合成。

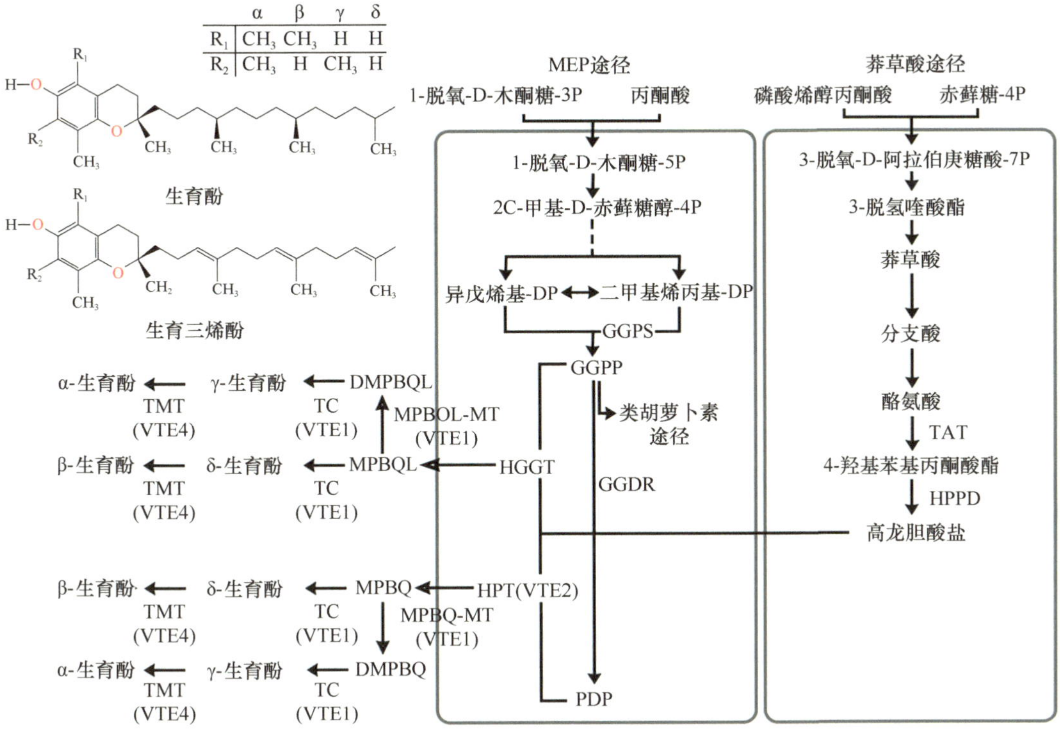

图 1-22 维生素 E 的生物合成途径

GGDR. 香叶基香叶基焦磷酸还原酶；GGPS. 香叶基香叶基焦磷酸合酶；HGGT. 高龙胆酸香叶基香叶基转移酶；HPPD. 羟基苯基丙酮酸双加氧酶；HPT. 高龙胆酸植酸转移酶；MPBQ. 甲基植基苯喹醇；MPBQ-MT. MPBQ 甲基转移酶；PDP. 植醇二磷酸酯；TAT. 酪氨酸氨基转移酶；TC. 生育酚环化酶；TMT. 生育酚甲基转移酶

三、酚类物质

酚类物质主要存在于植物的根、皮、叶及果肉中。化学结构上，酚类物质中包括一个或多个芳香环和酚羟基，是芳香族羟基衍生物的总称。多酚类物质具有多种生物活性，对人体多种慢性疾病具有良好的预防和治疗效果。

（一）酚类物质的结构与生物活性

根据植物多酚的碳原子骨架结构差异，可将其分为简单酚类、苯丙素类、黄酮类等。本节对苯丙素类和黄酮类化合物进行重点论述。

1. 苯丙素类化合物的结构 苯丙素类化合物泛指植物体内一类以苯环和 C3 直链（C6—C3）为基本单元的次生代谢产物。狭义而言，苯丙素类化合物包括简单苯丙素类、香豆素类和木脂素类化合物，在植物体内具有对抗昆虫、微生物或其他外界作用的侵染等多种生理功能。简单苯丙素类化合物属苯丙烷衍生物，根据 C3 侧链的结构差异，可分为苯丙烯、苯丙醇、苯丙醛和苯丙酸等类型。简单苯丙素类化合物可与多元醇或糖类化合物结合，以酯或苷的形式存在于植物中，如绿原酸、3,4-二咖啡酰基奎宁酸等。

香豆素类化合物是一类由顺式邻羟基桂皮酸分子内脱水环合而成的内酯化合物及其衍生物，常见于芸香科、伞形科、豆科等植物中。根据结构的不同，香豆素类化合物可分为简单香豆素类、呋喃香豆素类、吡喃香豆素类、双香豆素和其他香豆素类。在植物体内，香豆素类化合物主要以游离状态或糖苷类化合物的形式存在于植物的花、茎、叶和果实中。橙皮内酯、异橙皮内酯、佛手柑内酯、橙皮油素和前胡乙烯等是柑橘中主要的香豆素类化合物。

木脂素类化合物是一类由苯丙素基本单元（C6—C3）聚合而成的次生代谢产物，其单体化合物主要为肉桂酸、肉桂醇、丙烯苯和烯丙苯，多以二聚体的形式存在，广泛分布于樟科、木犀科、菊科、五味子科等 70 多科植物中。依据结构的不同，木脂素类化合物主要分成两类：木脂素（图 1-23A）和新木脂素类化合物（图 1-23B）。大部分木脂素类化合物以游离态分布于植物的根、茎、叶、花、果、种子和树脂中。常见的木脂素类化合物有开环异落叶松脂素、落叶松脂醇、芝麻素、芝麻酚和罗汉松脂素等。

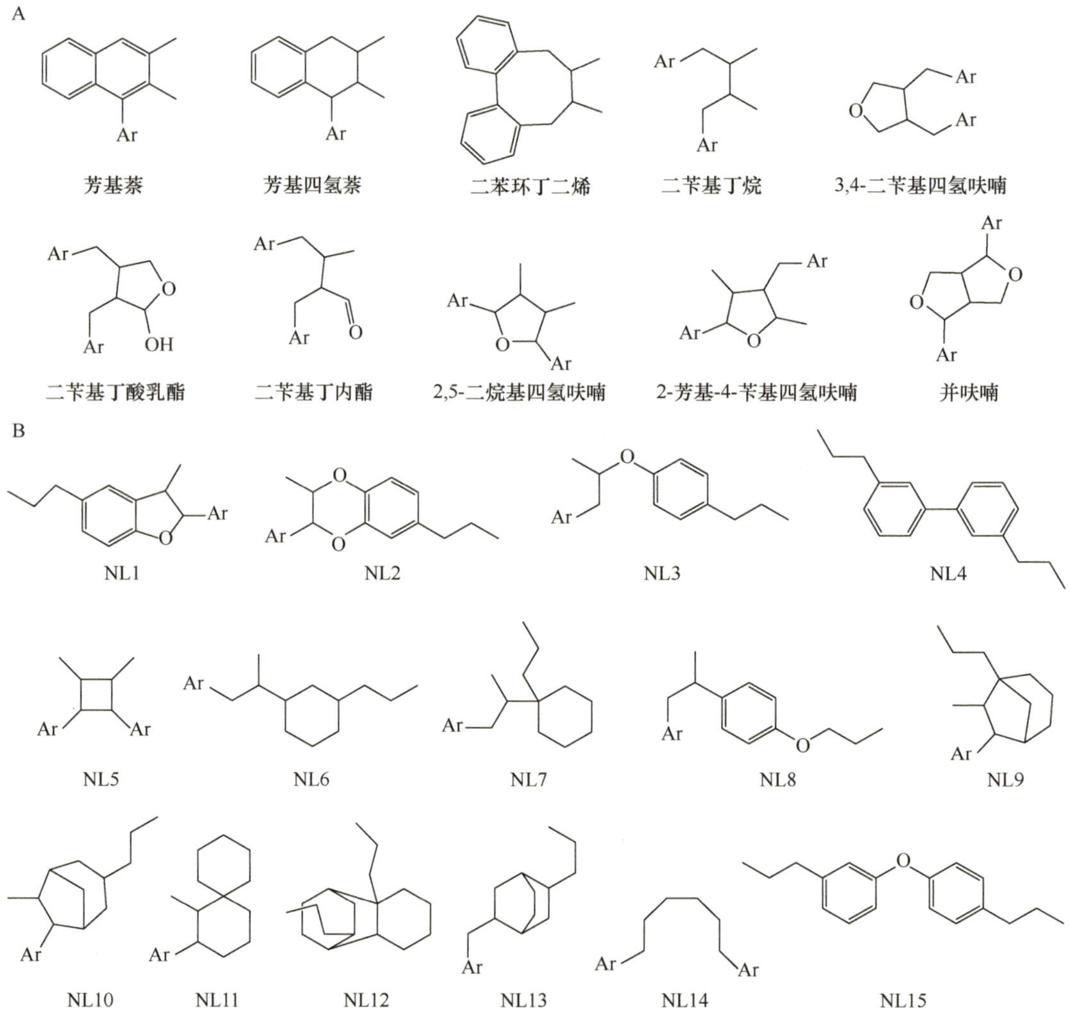

图 1-23　木脂素和新木脂素的基本结构类型

A. 木脂素；B. 新木脂素。Ar. 苯环

2. 黄酮类化合物的结构　黄酮类化合物是一类广泛存在于自然界的次生代谢产物，在植物的生长、发育、开花、果实形成及抗菌防病等方面也起着重要的作用。黄酮类化合物泛

指两个苯环（A 环和 B 环）通过中央三碳相互联结（C6—C3—C6）而成的一系列化合物。根据中央三碳的氧化程度、成环及 B 环联结位置等特点，分成多种结构类型（基本母核结构见图 1-24）。

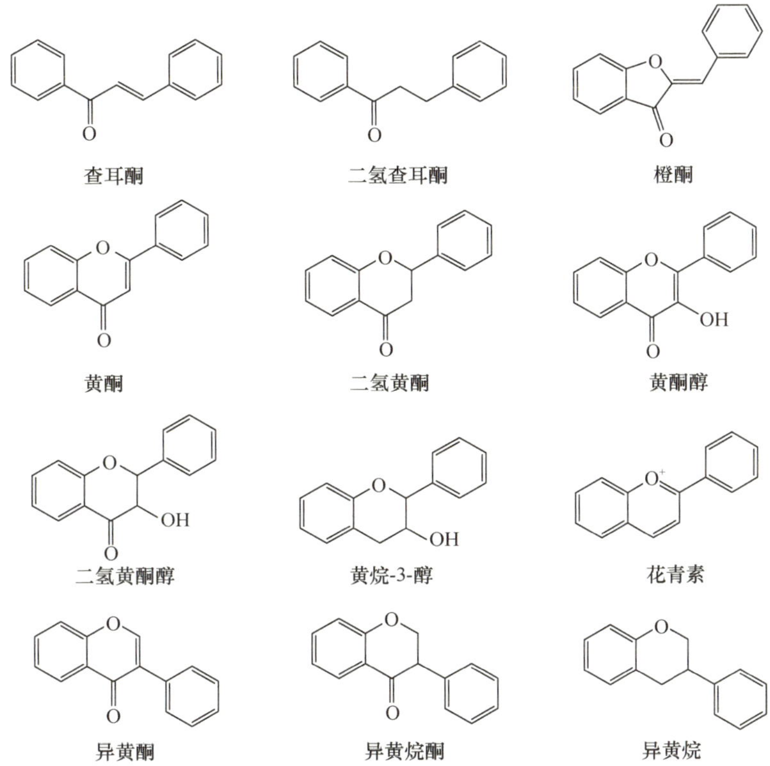

图 1-24　黄酮类化合物的分类及其骨架结构

黄酮类化合物主要以游离状态或与糖苷结合的形式存在于植物的花、茎、叶和果实中。其中，异甘草素和异甘草苷是甘草中常见的查耳酮类化合物，根皮素和根皮苷是苹果和梨中重要的二氢查耳酮类化合物，柚皮素和柚皮苷是柑橘中常见的二氢黄酮类化合物，金鱼草素和金鱼草素-6-新橙皮苷是金鱼草中重要的橙酮类化合物，木犀草素和芹菜素是芹菜中重要的黄酮类化合物，槲皮素和芦丁是葡萄籽和浆果中重要的黄酮醇类化合物，儿茶素、表儿茶素和表没食子儿茶素没食子酸酯是茶叶中常见的黄烷-3-醇类化合物，飞燕草素和矢车菊素及其糖苷类化合物是蓝莓中重要的花青素类化合物，染料木素和染料木苷是大豆中重要的异黄酮。

3. 苯丙素和黄酮类化合物的生物活性　苯丙素和黄酮类化合物是天然多酚类化合物，是重要的生物活性物质，与人体健康密切相关，具有抗氧化活性、抗肿瘤活性、抗炎活性、抑菌活性、类雌激素样作用和神经保护等生物活性。

（1）抗氧化活性　苯丙素和黄酮类化合物是天然的抗氧化剂。山楂中主要化学成分如苯丙素化合物绿原酸，以及黄酮类化合物金丝桃苷、异槲皮苷、表儿茶素、槲皮素和芦丁都能够有效地抑制 Cu^{2+} 和 α-生育酚诱导的低密度脂蛋白（LDL）氧化。香豆素类化合物是重要的抗氧化剂。吡喃香豆素类化合物光果甘草宁、伞形花内酯和东莨菪素表现出较好的自由基清除能力。大部分黄酮类化合物如槲皮素、山柰酚、高良姜素、表没食子儿茶素没食子酸酯、表儿茶素没食子酸酯、木犀草素、桑色素和杨梅素等均表现出较好的细胞内抗氧化活性。黄酮类化合物可通过调控机体内氧化平衡系统相关目的基因的表达发挥抗氧化作用。

（2）抗肿瘤活性　黄酮类化合物具有显著的抗肿瘤活性，富含黄酮类化合物的食物有助于预防癌症的发生。槲皮素对肺癌、口腔癌、乳腺癌、白血病和结肠癌细胞有显著的抑制作用；芹菜素、山柰酚、儿茶素、木犀草素和染料木素可抑制甲状腺癌细胞的生长；水飞蓟素、杨梅素、芹菜素、木犀草素、表儿茶素和儿茶素可显著抑制前列腺癌细胞的生长；木犀草素和染料木素对乳腺癌有明显的抑制作用；槲皮素、杨梅素和芹菜素等化合物可抑制白血病细胞HL-60和K562的生长。黄酮类化合物抗癌作用机制包括：①调控癌细胞周期；②诱导癌细胞凋亡、自噬和坏死；③抗血管新生；④抑制癌细胞转移和侵袭等。木脂素类化合物可显著抑制肿瘤细胞生长，且部分木脂素类化合物可作为抗肿瘤药物的前体化合物。香豆素及其衍生物对前列腺癌、肾癌、乳腺癌、喉癌、肺癌、结肠癌、白血病和黑色素瘤等也具有不同程度的抑制作用。此外，香豆素-三唑、香豆素-查耳酮、香豆素-缩氨基硫脲衍生物和香豆素-金属配合物的抗癌作用显著高于香豆素。

（3）抑菌活性　丁香酚可有效抑制烟草疫霉菌的生长，减少烟草疫霉病的发生率。邻烯丙基苯酚和香豆酸可显著抑制番茄灰霉病菌。α-细辛脑是石菖蒲中的抗菌活性成分，对番茄晚疫病有显著抑制作用。绿原酸对植物病原真菌如腐皮镰刀菌、油菜菌核病菌、黄萎病菌、番茄灰霉病菌和大豆灰斑病菌等具有良好的抑制作用。4-甲氧基香豆素对立枯丝核菌的杀菌活性明显优于阳性对照药物嘧菌酯。7-羟基香豆素、莨菪亭、花椒毒素和7-甲氧基香豆素对黄色镰刀菌具有较好的抑制作用；而紫檀芪能显著降低荔枝霜疫霉病和葡萄灰霉病的发病率，芹菜素和毛蕊花糖苷对苍术黑斑病菌有较好的抑制作用，光甘草定对多种植物病原真菌具有良好的抑菌作用，补骨脂查耳酮和补骨脂二氢黄酮能限制苹果腐烂病菌的生长。此外，苯丙素类和黄酮类化合物是重要的抗生素，可有效抑制人体病原微生物如大肠杆菌和金黄色葡萄球菌等。

（4）抗炎活性　黄酮类化合物是重要的炎症抑制因子，可有效抑制多种炎症相关疾病的发生和发展。黄酮类化合物柘树黄酮B（cudraflavone B）、橙桑黄酮（pomiferin）和奥沙京（osajin）可通过抑制IκB-α降解，从而减轻LPS所诱导的巨噬细胞J774.A1的炎症反应。黄腐酚及其类似物可通过抑制LPS所诱导的TLR4活化，抑制炎症因子的产生，从而减轻炎症反应。苯丙素类化合物，如阿魏酸、肉桂酸和羟基肉桂酸均表现出较好的抗炎活性。香豆素可作为抗炎因子的前体化合物，如香豆素苯并咪唑类衍生物具有显著的抗炎活性。芝麻素是芝麻中重要的木脂素类化合物，可显著改善炎症相关疾病。五味子中的木脂素类化合物如五味子甲素（schisandrin A）、五味子酯甲（schisantherin A）和五味子乙素（schisandrin B）等具有显著的抗炎活性。

（5）其他生物活性　苯丙素类化合物还具有降血糖、降血脂、抗病毒、保护神经和护肝等作用。木脂素类化合物和异黄酮是重要的植物雌激素，具有类雌激素样生理作用。黄酮类化合物还有改善血管张力、保护心血管/心脏、降血糖、降血脂、保护神经、抗病毒和减肥等功效。

（二）酚类物质的合成途径

1. 苯丙素的合成途径　苯丙素类化合物一般由苯丙氨酸或酪氨酸等经脱氨、羟基化、甲基化和脱水等一系列反应合成（图1-25）。其中，酪氨酸在酪氨酸解氨酶（TAL）的作用下转化为对香豆酸。苯丙氨酸在苯丙氨酸解氨酶（PAL）的催化下生成肉桂酸，然后在肉桂酸4-羟化酶（C4H）作用下转化为对香豆酸，对香豆酸可在4-香豆酸辅酶A连接酶（4CL）的催化下生成对香豆酰辅酶A，然后在对香豆酸-2-羟化酶（C2H）的作用下生成2-羟基-对香豆酰辅酶A，并进一步合成香豆素。对香豆酸或对香豆酰辅酶A可在香豆酸-3-羟化酶（C3H）、羟基肉桂酰

CoA 莽草酸羟基肉桂酰转移酶（hydroxycinnamoyl-CoA shikimate/quinate hydroxycinnamoyl，HCT）、对香豆酰莽草酸-3′-羟化酶（C3′H）、咖啡酰辅酶 A-3-*O*-甲基转移酶（CCoAOMT）、咖啡酸-3-*O*-甲基转移酶（COMT）和/或 4CL 的催化下转化为苯丙酸类衍生物；苯丙酸类衍生物在肉桂酰辅酶 A 还原酶（CCR）、阿魏酸-5-羟化酶（F5H）和/或 4CL 等的作用下生成苯丙醛类衍生物；苯丙醛类衍生物在肉桂醇脱氢酶（CAD）的作用下合成苯丙醇类化合物；苯丙醇类化合物（如松伯醇和对香豆醇等）在同化蛋白氧化酶（DIR）、落叶松脂醇还原酶（PLR）、尿苷二磷酸-糖基转移酶（UGT）、丁香酚甲基转移酶（EOMT）和胡椒酚甲基转移酶（CVOMT）等作用下合成相应的木脂素类化合物。

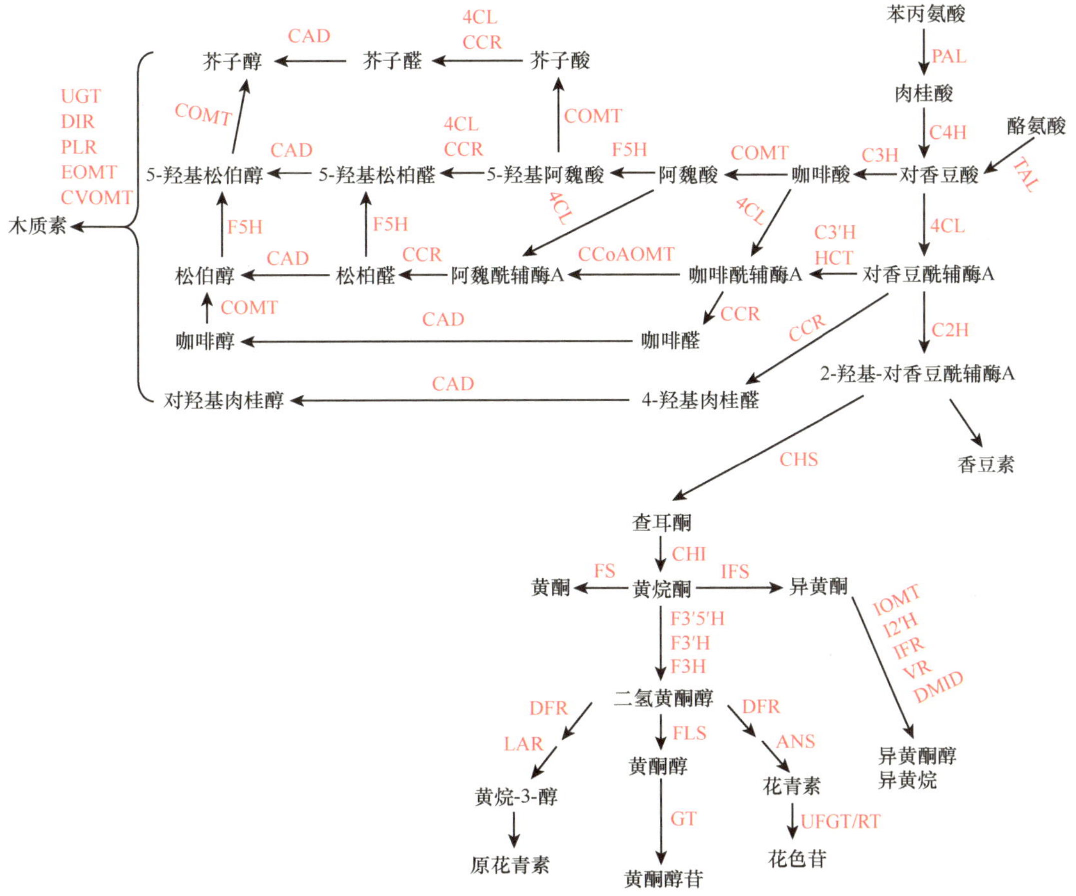

图 1-25　苯丙素和黄酮类化合物的生物合成途径

2. 黄酮类的合成途径　黄酮类的合成受结构基因和调节基因的双重调控。其中，结构基因主要是编码黄酮类合成途径中的各种催化酶。黄酮类的基本骨架结构主要通过苯丙烷途径合成（图 1-25）。在苯丙烷途径中，苯丙氨酸在 PAL、C4H、4CL 的催化下合成 4-香豆酰辅酶 A，然后在查耳酮合酶（CHS）、查耳酮异构酶（CHI）、黄烷酮-3-羟化酶（F3H）、黄烷酮-3′-羟化酶（F3′H）和黄烷酮-3′,5′-羟化酶（F3′5′H）的作用下合成查耳酮、黄烷酮和二氢黄酮醇。另外，黄烷酮可分别在黄酮合成酶（FS）和异黄酮合成酶（IFS）作用下生成黄酮和异黄酮；而异黄酮在异黄酮-O-甲基转移酶（IOMT）、异黄酮-2′-羟化酶（I2′H）、异黄酮还原酶（IFR）、2′,7-二羟基-4′-甲氧基异黄酮还原酶（VR）和 7,2′-二羟基-4′-甲氧基异黄酮脱水酶（DMID）的作用下转化为异黄酮醇和异黄烷；最后二氢黄酮醇在黄酮醇合成酶（FLS）催化下生成黄酮醇。

二氢黄酮醇也可在二氢黄酮醇还原酶（DFR）和无色花青素还原酶（LAR）的催化下生成黄烷-3-醇，或在DFR和花青素合成酶（ANS）作用下生成花青素。花青素在鼠李糖基转移酶（RT）和UDP-葡萄糖类黄酮葡萄糖基转移酶（UFGT）的催化下生成花色苷，而黄烷-3-醇可进一步缩合为原花青素。

（三）酚类物质的调控机制

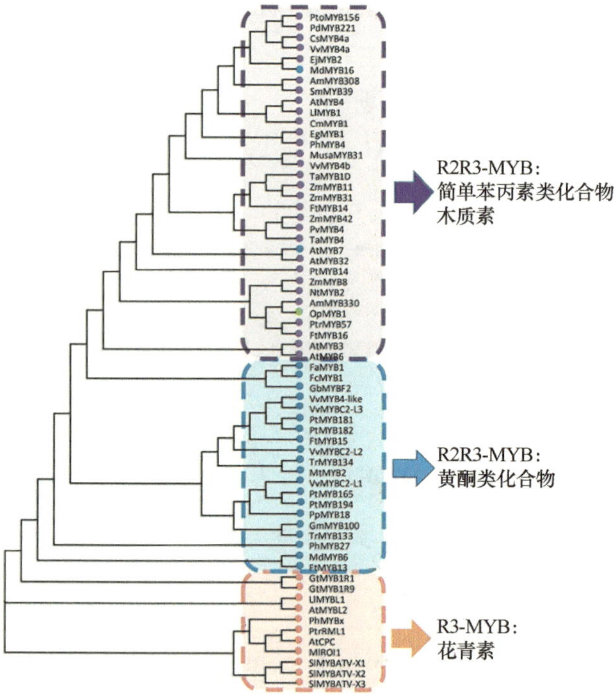

图 1-26　参与多酚类化合物合成调控的 MYB 转录因子

酚类化合物的生物合成受多种信号途径和调控机制的影响，包括遗传调控和环境调控等。

1. 遗传调控　转录因子MYB通过结合目的基因启动子的顺式元件，调控目的基因的表达，进而调控苯丙素和黄酮类化合物的合成。转录因子R2R3-MYB是植物中最为常见的一类MYB，参与苯丙素类化合物的合成调控。参与苯丙素和黄酮类化合物合成调控的MYB转录因子如图1-26所示。例如，SmMYB39负调控C4H和TAT的转录活性和酶活性，进而影响丹参中对香豆酸、迷迭香酸、丹酚酸A和丹酚酸B的含量。在烟草中过表达PvMYB4可下调PAL、C4H、C3′H、4CL、COMT、CCR和CAR的表达，调控羟基肉桂酸衍生物和木质素的合成。诱导矮牵牛花中*PhMYB4*基因沉默，可提高*PhC4H1*和*PhC4H2*的转录水平，促进苯丙素类化合物异丁香酚和丁香酚的合成。

转录因子R2R3-MYB主要通过与bHLH和WD40家族转录因子形成MBW复合体，进而调节下游结构基因（如*DFR*和*ANS*等）的表达，调控花青素和原花青素的合成。例如，在樱桃果实中，PavMYB10.1可能通过与PavbHLH和PavWD40形成转录复合体，结合*PavANS*和*PavUFGT*的启动子，调控花青素的合成来影响樱桃的着色过程。*PbMYB9*可通过结合*PbUFGT1*启动子诱导梨果实中花青素的合成，也可结合*PbANR*的启动子特异性激活原花青素合成通路。除花青素和原花青素外，转录因子R2R3-MYB家族成员，如AtMYB7、FcMYB1、FtMYB13/14/15/16和GmMYB100等参与调控其他黄酮类化合物的合成。SlMYBATV-X1/X2/X3（R3-MYB转录因子）可直接与bHLH结合，负调控花青素合成结构基因的表达，降低番茄中花青素的含量。

其他R3-MYB转录因子，如GtMYB1R1、GtMYB1R9、LlMYBL1等均负调控植物中花青素的合成。除MYB转录因子外，其他转录因子也在植物类黄酮合成中发挥重要调控作用。例如，NAC转录因子BL与PpNAC1形成异二聚体，诱导PpMYB10.1的转录激活，调节*DFR*、*ANS*和*UFGT*等基因表达，进而调控血桃果实花青素苷的合成。LiWRKY34参与板蓝根中木脂素类化合物的合成。转录因子FIT/bHLH29和URI/bHLH121参与植物中香豆素类化合物的合成调控，其中*MYB72*和*MYB10*是URI的靶基因。

miRNA 参与了调控酚类化合物的合成。miR156-SPL9 可通过靶向编码 PAP1 和 DFR 的基因直接影响花青素的合成。在拟南芥中，过表达 miR858a 可下调转录因子 R2R3-MYB 的表达，如 MYB11、MYB12 和 MYB111，调控苯丙烷合成途径相关结构基因的表达，进而影响黄烷醇类化合物的合成。此外，miR159、miR319 和 miR828 家族也可通过调节苹果、番茄、丹参和葡萄中的 MYB 转录因子，进而调控苯丙烷合成途径。miR399d 可通过调控 McMYB10 的表达，调节海棠叶中花青素的合成。miR397a 可调控 LAC 的表达，从而影响梨果实中木质素的合成。在毛白杨中，miR6443 可直接靶向 F5H2，调控芥子醇及紫丁香基木质素的合成。

抑制 *McHDA6* 的表达可降低 *McMET1* 的转录水平，降低 *McMYB10* 启动子的甲基化水平，从而促进 *McMYB10* 的表达和花青素的积累。苹果套袋处理会降低非转录的等位基因 *MdMYB1-2* 和 *MdMYB1-3* 上游启动子区域的 DNA 甲基化水平，去套袋后 *MdMYB1-2/-3* 基因启动子区域的 H3ac 和 H3K4me3 修饰水平升高、H3K27me3 修饰水平降低，可通过表观遗传调控激活 MYB 转录因子，调控花青素的合成，改变苹果的色泽。MdAGO4s 介导 MdMYB1 启动子的 DNA 甲基化可上调 *MdMYB1* 表达水平，进而调控花青素的合成。

组蛋白突变体可通过介导染色质重塑沉积，调控花青素合成相关基因的表达，抑制花青素的合成。在青蒿中，通过脱氧胞嘧啶的去甲基化激活 AaPAL1 启动子中 AaMYC、AaMYB1 和 AaWRKY 转录因子结合位点，促进 *AaPAL1* 的表达，增加总黄酮和总酚的含量。

2. 环境调控 酚类化合物的合成还受到一系列环境因子的影响。例如，在光照条件下，转录因子 MdTCP46 与 MdMYB1 相结合，增强 MdMYB1 与下游结构基因 *MdDFR* 和 *MdUFGT* 启动子的结合能力，促进苹果中花青素合成。UVB 参与调控黄酮类化合物的合成，影响植物中花青素、黄酮醇和原花青素的含量。UVB 辐射可激活青蒿中的表观遗传调控，诱导黄酮类化合物的合成。

温度是酚类化合物合成的调控因子，尤其对花青素类物质的合成影响更为明显。低温可诱导 MdbHLH3/MdMYB1-MdDFR/MdUGF 和 MdMYB308L/MdbHLH33-MdDFR 模块的表达，激活 MBW 复合体，促进花青素的累积；相反地，在高温条件下，MBW 复合体的表达受到抑制，阻碍花青素的合成。此外，环境中的水分含量和盐碱度也会影响酚类化合物的合成。

四、氨基酸

氨基酸是蛋白质的基本组成单元，生物体绝大多数蛋白质由 20 种氨基酸组成。除甘氨酸以外，其他氨基酸均存在 D 型与 L 型异构体，而天然蛋白质的氨基酸都以 L 型存在。按照化学结构差异，可分为脂肪族氨基酸、芳香族氨基酸与杂环氨基酸。

（一）氨基酸的种类与功能

脂肪族氨基酸包括甘氨酸（Gly）、丙氨酸（Ala）、缬氨酸（Val）、亮氨酸（Leu）、异亮氨酸（Ile）、丝氨酸（Ser）、苏氨酸（Thr）、半胱氨酸（Cys）、甲硫氨酸（Met）、天冬氨酸（Asp）、天冬酰胺（Asn）、谷氨酸（Glu）、谷氨酰胺（Gln）、精氨酸（Arg）和赖氨酸（Lys）。芳香族氨基酸包括苯丙氨酸（Phe）与酪氨酸（Tyr）。杂环氨基酸包括脯氨酸（Pro）、组氨酸（His）与色氨酸（Trp）。

氨基酸除形成蛋白质外，还参与一系列的生理功能。Asp 参与三羧酸循环与鸟氨酸循环，还是乳清酸等核酸前体物质的合成原料。Glu 是中枢神经系统含量最高的氨基酸，具有兴奋中枢神经、维持脑部功能的作用。Glu 是 γ-氨基丁酸的合成前体物质，后者具有抑制中枢神经兴奋的作用。Trp 是大脑重要神经递质 5-羟色胺的前体物质，对于情绪控制、精神状态调节具有重要作用。Lys 可调节人体代谢平衡，促进胃液分泌，增进食欲，促进幼儿生长发育，还能够促进钙离子吸收及骨骼生长。Met 为人体必需氨基酸，与体内各种含硫物质代谢密切相关。Val 具备加快创伤愈合功能，可用于治疗肝功能衰竭等疾病。Leu 可用于治疗头晕、突发性高血糖症等。Ile 参与肌肉蛋白质代谢，可治疗神经障碍、食欲减退与贫血。Thr 参与脂肪代谢。Cys 可缓解毒性物质对人体的毒害作用，还可以促进毛发生长。Gly 参与嘌呤类物质、乙醛酸等物质的合成。His 为幼儿必需氨基酸，可促进铁吸收，预防贫血，可防止植物神经紧张而引起的消化道疾病，对于扩张血管、降低血压有一定作用。Ser 是合成嘌呤、胸腺嘧啶、胆碱的前体物质。Ala 在体内蛋白质合成进程中发挥重要作用，可脱氨生成酮酸，通过葡萄糖代谢途径生成糖。Pro 是胶原组成成分，与骨骼发育、韧带发育密切相关。Arg 是鸟氨酸循环的重要组成成分，参与血液中的氨转变为尿素排出体外。另外，Arg 促进伤口愈合，促进胶原组织合成，还有免疫调节功能。

（二）氨基酸的合成

在园艺作物中，Glu 和 Asp 是多数氨基酸的合成前体物质，而 α-酮戊二酸、草酰乙酸、丙酮酸和 3-磷酸甘油酸是氨基酸合成前体物质，磷酸烯醇丙酮酸与赤藓糖-4-磷酸是芳香氨基酸的前体物质。Asp 可合成 Lys、Met、Thr，Thr 再进一步经支链氨基酸途径合成 Ile、Leu 和 Val（图 1-27～图 1-29）。

（三）氨基酸的调控机制

1. 遗传调控　MYB 转录因子可调控芳香氨基酸的生物合成。例如，ODORANT1 直接影响分支合成前体路径中的 3-脱氧-阿拉伯庚糖酮酸-7-磷酸合成酶与 3-磷酸-5-乙酰莽草酸合成酶的表达水平。DNA 结合锌指蛋白 EPF1 可直接结合到 3-磷酸-5-乙酰莽草酸合成酶启动子，进而控制该基因的时空表达水平。OsMYB55 能直接激活 Glu 代谢相关基因，提高园艺产品中总氨基酸、Glu、Pro 和 Arg 的含量，从而直接或间接提高植物对逆境的耐受性。bZIP 转录因子在植物初级代谢方面发挥重要作用，如 bZIP11 直接参与 Pro 和 Arg 代谢，直接作用于 Pro 脱氢酶和 Arg 合成酶的基因表达，影响氨基酸的合成水平。

miRNA 通过转录后调控基因表达，影响植物发育和逆境响应的各个方面。通过植物 miRNA 的靶基因数据库（http://structuralbiology.cau.edu.cn/PNRD/），大量 miRNA 可能会调控氨基酸合成相关的关键基因，其中包括编码 SnRK 和 bZIP 家族成员的基因。除 SnRK 通路之外，存在编码 TOR 和一系列氨基酸代谢相关酶。

2. 环境调控　环境因子对园艺产品中的氨基酸合成影响显著。机械伤害、臭氧、微生物侵染和光照等均会影响特定氨基酸的合成水平。光照是 Asn 代谢的重要调节因素，夜晚有利于 Asn 合成，而白天可提高天冬酰胺酶活性，导致 Asn 分解。微生物侵染会导致 Asn 合成酶上调与 Asn 积累。在高温或者干旱等逆境条件下，茶树总游离氨基酸含量显著降低，Glu、Gly、Phe 和 Lys 等含量下降，而 Pro 等含量上升。脯氨酸合成受到逆境胁迫诱导，光照、水杨酸、活性氧自由基、盐和渗透压等都会促进脯氨酸合成。

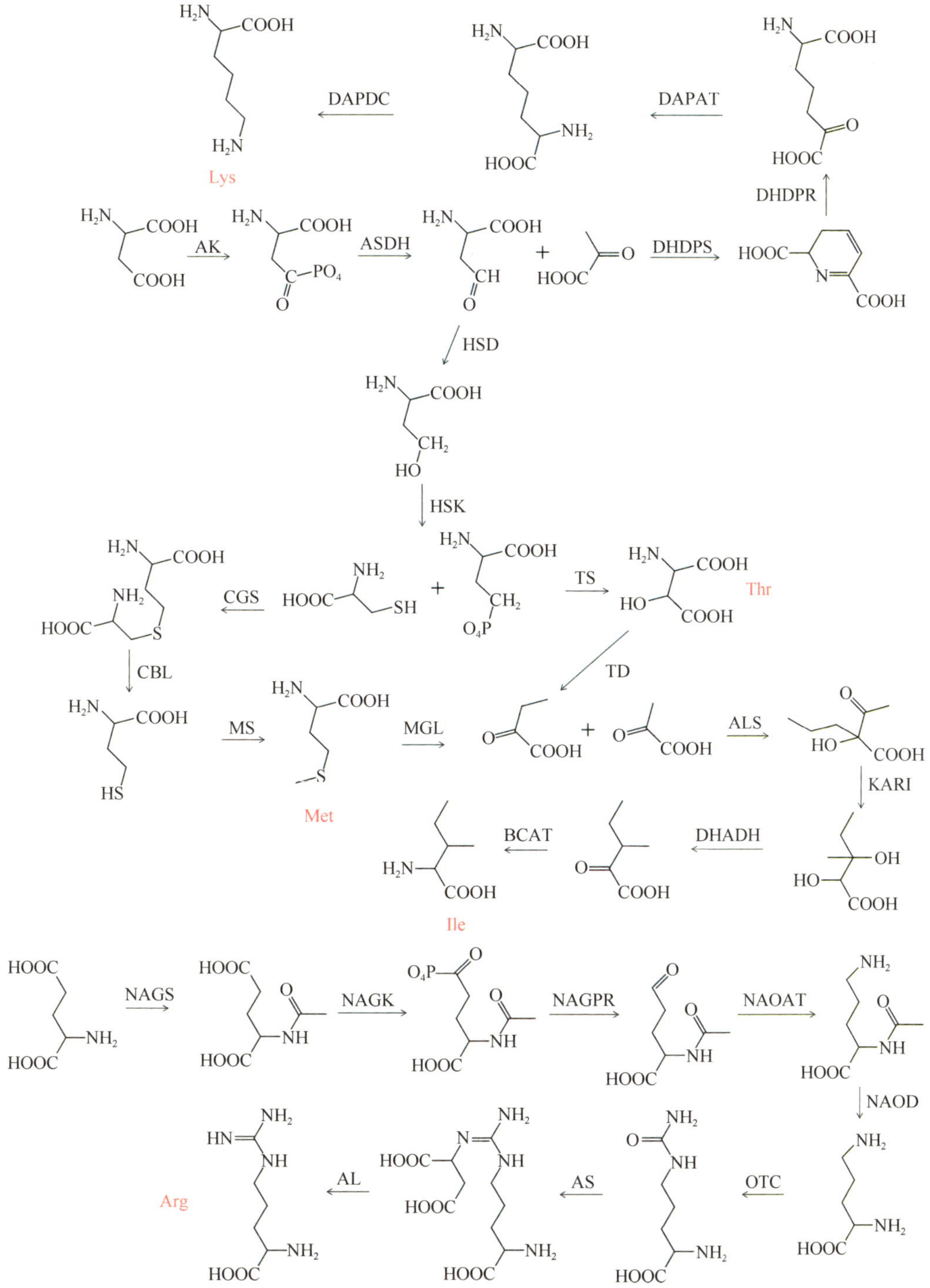

图 1-27 Ile、Lys、Met、Thr 与 Arg 生物合成途径

AK. 天冬氨酸激酶；AL. 精氨琥珀酸裂解酶；ALS. 乙酰乳酸合成酶；Arg. 精氨酸；AS. 精氨琥珀酸合成酶；ASDH. 天冬氨酸半缩醛脱氢酶；BCAT. 分支氨基酸氨基转移酶；CBL. 胱硫醚裂解酶；CGS. 胱硫醚 γ-合成酶；DAPAT. 氨基转移酶；DAPDC. 脱羧酶；DHADH. 二羟基脱水酶；DHDPR. 二氢吡啶二甲酸还原酶；DHDPS. 二氢吡啶二甲酸合成酶；HSD. 高丝氨酸脱氢酶；HSK. 高丝氨酸激酶；Ile. 异亮氨酸；KARI. 酮醇酸还原异构酶；Met. 甲硫氨酸；Lys. 赖氨酸；MGL. 甲硫氨酸裂解酶；MS. 甲硫氨酸合成酶；NAGK. *N*-乙酰谷氨酸激酶；NAGPR. *N*-乙酰-5-谷氨酰磷酸还原酶；NAGS. *N*-乙酰谷氨酸合成酶；NAOAT. *N*-乙酰谷氨酸半醛转氨酶；NAOD. *N*-乙酰鸟氨酸去乙酰化酶；OTC. 转氨甲酰酶；TD. 苏氨酸脱氨酶；Thr. 苏氨酸；TS. 苏氨酸合成酶

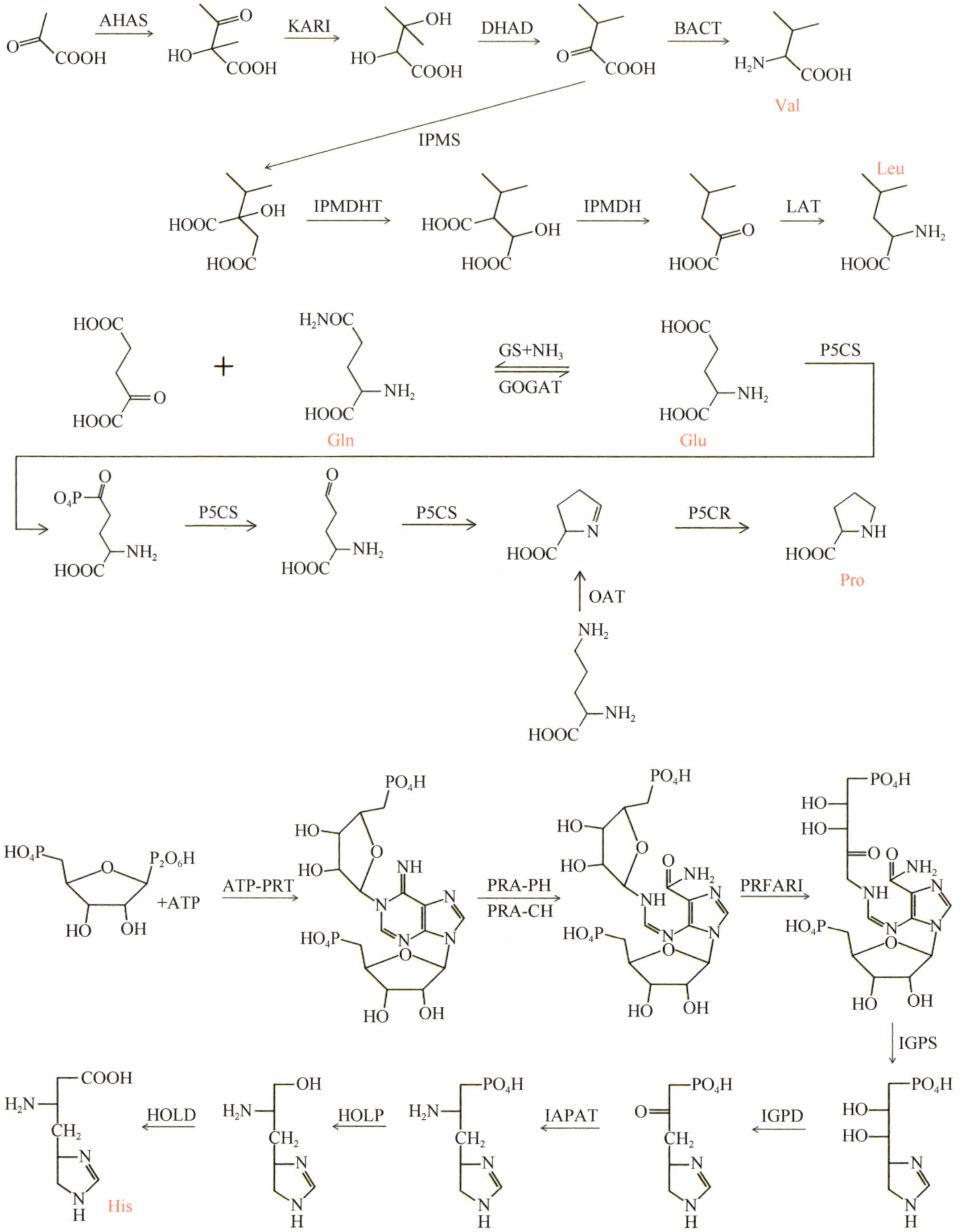

图 1-28　Val、Leu、Pro、Glu、Gln 与 His 生物合成途径

AHAS. 乙酰羟酸合成酶；ATP. 三磷酸腺苷；ATP-PRT. 三磷酸腺苷-磷酸核糖基转移酶；BACT. 分支链氨基转移酶；DHAD. 二羟酸脱水酶；Glu. 谷氨酸；Gln. 谷氨酰胺；GOGAT. 谷氨酸合成酶；GS. 谷氨酰胺合成酶；His. 组氨酸；HOLD. 组氨醇脱氢酶；HOLP. 组氨醇磷酸酶；IAPAT. 咪唑丙酮醇磷酸转氨酶；IGPD. 咪唑甘油磷酸脱水酶；IGPS. 咪唑甘油磷酸合成酶；IPMDH. 异丙基苹果酸脱氢酶；IPMDHT. 异丙基苹果酸异构酶；IPMS. 异丙基苹果酸合成酶；KARI. 酮醇酸还原异构酶；LAT. 亮氨酸转氨酶；Leu. 亮氨酸；OAT. 鸟氨酸氨基转移酶；P5CS. 5-羧基吡咯啉合成酶；P5CR. 5-羧基吡咯啉还原酶；PRA-CH. AMP 磷酸核糖解环酶；PRA-PH. ATP 磷酸核糖焦磷酸水解酶；PRFARI. 5′-磷酸核糖亚氨甲基-4-酰胺-5-氨基核苷异构酶；Pro. 脯氨酸；Val. 缬氨酸

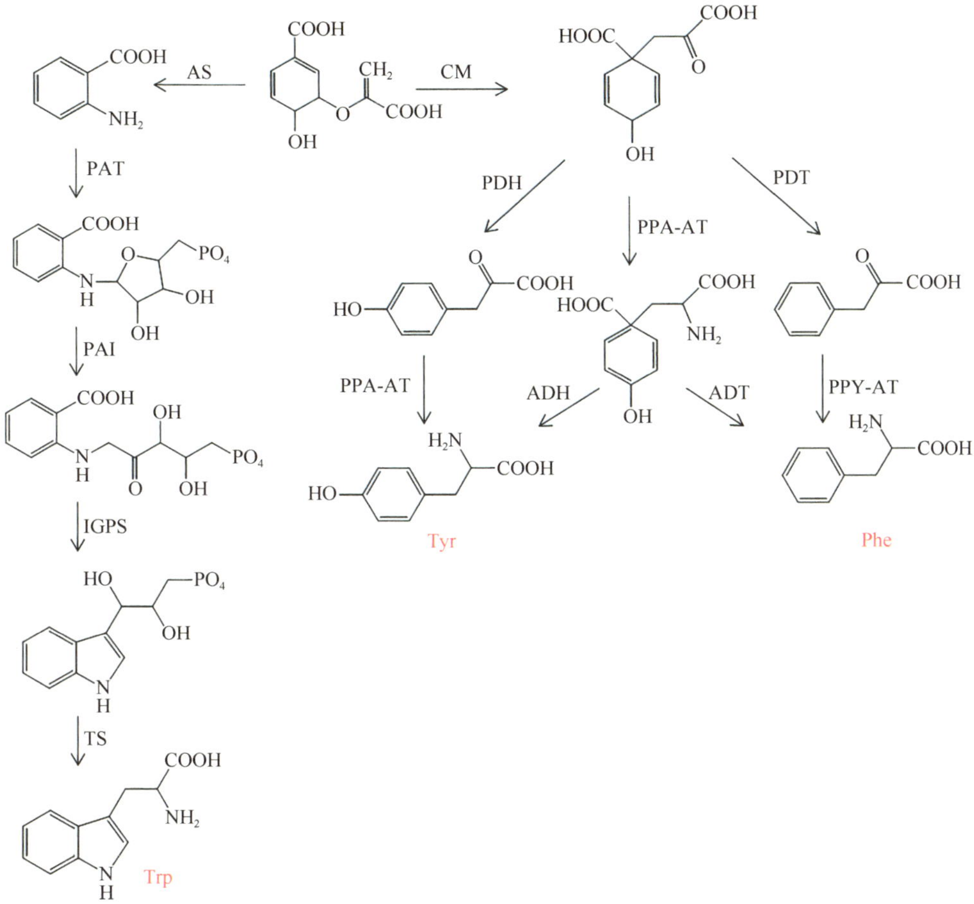

图 1-29 芳香族氨基酸生物合成途径

ADH. 阿罗酸脱氢酶；ADT. 阿罗酸脱水酶；AS. 邻氨基苯甲酸合成酶；CM. 分支酸异构酶；IGPS. 吲哚-3-甘油磷酸合成酶；PAI. 磷酸核糖邻氨基苯甲酸异构酶；PAT. 磷酸核糖邻氨基苯甲酸转移酶；PDH. 预苯酸脱氢酶；PDT. 预苯酸脱水酶；Phe. 苯丙氨酸；PPA-AT. 预苯酸氨基转移酶；PPY-AT. 苯丙酮酸氨基转移酶；Trp. 色氨酸；TS. 色氨酸合成酶；Tyr. 酪氨酸

展望

园艺产品中的营养物质与人类健康密切相关。这些物质的组成、含量均受遗传因素、生长条件、环境因子等直接影响，进而影响园艺产品采后的商品品质。多糖、维生素、酚类和氨基酸是园艺产品中的代表性营养物质，其大部分合成代谢途径已得到阐明，但在分子调控途径及机制等方面仍不十分清楚，这也是未来园艺产品营养物质领域的重点热点研究方向。①表观遗传调控如何调控各种营养物质的合成代谢水平？具体的靶点基因信息和途径是什么？这是当前亟待解决的重要科学问题。②多物种、多组织和多人工种群的 mGWAS 和 mQTL 分析可能成为阐明营养物质合成途径和研究其调控的主要方向。随着分子生物学技术的进步，上述科学问题将逐步得到阐明。

本章思考题

1. 果蔬产品的色素物质主要包括哪些种类？果蔬产品采后色泽如何调控？
2. 果蔬产品的风味物质主要包括哪些类型？主要调控途径如何？

3. 影响果蔬产品的质地主要有哪些因素？主要调控原理如何？

4. 果蔬产品的营养物质主要包括哪些种类？代谢调控机制如何？

5. 果蔬产品的成熟、衰老与品质劣变特性如何？主要调控方式有哪些？作用机制如何？

6. 果蔬产品的生理失调主要有哪些类型？有哪些措施可防止生理失调发生？

本章主要参考文献

陈昆松，徐昌杰. 2021. 生鲜食用农产品物流环境适应性及品质调控机制研究. 杭州：浙江大学出版社.

李佳佳，于旭东，蔡泽坪，等. 2019. 高等植物叶绿素生物合成研究进展. 分子植物育种，17（18）：6013-6019.

Almeida J, Quadrana L, Asís R, et al. 2011. Genetic dissection of vitamin E biosynthesis in tomato. Journal of Experimental Botany, 62(11): 3781-3798.

Castillon A, Shen H, Huq E. 2007. Phytochrome interacting factors: central players in phytochrome-mediated light signaling networks. Trends in Plant Science, 12(11): 514-521.

Hermanns A S, Zhou X S, Xu Q, et al. 2020. Carotenoid pigment accumulation in horticultural plants. Horticultural Plant Journal, 6(6): 343-360.

Hu D G, Li Y Y, Zhang Q Y, et al. 2017. The R2R3-MYB transcription factor MdMYB73 is involved in malate accumulation and vacuolar acidification in apple. The Plant Journal, 91(3): 443-454.

Little A, Schwerdt J G, Shirley N J, et al. 2018. Revised phylogeny of the cellulose synthase gene superfamily: insights into cell wall evolution. Plant Physiology, 177: 1124-1141.

Liu Y, Tikunov Y, Schouten R E, et al. 2018. Anthocyanin biosynthesis and degradation mechanisms in solanaceous vegetables: a review. Frontiers in Chemistry, 6: 52.

Ma D, Constabel C P. 2019. MYB repressors as regulators of phenylpropanoid metabolism in plants. Trends in Plant Science, 24(3): 275-289.

Mccown P J, Corbino K A, Stav S, et al. 2017. Riboswitch diversity and distribution. RNA, 23(7): 995-1011.

Moulin M, Nguyen G T D T, Scaife M A, et al. 2013. Analysis of *Chlamydomonas thiamin* metabolism *in vivo* reveals riboswitch plasticity. Proceedings of the National Academy of Sciences of the United States of America, 110(36): 14622-14627.

Sigurdson G T, Tang P P, Giusti M M. 2017. Natural colorants: food colorants from natural sources. Annual Review of Food Science and Technology, 8: 261-280.

Timoneda A, Feng T, Sheehan H, et al. 2019. The evolution of betalain biosynthesis in Caryophyllales. New Phytologist, 224(1): 71-85.

Uluisik S, Chapman N H, Smith R, et al. 2016. Genetic improvement of tomato by targeted control of fruit softening. Nature Biotechnology, 34(9): 950-952.

Xiao Y Y, Kuang J F, Qi X N, et al. 2018. A comprehensive investigation of starch degradation process and identification of a transcriptional activator MabHLH6 during banana fruit ripening. Plant Biotechnology Journal, 16: 151-164.

Yun Z, Li W Y, Pan Z Y, et al. 2010. Comparative proteomics analysis of differentially accumulated proteins in juice sacs of ponkan (*Citrus reticulata*) fruit during postharvest cold storage. Postharvest Biology and Technology, 56(3): 189-201.

Zhou L L, Tian S P, Qin G Z. 2019. RNA methylomes reveal the m6A-mediated regulation of DNA demethylase gene SlDML2 in tomato fruit ripening. Genome Biology, 20(1): 156.

第二章

采后生理

第一节　成熟与调控机制

【学习目标】

1. 了解植物激素的生物合成和信号转导过程，以及其对果实成熟衰老的调控机制。
2. 了解果实成熟相关转录因子的种类和结构特征，以及其在果实成熟调控中的作用机制。
3. 了解表观遗传修饰的种类和作用方式，以及其在果蔬成熟调控中的作用机制。

【主题词】果实成熟；植物激素；激素互作；信号转导；转录因子；表观遗传；DNA 甲基化；RNA 甲基化；非编码 RNA；组蛋白修饰

果实成熟是一个动态变化过程，是各种代谢过程精细同步的结果，包括叶绿素降解和类胡萝卜素积累等引起的颜色变化，糖、酸和芳香物质合成导致的风味改善，以及细胞壁重塑促进的果实软化。果实的成熟过程涉及一系列复杂的生理和生化变化，多种激素、转录因子和表观遗传修饰之间的动态互作建立了控制成熟相关基因表达的复杂调控网络。解析果实成熟生理及其调控机制，将为维持果蔬产品采后营养品质提供理论依据。

一、激素调控

植物激素对果实成熟的调控具有重要作用，多种激素之间的协调配合共同控制果实的成熟。对于呼吸跃变型果实，乙烯（ETH）在启动和控制果实成熟中发挥着核心作用，脱落酸（ABA）则是非呼吸跃变型果实成熟和衰老的重要调节因子，生长素（IAA）能够促进果实由生长向成熟转变，茉莉酸（JA）和油菜素甾醇（BR）等也调节了果实成熟过程。

（一）乙烯的成熟调控机制

1. 乙烯的生物合成　植物中气体激素乙烯主要参与调节植物生长发育中器官的成熟、衰老、脱落、种子萌发、胁迫应答等过程。植物组织几乎都能合成乙烯，但是不同组织器官中乙烯的合成速率不同。根据不同生理时期乙烯合成量的多少，将乙烯合成系统分成系统Ⅰ和系统Ⅱ。从种子发育、幼苗萌发等植物生长过程中持续而少量合成的乙烯，调节植株生长，参与植物对生物和非生物胁迫的响应，称为系统Ⅰ乙烯。根据成熟过程中是否出现呼吸高峰且大量合成乙烯，果实被分为跃变型和非跃变型。在跃变型果实成熟和花瓣衰老等过程中大量合成的乙烯称为系统Ⅱ乙烯。系统Ⅰ乙烯合成受负反馈调控（自抑制），系统Ⅱ乙烯的合成受正反馈调控（自催化）。

植物中乙烯的生物合成与信号转导途径已经比较清楚。乙烯合成主要包括两步催化反应：

第一步，*S*-腺苷甲硫氨酸（*S*-adenosyl methionine，SAM）在1-氨基环丙烷-1-羧酸合酶（1-aminocyclopropane-1-carboxylate synthase，ACS）的催化下产生1-氨基环丙烷-1-羧酸（1-amino-cyclopropane-1-carboxylate，ACC）；第二步，ACC氧化酶（ACC oxidase，ACO）催化底物ACC和氧气生成乙烯，同时产生CO_2和氰化物。

ACS被认为是乙烯合成途径中的限速酶。番茄是研究果实成熟机制的模式物种，其*ACS*基因功能解析相对清楚。根据全基因组测序结果分析，在番茄中发现了14个*ACS*基因同源序列。番茄*SlACS1A*和*SlACS6*基因主要调控番茄未成熟果实中系统Ⅰ乙烯的合成，二者的表达受乙烯负调控（自抑制）；在果实成熟跃变过程中*SlACS2*和*SlACS4*表达量大幅上调，促使系统Ⅱ乙烯大量产生，其表达受到乙烯正调控（自催化）。研究发现，*LeMADS-RIN*基因调控果实成熟跃变初期*SlACS1A*和*SlACS4*基因表达水平上升；*SlACS2*基因表达可被乙烯直接诱导，以激活乙烯合成的自催化。番茄*SlACS11/12*在果实中表达量较低，表达量在果实成熟阶段略有升高，但其功能是否与果实成熟相关还有待验证。*SlACS1B*、*SlACS5*、*SlACS7*、*SlACS8*、*SlACS9*、*SlACS10*和*SlACS13*基因转录本在果实中则几乎检测不到。研究发现，*SlACS7*和*SlACS3*在被淹没早期番茄根中诱导表达，加速ACC合成，拮抗缺氧环境胁迫。

ACO也称乙烯形成酶，属于植物2-氧化戊二酸依赖的双加氧酶（2-oxoglutarate-dependent dioxygenase，2OGD）超基因家族，为植物所特有。植物的营养生长和生殖生长阶段均发现有*ACO*家族基因表达，但家族内不同成员时空表达模式存在明显差异。番茄基因组中虽然存在6个*SlACO*基因，但是仅*SlACO1*和*SlACO2*在整个果实成熟阶段高表达，其表达量在破色期开始上升，破色3d后达到峰值。*SlACO4*在果实成熟阶段的表达量相对稳定，而在未成熟果实中6个基因均难以检测到转录本。研究证明，只有*SlACO1*和*SlACO4*被招募到系统Ⅱ乙烯合成的正反馈调控途径。比较分析番茄果实果皮组织（pericarp tissue）和中间组织（隔膜、中柱和胎座）不同发育时期的转录组、乙烯合成相关酶活性、乙烯产量、乙烯合成前体［SAM、ACC和甲基硫腺苷环丙烷-1-羧酸（MACC）］等，发现ACO蛋白活性与乙烯合成速率的组织特异性更一致，均在外层果皮组织中最高；而ACS酶活性的分布情况则与乙烯合成前体含量的组织分布吻合。番茄果实黄熟期乙烯产量达到峰值后逐渐降低，该过程同样与ACO酶活性的变化动态保持一致，而ACS酶的活性在果实采后（红果期后采摘）却会再次升高。

2. 乙烯的信号转导　基于分子生物学和遗传学的研究进展，拟南芥和番茄等物种中乙烯信号转导的关键元件和通路逐渐被解析。经典的乙烯信号转导路径是指当乙烯分子与乙烯受体（ethylene receptor）蛋白结合后，CTR1（constitutive triple response 1）蛋白的激酶活性失活，无法磷酸化下游的EIN2（ethylene insensitive 2）蛋白。EIN2蛋白通过N端疏水结构定位于内质网上，非磷酸化EIN2蛋白的C端（EIN2-C）经蛋白酶体切割后被释放到细胞质中。EIN2-C引导*EBF1/2*基因的mRNA至P小体（P-body）中被核糖核酸外切酶-4（exoribonuclease-4，XRN4，也称为EIN5）降解，以减少EIN3和EIL1/2（EIN3-like 1/2）蛋白的降解。另外，EIN2-C部分具有核定位信号，入核后与ENAP1（EIN2 nuclear associated protein 1）共同调控EIN3和EIL1/2依赖的乙烯响应基因如*ERF*（ethylene response factor）的表达，最终将信号传递到通路末端的ERF转录因子，进一步激活下游相关基因的表达（图2-1）。当不存在乙烯信号时，ETR1蛋白与CTR1结合，使CTR1磷酸化，活性CTR1直接磷酸化EIN2蛋白。磷酸化的EIN2经包含ETP1/2（EIN2-target protein 1/2，属于F-box蛋白）的SCF（Skp1 cullen F-box）E3复合体泛素化后被26S蛋白酶体降解，从而抑制EIN2蛋白的功能。另外，ETP1/2 F-box结合SCF-E3复合体也可泛素化转录因子EIN3、EIL1和EIL2，使其被蛋白酶体降解，而无法激活下游ERF及下游基因。此外，非经典的乙烯信号转导路径中乙烯受体蛋白 ETR1 也参与乙烯信号调控，ETR1 的二聚化与组氨酸磷酸转移（dimerization and histidine phosphotransfer，DHP）结构域中组氨酸的磷酸化基团转移到接收结构域（receiver domain）的天冬氨酸（aspartate），然后再转移到拟南芥组氨酸磷酸传递子（*Arabidopsis* histidine-containing phosphotransmitter，AHP）蛋白。AHP 蛋白磷酸化后进入细胞核，使拟南芥响应调控因子（*Arabidopsis* response regulator，ARR）蛋白磷酸化。ARR 蛋白磷酸化后调控下游乙烯响应基因转录。

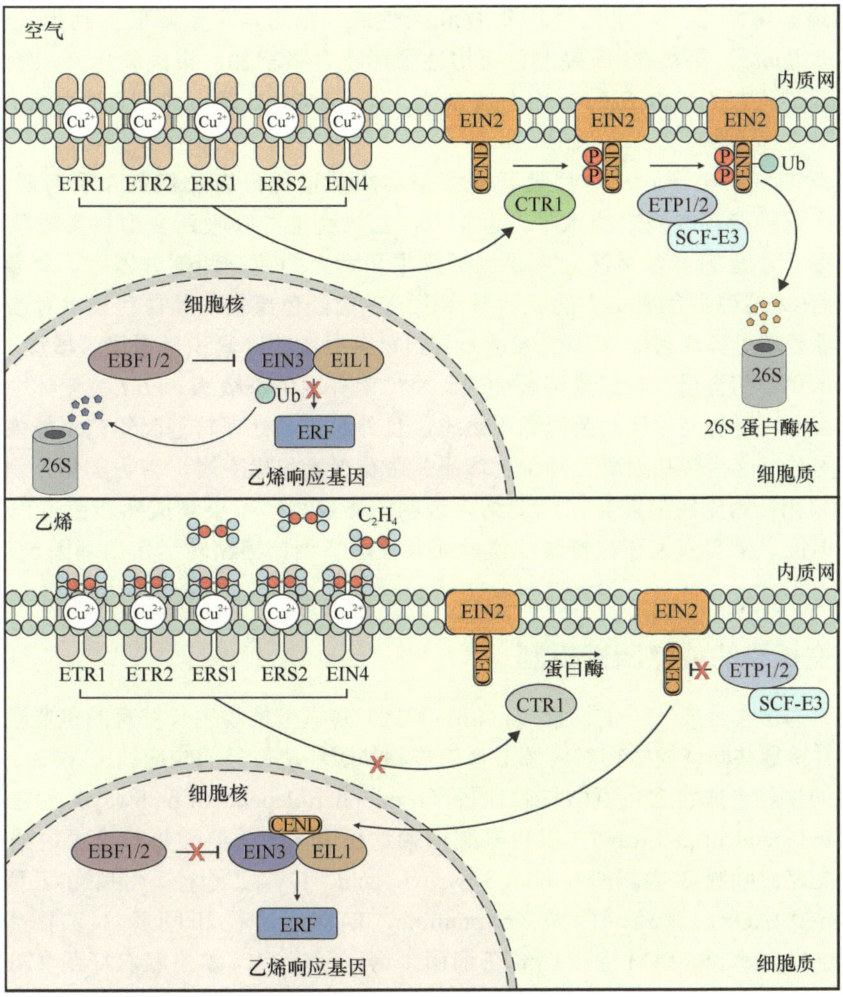

图 2-1 乙烯信号转导示意图

ETR1/2、ERS1/2、EIN4. 乙烯受体；CTR1. 乙烯信号负调控因子；EIN2. 乙烯信号正调控组分；EBF1/2. EIN3 binding F-Box 1/2；EIN3. EIL 家族转录因子，乙烯信号转导途径重要转录因子；SCF-E3. 泛素化连接酶复合物；EIL1. EIN3 样蛋白；ERF. 乙烯响应因子；CEND. EIN2 蛋白的 C 端结构域；Ub. 泛素；ETP1/2. 可以与 EIN2 蛋白相互作用的 F-box 蛋白

3. 乙烯对成熟的调控作用 乙烯利（ethephon，2-chloroethylphosphonic acid）是一种便携、经济和高效的乙烯气体释放剂，可促进果实成熟。1-甲基环丙烯（1-methylcyclopropene，1-MCP）是一种乙烯受体拮抗分子，用于抑制乙烯信号转导。在跃变型果实成熟过程中，乙烯是一种必需的植物激素，1-MCP 可抑制果实成熟跃变过程中乙烯的生物合成或信号转导，包括乙烯合成减少，呼吸跃变受阻，叶绿素降解，细胞壁分解，风味物质、色素和芳香类物质积累等，延迟果实成熟。研究认为，番茄乙烯生物合成和信号转导基因 *LeACS2*、*LeACS4*、*LeACO1*、

LeACO4、*NR*、*LeETR4*、*LeCTR1* 和 *LeCTR2* 参与系统Ⅱ乙烯自催化合成，调控果实跃变过程，而 *LeEIL* 和 *LeERF* 家族基因等由于功能冗余或成员众多，不同成员与成熟果实乙烯自催化过程的关系还有待深入研究（图 2-1）。

乙烯或 1-MCP 处理苹果果实会显著提高或者抑制乙烯合成和信号转导通路相关基因的表达。1-MCP 处理后显著抑制果实成熟过程的乙烯合成、果实软化和果皮叶绿素降解，延迟了呼吸高峰的出现。1-MCP 处理采后梨果实同样可降低乙烯产量，使呼吸高峰显著延后，果皮叶绿素降解推迟，可溶性固形物和活性氧（ROS）含量降低。利用乙烯利处理榴莲（*Durio zibethinus*）果实 3d 后果肉总可溶性固形物含量增加，果肉软化，乙烯信号转导基因 *DzETR1-2*、*DzCTR1* 和 *DzEIL1-2* 均上调表达；而 1-MCP 处理后表型几乎相反，*DzETR2* 和 *DzEIL1* 基因表达受到抑制。

与呼吸跃变型果实不同，非呼吸跃变型果实成熟过程没有乙烯产量和呼吸速率的突然增加，乙烯产量维持在较稳定的水平。近年来，乙烯调控非呼吸跃变型果实成熟机制的研究报告逐渐增多。草莓的可食用部分主要包括瘦果和膨大的花托两部分器官。草莓 *FaETR1* 和 *FaETR2* 基因在未成熟白色果实中的表达量高于成熟的红色果实，且白色果实对乙烯信号更敏感。外源乙烯处理可提高 *PAL* 基因的表达，导致草莓果实花青素积累增加。增加 1,4-β-内切葡聚糖酶和 β-木糖苷酶含量，叶绿素降解加快。将拟南芥乙烯不敏感 *etr1-1* 突变体中突变的 *ETR* 基因转入草莓中，转基因后代幼苗乙烯不敏感，且外源乙烯处理转基因幼苗不能恢复乙烯三重反应现象。同时，这些转基因草莓种子（瘦果）中花青素积累变慢，芳香类化合物减少，而整颗果实大小和花托则无明显差异。以上结果说明乙烯参与草莓果实成熟转色过程。1-MCP 处理葡萄，不但推迟果实膨大和花青素积累，而且显著下调葡萄糖转运蛋白基因 *SUC11/12* 的表达水平。

（二）生长素的成熟调控机制

1. 生长素的生物合成　　生长素（auxin，IAA）是调节植物生长发育的重要激素，生长素的合成及信号转导共同调控植物对内源发育信号和外源环境信号的响应。

生长素的生物合成包含色氨酸依赖途径（tryptophan-dependent pathway）和色氨酸不依赖（tryptophan-independent pathway），以色氨酸依赖途径为主。色氨酸依赖途径根据主要中间产物分为 4 条支路：吲哚-3-丙酮酸（indol-3-pyruvic acid，IPyA）途径、吲哚-3-乙醛肟（indole-3-acetaldoxime，IAOx）途径、色胺（tryptamine，TAM）途径和吲哚-3-乙酰胺（indole-3-acetamide，IAM）途径。IAM 途径已经在细菌中得到了证实，如根癌农杆菌（*Agrobacterium tumefaciens*）和丁香假单胞菌（*Pseudomonas syringae*）中色氨酸单加氧酶（IaaM）将色氨酸转化为吲哚乙酰胺，而吲哚乙酰胺水解酶（IaaH）将吲哚乙酰胺转化为 IAA，这个途径在植物中也很保守。IAOx 途径中细胞色素 P450 单加氧酶（cytochrome P450 monooxygenase）如 CYP79B2 和 CYP79B3 催化色氨酸转化为 IAOx，IAOx 转化为吲哚-3-乙腈（indole-3-acetonitrile，IAN）和吲哚-3-乙醛（indole-3-acetaldehyde），它们可分别通过腈水解酶和醛氧化酶进一步转化为 IAA。但是，该途径仅存在于能够产生芥子油苷的某些特定属种中。IPyA 途径被认为是植物生长素生物合成的主要途径：第一步通过色氨酸氨基转移酶（tryptophan amino transferase of *Arabidopsis* 1，TAA1）的活性将 Trp 转化为 IPyA；第二步是黄素单加氧酶（flavin-containing monooxygenase）家族 YUCCA 蛋白将 IPyA 转化为 IAA。这两个关键基因家族在植物中都非常保守（图 2-2）。

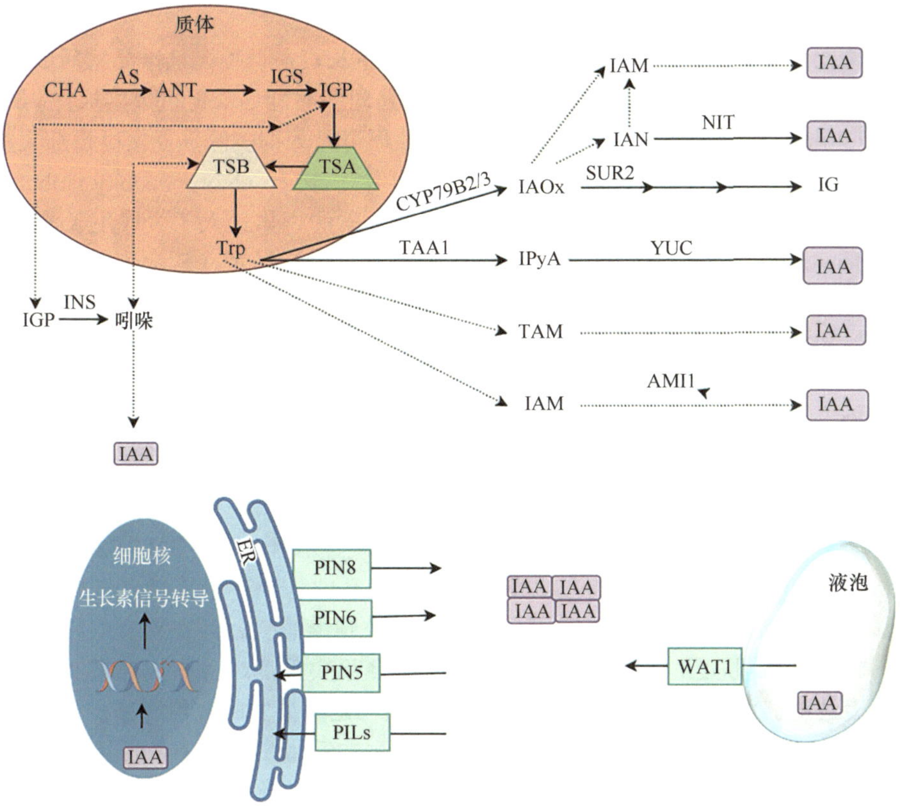

图 2-2 植物体内生长素代谢的主要途径

CHA. 分支酸；AS. 邻氨基苯甲酸合酶；ANT. 邻氨基苯甲酸；IGS. 吲哚-3-甘油磷酸合酶；IGP. 吲哚-3-甘油磷酸；TSA. 色氨酸合酶 α；TSB. 色氨酸合酶 β；INS. 吲哚合酶；Trp. 色氨酸；CYP79B2/3. 细胞色素 P450 单加氧酶；SUR2. 还原酶；IG. 吲哚-3-甘油类似物；YUC. 黄素单加氧酶；AMI1. 吲哚乙酰胺水解酶；NIT. 腈水解酶；ER. 内质网；PIN. 生长素运输蛋白；WAT. 生长素运输蛋白

2. 生长素的信号转导 植物细胞对生长素的响应和信号转导主要通过细胞核内的 TIR1/AFB-Aux/IAA-ARF 信号通路来实现。生长素的核信号转导通路主要包含三类成员：$SCF^{TIR1/AFB}$ 受体复合体、信号抑制因子 Aux/IAA 蛋白及转录因子 ARF 蛋白。生长素缺乏时，Aux/IAA 抑制因子处于稳定状态，通过与 ARF 蛋白直接作用抑制 ARF 蛋白的转录活性。Aux/IAA 还能招募 TPL（TOPLESS）蛋白以共同抑制 ARF 的转录活性，使生长素信号处于关闭状态。当生长素存在时，$SCF^{TIR1/AFB}$ 受体复合体与 Aux/IAA 蛋白直接作用，并且在 E1 和 E2 泛素化连接酶的协同下泛素化 Aux/IAA 蛋白。随后，泛素化 Aux/IAA 蛋白通过 26S 蛋白酶体途径降解，解除 Aux/IAA 抑制因子对 ARF 蛋白的转录抑制作用，继而引发生长素响应。

体外试验证明，IAA 及其类似物能够促进 TIR1 与 Aux/IAA 直接结合，且该结合非常迅速。晶体结构分析证明，生长素 IAA 对 TIR1 与 IAA7 蛋白互作具有不可代替的作用。最近的研究表明，TIR1/AFB 与 Aux/IAA 是生长素的共受体，TIR1/AFB 与 Aux/IAA 的相互作用依赖于生长素，TIR1/AFB 或者 Aux/IAA 蛋白并不能单独结合生长素。但是，生长素的增加可显著增强 TIR1/AFB 与 Aux/IAA 的结合能力。拟南芥中包含 29 个 Aux/IAA 蛋白、6 个 TIR1/AFB 蛋白，它们可形成 174 种蛋白质复合物，不同的 TIR1/AFB-Aux/IAA 受体组合具备不同的生理功能。另外，拟南芥还存在 23 个 ARF 转录因子蛋白，不同的共受体-转录因子组合会导致高度复杂或高度特异的信号输出，以应对植物体内不同的细胞类型对生长素信号的不同需求，进而使得生长素参与调控许多生物学进程。

3. 生长素对成熟的调控作用 大量研究表明，生长素在调控园艺产品采后成熟及衰老过程中发挥重要的作用。外源生长素或生长素类似物处理能够延迟或促进果实成熟。2,4-二氯苯氧基乙酸（2,4-dichlorophenoxyacetic acid，2,4-D）处理可显著抑制绿熟期樱桃番茄果实的转色、软化、乙烯释放和成熟，而生长素拮抗剂对氯苯氧异丁酸（p-chlorophenoxy isobutyric acid，PCIB）处理可加快番茄转色，促进番茄红素和胡萝卜素的积累。人工合成生长素类似物萘乙酸（naphthalene acetic acid，NAA）能够延缓采后番木瓜果实转黄、软化、乙烯释放高峰，可延迟草莓的花青素积累、软化和成熟。而外源NAA处理可加速李果实发育及成熟，促进苹果的乙烯释放、转色及成熟过程。这些研究表明，外源生长素及其类似物的调控功能取决于园艺产品的种类、品种、成熟时期等诸多因素。

生长素参与园艺产品成熟的更多证据来源于对生长素响应和信号转导因子的遗传研究。番茄 *SlARF2A* 和 *SlARF2B* 在成熟过程中的表达显著上调。*SlARF2A*-RNAi 和 *SlARF2B*-RNAi 干扰系的果实在未成熟和绿熟阶段均显示深绿色斑点，斑点可保留到完全成熟阶段。双干扰株系表现出更严重的成熟缺陷，斑块不能达到野生型的典型红色，表明 SlARF2A 和 SlARF2B 在果实成熟过程中可能具有冗余功能。此外，双干扰株系的乙烯产量降低、乙烯高峰推迟、色素积累减少及硬度增加。SlARF4 转录因子主要通过控制糖的代谢而在果实成熟中发挥作用，*SlARF4* 下调导致果实硬度和叶绿素含量增加，未成熟果实呈深绿色而成熟果实呈现斑点状。*SlARF6A* 过表达能够促进番茄果实淀粉和糖类的积累，延缓果实的成熟和减少乙烯的产生，而下调 *SlARF6A* 的表达则促进果实的成熟和乙烯的产生。番木瓜生长素响应因子 *CpARF2* 受果实采后成熟及外施乙烯诱导。在番木瓜果实中，用农杆菌介导的瞬时表达系统沉默或过表达 *CpARF2*，发现其能够正调控果实的成熟。在番茄中，异源过量表达 *CpARF2* 也具有加速果实成熟的作用。番茄中过量表达李子生长素受体 *PslTIR1* 能缩短果实的货架期。GH3（Gretchen-Hagen 3）家族蛋白具有氨基酸化合成酶的作用，可催化有活性的生长素形成氨基酸化的生长素。番茄中过表达辣椒 *CcGH3* 基因，能加速番茄果实成熟，这主要是转基因番茄中生长素水平降低所致。下调 *SlGH3* 表达可使番茄果实硬度降低，乙烯释放减少，番茄红素减少，但胡萝卜素含量增加。此外，葡萄 VvGH3.1 介导的生长素氨基酸化也与果实成熟相关。生长素响应基因 *SlSAUR69*（small auxin-up RNA）的下调能延缓番茄果实成熟，而过表达则加速果实成熟。由此可见，生长素在调控园艺产品发育及成熟过程中具有非常重要的作用，包括成熟速度、品质形成和糖分积累等。

（三）脱落酸的成熟调控机制

1. 脱落酸的生物合成 高等植物中，脱落酸（abscisic acid，ABA）是重要的内源激素之一，在植物应对非生物胁迫过程中发挥重要作用，因此也被称为“胁迫激素”。ABA 不仅介导种子休眠与萌发、幼苗发育、气孔关闭等过程，同时也是园艺产品采后品质形成和品质维持的重要激素。自 20 世纪 60 年代发现 ABA、80 年代首次发现植物 ABA 途径的突变体以来，其合成代谢、转运和信号转导机制和相关基因鉴定研究已取得了很大进展。

ABA 是 3 个类异戊二烯（isoprenoid）单元连接形成的 C15 倍半萜，由类胡萝卜素裂解而成。类胡萝卜素来源于 C5 前体异戊烯焦磷酸（IPP）与二甲基烯丙基二磷酸（DMAPP）。植物中存在两条相互独立的萜类物质生产途径：一条是存在于细胞质中的甲羟戊酸（MVA）途径；另一条是存在于质体中的 2-C-甲基-D-赤藓糖醇-4-磷酸（MEP）途径。两条途径均可产生 IPP 与 DMAPP。类胡萝卜素生物合成发生在质体中，其底物主要来源于 MEP 途径。此外，细胞质中 MVA 途径产生 IPP 和其他下游的异戊二烯二磷酸盐，可以在细胞器之间进行交换，有助于在特定的发育阶段（如黄化幼苗）生成类胡萝卜素和 ABA。IPP 和 DMAPP 能合成 C20 的中间分子香叶基香叶基焦磷酸（GGPP）。两分子 GGPP 在八氢番茄红素合成酶（PSY）的催化下缩合为 C40 的八氢番茄红素，是所有植物类胡萝卜素的共同前体。经去饱和与异构化反应，八氢番茄红素生成全反式番茄红素（all-*trans*-lycopene）。在番茄红素 β-环化酶（LCYB）和 β-胡萝卜素羟化酶（BCH）的催化下，番茄红素环化为 β-胡萝卜素（β-carotene），并进一步羟基化，形成玉米黄质（zeaxanthin）。玉米黄质是 ABA 合成的第一个氧化类胡萝卜素前体。

玉米黄质环氧化酶（ZEP）通过环氧化分子两端的两个 β 环，形成单环氧化的中间体——环氧玉米黄质（antheraxanthin），进而将反式玉米黄质（*trans*-zeaxanthin）转化为反式紫黄质（*trans*-violaxanthin）。此外，在强光下紫黄质脱环氧化酶（VDE）催化反式紫黄质逆反应生成玉米黄质。紫黄质和新黄质（neoxanthin）顺式异构体的产生可能需要两种酶：一种新黄质合成酶（NSY）和一种异构酶。9-顺式紫黄质（9-*cis*-violaxanthin）与 9-顺式新黄质（9-*cis*-neoxanthin）在 9-顺式环氧类胡萝卜素双加氧酶（NCED）家族的催化下裂解为黄质（xanthoxin），这是关键的限速步骤。在细胞质中，黄质经两步酶促反应，以生物活性顺式构型产生 ABA。黄质也能被一种类似于短链脱氢酶/还原酶的 SDR1 酶催化成脱落醛（abscisic aldehyde），脱落醛在脱落醛氧化酶（AAO）的催化下氧化为脱落酸（图 2-3）。

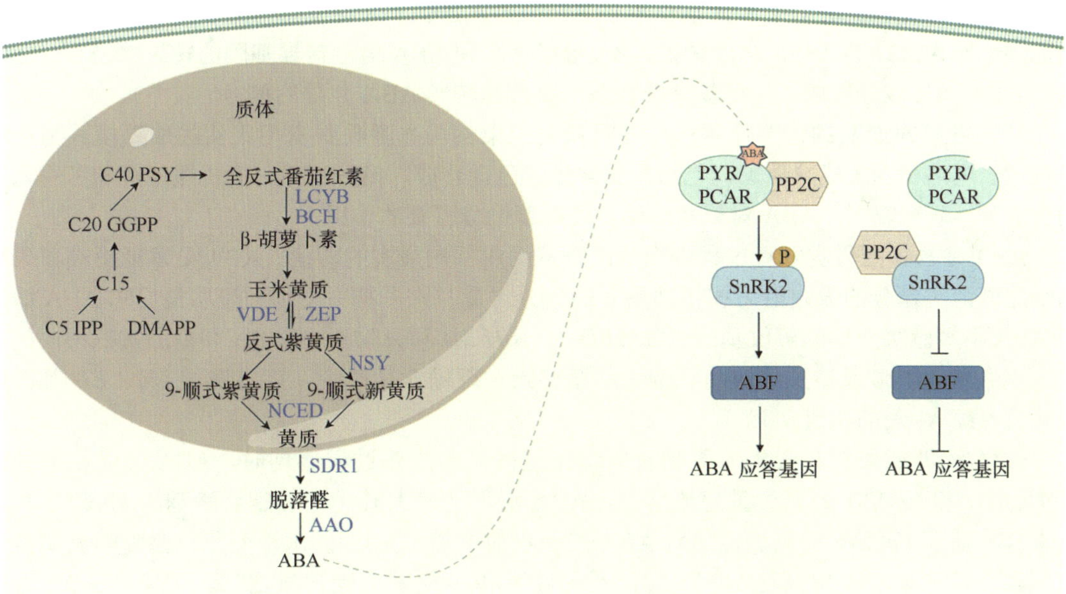

图 2-3　脱落酸的生物合成、代谢及信号转导示意图

2. 脱落酸的信号转导　ABA 信号转导可分为三个层次：代谢和转运、感知和信号转导及信号响应和调控。ABA 信号的启动开始于 ABA 合成及其远距离转运，而 ABA 的感知和信号转导则由核心信号组分来完成，包括 ABA 受体 PYR/RCAR 蛋白家族、蛋白磷酸酶（PP2C）激酶家族和 SNF1 相关蛋白激酶 2（SnRK2）家族。在没有 ABA 的情况下，PP2C 通过物理作用和磷酸酶活性抑制 SnRK2。反之，ABA 分子与 ABA 受体 PYR/PYL/RCAR 结合，导致受体结构发生变化，使 ABA 受体与 PP2C 相互作用，形成 PYR/RCAR-PP2C 复合体，并抑制 PP2C 活性，中断 PP2C 与 SnRK2 之间的相互作用。SnRK2 从 PP2C 的抑制中释放出来，激活其下游的转录因子和其他靶点，如 ABA 响应元件结合蛋白（ABA-responsive element binding protein，AREB）和 ABA 响应元件结合因子（ABA-responsive element binding factor，ABF）及离子通道和 NADPH 氧化酶等（图 2-3）。

一些小分子可以作为胞内的信使，转导特定的 ABA 信号。例如，ABA 诱导活性氧（ROS）的产生，从而抑制 PP2C 的活性，并激活钙离子通道（I_{Ca}）活性。细胞钙离子水平变化会激活钙依赖性蛋白激酶（Ca^{2+}-dependent protein kinase，CDPK）和 calcineurin B-like protein（CBL）及 interacting protein kinase（CIPK）。CIPK（SnRK3）通过调节 H^+、Na^+、Ca^{2+} 和 NO_3^- 转运及 K^+ 通道，并与转录因子相互作用，参与调控植物离子稳态和非生物胁迫耐受。CIPK 还可以与 PP2C 相互作用。CDPK 参与了 ABA 诱导的气孔关闭及阴离子通道和钙离子通道激活，它们可以直接磷酸化 PP2C 和 SnRK2 的靶位点，如 SLAC1、NADPH 氧化酶和 ABF。然而，CDPK 磷酸化 PP2C 的功能仍有待进一步研究。此外，钙离子可通过钙调蛋白结合转录激活因子（calmodulin-binding transcription activator，CAMTA）与 ABA 调节顺式作用元件（ABA-regulated *cis*-acting element，ABRE）结合，拮抗 ABA 诱导的转录激活作用。

转录调控在 ABA 信号转导中发挥重要作用，尤其是 AP2/ERF 家族转录因子。ABA 信号通过 ABI3 转录因子影响发育过程。ABI3 可以识别 ABA 响应元件（ABA-responsive element，ABRE），并与 ABI5 相互作用。ABI4 整合了 ABA 和糖信号，并调控 ABI5 的表达。ABF/AREB/ABI5、ABI4 和 ABI3 在 ABA 信号级联反应的早期发挥作用。此外，翻译后的蛋白质修饰，如法尼基化、类泛素化和泛素化等也调节 ABA 信号。在某些情况下，可以通过修饰转录调控因子如 ABI3 和 ABI5，进而调控 ABA 合成基因和 ABA 信号转导基因的转录水平。总之，这些 ABA 信号成分构成了一个复杂的网络，整合和转导 ABA 介导的信号。

3. 脱落酸对成熟的调控作用 呼吸跃变型果实与非呼吸跃变型果实的成熟模式虽不相同，但表现出相同的成熟现象，包括果实软化、色素合成、糖分积累、有机酸降解和芳香物质的合成等。研究表明，ABA 对果实成熟也发挥着十分重要的作用。

ABA 参与调控果实发育过程中光合产物从韧皮部向果实的转运。ABA 处理能提高苹果果肉细胞液泡对糖分的吸收能力和柑橘果实的糖分含量。许多糖突变体被证明是已知 ABA 敏感和 ABA 不敏感突变体的等位基因，如 *ABI3-5*、*ABF2-4* 和 *ABA1-3*。ABA 和糖通常在不同的发育过程中发挥类似或拮抗的作用。例如，草莓果实蔗糖含量改变，可以诱导 *FaNCED* 基因的表达及内源 ABA 的积累。

ABA 还调控果实花青素的生物合成。在越橘果实成熟过程启动时，ABA 合成相关基因 *VmNCED1* 和 *VmNSY* 的表达量急剧增加，ABA 水平迅速上升，查耳酮合酶基因 *VmCHS* 和花青素合酶基因 *VmANS* 的表达也随着 ABA 的积累而增加。ABA 的水平变化也会影响类胡萝卜素积累，番茄果实下调表达 *SlNCED1*，番茄红素和 β-胡萝卜素含量增加。可能是 ABA 合成关键酶 NCED 活性的显著降低，导致作为 ABA 合成前体物质的类胡萝卜素积累，部分阻碍了番茄果实成熟过程中 ABA 的积累。ABA 也参与调控细胞壁修饰及果实软化。果实细胞壁通常由微纤丝、果胶网、木葡聚糖及糖蛋白组成。细胞壁的修饰和降解表现为果实软化，这个过程包含一系列水解酶和转糖苷酶参与。在 *SlNCED1*-RNAi 转基因番茄果实中，ABA 水平下降，果胶含量明显提高，果实硬度增大，货架期延长。在番茄和草莓中，ABA 信号相关基因 *ASR*（ABA-stress-ripening）的过表达促进了果实软化和成熟，细胞壁代谢相关基因 *SlPG1*、*SlPME*、*SlCel1*、*SlXET16* 和 *SlEXP1* 的表达显著上调；而 RNA 干扰 *ASR* 基因延缓了果实成熟，并降低了果实的花青素和可溶性固形物含量。值得一提的是，ABA 作为草莓果实发育与成熟的核心调控信号，蔗糖、JA 和 IAA 在此过程中也发挥着不同的调控作用（图 2-4）。

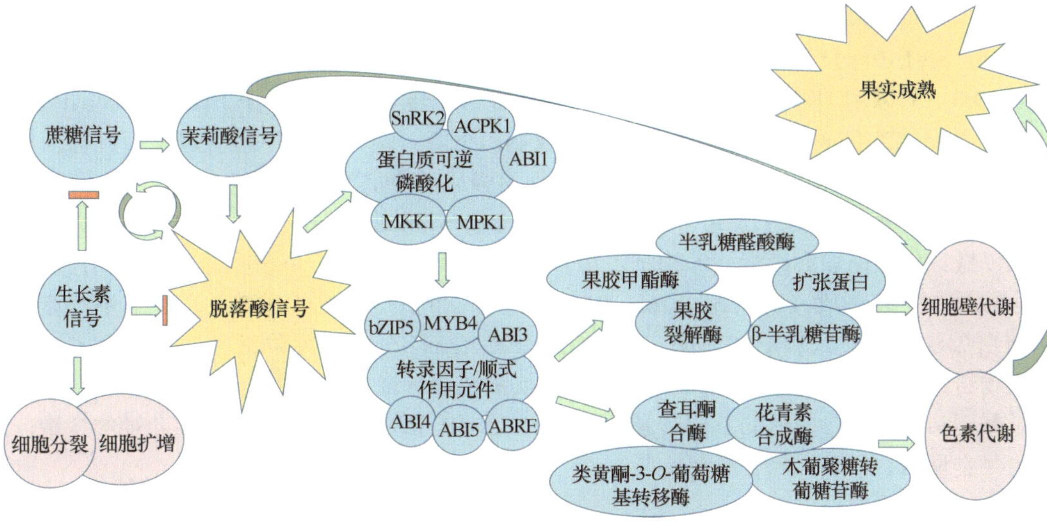

图 2-4 脱落酸对果实成熟的调控作用

ABI. 脱落酸不敏感；ACPK1. ABA 刺激的钙依赖蛋白激酶 1；bZIP5. 碱性亮氨酸拉链 5；MKK1. 丝裂原活化蛋白激酶激酶 1；MPK1. 丝裂原活化蛋白激酶 1；MYB4. 脱水响应元件相关转录因子 4

（四）其他激素的成熟调控机制

1. 油菜素内酯对成熟的调控作用 油菜素甾醇（brassinosteroid，BR）是重要的甾族植物激素，主要调控植物的细胞伸长、光形态建成及抗逆等过程，其中，油菜素内酯（brassinolide，BL）是活性最强的一类物质。用 BL 处理绿熟期番茄果实，可提高果实的可溶性糖、维生素 C 和番茄红素的含量，影响乙烯生物合成相关基因的表达，增加呼吸速率和乙烯释放量。在柿子果实成熟过程中，内源的油菜素内酯含量不断增加。用外源油菜素内酯类似物 24-表油菜素内酯（24-epicastasterone，EBR）处理，能够增加果实的水溶性果胶含量及聚半乳糖醛酸酶和果胶裂解酶的活性，并显著减少酸溶性果胶和纤维素的含量，从而促进果实成熟。

油菜素内酯生物合成过程的限速酶 DWARF（DWF）属于细胞色素 P450 家族。番茄中过表达 *DWF* 可提高内源油菜素内酯的含量，同时增加果实乙烯释放量，并加快果实成熟。油菜素内酯合成后，被位于细胞膜上的受体激酶油菜素类固醇不敏感 1（BRI1）所感知，并激活下游转录因子芸薹素唑耐受因子（BZR1），BZR1 通过结合油菜素内酯响应基因的启动子，从而发挥调控作用。在番茄中，过表达 *SlBRI1* 提高了内源油菜素内酯的信号强度，进而加快果实成熟。异源表达拟南芥的 *BZR1-1D* 基因，可以提高成熟过程中番茄果实的类胡萝卜素、可溶性糖的含量。在番茄果实中，瞬时表达葡萄的 BZR1 抑制因子糖原合成激酶 3（GSK3）能够抑制果实成熟。有趣的是，同样是呼吸跃变型果实的枣和苹果，经油菜素甾醇处理后，果实乙烯含量减少且成熟推迟。在梨果实中，PuBZR1 不仅可与 *PuACO1* 和 *PuACS1a* 基因的启动子区域结合，还可以通过与 *PuERF2* 基因的启动子结合来抑制 *PuERF2* 的表达。另外，油菜素甾醇对不同果实成熟过程可能有不同的影响，而油菜素甾醇的浓度也会影响果实成熟。例如，高浓度的油菜素甾醇能促进乙烯合成及果实成熟，而低浓度的油菜素甾醇则抑制乙烯合成及果实成熟。

2. 茉莉酸对成熟的调控作用 茉莉酸（jasmonic acid，JA）主要在细胞分裂和组织形成及植物免疫防御等过程中发挥作用。在黑胡椒中，茉莉酸及具有生物活性的茉莉酸异亮氨酸

（jasmonoyl-isoleucine，JA-Ile）的含量随着果实成熟而降低。用茉莉酸衍生物茉莉酸甲酯（methyl jasmonate，MeJA）处理草莓能够提高花青素的含量。并且，用外源茉莉酸处理能增加体内茉莉酸及 JA-Ile 的浓度，降低脱落酸的含量。茉莉酸信号转导的重要因子 JAZ（jasmonate ZIM-domain）和 MYC2 的表达量随着草莓果实的成熟而下降。用茉莉酸甲酯处理采后柠檬果实，可提高酚醛化合物含量及抗氧化酶的活性，进而增强果实的抗冷和抗病能力。

3. 赤霉素对成熟的调控作用　植物激素赤霉素（gibberellin，GA）的含量随着果实成熟而逐渐降低。外源施加赤霉素能够抑制乙烯合成相关基因的表达，显著推迟果实成熟；而用赤霉素合成抑制剂多效唑（paclobutrazol，PAC）处理，可以促进果实成熟。在番茄中，赤霉素降解蛋白 2-酮戊二酸依赖双加氧酶（2-2OGD）SlGA2ox1 分解有生物活性的 GA_1 和 GA_4，生成无生物活性的 GA_8 和 GA_{34}，其表达量随着果实成熟显著增加。过表达 *SlGA2ox1* 激活乙烯合成相关基因和调控果实成熟的重要转录因子 RIN、NOR 和 CNR 的表达，提高乙烯的含量，从而促进果实早熟。

（五）植物激素互作调控机制

跃变型果实成熟过程中乙烯与生长素、赤霉素、脱落酸、水杨酸、油菜素甾醇和茉莉酸等多种激素存在相互作用（图 2-1）。相关研究发现，在番茄 *high pigment-2*（*hp2*）突变体中，乙烯和生长素信号的相互作用参与调控果实类胡萝卜素的合成。在番茄和桃中，生长素和乙烯积累可相互促进，并且生长素通过上调 *ACS* 和 *ACO* 基因的表达，诱导乙烯的生物合成。在榴莲中，生长素诱导的 *DzARF2A* 可激活乙烯合成基因的表达，促进乙烯释放。榴莲收获后，快熟品种的生长素水平显著高于慢熟品种，快熟品种中 *DzARF2A* 的表达水平明显更高。在木瓜果实的成熟过程中，*CpIAA27* 出现上调表达，并且 ACC 或乙烯抑制剂处理可导致多个 *CpIAA* 家族基因差异表达。另外，番茄乙烯响应因子 SlERF.3B 通过结合生长素因子 SlIAA27 的启动子，从而介导乙烯-生长素信号互作。

在跃变型果实番茄中，外源脱落酸处理可促进果实成熟。番茄脱落酸合成酶 *SlNCED1* 基因沉默，导致脱落酸含量降低，细胞壁代谢基因表达受抑，果胶积累增加，成熟推迟；乙烯响应因子 *SlERF* 表达显著降低，而乙烯合成和信号相关基因 *SlACS2*、*SlACO1* 和 *SlETR3* 表达上调。*SlPP2C1* 是一个脱落酸信号负调控因子，在番茄果实破色后 1d 表达丰度最高。RNAi 干扰该基因表达，可增加脱落酸和乙烯积累，促进果实成熟。脱落酸是非跃变型果实成熟的重要激素，在以草莓和葡萄为代表的非跃变型果实中，有关脱落酸与乙烯间的相互作用报道逐渐增加。草莓中外源脱落酸处理通过上调乙烯产量和苯丙氨酸氨裂合酶（phenylalanine ammonia-lyase，PAL）酶活性，促进果实花青素和酚类物质积累，加快果实软化成熟。

在番茄、苹果、梨、猕猴桃等物种中，茉莉酸（JA）协同乙烯促进果实成熟。用二氢茉莉酸丙酯（Propyl dihydrojasmonate，PDJ）处理跃变前的苹果和梨果实，能促进果皮中 *ACS1* 和 *ACO1* 表达，增加乙烯产量。外源茉莉酸处理番茄果实，可促进乙烯积累和果实转色。茉莉酸还可以通过乙烯诱导脂氧合酶（lipoxygenase，LOX）基因表达，促进果实转色；而在乙烯缺乏株系中，JA 不能诱导 LOX 基因表达和果实转色。茉莉酸能够诱导猕猴桃果实的乙烯生物合成，增强脂氧合酶活性；而水杨酸处理猕猴桃果实则具有相反的作用。PDJ 处理成熟前苹果果实，MdACS1 和 MdACO1 酶活性都显著增加，乙烯合成加快。在非跃变型果实中，MeJA 则通过增强 ACO 活性，促进乙烯合成。

利用活性油菜素内酯（BL）和油菜素内酯合成抑制剂（BRZ）分别处理绿熟期番茄果实，贮藏 20d 后检测果实成熟相关基因表达。与对照相比，BL 处理上调 *LeACS2*、*LeACS4*、

LeACO1、*LeACO4* 和 *LePSY1* 基因表达，使可溶性糖、抗坏血酸、番茄红素、呼吸速率和乙烯产量增加，BRZ 处理则具有相反的结果。

在梨和猕猴桃的果实成熟过程中，也发现乙烯和水杨酸的相互作用。乙烯合成基因 *PpACS1b* 受水杨酸和乙烯诱导表达，影响果实成熟过程。乙烯信号通路基因 *PpEIN3b* 在果实成熟过程中出现上调表达；水杨酸和葡萄糖处理会抑制果实中 *PpEIN3b* 基因表达，而 ACC 处理则显著上调其表达水平。这些结果说明乙烯和水杨酸/葡萄糖对乙烯合成和信号转导基因转录的调控方向不同。

通过对模式植物的研究发现，激素之间的相互作用发生在多个层面：激素可相互调节彼此的合成、转运或代谢；不同途径的激素转录调节因子相互作用，单独或共同调控靶基因表达。但是，目前对园艺产品激素间复杂互作机制的认知仍非常有限，还有待更深入研究。

二、转录调控

果实的成熟发育过程，除了受到上述植物激素的复杂网络调控，还受到果实成熟特异转录因子的调控，包括调控乙烯的生物合成、类胡萝卜素的积累、果实的软化及淀粉的降解等途径，最终在不同转录因子的相互作用下，协同影响果实色泽、质地、香气和风味物质的形成。转录因子是真核生物中能够与某些特定基因启动子区域的顺式作用元件发生特异性互作的 DNA 结合蛋白，它们通过特异性互作激活或抑制基因转录，从而调控下游基因的表达。典型的转录因子一般由 DNA 结合域（DNA-binding domain）、转录调控域（transcription regulation domain）、寡聚化位点（oligomerization site）及核定位信号（nuclear localization signal）4 个功能域组成。在果实成熟过程中，重要的转录因子包括 MADS-RIN、NAC-NOR、SBP-CNR 和 HD-Zip 等。

（一）MADS-box 家族转录因子与成熟调控

1. MADS-box 家族转录因子 MADS-box 转录因子是指具有 MADS-box 结构域的一大类蛋白质，该结构域由 56～58 个氨基酸组成，最早从酵母的 *MINICHROMOSOME MAINTENANCE 1*（*MCM1*）基因、拟南芥的 *AGAMOUS*（*AG*）基因、金鱼草的 *DEFICIENS*（*DEF*）基因和人的 *SERUM RESPONSE FACTOR*（*SRF*）基因中被鉴定出来，MADS 源于上述 4 个基因的首字母缩写。

植物 MADS-box 基因根据系统发育分为两类，分别为Ⅰ型和Ⅱ型。Ⅰ型结构相对简单，只含有 MADS 结构域（M 域）；Ⅱ型除含有高度保守的 MADS 结构域外，还带有一个较为保守的 K 域、多变的 I 域和 C 域，故又称 MIKC 型。MIKC 型 MADS-box 基因，根据其内含子-外显子结构的不同，又可以进一步细分为 $MIKC^c$（经典型）和 MIKC*（非经典型）两种类型。

通常，位于氨基端的 M 域是 MADS-box 蛋白中最保守的结构域，行使 DNA（DNA-binding）结合作用。靶基因 DNA 中的 CArG-box（CC-A-rich-GG 盒）是 MADS-box 转录因子结合的核心序列。I 域位于 MADS-box 结构域直接下游区域，由 31～35 个亲水氨基酸组成，其作用是帮助二聚体的转录因子与 DNA 结合形成复合体。K 域是植物 MADS-box 蛋白的特有结构域，大约由 70 个氨基酸组成，中度保守，在蛋白质二聚体中形成两亲性螺旋结构，调节蛋白质之间的相互作用。C 端位于 K 域下游，是由约 30 个氨基酸组成的富含疏水残基的非保守区域，可能作为 MADS-box 基因的转录激活区域，与 MADS-box 多聚体高级结构有关。

2. MADS-box 转录因子调控成熟的分子机制 成熟抑制子（RIN）、FUL1/FUL2（FRUITFULL）及 TAGL1（Tomato AGAMOUS-LIKE 1）是三种主要调控番茄果实成熟的 MADS-box 家族成员。在番茄中，通过染色质免疫共沉淀 ChIP-chip 或 ChIP-Seq 分析实验发现，与 RIN 作用的靶基因可高达数百个，既包括乙烯生物合成基因 *ACS2* 和 *ACS4*，也包括乙烯受体基因 *NR/ETR3*；可结合参与促进果实成熟及质地变化的相关基因，比如细胞壁软化基因 *PG2a*、*EXP1* 和 *CEL2*，风味通路相关基因 *LoxC* 和 *ADH2*，香气形成相关基因 *PSY1* 和 *ZDS*，类胡萝卜素合成基因 *PSY*，泛素蛋白酶体降解基因 *UBC32*、*PSMD2*，蔗糖代谢基因 *VIF*、*VI*，以及转录因子基因 *NAC-NOR*、*SBP-CNR*、*AP2a*、*FUL1/2* 等。这些结果表明，RIN 可通过不同层面调控众多成熟相关基因的表达，直接控制果实成熟。

RIN 作为果实成熟过程中研究最为透彻的 MADS-box 家族成员，得益于 *rin* 突变体材料。*rin* 突变体表现为果实成熟表型严重抑制，不积累番茄红素，不产生挥发性香气物质或软化，当外部供应乙烯时，果实仍无法成熟。遗传学研究发现，这主要是基因组 DNA 缺失而导致两个截断的转录因子 RIN 和 MC 融合所致。遗传定位发现，*MADS-RIN* 和 *MADS-MC* 基因在染色体上串联排列，分别编码 242 个和 244 个氨基酸，其编码区相隔 2.6kb。而在突变体 *rin* 番茄中，*RIN* 基因的 3′ 端和 *MC* 基因的 5′ 端发生了部分缺失，导致了两个基因的融合，形成了融合 *RIN-MC* 基因，使 *RIN* 基因无法正常转录和表达 RIN 蛋白，从而阻断了 RIN 对番茄果实成熟的调控作用。随后研究发现，在 *rin* 突变体中能够扩增得到融合的 *RIN-MC* 转录本，而且 *RIN-MC* 具有转录活性，说明在 *rin* 突变体中，*RIN* 和 *MC* 基因的融合是一种功能获得性突变（gain-of-function mutation），而不是功能缺失性突变（loss-of-function mutation）。至此，重新解析了 *rin* 突变体抑制果实成熟的机制。随着 CRISPR/Cas9 技术在番茄果实中的应用，人们对 RIN 介导的果实成熟调控又有了新的认识。来自中国和日本的两个课题组利用 CRISPR/Cas9 技术敲除 *rin* 后，发现果实成熟时呈现橙色而非之前 *rin* 突变体的绿色，许多在 *rin* 突变体中受到抑制的成熟相关基因在 CRISPR/Cas9 突变体中没有或只有部分受到抑制。CRISPR/Cas9 敲除后的 *cr-rin* 突变体果实并没有抑制成熟的起始；相反，由于积累了较低浓度的番茄红素，果实外皮呈现出中度红色。同时，也会诱导一些和成熟有关的基因表达，比如果实软化相关基因。因此，这些结果说明 RIN 并不是果实成熟所必需的。

FUL1（又称 *TDR4*）和 *FUL2*（又称 *MBP7*）基因与果实的色素积累有关。通常，单一沉默 *FUL1* 或 *FUL2* 只引起番茄果实色素的轻微变化；而同时沉默 *FUL1* 和 *FUL2* 则导致番茄成熟果实呈现黄色表型。另外，染色质免疫共沉淀实验也揭示了 *FUL1* 和 *FUL2* 与乙烯的合成存在一定的关联，*FUL1* 和 *FUL2* 可以与 *rin* 直接调控的基因 *ACS2*、*ACS4* 及 *RIN* 的启动子相结合，从而表现出不依赖于乙烯的果实成熟调控模式。*TAGL1* 在果实成熟期间高度表达，对果实成熟起正调控作用。*TAGL1* 基因沉默后，番茄果实的叶绿素含量增多，乙烯产量减少，果实表面粗糙，果皮变薄，后期果实外观不变红，呈黄色或橙色，且不能软化。随后的研究发现，在 *AGL1* 基因沉默转基因果实中，*ACS2*、*ACS4*、*PSY1*、*E4* 和 *PG* 基因的表达水平表现出显著下调。然而，在 *rin* 突变体中超表达 *TAGL1*，则会使 *rin* 突变体恢复正常成熟表型。这些结果说明 TAGL1 可通过依赖和不依赖乙烯信号途径正向调控番茄果实的成熟。

MADS-box 转录因子结构中含有多个与蛋白质互作相关的结构域，能发生蛋白多聚化。最初人们认为 MADS-box 蛋白是以二聚体形式结合基因表达调控区域的 CArG-box，以此实现对生长发育过程的调节作用。随着研究的深入，提出了四聚体模型（floral quartet model），进而揭示了 MADS-box 家族转录因子调节果实成熟的作用形式，即 2 个 MADS-box 蛋白二聚体分别结合在靶标基因中的 2 个相邻 CArG-box 上，二聚体之间通过蛋白质相互作用形成一个四聚体结构，从而决定器官的特征。在番茄中，*RIN* 可与 *FUL1/FUL2* 及 *TAGL1* 互作，通过调控乙烯合成和信号转导来控制类胡萝卜素的积累，从而调节果实的成熟。此外，对番茄成熟起负向调控的转录因子 SlMADS1 及 SlCMB1，也能与 MADS-RIN 互作，从而导致番茄果实成熟延迟、乙烯产量减少和类胡萝卜素积累量降低。另有证据表明，MADS1、SlMBP8 和 SlFYFL 可与 MADS-RIN 相互作用，并可能影响果实发育，特别是 *SlFYFL* 的超表达能够推迟番茄的成熟、衰老和脱落。在香蕉中，MaMADS36 是果实成熟所必需的转录因子，预测其与 74 种蛋白质互作而形成的共表达网络，是调控香蕉果实成熟的重要开关。MaMADS36 能够直接结合 MaBAM9b 启动子的 CArG-box 来控制淀粉降解，进而调控果实成熟。种种现象无疑强调了相互作用的 MADS 复合物对果实成熟的重要性。因此，寻找 MADS-box 互作的蛋白质复合物，对研究 MADS-box 转录因子在果实成熟中的调控机制和分子网络至关重要。

（二）NAC 家族转录因子与成熟调控

1. NAC 家族转录因子 NAC（NAM、ATAF 和 CUC2）家族转录因子是植物特有的最大的转录因子家族之一。NAC 是 *NAM*（无顶端分生组织）、*ATAF1* 和 *ATAF2*、*CUC2*（杯状子叶）三类基因首字母的缩写。NAC 家族转录因子的蛋白质大多定位于细胞核，具有高度保守的 N 端和多样化的 C 端，两端均具有蛋白质结合活性。N 端为 NAC 结构域，约含有 150 个氨基酸，包含 A～E 5 个亚结构域，其中 A、C、D 三个亚结构域在不同的物种中都是高度保守的，C 和 D 亚结构域中含有核定位信号，B 和 E 两个亚结构域是多变的。NAC 转录因子的 C 端为转录激活域（transcription activating domain），序列多样性较强，仅存在 13 个比较保守的基序，家族中不同转录因子具有植物转录因子转录激活区域的共同特征，丝氨酸、苏氨酸、脯氨酸、谷氨酸等氨基酸重复出现的频率较高。NAC 蛋白能够以同源或异源二聚体的形式起作用，并且这种二聚作用有利于 DNA 的稳定结合。NAC 识别 DNA 的位点为 [TA][TG][AGC]CGT[GA][TA]，其中核心序列为 CGT[GA]。

2. NAC 家族转录因子调控果实成熟的分子机制 许多研究表明，NAC 参与不同类型果实的成熟调控，如番茄、香蕉、苹果、猕猴桃、草莓、荔枝、西瓜、柿子、桃、柑橘等，说明 NAC 对跃变型和非跃变型果实的成熟调控均起作用。

NAC 参与跃变型果实乙烯的生物合成和信号转导的调控，如在番茄中，*NOR*、*NOR-like*、*SlNAM1*、*SlNAC1*、*SlNAC4* 等均能通过激活乙烯合成关键酶基因 *ACS* 和 *ACO* 的转录而调控乙烯的合成，从而调控果实成熟进程。在香蕉中，MaNAC10 和 MaNAC11 协同并直接激活 *MaACS1* 和 *MaACO1* 基因的表达，调控乙烯合成，促进香蕉果实成熟。NAC 还参与调控非跃变型果实的 ABA 合成和信号转导，从而影响果实的成熟过程，如草莓 NAC 转录因子 FaRIF 通过调控脱落酸生物合成和信号转导，促进草莓果实成熟。

NAC 转录因子调控果实成熟过程中的色素变化，如叶绿素降解、类胡萝卜素和花青素的合成与积累。在番茄果实中，NOR-like1 通过直接结合并激活 *SlSGR1* 和 *SlGgpps2* 基因的启动子，调控叶绿素的降解和类胡萝卜素的积累（图 2-5）；在木瓜果实中，CpNAC1 能通过激活 *CpPDSs* 基因的转录，正向调控类胡萝卜素的合成；在桃果实中，NAC 转录因子 BL 和 PpNAC1 通过形成异源二聚体的形式，激活 *PpMYB10.1* 基因的表达，调控花青素的合成和积累；在荔枝果实中，LcNAC13 对花青素生物合成相关基因 *LcCHS1/2*、*LcCHI*、*LcF3H*、*LcDFR* 和 *LcMYB1* 的表达具有负调控作用，并且 LcNAC13 与 LcR1MYB1 相互作用调控果实成熟过程中花青素的生物合成。

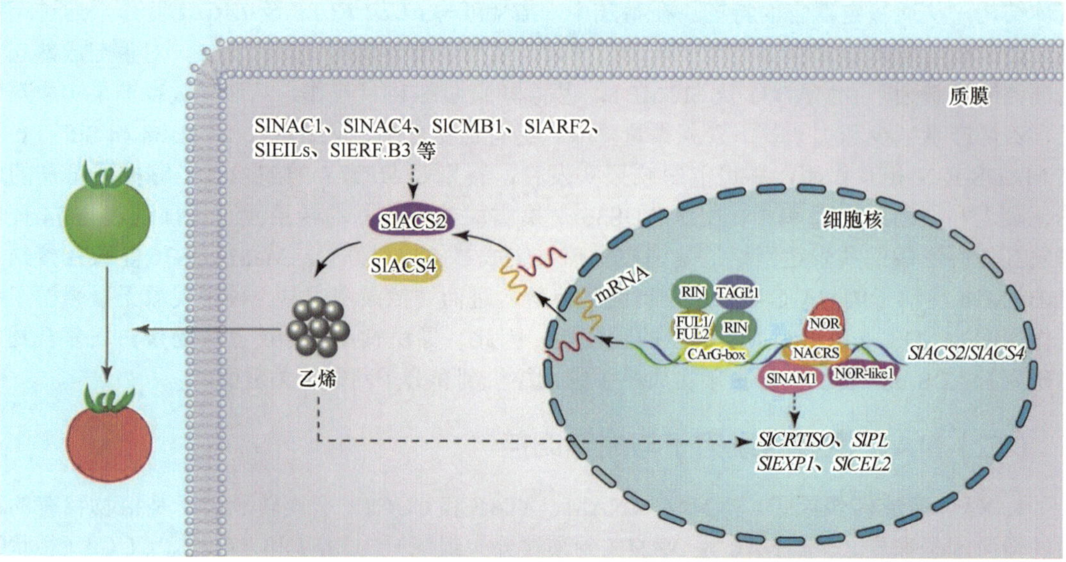

图 2-5　NAC 转录因子协同其他转录因子调控番茄果实成熟的模式图

NAC 转录因子调控果实的细胞壁代谢，导致果实成熟后软化。例如，番茄 NOR 和 NOR-like1 均能通过直接结合并激活细胞壁代谢相关基因 *SlPG2a*、*SlPL*、*SlCEL2* 和 *SlEXP1* 的启动子，促进番茄果实软化；草莓 NAC 转录因子 FaRIF 和 FcNAC1 通过调控果实细胞壁降解和修饰，导致果实软化。

除此之外，NAC 转录因子还参与果实成熟过程中碳水化合物、脂质、花青素、类黄酮、脂肪酸等营养物质的代谢等。例如，在番茄和桃果实中，NOR 的同源基因 *PpNAC1* 参与香味物质的合成调控。另外，NAC 转录因子还参与柿子果实脱涩过程。

（三）SPL 家族转录因子与成熟调控

1. SPL 家族转录因子　SQUAMOSA PROMOTER-BINDING PROTEIN-LIKE（SPL）作为植物中特有的一类转录因子，因结合到金鱼草花分生组织关键基因 *SQUAMOSA*（*AmSBP1* 和 *AmSBP2*）的启动子上而得名。SPL 家族蛋白包含一个由 80 个左右氨基酸残基组成的高度保守 DNA 结合结构域（DNA-binding domain，DBD），即 SBP 结构域，其含有两个锌指结构和一个核定位信号区域，其中 8 个保守的半胱氨酸和组氨酸残基的前 4 个 Cys-Cys-His-Cys 属于第一个锌指结构，后 4 个 Cys-Cys-Cys-His/Cys 属于第二个锌指结构。SBP 结构域与 DNA 的结合依赖于锌离子，若缺失锌离子，SBP 结构域无法与 DNA 结合。位于 C 端的核定位信号（NLS）则具有引导 SBP 蛋白进入细胞核，进而调控下游相关基因转录的作用。早期学者对拟南芥 SPL 家族蛋白靶基因的启动子序列分析，发现 SBP 结构域的保守结合序列为 TNCGTACAA。随后的研究表明，SBP 结构域可结合下游靶基因的启动子区域的 GTAC 基序。

2. SPL 转录因子家族调控果实成熟的分子机制　SPL 基因家族广泛存在于藻类、苔藓、裸子植物和被子植物等所有绿色植物中。研究发现，SPL 家族基因可调控植物胚胎发育、生殖发育阶段转变、间隔期长度、植物分枝、叶片发育、花和果实发育、花青素积累、顶端优势及赤霉素响应等生物与非生物胁迫反应。相比于 MADS-box 和 NAC 家族转录因子，对 SPL 家族调控果实成熟分子机制的认知还处于初始阶段。

在果实成熟调控中，番茄的 CNR 转录因子是 SPL 家族的重要成员，其调控果实的成熟机制一直受到关注。CNR 最早发现于天然突变体 *Cnr* 中，与野生型相比，*Cnr* 中编码 CNR 蛋白的 DNA 序列未发生改变，但在启动子区域，即 ATG 上游 2400bp 区间内，有一个 286bp 区域的胞嘧啶发生了高度甲基化。这种启动子的高度甲基化导致 *CNR* 无法被正常转录，从而使 *Cnr* 突变体的果实不能正常成熟，表现出果皮无番茄红素积累、无乙烯合成、果实硬度高等特性。其中 *Cnr* 中的聚半乳糖醛酸酶、果胶酯酶、葡聚糖酶和木葡聚糖内糖基转移酶等细胞壁降解相关酶基因表达量和酶活显著降低，使得 *Cnr* 在成熟过程中细胞壁的降解受到抑制。另外，*Cnr* 果实在发育过程中，乙烯合成量一直保持较低水平，即使在绿熟期用外源乙烯处理也无法促进果实成熟，表现出对乙烯脱敏。在类胡萝卜素积累方面，成熟的野生型番茄果实中类胡萝卜素含量升高，而成熟的 *Cnr* 果实的表皮为黄色，果肉为无色或白色。分析表明，*Cnr* 果实中的类胡萝卜素含量较低，且不含有番茄红素，其类胡萝卜素合成前体香叶基香叶基焦磷酸（GGPP）含量也显著低于野生型果实，说明 CNR 可能通过影响 GGPP 的形成，进而影响类胡萝卜素的合成。

利用不同转基因技术进一步明确了 CNR 对果实成熟的调控机制。VIGS 介导的 *CNR* 基因沉默结果表明，未注射部分果实可正常成熟，果实呈红色，而 *CNR* 沉默部分果实保持绿色，且硬度、相对导电性、可滴定酸度、叶绿素含量均较高，而花青素含量较低，但可溶性固形物含量则无显著性差异。此外，与野生型相比，RNAi 介导的 *CNR* 沉默后果实中乙烯合成相关基因的表达出现下调，说明 CNR 是一种果实成熟促进因子。但是，通过 CRISPR/Cas9 技术获得的 CNR 敲除突变体果实表现出轻微的成熟延迟，可正常转红，且有番茄红素的积累和乙烯的生成，并不决定果实成熟的起始。此外，CRISPR/Cas9 技术获得的 CNR 敲除突变体果实成熟后与天然突变体 *Cnr* 表型差异显著。因此，CNR 如何参与果实的成熟调控？*Cnr* 突变体除了启动子的高度甲基化，是否还存在其他的突变？都需要深入系统的研究。

CNR 作为果实中特有的转录因子，体外和体内的生化分析验证了其转录因子的特性和活性。体外凝胶阻滞实验发现 CNR 能够与 *SlAP2a* 的启动子区域结合，直接调控 *SlAP2a* 的转录与表达，并且受 SlAP2a 负反馈调控；CNR 可结合硝酸还原酶基因 *SlNR*（nitrate reductase）启动子并抑制其活性。CNR 可以与番茄的 SlSnRK1（snf1-related protein kinase 1）激酶互作，因此猜测在细胞质中，CNR 蛋白被 SlSnRK1（snf1-related protein kinase 1）磷酸化，磷酸化的 CNR 蛋白通过其特异性的核定位信号 $_{30}$KRKR$_{33}$ 从细胞质转运到细胞核。CNR 一旦进入细胞核，可能以依赖锌的方式与启动子结合，开启或关闭与细胞死亡和果实成熟相关的靶基因的表达（图 2-6）。

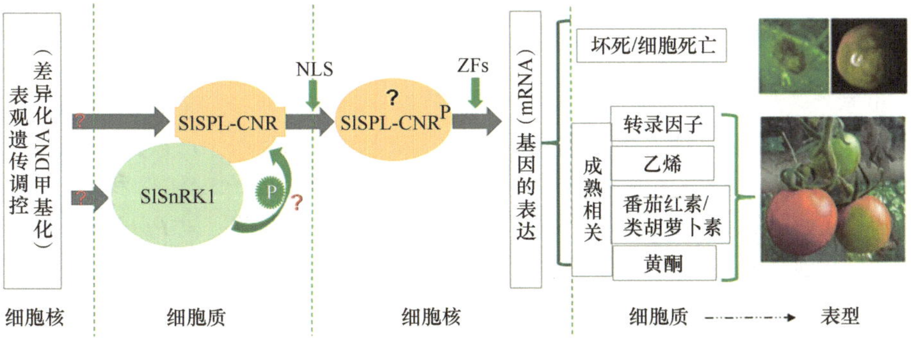

图 2-6　CNR 和 SlSnRK1 参与番茄细胞死亡和果实成熟调控

近年来，除番茄 SPL-CNR 外，不同果实中的 SPL 成员，如桃 PrupeSPL、木瓜 CpSPLs、香蕉 MaSPL16、蓝莓 VcSPL12 也被证明广泛参与果实成熟调控。木瓜 CpSBP1 直接靶向 *CpPDS4* 抑制其表达，进而调控类胡萝卜素的生物合成；香蕉 MaSPL16 能够直接结合番茄红素 β-环化酶基因 *MaLCYB1.1* 和 *MaLCYB1.2* 的启动子来激活 *MaLCYB1.1* 和 *MaLCYB1.2* 的转录，以促进果实外皮类胡萝卜素的生物合成；蓝莓 VcSPL12 通过 miR156a 调控果实成熟过程中叶绿素和花青素的动态变化。这些研究表明，果实中的 SPL 靶向不同色素合成或降解基因，进而影响其积累。此外，桃 *PrupeSPL* 基因家族与果实软化有关，鉴定出的 25 个 *PrupeSPL* 基因家族成员中，只有 *PrupeSPL1*、*PrupeSPL3*、*PrupeSPL4*、*PrupeSPL7*、*PrupeSPL8*、*PrupeSPL10*、*PrupeSPL14*、*PrupeSPL15*、*PrupeSPL16*、*PrupeSPL17* 和 *PrupeSPL19* 的表达量在果实成熟软化期上调，PrupeSPL16、PrupeSPL17 蛋白可以与乙烯合成基因 *PpACS2*、*PpACO1* 的启动子互作，进而影响果实的成熟软化。

（四）HD-Zip 家族转录因子与成熟调控

1. HD-Zip 家族转录因子　同源结构域亮氨酸拉链（homeodomain leucine zipper，HD-Zip）是植物特有的一类转录因子家族，广泛存在于从低等苔藓到高等植物的大部分植物中。*HD-Zip* 基因编码的蛋白质在 C 端具有同源结构域，由 60 个（或 61 个）高度保守的氨基酸残基组成，折叠成 3 个 α 螺旋，每两个 α 螺旋之间分别间隔了一个环和一个转角，形成典型的螺旋-环-螺旋-转角-螺旋的结构，在HD-Zip转录因子特异识别结合靶基因的过程中起重要作用。

HD-Zip 家族基因包含 4 个亚族（Ⅰ、Ⅱ、Ⅲ、Ⅳ），大部分 HD-Zip Ⅰ亚族蛋白约由 300 个氨基酸组成，分子质量约为 35kDa，在 HD-Zip 结构域中高度保守。HD-Zip Ⅱ亚族基因大小与 HD-Zip Ⅰ亚族类似，其除高度保守的 HD 和 LZ 结构域外，在 LZ 的下游（即 C 端）还有两个保守的半胱氨酸-脯氨酸-丝氨酸-半胱氨酸-谷氨酸（Cys-Pro-Ser-Cys-Glu，CPSCG）结构域。HD-Zip Ⅲ的 HD 和 LZ 结构域之间都插入了至少 4 个额外的氨基酸，还有一个与脂质转运相关的类固醇激素合成急性调节蛋白（steroidogenic acute regulatory protein related lipid transfer，START）结构域及一个毗邻的保守区域 SAD（START-adjacent domain），此 START 结构域高度保守。HD-Zip Ⅳ亚族结构与 HD-Zip Ⅲ亚族基本相同，包括 HD、LZ、START 和 SAD 结构域，但没有 MEKHLA 结构域，其最大的特征是 LZ 结构域中间有一个环结构。在拟南芥中发现 GLABRA2 蛋白后，HD-Zip Ⅳ亚族蛋白被称为 HD-Zip GL2（简称 GL2 家族）。4 类 HD-Zip 的 DNA 结合基序为：HD-Zip Ⅰ类，CAAT（A/T）ATTG；HD-Zip Ⅱ类，CAAT（C/G）ATTG；HD-Zip Ⅲ类，GTAAT（G/C）ATTAC；HD-Zip Ⅳ类，TAAA。

2. HD-Zip 家族转录因子调控果实成熟的分子机制　研究发现 HD-Zip 家族转录因子参与了果实的成熟调控。目前，在番茄、黄瓜、梨、香蕉、拟南芥、荔枝、甜樱桃、苹果等果实中均有报道。

HD-Zip 家族转录因子通过调控果实中的乙烯生物合成，参与果实成熟过程。番茄 HD-Zip Ⅰ类转录因子 LeHB1 能够结合乙烯合成关键酶基因 *LeACO1* 的启动子，调控 *LeACO1* 的表达，促进乙烯合成，进而影响果实成熟过程；荔枝中 HD-Zip 转录因子 LcHB2 和 LcHB3 能够直接调控乙烯和 ABA 生物合成相关基因的转录，参与果实脱落的调节；桃 *PpHB.G7* 是 HD-Zip Ⅱ类转录因子，该基因在桃果实成熟期的表达量显著高于发育期果实的表达量，且 *PpHB.G7* 能够影响乙烯合成相关基因的表达和乙烯含量。

HD-Zip 家族转录因子参与果实的色素合成调控。苹果中 HD-Zip Ⅰ类转录因子 MdHB1 调控果实成熟，*MdHB1* 沉默导致‘Granny Smith’品种的果肉中花青素积累，而其超表达则降低红肉苹果‘Ballerina’果肉中花青素的含量；*CaATHB-12* 沉默导致在低温胁迫下辣椒果实中类胡萝卜素含量增加。

（五）AP2/ERF 家族转录因子与成熟调控

1. AP2/ERF 家族转录因子 乙烯在植物体内合成后通过乙烯信号转导途径启动末端 AP2/ERF（APETALA2/ethylene response factor）转录因子的转录，参与调控植物生理反应，包括生长发育、生物胁迫和非生物胁迫。AP2/ERF 转录因子在植物中普遍存在，家族庞大，在拟南芥、水稻、葡萄、柑橘、土豆、番茄、香蕉、桃、苹果、黄瓜、西瓜、猕猴桃、枇杷、草莓等植物中均有报道。

AP2/ERF 转录因子是植物中最大的转录因子家族之一，它包含 60～70bp 的 AP2/ERF 结构域，可以分为三个亚家族：① AP2 家族，包括两个重复的 AP2/ERF 结构域；② ERF 家族，含有一个 AP2/ERF 结构域；③ RAV 家族，含有一个 AP2/ERF 结构域和一个 B3 结构域。ERF 转录因子通常可以与靶基因启动子区域中含有 11bp 的 GCC box（TAAGAGCCGCC）的 DNA 区域结合，启动其表达。近年的研究表明，ERF 转录因子也可与非 GCC box 元件结合。番茄转录因子 Pti4 属于 ERF 家族，通过转录组及 ChIP 分析，发现 Pti4 不仅能够与 GCC box 元件结合，也可与非 GCC box 元件结合。

2. AP2/ERF 转录因子调控果实成熟的分子机制 跃变型果实的成熟依赖乙烯，信号转导途径中 AP2/ERF 转录因子通过激活或抑制成熟相关靶基因的表达，直接调控果实的成熟过程，如乙烯合成、软化、色素积累等。AP2/ERF 以转录激活或者转录抑制的方式影响靶基因转录，如 LeERF1、MaERF9、MdERF1 和 MdERF3 具有转录激活活性，而 SlERF6、MaERF11 和 MdERF2 具有转录抑制活性。MaERF9 和 MaERF1 通过激活乙烯合成关键酶基因 *MaACO1* 和 *MaACS1* 的转录，促进苹果乙烯的产生，加速苹果果实成熟。在柑橘愈伤组织和番茄果实中，超表达柑橘 *CsERF061* 基因激活了类胡萝卜素途径关键基因的表达，增强了类胡萝卜素的积累，这些靶基因包括 *PSY1*、*PDS*、*CRTISO*、*LCYb1*、*BCH*、*ZEP*、*NCED3*、*CCD1* 和 *CCD4*。在番茄中，通过 RNAi 降低 *SlERF6* 基因的表达，提高果实成熟期间的类胡萝卜素和乙烯水平，表明 *SlERF6* 在番茄果实成熟过程中发挥了重要作用。AP2a 属于 AP2/ERF 转录因子，通过 RNAi 沉默 *AP2a* 基因的番茄果实产生更多的乙烯，加速了果实成熟和软化，同时，促进了类胡萝卜素积累。在番木瓜成熟过程中，作为抑制性转录因子 *CpERF9* 的表达逐渐降低，通过与细胞壁修饰基因（如 *CpPME1/2* 和 *CpPG5*）互作，参与调控番木瓜果实软化。ERF 还通过调控 ABA 的合成影响果实成熟，如桃 *PpeERF2* 通过抑制两个 ABA 生物合成基因（*PpeNCED2*、*PpeNCED3*）和一个细胞壁降解基因（*PpePG1*）的表达，调节桃果实成熟。

（六）ARF 家族转录因子与成熟调控

1. ARF 家族转录因子 生长素响应因子（auxin response factor，ARF）家族转录因子是生长素信号转导的关键因子，目前在多种植物中均有报道，如水稻、小麦、大麦、高粱、玉米、油菜、番茄、大豆、杨树、香蕉、柑橘、黄瓜、苹果、葡萄、桃、三月李、榴莲、甜瓜等。

ARF 蛋白主要由 3 个功能域组成：保守的 N 端 DNA 结合结构域（DNA-binding domain，DBD）、非保守的具有激活或抑制作用的中间区（middle region，MR）和保守的 C 端二聚化作用结构域（C-terminal dimerization domain，CTD），包含功能域Ⅲ和Ⅳ。其中 DBD 功能域参与了与靶基因启动子区域 AuxRE 元件的结合；MR 功能域的氨基酸序列决定了其激活或抑制活性。通常情况下，富含谷氨酸、亮氨酸、丝氨酸的多为激活子，而富含脯氨酸/甘氨酸、丝氨酸和苏氨酸的多为抑制子；C 端功能域可促使 ARF 生成二聚体，从而增加其对下游基因的调控作用。ARF 结合的 DNA 核心基序为 TGTC。

2. ARF 家族转录因子调控果实成熟的分子机制 ARF 在植物不同器官与不同发育时期表达，参与多种生理活动，如胚胎发育、叶片伸展与衰老、侧根生长、花器官发育与衰老、果实发育与成熟、种子发育、对外界胁迫响应等。生长素参与果实成熟过程，在许多果实中，外源生长素处理会改变果实的成熟进程，表明果实内源生长素在调节果实成熟能力方面发挥作用。生长素通过特定转录因子 ARF 激活或抑制成熟相关目标基因的表达，调控果实的成熟。

ARF 可以通过调控乙烯的生物合成而影响果实成熟。例如，在苹果中，MdARF5 与乙烯信号转导组件 MdERF2、乙烯合成途径中两个 ACC 合成酶基因（*MdACS3a* 和 *MdACS1*）和一个 ACC 氧化酶（ACO）基因（*MdACO1*）的启动子结合，促进苹果果实中大量乙烯生成，加速成熟进程；在番茄中，SlARF2 受外源乙烯和生长素处理诱导表达，RNAi-SlARF2 果实的乙烯合成减少，乙烯合成和信号转导相关基因显著下调，关键成熟调节因子 RIN、CNR、NOR 和 TAGL1 也显著下调，果实成熟被显著推迟，且乙烯单独处理也不能完全恢复其成熟表型；在番木瓜中，CpARF2 是受乙烯诱导的生长素反应因子，它与乙烯信号转录因子 CpEIL1 相互作用，增加 CpEIL1 介导的果实成熟相关基因 *CpACS1*、*CpACO1*、*CpXTH12* 和 *CpPE51* 的转录，促进果实成熟。

ARF 调控果实叶绿体的发育和叶绿素的合成，改善果实的光合作用能力，影响果实淀粉、可溶性糖的合成和积累。例如，番茄中 *SlARF6A* 和 *SlARF10* 正向调控叶绿体的发育和叶绿素合成，与对照果实相比，*SlARF6A* 和 *SlARF10* 超表达果实均呈现墨绿色，叶绿体增多，叶绿素、淀粉和可溶性糖含量增加；而沉默材料果实呈现浅绿色，叶绿体减少，叶绿素、淀粉和可溶性糖含量减少。但是，SlARF4 负向调控叶绿体的发育和叶绿素的合成。这些研究结果不仅为深入认知 ARF 在光合作用、糖积累和果实发育等方面的作用机制提供了新证据，也为利用基因工程来改善园艺作物果实营养提供了潜在的靶基因。

三、表观调控

近来，表观遗传在果蔬成熟调控中的作用也逐渐受到关注，研究显示它们可能与激素和转录因子协同发挥调控作用。表观遗传修饰包括 DNA 甲基化、RNA 甲基化、组蛋白修饰（如组蛋白乙酰基化和组蛋白甲基化）、染色质重塑和非编码 RNA 等。这些表观遗传修饰相互作用，共同决定了染色质状态，从而激活或抑制基因的表达。

（一）DNA 甲基化与成熟调控

1. DNA 甲基化 DNA 甲基化主要是指甲基基团在 DNA 甲基转移酶的作用下，共价结合至 DNA 分子胞嘧啶第 5 位碳原子上，形成 5-甲基胞嘧啶（5mC）的过程。不论是在哺乳动物还是在植物细胞中，DNA 甲基化都是一种在进化上保守的表观遗传修饰，在基因组稳定性和基因表达调控中发挥着极其重要的作用。植物 DNA 分子包含 CG、CHG 和 CHH（H 代表 A、C 或 T）三种甲基化修饰方式，其中，CG 和 CHG 位点的甲基化修饰是调控基因表达的主要形式。总体而言，植物 DNA 甲基化状态由 DNA 从头甲基化、DNA 甲基化维持、DNA 主动去甲基化和 DNA 被动去甲基化 4 个过程动态调控。在拟南芥中，DNA 从头甲基化由 RNA 指导的 DNA 甲基化（RdDM）途径介导，而 DNA 甲基化维持依赖于 DNA 甲基转移酶 1（MET1）、染色质甲基转移酶 2（CMT2）、CMT3 和 RdDM 途径完成。DNA 主动去甲基化由 ROS1 蛋白家族成员即 DNA 5mC 糖基化酶/裂解酶/去甲基化酶介导。5mC 在 ROS1 的催化下切除以后，DNA 通过碱基修复机制合成非甲基化胞嘧啶，从而去除 DNA 甲基化。植物中 DNA 被动去甲基化是在 DNA 甲基转移酶活性受到抑制或者甲基供体不足时，DNA 复制后不能维持原有胞嘧啶甲基化的过程。DNA 甲基化和 DNA 主动去甲基化过程相互拮抗，从而决定了植物的 DNA 甲基化状态。

2. DNA 甲基化调控成熟的分子机制 DNA 整体甲基化水平随着果蔬成熟发生动态改变，在成熟调控中发挥重要作用。早期研究发现，番茄成熟相关基因 *SAM* 和 *PG* 启动子区的 DNA 甲基化水平随成熟度升高而下降，并首次提出了果蔬成熟相关基因的表达可能受表观遗传调控的新观点。随后的研究证明了番茄果实基因组 DNA 整体甲基化水平在成熟过程中显著下降的现象。然而，受 DNA 甲基化检测技术的限制，早期研究并不能准确地描绘 DNA 甲基化的具体变化情况。随着高通量测序技术取得突破性进展，应用亚硫酸盐测序技术对番茄果实不同成熟阶段的 DNA 甲基化图谱进行分析，证实了番茄果实成熟过程中基因组 DNA 整体甲基化水平降低，鉴定到超过 50 000 个富集在基因区域的差异甲基化区域（DMR），并发现大多数甲基化位点及伴随成熟发生去甲基化的位点定位于转座子序列。值得注意的是，大量 DMR 或 DMR 附近区域位于调控成熟的关键转录因子 MADS-RIN 的结合位点，说明番茄果实成熟相关基因的表达与启动子去甲基化密切相关。同时，也表明转录因子和 DNA 甲基化协同调控果实成熟。近年来，伴随测序技术的发展，多种果实（草莓、柑橘、苹果、香蕉、梨、香瓜、木瓜、桃、黄瓜、葡萄和西瓜）基因组 DNA 甲基化图谱已经得以绘制，发现果实种类不同，DNA 整体甲基化水平的变化趋势存在差异。与番茄果实类似，草莓果实在成熟过程中同样经历了全基因组 DNA 的去甲基化，而苹果和梨果实在成熟中却没有去甲基化现象。相反，柑橘果实基因组 DNA 甲基化水平在成熟过程中呈上升趋势（图 2-7）。尽管 DNA 甲基化在不同种

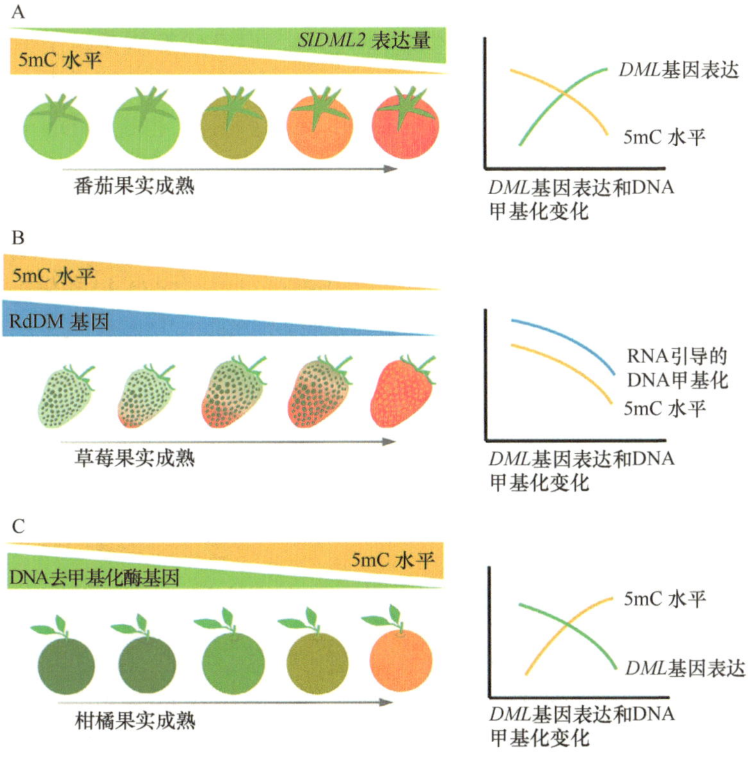

图 2-7 DNA 甲基化对果实成熟的调控作用（Chen et al.，2020）

A～C. 番茄、草莓、柑橘果实成熟过程中 DNA 甲基化的变化趋势。
SlDML2. 番茄 DNA 去甲基化酶 2；RdDM. RNA 指导的 DNA 甲基化

类果实中的变化趋势有所不同，但是在果实成熟调控中均发挥重要作用，影响 DNA 甲基化的变化将导致果实不能正常成熟。例如，利用 DNA 甲基化抑制剂（5-氮杂胞嘧啶核苷）处理未成熟番茄果实和草莓果实可诱导果实早熟，而处理柑橘果实则导致果实成熟延迟。不同种类果实成熟过程中 DNA 甲基化如何受到差异化调控值得深入研究。

番茄成熟突变体 *Cnr* 的鉴定及功能分析为揭示 DNA 甲基化调控果实成熟提供了重要依据。*CNR* 位点编码一个 squamosa promoter binding-like protein（SPL）蛋白。CNR-SPL 可协助 RIN-MADS 转录因子与下游靶基因启动子结合，进而调控果实成熟。在 *Cnr* 突变体中，*CNR-SPL* 基因启动子区的 286 个核苷酸发生了 DNA 超甲基化，影响了 *CNR-SPL* 基因的转录，从而导致果实不能正常成熟。近年来，研究发现关键等位基因的表观修饰变异可直接影响果蔬品质。在油棕榈果中，*EgDEF1* 基因与拟南芥 B 类 MADS-box 基因 *AP3* 同源，调控花和果实的正常发育。*EgDEF1* 基因第 5 个内含子中的 Karma 转座子发生低甲基化变异，可导致油棕榈果发生“mantled”畸形（mantled 表型），造成果皮产油量大幅下降。在番茄中，*VTE3* 基因编码 2-甲基-6-叶绿基-1,4-苯醌甲基转移酶，其是维生素 E 生物合成的关键酶之一。*VTE3* 启动子区可产生不同程度的 DNA 甲基化修饰，从而影响 *VTE3* 的转录活性和果实中维生素 E 的含量。在苹果和梨果实中，*MYB10* 启动子区的 DNA 超甲基化导致 *MYB10* 基因表达沉默，果实表皮花青素积累减少。这些研究结果表明，位点特异性 DNA 甲基化可影响基因表达，进而影响果实生理特性。

目前关于 DNA 甲基化调控果实成熟的分子机制主要围绕 DNA 甲基转移酶和 DNA 去甲基化酶展开。番茄 *SlDML2* 基因是拟南芥 *AtROS1* 的同源基因，编码了一个 DNA 去甲基化酶。*SlDML2* 的表达量在果实成熟过程中显著升高，敲除或敲减 *SlDML2* 可延迟果实成熟。SlDML2 参与调控类胡萝卜素合成、乙烯合成、乙烯信号转导，以及成熟相关转录因子基因的表达。DNA 甲基化图谱分析显示，*sldml2* 突变体中多个成熟相关基因的 DNA 甲基化程度显著升高，说明 *SlDML2* 对于成熟相关的 DNA 去甲基化至关重要。同时，也说明 DNA 主动去甲基化途径是番茄果实 DNA 去甲基化的重要方式。这些研究为阐明番茄果实成熟过程中 DNA 整体甲基化水平的降低机制提供了证据。在柑橘果实的 DNA 甲基化调控中，DNA 去甲基化酶也同样具有重要作用。研究揭示，柑橘果实成熟过程中 DNA 甲基化水平的增加可能与 DNA 去甲基化酶编码基因的表达量下降有关。除 DNA 主动去甲基化以外，DNA 甲基化途径也是调控果实 DNA 甲基化水平的重要方式。例如，草莓果实成熟过程中 DNA 甲基化水平的整体下降主要由 RdDM 途径介导的 DNA 从头甲基化调控，而与 DNA 去甲基化酶关系不大。相比之下，DNA 甲基化途径相关基因的功能更加广泛，在植物营养生长和生殖生长，以及果实发育等方面均发挥重要调控作用。在番茄中敲除 RdDM 途径中的重要基因 *SlNRPD1*，可导致番茄叶片、花和果实发育缺陷，而敲除 *SlNRPE1* 基因，可引起植株致死表型。此外，研究发现番茄 *SlMET1* 突变体在叶片发育和开花方面存在缺陷，且表现出单性结实特性。

（二）RNA 甲基化与成熟调控

1. RNA 甲基化　RNA 分子上存在多种甲基化修饰。其中，N^6 甲基腺嘌呤（m^6A），即 RNA 中腺嘌呤第 6 位氮原子上发生的甲基化修饰，是真核生物 mRNA 分子中最常见的转录后修饰。mRNA 的 m^6A 修饰通常出现在终止子附件和 3′ 非翻译区（3′ UTR），影响 mRNA 降解、翻译效率、可变剪切、3′ 端加工，以及细胞核运输等。m^6A 修饰是一个可逆的过程。在哺乳动物中，mRNA 的 m^6A 修饰由甲基转移酶复合体催化产生。甲基转移酶复合体包含甲基转移酶类似蛋白 3（METTL3）、METTL14 和 Wilms’ tumor 1-associating protein（WTAP）。m^6A 去甲基化则由去甲基化酶催化完成。去甲基化酶主要包括 ALKBH 家族蛋白 FTO 和 ALKBH5。目前，在拟南芥中已经鉴定到多个 m^6A 甲基转移酶复合物成员，包括 mRNA 腺嘌呤甲基转移酶 MTA（METTL3 同源基因）、MTB（METTL14 同源基因）、FIP37（WTAP 同源基因）、VIR 和 HAKI 等；鉴定到的 m^6A 去甲基化酶包括 ALKBH9B和 ALKBH10B。与 DNA 甲基化和组蛋白修饰相比，植物中 mRNA 的 m^6A 修饰在组装和去除的动态调控方式及关键调控组分方面的作用机制仍不甚清楚。

2. RNA 甲基化调控成熟的分子机制 关于 mRNA 的 m^6A 修饰在园艺作物中的功能研究尚处于起步阶段。最近，研究发现 m^6A 修饰广泛存在于番茄果实的 mRNA 中，并与 DNA 甲基化（5mC）存在内在关联性，协同调控果实成熟。该研究首先利用 LC-MS/MS 检测了番茄果实发育过程中 m^6A 甲基化整体的变化情况，以及野生型和成熟缺陷突变体 *Cnr* 果实中 m^6A 甲基化差异，发现与 DNA 甲基化类似，mRNA 的 m^6A 修饰在果实成熟过程中展现出动态变化趋势，m^6A 整体水平随着果实成熟逐渐下降。相应的，伴随着 *Cnr* 突变体中 DNA 甲基化的增强，mRNA 的 m^6A 整体水平也更高。利用 m^6A-seq 技术在全基因组水平比较果实不同成熟时期及野生型和 *Cnr* 突变体之间 m^6A 甲基组的差异，共鉴定到 9000 余个发生 m^6A 修饰的转录本，其中 m^6A 修饰水平发生差异的转录本超过 1000 个。鉴定到的 m^6A 修饰大多数分布在终止密码子附近和 3′ UTR 区域，并且主要发生在 UGUAYY（Y = A/G/U/C）基序上，与拟南芥中检测到的 m^6A 修饰位点高度相似。对 m^6A 甲基组和转录组进行关联分析发现，m^6A 修饰水平与基因表达之间呈明显负相关。m^6A 修饰发生差异的基因中，包含番茄果实成熟相关的重要基因，如 *Demeter-like DNA demethylase 2*（*SlDML2*）、*fruitfull 2*（*FUL2*）、*never-ripe*（*NR*）。进一步分析揭示 m^6A 去甲基化酶 SlALKBH2 在番茄果实的 m^6A 甲基化修饰中发挥重要作用，并参与果实成熟调控。SlALKBH2 蛋白能够结合 DNA 去甲基化酶基因 *SlDML2* 的 mRNA，调节其 m^6A 修饰，进而影响 *SlDML2* 的 mRNA 稳定性。值得注意的是，*SlALKBH2* 的基因表达受 DNA 甲基化调控。这些结果表明，DNA 甲基化与 RNA 甲基化这两种核酸修饰之间存在反馈调节，共同调控番茄果实成熟。

近来对草莓果实 m^6A 的功能研究发现，m^6A 修饰可调节 ABA 途径的重要成员，进而影响草莓果实成熟。m^6A 修饰在草莓果实成熟过程中呈现动态变化。与番茄果实类似，草莓果实中 m^6A 修饰可富集在终止密码子和 3′ UTR 区，且与基因表达呈负相关。而与番茄果实不同的是，草莓中 m^6A 修饰还可大量富集于编码区（CDS 区），该区域的 m^6A 修饰整体上与基因表达呈正相关。进一步研究显示，m^6A 修饰可提高 ABA 合成基因 *NCED5* 和信号转导基因 *AREB1* 的 mRNA 稳定性，并促进 ABA 信号转导基因 *ABAR* 的翻译效率。m^6A 甲基转移酶 MTA 和 MTB 在该过程中发挥重要作用，并正调控草莓果实成熟。值得一提的是，在番茄果实中，m^6A 修饰可调节 DNA 去甲基酶基因的稳定性，而在草莓果实中，DNA 去甲基酶基因却不受 m^6A 调控，说明 m^6A 修饰通过不同的方式影响跃变型番茄果实和非跃变型草莓果实的成熟（图 2-8）。

（三）非编码 RNA 与成熟调控

1. 非编码 RNA 非编码 RNA（ncRNA）是一类能够被转录但不能翻译成蛋白质的 RNA 分子，广泛存在于各种生物体中。在真核生物的基因组中，约有 90% 的基因可被转录，但仅有 1%～2% 的基因编码蛋白质。因此，真核生物转录组中绝大多数 RNA 分子属于 ncRNA。根据结构的不同，ncRNA 可分为小 RNA（sRNA）、长链非编码 RNA（lncRNA）和环状非编码 RNA（circRNA）（表 2-1）；根据功能的差异，ncRNA 又可分为看家型 ncRNA（house-keeping ncRNA）和调控型 ncRNA（regulatory ncRNA）。看家型 ncRNA 包括核糖体

图 2-8 RNA 甲基化对果实成熟的调控机制（Zhou et al.，2021）

SlALKBH2. 番茄 RNA 去甲基化酶；SlDML2. 番茄 DNA 去甲基化酶；MTA/MTB. 腺嘌呤甲基转移酶 A/ 腺嘌呤甲基转移酶 B；NCED5. 9-顺式环氧类胡萝卜素双加氧酶 5；ABAR/AREB1. ABA 受体 /ABA 响应元件结合蛋白

RNA（rRNA）、转运 RNA（tRNA）和小核 RNA（snRNA）等；调控型 ncRNA 包括 sRNA、lncRNA 和 circRNA。非编码 RNA 之间存在互作，能够共同调控靶基因的表达。sRNA、lncRNA 和 circRNA 形成的分子调控网络对植物生长和发育、果实成熟和品质形成，以及生物和非生物胁迫应答等发挥着重要的调控作用。

表 2-1 非编码 RNA 的分类和功能

种类	简称	长度	功能
小 RNA	sRNA	20～24 个核苷酸	抑制 mRNA 翻译或剪切，负调控基因表达
长链非编码 RNA	lncRNA	大于 200 个核苷酸	与 DNA、RNA 和蛋白质相互作用，影响 DNA 甲基化、组蛋白修饰和染色质重塑
环状非编码 RNA	circRNA	100～1000 个核苷酸	作为 miRNA 的“海绵”抑制其对 mRNA 的作用

2. 非编码 RNA 调控成熟的分子机制 microRNA（miRNA）和小干扰 RNA（small interfering RNA，siRNA）是两种主要的植物 sRNA 分子。其中，miRNA 是一类由 21～24 个核苷酸组成的含有茎环结构的非编码单链 RNA，它的前体（pri-miRNA）大多转录于蛋白质编码基因间的间隔区域。siRNA 则是一类长度为 20～24 个核苷酸的双链 RNA 分子，通常由内源基因组或外源 RNA（如病毒和转基因的转录本）引导产生的前体 RNA 分子加工而成。真核生物中，miRNA 和 siRNA 可借助 RNase Ⅲ核酸内切酶（如 Dicer）加工成熟，随后进入 RNA 诱导的沉默复合体（RISC），通过抑制 mRNA 翻译或剪切 mRNA 的方式在转录后水平负调控基因表达。sRNA 靶基因的鉴定和功能分析一直是生物学研究的热点和难点之一。在针对模式植物的研究中，关于 miRNA 的研究已经取得了重要进展。近年来，以组学为基础的 sRNA 研究逐渐在多种园艺作物（如番茄、柑橘、香蕉等）中开展。目前，已有部分重要的成熟相关 miRNA 的靶基因得到鉴定（图 2-9）。例如，番茄 miR172 的靶基因为成熟相关转录因子基因 *AP2a*，miR156 和 miR157 的靶基因为成熟相关转录因子基因 *CNR*，而 miR1917 的靶基因为乙烯信号组分 *CTR4* 基因。最近的研究表明，猕猴桃 Ade-miR164 可通过调控靶基因 *AdNAC6* 和 *AdNAC7*，从而影响果实成熟。

lncRNA 是一类长度大于 200 个核苷酸的 RNA 分子，通常具有 5′ 帽子结构和 3′ 多聚腺苷酸尾 [poly(A)] 结构，且可被剪切加工。lncRNA 主要通过 RNA 聚合酶Ⅱ（Pol Ⅱ）转录，也可

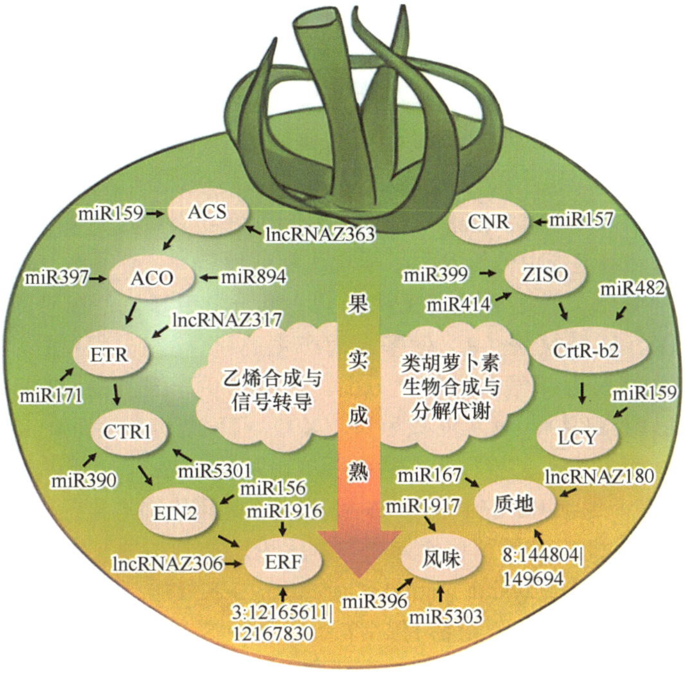

图 2-9　非编码 RNA 对果实成熟的调控机制（改自 Ma et al.，2020）

ACS. 1-氨基环丙烷-1-羧酸合酶；ACO. 1-氨基环丙烷-1-羧酸氧化酶；ETR. 乙烯受体；CTR1. 组成型三重反应蛋白；EIN2. 乙烯不敏感蛋白；ERF. 乙烯应答因子；CNR. 基因座编码的转录因子；ZISO. 15-顺式-ζ-胡萝卜素异构酶；CrtR-b2. β-胡萝卜素羟化酶；LCY. 番茄红素 β-环化酶

由 Pol Ⅲ和植物特异性 Pol Ⅴ催化合成。研究表明，蛋白质编码基因间的间隔区、启动子区、非翻译区和内含子区，以及蛋白质编码基因的反义链或与蛋白质编码基因相同启动子驱动的与蛋白质编码基因相重叠的区域都可产生 lncRNA。lncRNA 调控基因表达的方式具有多样性，可通过与 DNA、RNA 和蛋白质相互作用，从而影响 DNA 甲基化、组蛋白修饰和染色质重塑的方式，进而调控基因表达。随着二代测序技术的发展，lncRNA 已经在多种园艺作物中被鉴定到，包括番茄、草莓、柑橘、猕猴桃等（图 2-9）。目前，关于 lncRNA 的功能研究已成为生物学研究的热点和难点。但是，仅有少数果实成熟相关 lncRNA 的功能机制得到解析。在番茄果实中，lncRNA1459 和 lncRNA1840 可通过影响乙烯信号来调控果实成熟。在草莓果实中，FRILAIR 通过阻断 miR397 降解其靶基因（漆酶基因）的方式影响果实成熟。

与 sRNA 和 lncRNA 相比，关于植物 circRNA 的研究还处于起步阶段。circRNA 是一种环状 RNA，起源于蛋白质编码基因的外显子、内含子和基因间隔区域，通常在前体 mRNA 反向剪切中形成。circRNA 中含有大量 miRNA 结合位点，可作为 miRNA 的“海绵”抑制其作用，进而在基因表达调控、蛋白质互作及蛋白质编码基因的剪切等方面发挥功能。circRNA 在园艺作物中的功能少见报道，鉴定到的 circRNA 数量也较少。迄今为止，相关研究仅集中在番茄果实和沙棘果实中。

（四）组蛋白修饰与成熟调控

1. 组蛋白修饰　组蛋白是真核细胞中与 DNA 结合形成染色质的一类特殊蛋白质。组蛋白 N 端氨基酸残基可发生乙酰化、甲基化、磷酸化和泛素化等多种共价修饰。这些修饰主要发生在组蛋白 H3 和 H4 上，通过改变组蛋白与 DNA 链的结合能力从而影响 DNA 与相应调控蛋白的结合，因此，对基因表达起着调控作用。在植物中已鉴定到 12 种组蛋白修饰，其中组蛋白甲基化（如 H3K4me3 和 H3K27me3）和组蛋白乙酰化（如 H3K9ac）是目前研究最为深入的两种修饰。这两种组蛋白修饰能够激活或抑制特异基因的表达，在植物发育过程中发挥着广泛的调控作用。近年来，研究发现不同的组蛋白修饰因子（histone modifier）在果实中呈现出增强或特异性表达的趋势。果实形成初期（花到果实），基因表达调控与 H3K4me3 和 H3K9ac 密切相关。在成熟过程中，H3K27me3 修饰则是最为保守的限制成熟基因表达的修饰方式。总之，越来越多的证据表明组蛋白修饰参与了果实成熟调控。

2. 组蛋白甲基化修饰调控成熟的分子机制 组蛋白甲基化是指甲基基团共价结合到组蛋白 N 端赖氨酸（K）或精氨酸（R）残基上而产生的化学修饰。目前关于组蛋白甲基化修饰的研究主要集中在组蛋白赖氨酸甲基化方面。在植物中，组蛋白 H3 赖氨酸甲基化可发生在 H3 的第 4 位赖氨酸（K4）、第 9 位赖氨酸（K9）、第 27 位赖氨酸（K27）、第 36 位赖氨酸（K36）和第 79 位赖氨酸（K79）上，主要以单甲基化（me）、二甲基化（me2）或三甲基化（me3）的形式存在。通常 H3 的 K4、K36 和 K79 甲基化修饰与染色质开放状态和基因表达激活相关，而 H3 的 K9 和 K27 甲基化修饰则与基因表达抑制相关。组蛋白赖氨酸甲基化水平由赖氨酸甲基转移酶（histone lysine methyltransferase，HKMT）和去甲基化酶（histone lysine demethylase，HKDM）动态调控。植物 HKMT 蛋白属于 SET 结构域蛋白，包括 SU(VAR)3-9 蛋白、E(z)（Enhancer of zeste）蛋白、TRX 蛋白和 ASH1 蛋白 4 种类型。不同赖氨酸位点的甲基化修饰依赖于不同的 HKMT。组蛋白赖氨酸去甲基化酶主要包括两类，分别是赖氨酸特异性去甲基化酶（LSD1）和含 JmiC 结构域的去甲基化酶。

组蛋白甲基化修饰在果实成熟过程中发挥着重要作用。“果实 DNA 元件百科全书（ENCODE）计划”（fruitENCODE）分析了 13 种果实（11 种肉质型果实和 2 种干果型果实）在成熟过程中的 147 个组蛋白甲基化图谱，发现 H3K27me3 修饰是不同种类果实中最为保守的限制成熟基因表达的修饰方式。在叶片和未成熟果实中，H3K27me3 存在于乙烯生物合成基因或成熟调控基因（如 *ACS2* 和 *RIN*）对应的位点，抑制这些基因的表达。而在果实成熟起始时，H3K27me3 从这些位点去除，从而解除对基因表达的抑制作用，说明特异性去除 H3K27me3 修饰对于启动果实成熟必不可少。近期，研究人员综合利用比较转录组、DNA 甲基组和组蛋白修饰组，分析了番茄从花到果实形成初期的 DNA 甲基化和组蛋白修饰水平的变化，发现在这个过程中虽然 DNA 整体甲基化水平下降，但果实形成相关基因的 DNA 甲基化水平却没有发生显著变化。相反，果实形成相关基因的 H3K4me3 修饰发生了明显变化，说明组蛋白甲基化，尤其是 H3K4me3 对于果实形成至关重要。因此，在开花到果实形成过程中，组蛋白甲基化修饰发挥关键作用，而在果实成熟转变过程中，组蛋白甲基化和 DNA 甲基化修饰均发挥重要作用。然而，目前关于组蛋白修饰与 DNA 甲基化之间的协同调控机制，以及不同组蛋白修饰之间的关联性仍不清楚。

关于组蛋白甲基化调控机制的研究主要集中在具有甲基转移酶活性的多梳蛋白（PcG）和去甲基化酶方面。PcG 通常以蛋白复合体形式存在，目前研究较多的是多梳抑制复合体 1（PRC1）和多梳抑制复合体 2（PRC2）。PRC2 在动物和植物中具有高度保守性，能催化产生 H3K27me3 修饰；而 PRC1 在维持 H3K27me3 修饰及催化 H2A 产生单泛素化修饰方面发挥重要作用，同时也能够协同 PRC2 阻抑靶标基因的表达。在番茄中，PRC1 类似蛋白质可调控成熟相关基因在染色质上的 H3K27me3 水平，进而影响果实成熟。番茄 *SlEZ1* 和 *SlEZ2* 基因编码 PRC2 复合体中的 E(z) 蛋白，分别在花和果实中特异性表达。干扰 *SlEZ1* 基因表达可导致花发育异常，且果实内腔室数量增加。而敲除 *SlEZ2* 基因将致使果实中 H3K27me3 水平整体降低，果实形状、质地和色泽也发生相应改变（图 2-10）。SlMSI1 为 PRC2 复合物的另一个组分，其表达量在果实成熟过程中发生显著变化，该蛋白质可能通过抑制 *MADS-RIN* 基因表达的方式抑制果实成熟。随着越来越多成熟相关 PcG 蛋白质的鉴定，PRC2 与 PRC1 蛋白的组装机制及 PRC2 与 PRC1 协同调控果实成熟的作用机制也将逐渐浮出水面。番茄基因组中含有 25 个组蛋白去甲基化酶编码基因，其中 *SlJMJ6* 编码一个组蛋白赖氨酸去甲基化酶（histone lysine demethylase，HKDM），可特异性去除 H3K27me3 修饰甲基。过量表达 *SlJMJ6* 基因导致多个成熟相关基因（包括 *RIN*、*SlACS4*、*SlPL*）和 DNA 去甲基化酶基因 *SlDML2* 表达上调，从而加速番茄果实成熟。该研究也表明 H3K27me3 组蛋白甲基化修饰可与 DNA 甲基化协同调控果实成熟。

图 2-10　组蛋白乙酰化和甲基化对果实成熟的调控作用（改自 Tang et al.，2020）

SlHDT3，SlHDA1/SlHDA3. 番茄组蛋白脱乙酰化酶；SlEZ1/SlEZ2. 番茄 PRC2 复合体中的 E(z) 蛋白；H3K27me3. H3 组蛋白第 27 位赖氨酸的三甲基化修饰

3. 组蛋白乙酰化修饰调控成熟的分子机制　组蛋白乙酰化修饰是指将乙酰辅酶 A 的乙酰基转移至组蛋白 N 端赖氨酸（K）残基的过程。乙酰化修饰可以发生在 4 种组蛋白的特异性赖氨酸上，不仅与基因转录有关，而且影响 DNA 复制和修复。通常情况下，组蛋白 H3 和 H4 的乙酰化修饰与激活基因表达有关，而去乙酰化则抑制基因表达活性。组蛋白乙酰化修饰由组蛋白乙酰基转移酶（HAT）催化产生，并通过组蛋白脱乙酰化酶（HDAC）脱除。大多数 HAT 和 HDAC 具有较低的底物特异性，可以修饰和去除一种或多种组蛋白的多个赖氨酸位点上的乙酰基。目前关于组蛋白乙酰化修饰的研究主要集中在去乙酰化修饰方面。植物 HDAC 可分为 RPD3/HDA1、HDT 和 SIR2 三个亚家族。其中，RPD3/HDA1 类 HDAC 在真核生物界普遍存在，是 HDAC 家族中最大的一个亚家族，近年来一直是组蛋白乙酰化研究的热点。

组蛋白乙酰化修饰能够调控果实成熟相关基因的表达。研究人员在研究香蕉成熟负调控因子 MaERF11 的作用机制时，发现 MaERF11 靶基因（包括乙烯合成基因 *MaACO1* 和细胞壁软化基因 *MaEXP2*、*MaEXP7* 和 *MaEXP8*）的组蛋白乙酰化水平与其转录水平存在相关性。随着果实成熟，*MaACO1* 和 *MaEXP2*、*MaEXP7* 和 *MaEXP8* 表达增强，而这些基因位点上的组蛋白 H3 和 H4 乙酰化水平也呈现上升趋势。MaERF11 可能通过招募组蛋白去乙酰化酶 MaHDA1 的方式调控靶基因组蛋白乙酰化水平，从而在果实未成熟之前抑制成熟相关基因的表达。组蛋白乙酰化程度的特异性改变也可调控成熟过程中果实品质成分的产生。例如，在南果梨的一个芽变突变体（bud sport）中，转录因子 PuWRKY31 启动子区的组蛋白乙酰化水平显著高于母本。该变异导致芽变突变体中 *PuWRKY31* 基因的表达量升高，进而提高了下游靶基因 *PuSWEET15* 的表达量。*PuSWEET15* 基因编码一种蔗糖转运蛋白，它的大量表达促使芽变体果实中蔗糖含量显著高于母本。

在果实中，HDAC 的功能存在多样性。番茄中共鉴定到 14 个 HDAC，包括 9 个 PPD3/HDA1 亚家族蛋白（SlHDA1-9）、3 个 HDT 亚家族蛋白（SlHDT1-3）和 2 个 SIR2 亚家族蛋白（SIR1-2）。敲除 *SlHDT3* 基因导致番茄果实成熟延迟，类胡萝卜素积累减少。与此相反，敲除

SlHDA1 和 *SlHDA3* 基因致使番茄果实早熟和类胡萝卜素积累（图 2-10）。这些研究结果说明，HDAC 不同亚家族成员之间功能有所差异，通过调控不同成熟相关基因的组蛋白乙酰化水平精确调控果实成熟。此外，HDAC 可与其他调控蛋白形成复合体，从而特异性地调控靶基因的乙酰化水平。例如，黄瓜 *Short Fruit 2*（*SF2*）位点编码一个 HDAC 复合体（HDC1）类似物，负责引导 HDAC 与激素途径和细胞周期调控相关蛋白质结合，使相应基因位点发生组蛋白乙酰化修饰，从而激活或抑制它们的表达。*SF2* 作为隐性等位基因发生自然突变后，果实细胞增殖受阻，黄瓜果实不能正常伸长。寻找果实成熟特异性 HDAC 并解析 HDAC 复合体各组分蛋白质的功能，将是未来果实相关组蛋白乙酰化研究领域的研究重点。

展　望

果蔬成熟是一个由遗传、表观遗传和外界环境因子共同调控的复杂过程，在不同水平受到高度协同的网络调控。在该调控网络中，仍有大量未知因素需要进一步阐明。例如，①什么信号激发了果实的表观和激素水平的变化？②表观调控因子如何被特异性地招募到成熟相关结构基因或重要转录因子位点？③在果蔬成熟过程中，植物激素、转录调控因子和表观修饰之间的相互关系是什么？④成熟相关代谢产物的合成、积累和代谢过程是否存在表观修饰调控？其机制是什么？除 DNA 甲基化（m^5C）、RNA 甲基化（m^6A）以外，在基因组和基因组外遗传物质上尚存在多种化学修饰，如 DNA m^6A 修饰、RNA m^5C 修饰及组蛋白泛素化修饰等。表观修饰检测方法有待新的突破，尤其是在检测精度上还有待提高，特异位点表观修饰数据库的建立将有助于解析表观修饰的具体生物学功能。

第二节　衰老与调控机制

【学习目标】

1. 了解果蔬衰老的概念、变化规律及其与成熟的区别。
2. 了解果蔬衰老的遗传调控机制及环境调控机制。
3. 了解果蔬品质劣变的生物因素和非生物因素及其调控机制。

【主题词】 果蔬衰老；衰老变化规律；生理失调；呼吸代谢；能量代谢；活性氧；膜脂过氧化；品质劣变；衰老机制

果蔬衰老过程中，营养品质、细胞结构、代谢过程等将发生显著变化，原来饱满而鲜艳的果蔬将会暗淡无光，甚至出现褐变的现象；果蔬质地将会更加疏松；香气物质和糖酸物质的代谢紊乱还将导致果蔬出现不好的气味和索然无味的口感。成熟过程中果蔬所积累的良好理化状态，将在衰老过程中逐渐消失殆尽。果蔬衰老过程中外部表征的一系列变化受到遗传基因操纵，在细胞和代谢两个方面被一个复杂而有序的分子网络所调控。认识果蔬衰老变化规律，将有助于丰富人们对植物衰老过程的理解，同时也对研发延缓果蔬衰老的新技术具有重要意义。

一、衰老变化规律

成熟与衰老是果蔬必经且不可逆的两个连续的生命过程。成熟与衰老过程既有时空的延续性又有因果的必然性，二者之间的关系密不可分。然而，成熟是果蔬特有的生物学过程，衰老则是所有生物生命周期的必然经过。

（一）成熟与衰老

“成熟”是一个比较宽泛的概念，它可以细分为“生理成熟”和“完熟”两个过程。“生理成熟”又称“初熟”，是指到达生长发育末期，即将开启成熟阶段的状态。处于这一阶段的果蔬，其体积变化基本停止，同时果皮中叶绿素含量逐渐下降，但硬度仍然较高，一般不能够食用；果蔬内部组织细胞结构基本稳定，且积累了充足的养分物质，多数情况下种子此时已经发育成熟，满足了启动成熟的生理生化条件。由此可见，“生理成熟”是果蔬生长发育和成熟两个阶段的分界点。“完熟”顾名思义是指果蔬处于完全成熟的生物学状态。此时，大多种果蔬的外在特征，如色泽、质地、风味、香气等，相较于生理成熟阶段都会发生显著的变化。与此同时，果蔬内部的物质成分和能量代谢等特征也发生较大的改变。对于呼吸跃变型果蔬而言，完熟状态既可以在植株上也可以在贮藏条件下完成（后熟过程），而非呼吸跃变型果蔬则只能在植株上达到完熟状态。完熟的下一个阶段即衰老过程，所以完熟状态既是果蔬成熟的最后阶段，也是衰老的起始阶段。

“衰老”是果实在经历完熟状态之后，进一步发生的一系列品质劣变过程，直至最后凋亡和衰败。衰老也是果实生命过程的最后环节，此时果实的各项机能逐渐衰退，色泽暗淡，抗病性下降，直至组织细胞完全崩溃。果实的衰老过程由细胞内部有序且不可逆的生命事件启动，导致果实内部从合成代谢转向分解代谢，并最终使得细胞凋亡和组织解离。了解衰老过程发生的基本规律，并明确诱发衰老启动的关键性“事件”，成为果实衰老研究的重点。

（二）衰老的变化规律

1. 细胞结构变化 细胞壁是维持细胞形态的基础，也与果蔬质地关系密切。细胞壁包含三层结构：胞间层、初生壁和次生壁。其中，胞间层和初生壁与果实硬度关系最为紧密。果实成熟过程中细胞壁果胶物质逐渐溶解，导致细胞间结构疏松。与此同时，随着细胞体积的不断增加，细胞壁厚度下降，也进一步造成果实质地变软。进入衰老阶段以后，果实细胞壁胞间层液化，细胞结构逐步瓦解。随后，组成细胞壁的纤维解聚并分解。

细胞膜系统是细胞的基础结构，它既能够维持细胞内稳定的代谢环境，又能筛选和调控物质在细胞内外的进出。在衰老初期，细胞膜的透性增加，磷脂双分子层结构受损，果实细胞的通透性继续增加，最终造成细胞质泄漏和内外离子渗透压失衡。细胞膜结构的破坏也将导致膜相关催化酶的活性降低和多种关键物质转运通道的功能丧失。因此，细胞膜结构的退化也成为衰老早期的典型事件之一。进入衰老后期，细胞膜结构出现整体性破坏，细胞出现去区域化现象，最终导致完整细胞结构的彻底崩溃。

线粒体是细胞内能量合成的场所，也是细胞生命活动的动力基础。与其他细胞器相比，线粒体一般在衰老晚期才会彻底瓦解，仅次于细胞核与细胞膜。虽然线粒体的瓦解时序在衰老过程中处于较晚的阶段，但是大量研究发现其功能衰减却是衰老的早期事件之一。在衰老启动之后，线粒体数量和体积均发生显著变化，线粒体内外膜、嵴和基质等结构遭到破坏，线粒体内膜渗透性增加，导致细胞呼吸代谢受阻和 ATP 合成效率降低。

其他细胞结构在衰老过程中也会发生不可逆的损伤：内质网和高尔基体发生泡囊化，并随着衰老程度加剧而逐渐溶解和消失；细胞核结构退化，核内染色质凝集、断裂，最终导致细胞核破裂；质体（如叶绿体）分裂为小泡，逐步转移至蛋白酶体或液泡内降解消失；细胞质逐渐被增大的液泡包裹和消化。总之，细胞进入衰老后，整体细胞结构将发生显著变化（图 2-11）。

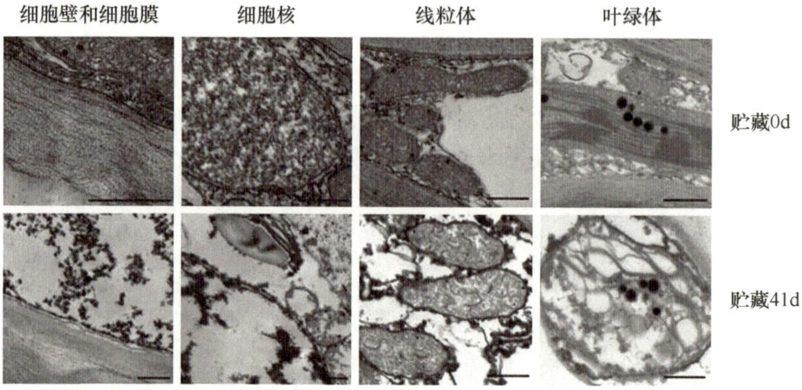

图 2-11　果实衰老过程中的细胞结构变化（改自 Vazquez-Hernandez et al.，2020）

比例尺长度为 1μm

2. 细胞能量代谢　果蔬衰老过程中，原来维持物质供给的光合作用基本消失，而呼吸作用成为最主要的代谢活动。呼吸代谢是果蔬在衰老过程中发生的重要生命活动，它产生的能量用以维持果蔬所有代谢活动的运转，同时也将果蔬中各大物质代谢途径紧密地联系在一起。但与此同时，呼吸作用也是一个巨大的物质消耗过程，在果蔬成熟过程中所积累的大量物质基础将在衰老过程中被体内的呼吸代谢逐步耗尽。在这个过程中，果蔬的品质发生不可逆的下降。总体而言，随着果蔬衰老程度的加大，细胞内合成代谢逐渐减弱，而水解过程不断增强。细胞内各类物质逐步由高分子量化合物向低分子量物质转化。例如，果实内淀粉水解为葡萄糖，蔗糖分解为葡萄糖和果糖。有报道显示，蔗糖降解对进一步诱导生物体衰老起着重要作用。细胞壁多糖组分降解产生木糖、半乳糖、阿拉伯糖、甘露酸和葡萄糖醛酸等单糖。细胞内有机酸（包括柠檬酸和苹果酸）也降解或转化为单糖。单糖是衰老过程中维持细胞呼吸代谢最直接的能源物质。此外，衰老还导致细胞内蛋白质、脂类和核酸等大分子物质发生降解，它们也为呼吸代谢提供最容易利用的底物分子。衰老导致蛋白质降解，同时使氨基酸代谢增强。脯氨酸等抗性氨基酸的积累对维持衰老细胞的功能至关重要。在衰老晚期，由于细胞能量供给不足，含有芳香族的氨基酸和脂肪酸类化合物还可分解为“失香”物质（如乙醛、乙酸乙酯），为呼吸代谢提供前体物质，维持衰老细胞的能量供应。

果蔬衰老过程中能量代谢发生明显变化。生物体中能量的直接利用形式是 ATP，它也被形象地称为生命体中的“能量货币”，在多种生理生化过程中均发挥着重要的作用。另外，ATP 与腺嘌呤核苷二磷酸（ADP）含量的比值（能荷，energy charge）也是衡量生物体内能量水平的另一个关键指标。能量代谢为物质代谢提供动力，是生命体维持正常活动的重要因素。因此，衰老过程也必定与果蔬内部的能量代谢有着千丝万缕的联系。果蔬衰老本身也是一个能量代谢失衡的过程。

ATP 含量的降低也被认为是导致细胞死亡的关键因素和重要特征。有报道显示，苹果果实的 ATP 含量在采后衰老过程中不断降低。此外，能量水平的降低还与荔枝果实的褐变程度呈负相关。采后梨果实中 ATP 含量的适当回补可以明显抑制组织细胞的衰老进度，延长果实的贮藏期。相似的结果也在荔枝果实的研究中得到佐证。外源 ATP 也能提高能量水平并明显延长香石竹花期。由此可见，能量亏缺既是果实衰老过程的典型特征，也是催动这一过程的重要因素之一。

能荷水平的高低也是衡量细胞衰老程度的生物学标志。当能荷比降低时，细胞 ATP 合成途径被激活，呼吸代谢增强，细胞加速衰老；当能荷比升高时，ATP 合成则减少，呼吸代谢减弱，细胞衰老过程也被延缓。研究发现，线粒体呼吸链解偶联剂 2,4-二硝基苯酚（DNP）可通过降低荔枝果实的能荷水平来加速果实衰老。相比而言，低温使荔枝果实保持较高的能荷水平。因此，低温贮藏可延缓荔枝采后衰老进程。此外，过氧化氢也可通过降低果实能荷水平和提高果实呼吸速率来加剧龙眼果实衰老褐变。

3. 活性氧代谢　衰老过程中，活性氧（ROS）代谢也发生着显著变化。ROS 是一类化学性质特别活泼的含氧的小分子化合物，主要包括 4 种类型：①超氧阴离子，由还原型生物分子的自氧化反应和电子传递过程中产生的渗漏单电子传递给氧分子所形成；②过氧化氢(H_2O_2)，由质膜氧化还原系统或超氧阴离子歧化反应而产生；③单线态氧，由非激发态的氧分子吸收能量后，一个不成对电子的自旋方向发生改变所形成；④羟自由基，由过氧化氢通过芬顿反应或超氧阴离子自由基通过哈勃-韦斯反应而产生。以有氧呼吸为生命活动基础的所有高等生物不可避免地在各种有氧代谢途径中产生 ROS。因此，在植物中富含电子传递链的细胞器如线粒体和叶绿体等，就成为 ROS 产生的重要场所。除产生 ROS 外，植物体内还具备一套完整的 ROS 清除系统，依据酶组分的有无，可划分为两种类型：①酶促抗氧化系统，包括超氧化物歧化酶（superoxide dismutase，SOD）、过氧化物酶（peroxidase，POD）、过氧化氢酶（catalase，CAT）、抗坏血酸过氧化物酶（ascorbate peroxidase，APX）、谷胱甘肽过氧化物酶（glutathione peroxidase，GPX）等；②非酶类抗氧化系统，包括抗坏血酸、谷胱甘肽、生育酚等，这些还原性化合物既可以直接参与抗氧化过程，又可以作为底物通过酶促反应介导 ROS 的清除。果实中 ROS 含量的变化正是通过调节产生与清除两个代谢系统之间的动态平衡来实现。

在果实衰老过程中，ROS 整体水平呈现升高的趋势。超氧阴离子和过氧化氢含量提高 2～3 倍，这一结果已经在番茄、猕猴桃、葡萄、桃、梨、枇杷和荔枝等果实中得到证实。ROS 清除系统的活性减弱可能是 ROS 含量急剧升高的主要原因。SOD 活性与梨和桃果实衰老进程呈负相关。APX 和 GPX 活性在猕猴桃、桃、龙眼、荔枝和黄瓜果实衰老过程中逐渐下降。此外，有报道显示还原性物质 AsA 和 GSH 含量在番茄、猕猴桃、梨、桃、龙眼、荔枝和黄瓜果实衰老过程中也表现出明显下调的现象。综上所述，ROS 含量在果实衰老过程中呈现出明显的变化特征，这一现象也预示着 ROS 在调控果实衰老过程中发挥着重要的作用。

4. 基因及蛋白质变化　果蔬衰老除在细胞结构和生理生化水平上发生变化外，在基因表达和蛋白质水平也呈现出独特的变化规律。基因表达的有序性和准确性是细胞维持结构和功能稳定的重要基础。在衰老过程中，DNA 分子会发生不可逆的损伤。研究发现，芦笋基因组 DNA 在采后衰老过程中出现严重的 DNA 损伤。而 DNA 断裂是细胞程序性死亡的标志，它使基因的转录和翻译过程受到严重影响，细胞将无法合成正确的蛋白质。DNA 碎片化现象在西蓝花采后衰老过程中也得到证实。此外，在果蔬衰老后期，呼吸作用使体内营养物质消耗殆尽，细胞内没有足够的底物和能量来维持正常的基因表达，造成核酸和蛋白质合成受阻，而仅有的核酸和蛋白质分子将作为呼吸代谢的底物被分解为小分子物质。研究发现，果蔬衰老的第一个可见特征体现在细胞内用以合成蛋白质的核糖体的数目显著减少。同时，蛋白质含量和 RNA 含量显著下降。

伴随着果蔬衰老，衰老相关基因（senescence-associated gene，SAG）的表达逐渐增强。这些基因编码叶绿素降解、激素应答、蛋白质水解、脂类/碳水化合物代谢，以及氧化还原、能量代谢和自噬等途径中发挥关键作用的蛋白质。例如，负责催化膜脂过氧化反应的脂氧合酶（lipoxygenase，LOX）是果蔬衰老过程中的关键酶之一，可特异性地催化具有顺，顺-1,4-戊二烯结构的不饱和脂肪酸的加氧反应。在磷脂酶的协同作用下，LOX 催化游离不饱和脂肪酸产生脂质过氧化自由基，作用于膜磷脂中结合态的不饱和脂肪酸，导致磷脂双分子层的破坏和质膜的透性增加，使细胞膜丧失分室效应，从而引起细胞代谢紊乱和机体衰老。此外，LOX 还可通过催化产生过氧化物自由基对细胞活性物质（如 DNA、RNA、蛋白质等生物大分子）造成伤害，加速细胞的死亡。

自噬相关基因（autophagy-related gene，ATG）在自噬途径介导的叶绿素降解过程中起着关键调控作用，是叶菜类蔬菜衰老的标志性基因。植物细胞的自噬作用可以分为巨自噬（macroautophagy）和微自噬（microautophagy）两种类型。巨自噬是指自噬体包裹细胞质组分和细胞器，随后与液泡膜发生融合并降解被吞噬物质的过程；微自噬则是指小部分细胞质和细胞器直接转移至液泡而被降解的过程。自噬体穿梭至液泡的过程依赖于 ATG 蛋白。ATG 蛋白可分为不同类型，依次负责自噬体组装、蛋白质结合和运输等功能，其表达受到衰老和不同胁迫因子的诱导。有报道显示，菜心 *BrATG5b*、*BrATG8e-1* 和 *BrATG8h-1* 基因在菜心采后衰老过程中表达量显著增强，预示着它们可能参与菜心衰老调控。

在衰老和环境胁迫下，蛋白质分子会发生不可逆的损伤（如蛋白质羰基化），使得蛋白质的固有结构及功能受到破坏。有报道显示，线粒体蛋白质的羰基化在桃和苹果果实衰老过程中呈现逐渐加剧的现象（图 2-12）。此外，由不同蛋白质水解酶催化的蛋白质降解过程也是衰老的重要特征。蛋白质水解酶主要分为半胱氨酸蛋白酶、丝氨酸蛋白酶、天冬氨酸蛋白酶和金属蛋白酶四大类。其中，半胱氨酸蛋白酶家族成员之一、由 *SAG12* 基因编码的组织蛋白酶（cathepsin），已被广泛用作衰老的标记性分子。研究发现，半胱氨酸蛋白酶编码基因（*SAG12*、*BoCP5*、LSC790 和 *LSC7*）及谷氨酰胺合成酶编码基因（*LSC460*）在西蓝花采后衰老过程中表达量显著上调，预示着它们可能参与衰老期间蛋白质降解和氨基酸循环利用等过程。

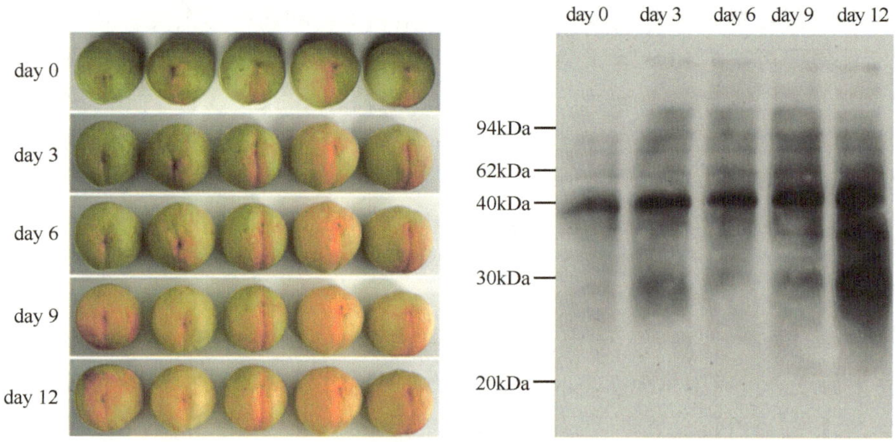

图 2-12　线粒体羰基化蛋白质随着果实衰老而逐渐增加（Qin et al.，2019）

day. 采后贮藏天数

二、衰老调控机制

果蔬衰老是一个复杂的生理生化过程，涉及内部物质和能量代谢的多水平变化。随着对果蔬生理过程变化规律认识的不断加深，研究者逐渐意识到果蔬衰老是一个有序的过程，由多因素共同调控，既包括植物激素和转录因子等内源因子的调控，也包括温度和气体成分等环境条件的影响，同时也涉及活性氧和病原菌等因素的调节。解析果蔬衰老调控网络及其分子机制，将为延缓果蔬产品衰老和维持采后品质的贮藏保鲜技术研发提供重要的理论依据。

（一）遗传调控

1. 基因表达调控 衰老是果蔬发育的最后一个阶段，受到植物激素和转录因子的调控，表现为品质合成相关基因表达减弱，而衰老相关基因表达增强。植物激素在果蔬衰老调控中发挥重要作用。一般认为，油菜素内酯（BL）、茉莉酸（JA）、乙烯、水杨酸（SA）和脱落酸（ABA）加速果蔬衰老，而细胞分裂素（CTK）、赤霉素（GA）和生长素则作用相反。近年来，转录因子对果蔬衰老过程的调控作用日益受到关注。研究发现，NAC、WRKY、MYB、AP2/ERF和Dof等多个转录因子家族调控衰老相关基因（包括叶绿素降解基因、蛋白质水解酶基因和核酸酶基因）的表达。其中，植物特异性转录因子NAC家族与细胞衰老过程紧密相关。有报道显示，约有1/3的NAC转录因子的活性受到衰老影响，它们能以单基因或基因模块的方式对衰老早期和晚期事件起着关键调控作用。近期，研究人员发现菜心BrNAC041、BrNAC055、BrNAC087和BrNAC092转录因子可正调控叶片衰老。在菜心衰老过程中，BrNAC055转录因子通过上调氧化酶基因（*BrRbohs*）和持绿性基因（*BrNYE1*、*BrNYC1*）的表达来加速活性氧产生和叶绿素降解；而BrNAC041转录因子则通过抑制GA生物合成基因（*BrKAO2*、*BrGA20ox2*）和ABA代谢基因（*BrCYP707A3*）的表达来促进ABA的积累。WRKY、MYB、AP2/ERF和Dof转录因子家族也是衰老调控的重要因子，它们通过激活或抑制下游衰老基因的表达来影响果蔬衰老。研究发现，MYB转录因子和Dof转录因子在菜心衰老过程中发挥重要作用。BrMYB108转录因子通过直接调控衰老相关自噬基因（*BrATG5b*、*BrATG8e-1*和*BrATG8h-1*）的表达来正调控菜心的采后衰老进程。BrDof2.4转录因子在菜心衰老中逐渐下调，导致与其结合并受其负调控的三个衰老相关蛋白酶基因（*BrAPM1*、*BrASPG2*、*BrSAG12*）上调表达，从而加快菜心衰老进程。

2. 蛋白质水平调控 蛋白质翻译后修饰（PTM）是在一个或多个氨基酸残基上加上修饰基团的过程，可改变蛋白质理化性质，从而影响蛋白质空间构象、活性状态、亚细胞定位和稳定性。根据修饰基团的不同，PTM可以分为磷酸化、甲基化、泛素化等修饰类型。果蔬在衰老过程中细胞内外环境有变化，尤其是活性氧（ROS）的大量积累，蛋白质氧化修饰（如羰基化、亚砜化、亚硝基化和谷胱甘肽化）成为果蔬衰老过程中蛋白质变化的重要特征之一。

正常生长条件下，活性氧通过对氧化还原敏感蛋白质（如含硫氨基酸的蛋白质）进行可逆氧化修饰来调控蛋白质的功能。例如，含硫氨基酸中甲硫氨酸极易被ROS氧化成甲硫氨酸亚砜（Met-SO），导致氨基酸结构改变和蛋白质功能受损。氧化后的甲硫氨酸亚砜则可被甲硫氨酸亚砜还原酶（Msr）还原，从而修复受损的蛋白质，使其恢复活性。目前，关于Msr家族蛋白在果实衰老调控中的作用已在番茄、荔枝、香蕉和猕猴桃果实中得到证实。研究发现，MsrA家族蛋白E4和SlMsrB2可以部分修复发生在番茄NOR转录因子甲硫氨酸残基上的氧化损伤，从而恢复NOR结合DNA的活性。在荔枝果实衰老过程中，*MsrA1*和*MsrB1*两个基因逐渐减少，使其底物荔枝钙调素蛋白（LcCaM1）的氧化速度加快，导致与 LcCaM1 互作的两个转录因子（LcWRKY1 和 LcNAC13）的 DNA 结合活性增强，从而间接调控了荔枝果实采后衰老基因的表达（图 2-13）。在香蕉果实后熟衰老中，MaCaM1 的亚砜化不仅增强了互作蛋白 MaHY5-1 转录因子对类胡萝卜素合成基因（*MaPSY2*）的转录抑制活性，而且降低了另一个互作蛋白过氧化氢酶（MaCAT1）的催化活性。

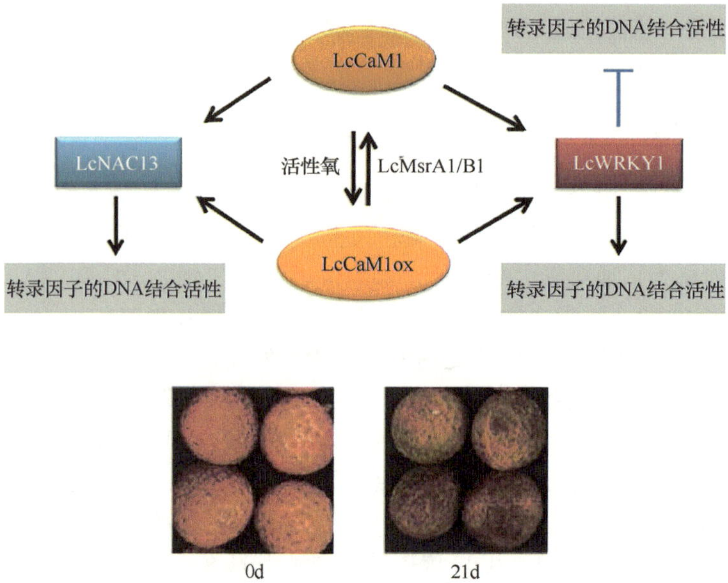

图 2-13　甲硫氨酸亚砜化对果实衰老的调控作用（Jiang et al.，2017）

LcCaM1ox. 氧化状态的荔枝钙调素蛋白；LcMsrA1/B1. 荔枝甲硫氨酸亚砜还原酶

在衰老状态下，细胞内 ROS 的过量积累将导致蛋白质发生不可逆的氧化修饰，造成蛋白质结构和功能的丧失，从而加速了细胞的衰老和死亡。甲硫氨酸亚砜在强氧化剂作用下可进一步转化为甲硫氨酸砜（Met-SO_2），不能够被 Msr 系统还原，造成蛋白质的不可逆氧化修饰。另外，蛋白质羰基化也是蛋白质的一种不可逆氧化修饰。蛋白质羰基化修饰是氨基酸侧链通过直接氧化或由脂质过氧化产物间接催化形成羰基化合物的过程。相比而言，组氨酸、精氨酸和赖氨酸残基更易发生羰基化修饰。羰基化蛋白质由于不能被细胞中的酶系统修复，且其含量随着细胞的衰老而增多。因此，目前已被广泛用作蛋白质氧化损伤的检测指标。研究人员在针对桃果实衰老过程中线粒体蛋白质氧化损伤的研究中发现，线粒体中羰基化蛋白质的数量随着果实衰老程度的加剧而逐渐累积。其中，位于线粒体外膜的孔蛋白（porin）的羰基化水平明显增加，导致其调控的线粒体跨膜电位发生异常，线粒体外膜渗透势增加，最终造成线粒体外膜破损和线粒体形态异常。此外，锰超氧化物歧化酶（MnSOD）、苹果酸脱氢酶（MDH）和顺乌头酸酶（ACO）羰基化程度也有所增加，导致它们清除活性氧的能力减弱，从而进一步加剧了果实衰老过程中细胞的氧化损伤。

（二）环境调控

1. 高温胁迫　在诸多环境因子中，温度是影响果蔬衰老的重要因素。低温贮藏和热处理也是果蔬采后保鲜中最易操作且被广泛应用于延缓果蔬衰老的方法。低温降低了果蔬生理代谢，减少了果蔬内部营养成分的损失，从而延缓了果蔬衰老进程。热处理是近年来发展起来的采后保鲜技术，通常采用 35～60℃热空气、热蒸汽或热水对采后果蔬进行处理，提高果蔬的耐贮性并保持品质。热处理在延缓果蔬衰老、改善果蔬品质、控制果蔬病害方面具有重要作用。然而，不适宜的热处理将造成高温伤害，不仅会直接破坏果蔬的细胞结构，而且会增强果蔬贮藏期间的呼吸作用，进而加速果蔬衰老。

细胞膜是感知温度变化的重要位置。相比于其他细胞结构，细胞膜对高温高热引起的胁迫更为敏感。高温胁迫会对细胞膜完整性造成伤害：一方面，高温使细胞质膜双分子磷脂层相变为液相，导致膜质透性增加；另一方面，高温诱导细胞产生大量氧自由基，将加剧膜质和膜蛋白质的氧化损伤，从而引发膜系统损伤。尽管短时高温胁迫下植物可激活体内活性氧清除系统，增强超氧化物歧化酶（SOD）、抗坏血酸过氧化物酶（APX）、过氧化氢酶（CAT）等抗氧化酶活性，并提高抗坏血酸和谷胱甘肽等抗氧化剂含量，但随着胁迫时间的延长，抗氧化活性下降，活性氧清除受阻，活性氧的大量积累将造成细胞的不可逆损伤。研究表明，高温胁迫下，外源调节物质可调节植物抗氧化系统，提高抗氧化酶活性和抗氧化剂含量，从而增强耐热性，延缓衰老。例如，抗坏血酸处理可提高苹果、猕猴桃果实的耐热性；钙离子处理增强叶用莴苣的耐热性；水杨酸处理可提高葡萄、蓝莓和苹果果实的耐热性。

此外，高温胁迫会导致叶绿素降解、叶绿体类囊体膜结构破坏、光合作用下降，使叶片组织失绿、黄化、萎蔫，从而加速叶菜类果蔬的衰老。然而，有报道显示，24℃以上的温度即会抑制香蕉果皮叶绿素降解基因的表达，使香蕉呈现出绿熟的现象，影响果实外观品质（图 2-14）。由此可见，高温对果蔬组织叶绿素代谢的调控机制可能有所不同。高温胁迫还会增强果蔬的呼吸作用和蒸腾作用，加速其内部营养物质的消耗和水分的蒸发，使果蔬发生失水萎蔫。

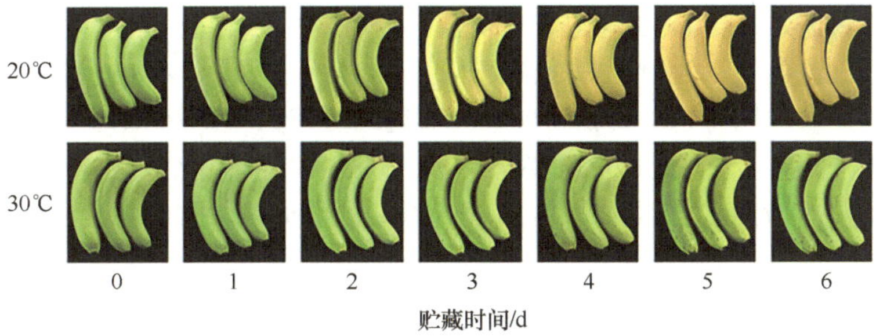

图 2-14　高温处理对香蕉果实色泽的影响（Wei et al.，2023）

2. 低氧或高氧伤害　果蔬采后具有旺盛的呼吸作用。果蔬如果长期堆积贮存或长时间置于塑料袋或包装盒中，极易造成周围环境中的氧气浓度偏低和二氧化碳浓度偏高。尤其是传统塑料薄膜自发气调包装（MAP），经常诱发果蔬局部缺氧伤害。相反，果蔬“高氧贮藏”技术虽在减少腐烂和提升贮藏品质方面发挥重要作用，但如果忽略了果蔬种类和贮藏环境，或是处理时间过长，则会导致高氧伤害，引起果蔬过早衰老。

低氧通常指贮藏环境中氧气浓度降至 1% 或更低的程度。短期低氧胁迫可以抑制果实呼吸作用和乙烯生物合成，减少氧自由基积累，减少膜脂过氧化的发生，从而延缓果实衰老进程。传统气调贮藏即利用适当的低氧和高二氧化碳环境来抑制果蔬后熟衰老，从而延长贮藏期。但是，如果贮藏环境长时间缺氧，果蔬将启动无氧呼吸，苹果酸脱氢酶、丙酮酸脱羧酶和糖酵解途径相关酶基因表达增强，导致果蔬内部乙醛和乙醇含量增加，影响果实风味和品质。研究发现，在氧气浓度低于 0.02% 时，樱桃果实贮藏 20d 后乙醇含量大增，果实风味迅速恶化。对低氧浓度较敏感的甜橙果实在 0.3% 超低氧条件下贮藏 30d 后，果皮和果汁中乙醇含量较普通冷藏果实高 83 倍。

高氧通常指贮藏环境中氧气浓度超出大气中的氧气浓度，即大于 20%。高氧对果蔬呼吸作用和乙烯合成的影响呈现浓度效应。一般来说，随着氧气浓度升高，果蔬呼吸强度增强。但是，当氧气浓度达到某一临界水平时，高氧反而会抑制果蔬呼吸强度。与此相似，高氧可刺激内源乙烯产生，但当氧气浓度高于一定水平时，则会抑制内源乙烯产生。研究发现，纯氧处理下的西葫芦和枇杷果实呼吸速率受到明显抑制。此外，短时高氧处理可诱导果实抗氧化系统，防止膜脂过氧化，保持膜结构和功能的稳定。高氧对果蔬的伤害也因果蔬种类、氧气浓度和处理时间等因素而有所不同。与低氧胁迫类似，长期高氧胁迫会抑制果蔬呼吸作用，增强无氧呼吸，从而引起生理失调，加快果蔬衰老。研究表明，'Gala'和'Smith'苹果在纯氧环境中贮存 3 个月后，果实内大量积累乙醇等无氧呼吸产物；草莓在 80% 氧气中贮存，其乙醛、乙醇和乙酸乙酯等异味物质的产生量高于传统低氧气调贮藏的果实。长时间高氧处理还可加剧激素诱导的果蔬生理失调。有研究表明，乙烯配合纯氧处理胡萝卜，相比于乙烯单独处理的胡萝卜，其苦味物质（如异香豆素）含量增加 5 倍。此外，高氧处理还会加速绿色蔬菜和非跃变型果实（如柑橘）的果皮叶绿素降解，加快跃变型果实转色及衰老进程，并引起组织褐变和生理失调。

（三）活性氧调控

各种胁迫条件将直接或间接地激发细胞内活性氧（ROS）的产生。低浓度 ROS 可作为一种非常重要的信号分子，参与植物气孔关闭、种子萌发及生物或非生物胁迫响应等生物学过程。植物体内具有一整套完整而精细的 ROS 代谢系统，使得正常情况下 ROS 的产生与清除处于动态平衡状态。但是，当 ROS 动态平衡遭到破坏后，ROS 将会对细胞结构和生理功能产生损伤，甚至造成细胞死亡。大量的研究证据显示，ROS 调控果实衰老过程。龙眼果实在 H_2O_2 处理后衰老进程加快，同时也出现褐变现象；而通过气调贮藏抑制 ROS 产生则可有效延缓猕猴桃果实的衰老。此外，通过比较不同番茄品种，发现果实抗氧化能力与其采后贮藏时间呈正相关，当 ROS 的产生量超过果实内部 ROS 清除系统的能力时，将会对果实品质和耐贮性产生重要影响。

ROS 诱导果实衰老的作用机制一直是采后生物学研究的重点，并且已经取得了重要进展。果实采后以呼吸代谢为主，伴随着超氧阴离子和 H_2O_2 的大量累积。衰老的"自由基假说"认为过高水平的 ROS 将造成蛋白质、核酸和脂类等生物大分子损坏，使其降解或失去生物活性，并表现为生物膜损伤、呼吸链紊乱和线粒体衰退等，最终导致细胞功能损伤。线粒体是细胞内 ROS 产生的主要场所之一。因此，在 ROS 氧化胁迫下，线粒体成为感受胁迫的第一道防线。研究发现，桃和苹果果实的线粒体蛋白质在衰老过程中发生显著变化。这些蛋白质的异常表达将导致线粒体膜电位改变、外膜破损，并最终引起线粒体功能障碍。

除线粒体蛋白质以外，线粒体 DNA 由于没有组蛋白的保护，直接暴露在 ROS 胁迫下，比核 DNA 更加容易受到 ROS 的攻击。线粒体 DNA 氧化损伤将使 DNA 发生突变，从而导致线粒体 DNA 编码的蛋白质发生功能上的改变。果实中线粒体 DNA 氧化损伤及其影响果实衰老的分子机制还鲜见报道，有待深入研究。

膜脂过氧化是 ROS 导致果实衰老的另一个重要原因。ROS 对生物膜系统中不饱和脂肪酸的氧化将诱发一系列自由基链式反应，形成脂质过氧化中间产物，最终产生丙二醛（MDA）。这些氧化中间产物将破坏生物膜的结构和功能，同时与蛋白质发生反应，使蛋白质功能发生改变。果实衰老过程中膜脂过氧化已得到广泛研究。研究发现，伴随着冬枣果实衰老，膜透性和

MDA 含量有所增加。相似的研究结果也在苹果和梨果实中得到证实。同时，研究发现，膜脂过氧化作用是果实衰老的重要因素。

此外，有证据显示 ROS 可能参与转录因子的调控网络，进而影响果实衰老过程。荔枝果实中的两个重要转录因子 LcNAC1 和 LcWRKY1 通过拮抗作用调控交替氧化酶（alternative oxidase，AOX）基因的表达，从而影响体内 ROS 水平的平衡，实现对果实衰老的调控。近期的研究发现，ROS 可直接介导番茄和香蕉果实中 NAC 类转录因子的甲硫氨酸氧化修饰，通过这种氧化修饰影响转录因子对下游靶基因的激活能力，进而调控果实的衰老过程。

作为植物中的重要信号分子，ROS 可通过 MAPK3/6 激活 MAPK 信号级联途径，从而影响基因的表达。叶绿体产生的ROS还能通过激活蛋白激酶GCN2的方式影响蛋白质翻译过程。有报道显示，ROS 可能与包括乙烯在内的植物激素的合成代谢密切相关。然而，ROS 的这些调控作用是否存在于果实衰老过程还有待进一步确认。由于 ROS 功能的多样性，其信号转导通路的解析一直是研究关注的热点。其中，ROS 信号转导途径中受体蛋白的鉴定尤为重要。近期，相关研究取得了重大突破性进展，在拟南芥中鉴定到位于细胞质膜上的质外体 ROS 受体蛋白 HPCA1，其功能的缺失直接导致 ROS 信号转导受阻，突变体对 ROS 不敏感。鉴于植物进化的保守性，在园艺类作物中也应存在 HPCA1 的同源蛋白，然而，这些受体蛋白在 ROS 调控果实衰老过程中发挥着怎样的作用，仍值得深入研究。

（四）病原菌侵染对衰老的调控

在果蔬衰老调控中，生物因子也是重要的调节因素。果蔬采后由于脱离了母体而抗性降低，非常容易感染多种病害。病原菌侵染在诱发果蔬衰老中发挥着重要作用。

某些病原真菌在侵染果蔬的过程中，除自身能够产生乙烯以外，同时也能诱导果蔬中乙烯含量的升高。乙烯在病原真菌诱导果蔬衰老过程中发挥关键作用。一方面，乙烯作为重要的植物激素，将加速果蔬的成熟和衰老。另一方面，乙烯可显著促进病菌菌丝生长，并增强病菌的致病力，而病害的扩展将加大乙烯的产生，进而加速果蔬衰老。病原真菌合成乙烯受到光照等环境条件的影响。在光照下，乙烯前体氨基环丙烷羧酸向乙烯的转化过程受到阻碍，因此，不产生或少量产生乙烯。果蔬采后的贮藏环境，如温度和光照等因素，不仅影响果蔬的自身衰老，同时也通过影响病原菌与果蔬的相互作用，从而调节果蔬的衰老进程。

研究发现，病原菌侵染除诱导果蔬产生乙烯以外，还诱发果蔬中 ROS 的产生，造成氧化胁迫，破坏细胞功能，从而加速果蔬衰老。果蔬在抵御病原菌侵染的过程中，涉及抗氧化蛋白的诱导表达和 ROS 清除系统的激活等抗性反应。此外，与乙烯的产生类似，病原菌侵染过程中，自身也分泌产生 ROS。这些 ROS 主要为超氧阴离子，来源于病原真菌细胞膜上的 NADPH 氧化酶复合物，受多个调控亚基调节。这类 ROS 对病原真菌细胞的形态建成、菌丝生长及致病力发挥着至关重要的作用。另外，ROS 在促进病菌致病力的同时，也加速果蔬衰老，而衰老又有利于病原菌的侵染。

除乙烯和 ROS 外，病原菌也可通过诱导果实中各种细胞壁水解酶的产生，进而促进果实衰老进程。通过组织化学分析、转录组及蛋白质组学研究，发现病原菌侵染诱导了果实中多聚半乳糖醛酸酶和扩展蛋白等衰老相关基因的表达，而这些基因在果实细胞壁的分解过程中发挥着重要作用。降低果实中这些基因的表达能够显著延缓果实细胞壁降解和果实衰老，并降低病原菌感染。病原菌感染还能够诱导果实中多种未知衰老相关基因的表达，鉴定这些基因的功能将为阐明病原菌诱发果实衰老的作用机制提供依据。

三、采后品质劣变

果蔬采后品质劣变是一个复杂的生理生化过程，与果蔬采后衰老进程有关，涉及一系列生物因素与非生物因素。近年来，随着研究技术的发展，许多引发果实劣变的生物因素与非生物因素及其调控机制得到了深入的解析，为深入认知果蔬采后防病与保鲜的协同调控机制提供了新视角。了解引起果蔬采后品质劣变的因素，以及采后抗性应答与互作机制，能有效避免果蔬在采收、贮藏、运输与销售过程中的不利因素，充分利用有利因素，以此来延缓品质劣变，延长果蔬的贮藏保鲜期和货架期。

（一）品质劣变特征

果蔬的色泽、风味和质地是消费者购买时首要关注的品质指标。在采后的贮、运、销过程中，由于果蔬自身的衰老和环境因素影响，品质常常出现不可逆的劣变。果蔬产品采后品质劣变主要表现为外观色泽变化和风味品质变化，以及质地劣变。

1. 外观色泽变化　不同果蔬产品都有各自成熟时的标志性颜色。色泽是感官评价果蔬质量的一个重要指标，在一定程度上反映其新鲜程度、成熟度和品质特征。因此，果蔬的色泽及其变化是评价果蔬品质的重要外观指标。

（1）黄化　果蔬在采后衰老过程中，叶绿素逐渐降解，产生黄化现象。黄化主要出现于叶菜类及花菜类蔬菜。叶菜类蔬菜的食用部分大多为光合作用的器官，其生理代谢活跃、表面积大、气孔分布多。因此，在采后极易失去光泽和饱满状态，叶绿素不断降解，出现叶片萎缩黄化的现象。例如，小青菜在常温贮藏4d左右，叶片边缘便会出现淡黄色，随着时间延长，叶绿素含量降低，叶片不断萎缩黄化，失去光泽及饱满状态，逐渐失去食用价值。芥兰在采后贮藏期间，叶片容易萎蔫，相对含水量下降，叶绿素含量不断减少，叶片颜色在采后期间逐渐由深绿色褪为黄色，并伴有棕褐色腐烂斑点，叶片老化明显（图2-15）。花菜类

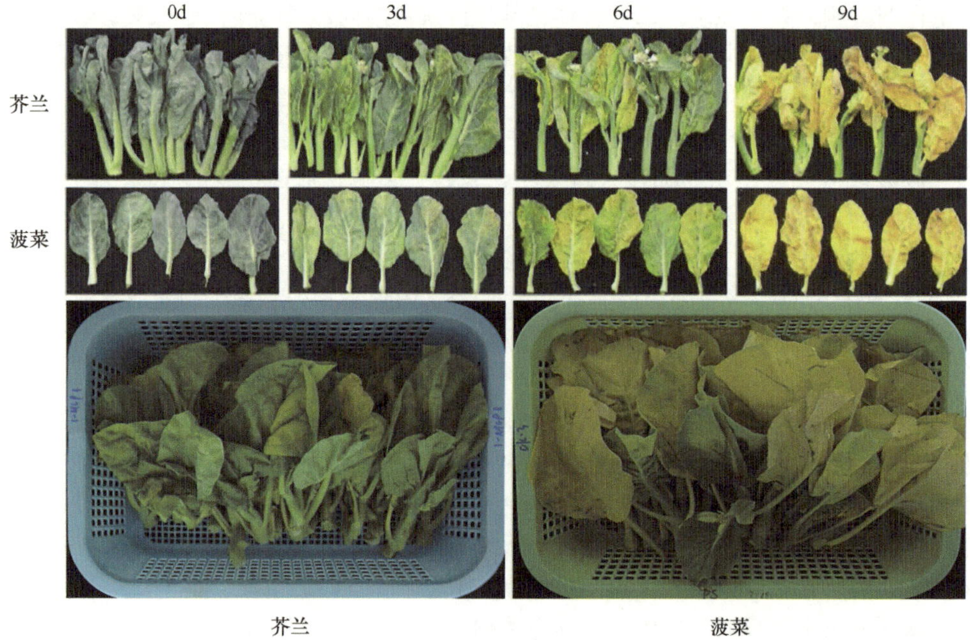

图2-15　芥兰和菠菜的黄化

蔬菜采后花球部位极易出现黄化现象。例如，西蓝花采后其花球代谢旺盛，容易失水萎蔫，花蕾褪绿转黄，花蕾膨大开花，并伴有营养成分损失，通常在常温下贮藏3～4d，花蕾部便开始转黄，品质降低。

果蔬采后衰老过程中，叶绿体的功能随贮存时间的延长而逐渐被降解，叶绿素的不断降解，使得绿色消失。此时，其他色素如胡萝卜素、叶黄素等逐渐显现，由绿色变为黄色，导致黄化发生。因此，叶绿素降解是果蔬采后褪绿黄化的主要原因。叶绿素主要由叶绿素a和叶绿素b组成，叶绿素的降解首先是叶绿素b在叶绿素b还原酶（non-yellow coloring，NYC）的作用下转化成叶绿素a。随后，叶绿素a转变为脱镁叶绿酸a（pheophorbide a，pheide a），该过程可能存在两条不同的途径。在果实中，叶绿素a首先经叶绿素酶（chlorophyllase，Chlase）的作用脱去植基，生成脱植基叶绿素a（chlorophyllide，Chlide a），而后在镁离子螯合酶（Mg-dechelatase，MDCase）的作用下生成脱镁叶绿酸a。在衰老叶片中，则以脱镁叶绿素a（pheophytin a，Phein a）为中间产物，在脱植基之前在MDCase作用下先除去镁离子，生成的脱镁叶绿素a则在脱镁叶绿素酶（pheophytinase，PPH）作用下除去植基，最后生成脱镁叶绿酸a。随后，脱镁叶绿酸a加氧酶（pheophorbide a oxygenase，PAO）与红色叶绿素代谢产物还原酶（red chlorophyll catabolite reductase，RCCR）协同作用，打开Pheide的卟啉环，并进一步还原为初级荧光叶绿素代谢物（primary fluorescent chlorophyll catabolite，pFCC）。最后，pFCC被修饰并转运到液泡中，并通过酸性pH异构化成非荧光产物。这一过程被称为“PAO途径”。目前，普遍认为PAO途径是叶绿素降解的主要途径（图2-16）。

植物叶绿素降解基因的表达受各种内外因子的共同调控。研究发现，植物激素和环境因子均可调控叶绿素降解过程。在拟南芥中，乙烯信号转录因子EIN3（ethylene-insensitive 3）和ORE1（oresara 1）直接激活拟南芥中的叶绿素降解关键基因，促进乙烯介导的褪绿过程。在柑橘果实中，乙烯响应因子ERF13（ethylene response factor 13）可直接结合叶绿素降解基因*PPH*的启动子，进而促进叶绿素降解过程。同样，与脱落酸（ABA）响应元件ABRE（ABA-responsive element）结合的转录因子ABF2/3/4（ABRE-binding protein），可转录激活拟南芥中的叶绿素降解关键基因*NYE1/2*、*NYC1*、*PAO*和衰老相关基因*SAG29*（senescence-associated gene 29），从而促进ABA介导的叶绿素降解和叶片衰老。ABA信号转导相关转录因子ABI5（ABA-insensitive 5）和EEL（ENHANCED EM LEVEL）通过与其启动子结合从而正向调节*NYE1*和*NYC1*的转录。NAC016作为拟南芥衰老相关NAC转录因子，可以直接结合*NYE1*的启动子，并提高其转录水平。突变体*nac016*表现出叶片滞绿表型；过表达*NAC016*后，叶片提前衰老变黄。有研究发现，*NAC*作为叶绿素降解的上游调控基因，可间接激活ABA生物合成基因*AAO3*，导致诱导衰老的激素ABA的增加，从而促进叶片衰老变黄。在水稻中，OsNAP介导ABA诱导的叶片黄化和衰老，调控叶绿素降解的过程。OsNAP可以直接结合*SGR1/NYC1/MYC3/RCCR1*的启动子，从而促进这些基因的表达。在茉莉酸（JA）降解叶绿素的研究中发现，JA诱导MYC3和MYC4（basic helix-loop-helix protein）等转录因子的表达，这些转录因子可直接结合*PAO*、*NYC1*和*NYE1*启动子中的G-box（CACGTG），促进这些叶绿素降解基因的表达，诱导叶绿素降解。*NAC019/055/072*作为MYC2/3/4的靶基因，可激活*NYE1*、*NYE2*和*NYC1*的表达；MYC2和ANAC019可相互作用，并协同增强拟南芥原生质体中NYE1的表达。另外，在光照调控植物叶片衰老和褪绿变黄的研究中，发现光敏色素相互作用因子（phytochrome-interacting factor）PIF4和PIF5均可以结合*ABI5*和*EEL*的启动子，提高它们的表达，特别是PIF4、PIF5、ABI5、EEL、EIN3均可通过直接结合其启动子，激活*ORE1*的表达。同时，ABI5和EEL可通过与启动子结合的方式，激活*NYE1*和*NYC1*，从而间

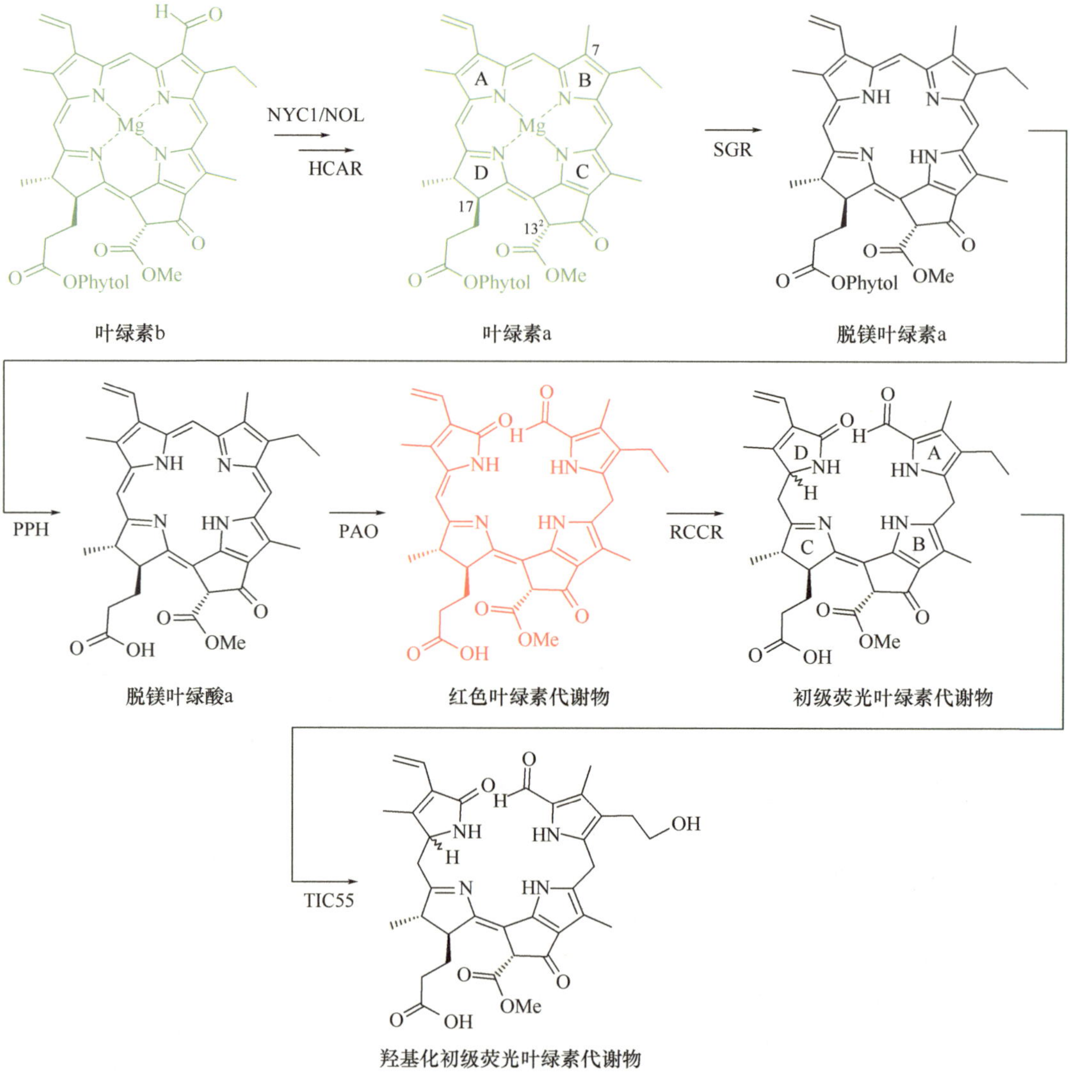

图 2-16　叶绿素降解的 PAO 途径（改自 Kuai et al.，2018）

NYC1/NOL. 叶绿素 b 还原酶；HCAR. 羟甲基叶绿素 a 还原酶；SGR. 滞绿基因

接地调控叶绿素降解过程。随后的研究发现，PIF4 还可直接结合 *NYE1* 的启动子，而 PIF5 则直接结合 *NYE1* 和 *NYC1* 的启动子，上调它们的转录水平。

（2）褐变　组织褐变是果蔬品质劣变的特征之一，也是果蔬采后贮藏加工过程中容易出现的普遍现象。许多热带、亚热带、温带水果，如油梨、香蕉、番石榴、荔枝、桃、李、杏、苹果、梨、葡萄等果实，在采后容易发生褐变。果蔬褐变的发生主要表现在表面和内部。桃果实在采后适宜的低温下产生冷害而出现果肉褐变，特别是近果心处症状更明显。苹果和梨在采后贮藏过程中极易产生虎斑病，其主要症状是果皮产生分散的、不规则的褐斑。香蕉在采后极易受环境温度影响而发生褐变，起初果皮出现褐色斑点，随着贮藏时间的延长，褐变面积不断扩大，丧失食用价值。枇杷采后在不适宜的低温下贮藏，其果心处会发生褐变，其症状随着贮藏时间延长加重。鸭梨采后的褐变主要出现在果心，称为“黑心病”，失去食用价值（图 2-17）。

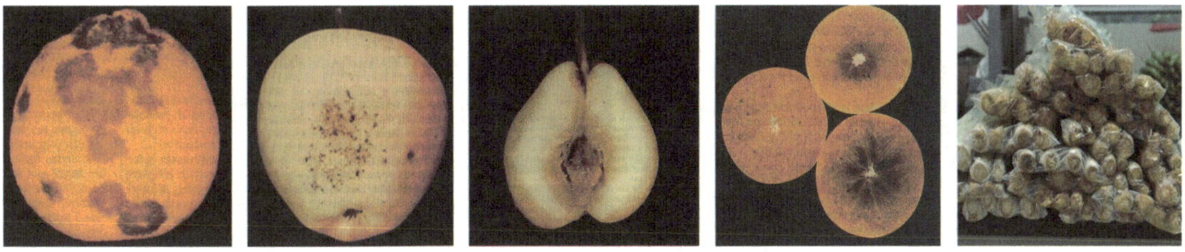

图 2-17 果蔬的褐变症状

果蔬采后褐变受各种转录因子的调控。例如，NnERF5、NnNAC1 和 NnNAC3 在鲜切莲藕褐变过程中起关键作用，NnERF5 与 NnPAL1，NnNAC1 与 NnPPOA，NnNAC3 与 NnPOD2 之间均有较高的相关性。在南国梨果实中，PuMYB21 和 PuMYB54 能通过直接与下游结构基因 *PuPLD* 结合，参与膜脂代谢，调控低温诱导的南国梨果皮褐变。在柑橘中，*CsNAC* 基因在发生褐变的柑橘果皮中的表达水平比在未褐变果皮中高，表明它可能参与了柑橘果皮的褐变。苹果中的 *MdPPO* 基因与 MdMYBS3 及 MdbHLH30 相互作用，调控苹果的褐变过程，过表达 *MYB10* 会导致苹果内部褐变的发生。在丝瓜中，氧化胁迫的转录因子 LcWRKY1、LcWRKY2 和 LcWRKY3 在严重褐变的丝瓜中显著上调，表明其参与了丝瓜果实的采后褐变过程。研究表明，在核桃褐变和木奈褐变过程中，WRKY 转录因子发挥重要的调控作用。转录因子通过与蛋白质互作、调控相关基因表达等不同方式来调控果蔬褐变过程，说明果蔬褐变是一个受多基因、多信号途径调控的复杂分子网络。

2. 风味品质变化 风味是果蔬产品重要的品质指标，果蔬因其独特的风味而备受人们的青睐。不同果蔬所含风味物质的种类和数量各不相同，风味各异。果蔬的风味主要包括香气、甜味、酸味等。

（1）异味产生 果蔬采后随着贮藏时间的延长，所含的风味物质不断分解，其含量不断降低，导致果蔬香气减弱。另外，果蔬采后呼吸代谢旺盛，特别是在低氧条件下，会进行无氧呼吸，消耗大量的营养物质，同时产生大量的乙醛、乙醇和乳酸等挥发性物质，这些物质的大量积聚，使得果蔬产生异味，同时也损害果蔬的组织，使其品质变劣。部分水果，如猕猴桃、柑橘、杨梅等果实，在采后贮藏过程中，乙醛和乙醇逐渐积累，果实产生异味，影响风味品质。

果实乙醛和乙醇的生理代谢主要通过糖酵解途径或乙醇发酵途径进行。果实采后贮藏环境中的氧浓度低于果实所需氧气的最低阈值时，极易产生无氧呼吸，进入发酵代谢，造成乙醛和乙醇积累，产生异味。当氧气充足时，植物细胞可通过三种生化途径以 ATP 的形式产生能量：糖酵解、柠檬酸循环和电子传递链。然而，在缺氧条件下，线粒体中的柠檬酸循环和电子传递链受到抑制，糖酵解成为合成ATP的唯一途径，该过程在细胞溶胶中进行。厌氧条件下，糖酵解的产物丙酮酸在丙酮酸脱羧酶（pyruvate decarboxylase，PDC）的作用下裂解为乙醛和二氧化碳。在醇脱氢酶（alcoholdehydrogenase，ADH）的作用下，乙醛还原成乙醇。同时，NADH 转化为 NAD，并释放出能量。ADH 和 PDC 在乙醇、乙醛代谢过程中扮演了十分重要的角色。

乙烯可通过调节相关酶活性，在果蔬采后风味的调控中发挥重要作用。乙烯主要通过调控果实中 *LOX* 基因家族，如 *TomloxA*、*TomloxB*、*TomloxC*、*TomloxD* 和 *TomloxE* 等，影响其香气成分。其中 *TomloxA*、*TomloxB* 和 *TomloxC* 编码参与果实芳香物质的合成，在转录水平上受乙烯调控。此外，乙烯可能在翻译阶段调控 LOX 活性。除了 LOX 酶受乙烯调控，AAT 活性也受乙烯影响，在苹果和甜瓜的调控研究中发现，调控果实中 AAT 的活性，可促进芳香物质的合成。从甜瓜中分离出 2 种 *ADH* 基因，即 *Cm-ADH1* 和 *Cm-ADH2*，研究发现 ADH 影响果实的直链代谢，乙烯通过调控 *Cm-AAT1* 和 *Cm-AAT2* 基因的表达，影响果实中酯类物质的合成，从而影响果实的风味物质。

（2）糖酸变化　　糖和酸是果实重要的风味物质。糖作为果蔬采后主要的呼吸底物，在贮藏中会被不断消耗而含量降低，导致果蔬风味变淡。果蔬在贮藏期间含糖量变化受呼吸、淀粉水解和组织失水程度这三个因素的影响。例如，番茄采后贮藏一段时间后葡萄糖、果糖、蔗糖含量均下降。甜瓜经长期贮藏含糖量也明显下降，同时，各类糖的比例也会发生变化。

另外，有机酸也可作为呼吸底物在果实采后贮藏过程中被消耗，使果实酸味逐渐变淡。在贮藏中有机酸下降的速度比糖还快，且温度越高有机酸的消耗也越多。果实采后糖酸比会短暂增加，随贮藏时间延长，糖、酸的含量均减少，果实风味变淡。例如，荔枝在采后贮藏过程中总糖、蔗糖含量依次减少，还原糖含量短暂增加后也不断减少，有机酸含量不断降低，导致其在贮藏后期寡淡无味，严重影响其食用价值及商品价值。

糖代谢是果蔬采后品质劣变的重要过程。果蔬中的可溶性糖主要是指蔗糖、果糖和葡萄糖及山梨醇，采后糖含量下降主要是可溶性糖的降解过程（图 2-18）。山梨醇在山梨醇转运蛋白（SOT）的作用下进入果肉细胞，并在山梨醇脱氢酶（SDH）的作用下转化为果糖，进入果糖代谢途径。果实细胞间隙的蔗糖，一部分在蔗糖转运蛋白（SUT）的作用下进入果肉细胞；另一部分则在细胞壁不溶性酸性转化酶（cw-AI）的作用下转化为果糖和葡萄糖。随后，果糖和葡萄糖被己糖转运蛋白（HT）转入果肉细胞的细胞质，进入己糖（主要指果糖和葡萄糖）代谢途径。在果肉的细胞质中，蔗糖可由中性转化酶（NINV）转化为果糖和葡萄糖，或由蔗糖合酶（SS）转化为果糖和 UDP-葡萄糖（UDPG）。产生的果糖和葡萄糖，进入己糖代谢途径。己糖代谢是山梨醇和蔗糖等光合产物进入果肉细胞参与代谢过程的基础。葡萄糖在己糖激酶

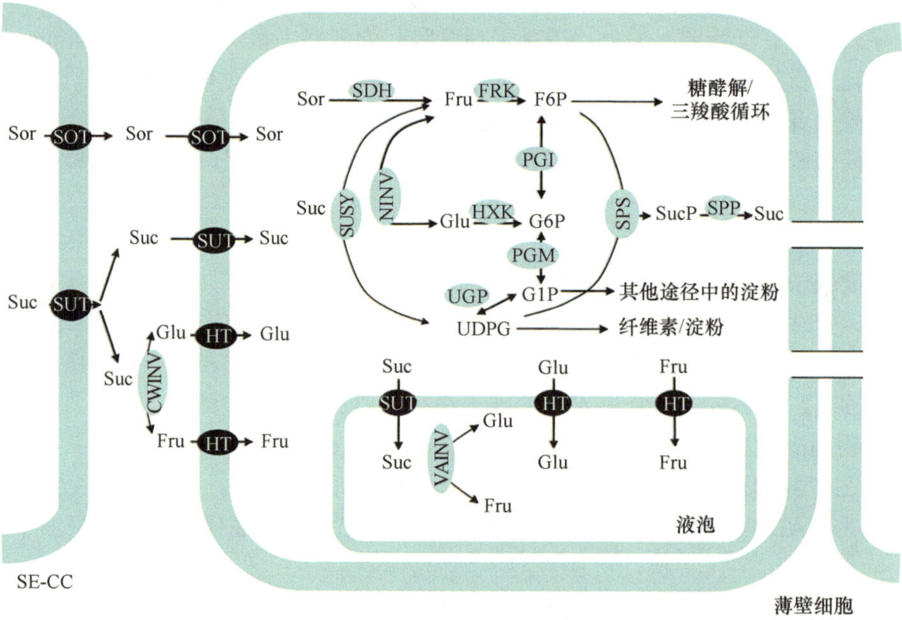

图 2-18　果实中糖代谢的示意图（Li et al.，2012）

SUSY. 蔗糖合酶；NINV. 中性转化酶；VAINV. 液泡酸性转化酶；CWINV. 细胞壁酸性转化酶；FRK. 果糖激酶；UGP. 尿苷二磷酸葡萄糖焦磷酸化酶；PGM. 葡萄糖磷酸变位酶；SPS. 蔗糖-6-磷酸合成酶；SPP. 蔗糖磷酸磷酸酶；Sor. 山梨醇；Suc. 蔗糖；Fru. 果糖；Glu. 葡萄糖

（HXK）的催化下，磷酸化为葡萄糖-6-磷酸。然后，在磷酸葡糖异构酶（PGI）的作用下，转化为果糖-6-磷酸；果糖激酶（FRK）直接将果糖磷酸化为果糖-6-磷酸。己糖代谢过程中产生的果糖-6-磷酸随后进入糖酵解途径。在该途径中，果糖-6-磷酸被果糖-6-磷酸激酶（PFK）转化为果糖-1,6-二磷酸或进入三羧酸循环，为其他生物学过程提供能量和所需中间产物。

果实有机酸的代谢是一个复杂的生理过程，主要包括苹果酸代谢和柠檬酸代谢，受各种代谢酶的综合调控（图 1-6）。在磷酸烯醇丙酮酸羧化酶（PEPC）的催化下，磷酸烯醇丙酮酸（PEP）形成草酰乙酸（OAA）和其他的无机盐；OAA 在苹果酸脱氢酶（MDH）作用下，产生苹果酸（malate）。草酰乙酸和苹果酸进入三羧酸循环（TAC），生成柠檬酸（citrate）和其他代谢产物。在柠檬酸合酶（CS）催化下，OAA 与 PEP 转化生成的乙酰辅酶 A（Ac-CoA）结合，形成柠檬酸。随后，柠檬酸进入细胞质并在 H^+泵主动运输载体的协助下进入液泡中积累，该过程需要消耗 ATP。为了避免液泡被碱化，柠檬酸在液泡内积累过高时，可从液泡中输出到细胞质，并在细胞质顺乌头酸酶（Cyt-ACO）和 Fe^{3+} 的作用下生成异柠檬酸。异柠檬酸不稳定，在异柠檬酸脱氢酶（NADP-IDH）的催化作用下生成 α-酮戊二酸和二氧化碳。其中，MDH、ACO 分别是苹果酸和柠檬酸降解过程的关键酶。

大量研究表明，通过影响糖酸代谢和糖酸转运相关基因的表达，多个转录因子在调节糖酸含量中发挥重要作用。在番茄果实中，过表达转录因子 SlAREB1 可提高线粒体柠檬酸合成酶基因（*SlmCS*）的表达，导致柠檬酸和苹果酸含量增加，而过表达 *SlDREB* 则显著增加有机酸含量。在柑橘果实中，CitERF13 直接调控质子泵基因 *CitVHA-c4* 的表达，影响柠檬酸的积累。在苹果中，MdMYB1/10 结合并激活质子泵基因 *MdVHA-B1*、*MdVHA-B2*、*MdVHA-E2*、*MdVHP1* 的表达，加速苹果酸在液泡中的积累。MdClbHLH1 结合 MdMYB73 并增强其对质子泵基因 *MdVHA-A*、*MdVHP1* 和 *MdALMT9* 的调控以酸化果实液泡，而响应硝酸盐的 MdBT2 蛋白，能够泛素化降解 MdClbHLH1 蛋白。当 *MdBT2* 沉默后，苹果愈伤组织中苹果酸含量明显上调。胞质中苹果酸脱氢酶基因 *MdcyMDH* 直接影响苹果酸的积累，该基因受转录因子 MdbHLH3 的调控，而 MdbHLH3 可同时上调 *MdHA-B1/B2*、*MdtDT* 等酸相关基因的表达，进而增加果实中的苹果酸含量。

有机酸含量改变将影响果实中的蔗糖合成和分解代谢进程。果实成熟后期，当光合同化物主要转化为苹果酸盐时，可改变同化物向可溶性糖和淀粉的整体分配。过表达 *MDH* 或者 *ME* 基因可引起苹果酸含量变化，将改变质体中氧化还原状态，导致细胞内淀粉和蔗糖含量变化。*FaMYB44.2* 通过抑制 *FaSPS* 的表达，降低果实中蔗糖含量，同时也抑制果实中苹果酸含量的积累。在番茄果实中，与反义抑制株系相比，*SlAREB1* 过表达株系中柠檬酸、苹果酸、葡萄糖和果糖含量增加。在苹果愈伤组织中，*MdcyMDH1* 可促进苹果酸合成及蔗糖和果糖积累。此外，转录因子 MdbHLH3 直接激活 *MdcyMDH* 的表达，从而协调苹果中碳水化合物的分配和苹果酸的积累。因此，果实中苹果酸和可溶性糖之间存在相互转化的可能性。

3. 质地劣变 果蔬的质地主要体现为脆、绵、硬、软、细嫩、粗糙、致密、疏松等，它们与品质密切相关，是评价果蔬品质的重要指标。果蔬质地与其组织结构和成分密切相关，主要受制于水分、果胶物质、纤维素和半纤维素、木质素等影响。

（1）软化 采后软化与组织劣变是许多果蔬衰老时的明显特征。果蔬采收后，随着时间延长，其组织出现变软和发糠现象，其中茄子、黄瓜、萝卜等尤为明显。通常，果蔬出现变软和发糠等症状是经过一定时间的贮存后才发生的。例如，刚采收的萝卜水分多，吃起来清脆鲜嫩，贮藏一段时间后，萝卜失水萎蔫，组织疏松软绵。果蔬组织变软、硬度下降的现象是由复杂的生物化学过程引起的。在果蔬采后贮藏过程中，一些能水解果胶物质和纤维素的酶类活性增加，水解作用使中胶层溶解，纤维分解，细胞壁发生明显变化，结构松散失去黏结性，从而造成果肉软化，品质下降。在番茄、桃、梨、蓝莓等果实的研究中发现，果实成熟过程中细胞逐渐膨大分离，中胶层逐渐降解，细胞聚合度下降，进而导致了果实软化。

果实软化是大多数水果采后品质劣变的主要特征。植物细胞壁主要由多糖构成，分为初生细胞壁和次生细胞壁。研究表明，初生细胞壁的修饰与降解是果实发生软化的主要原因。初生细胞壁具有复杂的网络结构（图 1-10），其骨架由纤维素构成，纤维素表面由半纤维素和果胶聚合物紧紧包裹，而伸展蛋白（extensin）、羟脯氨酸富集蛋白（hydroxyproline-rich protein）等结构蛋白分布其中。在肉质果实的初生细胞壁中，果胶聚合物的含量较多。果胶聚合物主要包括同聚半乳糖醛酸（homogalacturonan，HG）、鼠李半乳糖醛酸聚糖Ⅰ（rhamnogalacturonan Ⅰ，RG-Ⅰ）、鼠李半乳糖醛酸聚糖Ⅱ（rhamnogalacturonan Ⅱ，RG-Ⅱ）。不同类别的果胶聚合物有不同的降解方式。HG 型果胶其半乳糖醛酸残基经果胶甲基酯酶（pectin methylesterase，PME）完成去甲酯化后，主链经多聚半乳糖醛酸内切酶（endopolygalacturonase，PG）及果胶裂解酶（pectate lyase，PL）切断。RG-Ⅰ型果胶的主链可被鼠李糖半乳糖醛酸裂解酶（rhamnogalacturonan lyase，RGL）水解，其阿拉伯糖侧链及半乳糖侧链可分别被 α-阿拉伯呋喃糖苷酶（α-arabinofuranosidase，α-AFase）及 β-半乳糖苷酶（β-galactanase，β-GAL）切除。RG-Ⅱ型果胶的分解代谢目前仍不清楚。纤维素的降解主要是通过纤维素酶中的 β-1,4 葡聚糖内切酶（EGase），它通过水解作用裂解连接葡聚糖的 β-1,4 糖苷键。半纤维素中的木葡聚糖可经木葡聚糖内切转糖基酶/水解酶（xyloglucan endotransglycosylase/hydrolase，XTH）的切割而水解。

果实的软化受到多种转录因子的调控。NAC 家族的 NOR-like1、SlNAC4 和 SlNAC1 均参与调控番茄果实软化。在 *NOR-like1* 和 *SlNAC4* 敲除的番茄果实中，一系列细胞壁代谢基因的表达受到抑制，导致果实硬度增加，成熟进程减缓。在番茄果实中，SEP 与 AGL 亚家族成员 *RIN*、*TAG1*、*TAGL1*、*Sl-AGL11* 和 *SlMBP3* 参与调控果实质地调控及成熟进程。SlMBP3 在果实发育过程中，通过调控细胞分裂及扩张相关基因，影响番茄果实形态和心室胶状物的形成，因此在成熟开始前就决定了果实的质地性状。TAGL1 可与 *SlEXP1*、*SlCEL2*、*SlPME2* 和 *SlTBG4* 等细胞壁相关基因的启动子结合，对果实软化起到调控作用。在香蕉中，MabHLH7 通过结合 *MaXTH12*、*MaEXP2/21*、*MaPME4/5*、*MaPG4* 和 *MaPL1/2* 启动子，促进细胞壁修饰基因表达，参与香蕉果实软化转录调控。在猕猴桃中，转录抑制子 AdERF9 通过抑制 *AdXET5* 的启动子活性，参与调控猕猴桃果实的软化。在苹果中，MdERF4 与果实硬度相关，MdERF4 可以抑制 *MdERF3*（*MdACS1* 的转录激活子）的表达，降低乙烯释放量，影响果实硬度。在木瓜中，转录抑制子 CpERF9 可结合 *CpPME1/2* 和 *CpPG5* 启动子的 GCC-box，参与果实的软化调控。在柿果实中，响应低氧信号的 DkERF8/16/19 通过激活 *DkXTH9* 的启动子，参与柿果实软化的转录调控。转录因子 LOB1 可调控果实质地，同时不影响成熟进程，以维持果实特有品质。抑制 *SlLOB1* 的转基因果实中，多个细胞壁代谢基因表达出现下调，从而抑制果实软化。

（2）木质化　果蔬采后的质地劣变除软化以外，还有一种现象为木质化。果蔬木质化主要表现为木质素含量积累、果蔬硬度上升等症状。例如，枇杷果实采后不论是在室温还是低温下贮藏，都会发生木质化现象，主要表现为果实硬度上升，木质素含量增加，出汁率减少，果肉粗糙，果皮难剥等，严重影响其质地口感和营养价值（图 2-19）。胡萝卜的木质部主要含有大量木质化细胞，其他营养物质较少，木质素含量过高，会影响其质地，降低风味品质。在较长的低温贮藏过程中，猕猴桃也会出现木质化，主要表现为果肉粗糙少汁，硬度上升，食用品质下降。

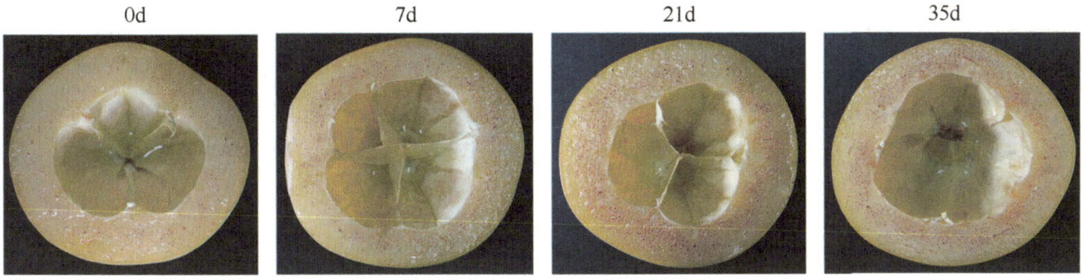

图 2-19 枇杷采后木质素染色情况（Hou et al.，2023）

果蔬采后木质化的主要原因是木质素积累。木质素由木质素单体聚合而成。木质素单体在细胞质中合成，由苯丙氨酸经过苯丙烷代谢途径上游和木质素特异通路一系列酶促反应产生（图 2-20）。苯丙氨酸氨裂合酶（L-phenylalanine ammonia-lyase，PAL）是木质素合成途径中的第一个酶。PAL 通过去氨基作用将苯丙氨酸转化为肉桂酸。随后，肉桂酸 4-羟化酶（cinnamate 4-hydroxylase，C4H）催化肉桂酸形成香豆酸。4-香豆酸 CoA 连接酶（4-hydroxycinnamate: CoA ligase，4CL）催化香豆酸产生香豆酰辅酶 A，为苯丙烷途径下游代谢（包括木质素、黄酮醇和花青苷代谢）提供前体物质。木质素代谢通路相关酶催化木质素单体生物合成，包括莽草酸/奎宁酸羟基肉桂酰转移酶（HCT）、对香豆酰莽草酸 3′ 羟化酶（C3′H）、咖啡酰莽草酸酯酶（CSE）、咖啡酸-*O*-甲基转移酶（COMT）、咖啡酰辅酶 A 氧甲基转移酶（CCoAOMT）、肉桂酰辅酶 A 还原酶（CCR）、阿魏酸-5-羟化酶（F5H）和肉桂醇脱氢酶（CAD）。其中，C3′H 是调控木质素合成过程中 H 型木质素向 G 或 S 型木质素转换的关键酶。CCR 以肉桂酰辅酶 A

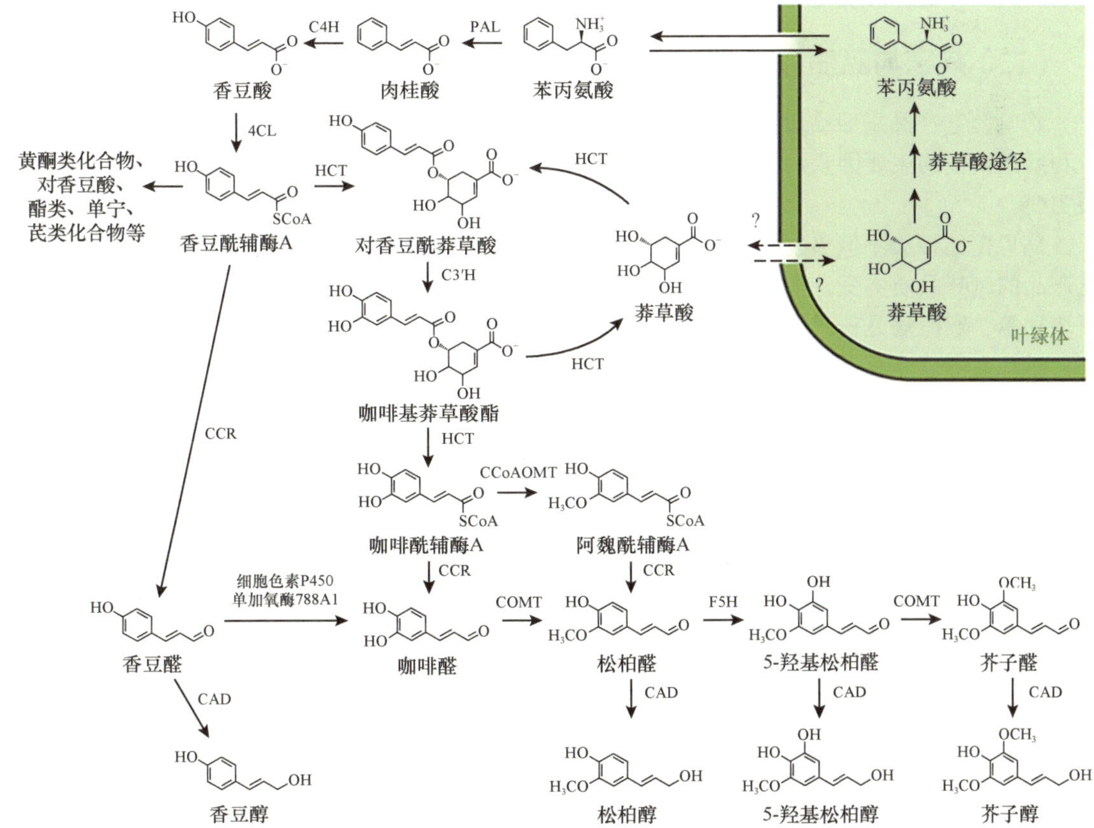

图 2-20 木质素单体的合成途径（Bonawitz et al.，2020）

酯类为底物催化形成肉桂醛，是木质素合成特异途径的限速酶。F5H 和 COMT 催化不同单体合成途径相互转变。F5H 主要催化松柏醛和松柏醇的苯环 C5 位发生羟基化反应，形成 5′-羟基松柏醛和 5′-羟基松柏醇。COMT 催化 5′-羟基松柏醛和 5′-羟基松柏醇分别生成芥子醛和芥子醇。木质素单体合成的最后一步由 CAD 负责，催化香豆醛、松柏醛和芥子醛分别转化为香豆醇、松柏醇和芥子醇。

在果蔬采后木质素合成过程中，转录因子（主要包括 NAC 和 MYB 家族转录因子）对合成相关基因的调控是影响木质素合成的重要因素之一。目前已发现多个转录激活型和抑制型 MYB 转录因子参与木质素的代谢。超表达拟南芥 *AtMYB46* 或 *AtMYB83* 基因后，参与细胞壁合成相关基因的表达量上调，引起次生壁的异常积累。拟南芥 AtMYB32 和 AtMYB4 为抑制型转录因子，在烟草中超表达 *AtMYB4*，与木质素合成相关的基因 *4CL*、*C4H*、*CAD* 的表达显著下调。在枇杷木质化调控中，转录激活子 EjMYB1、EjMYB4、EjMYB8 和 EjERF39 直接结合并激活 *Ej4CL1* 基因表达，促进木质素积累；转录抑制子 EjMYB2 直接结合并抑制 *Ej4CL1* 基因表达，抑制木质素合成；转录复合体也参与调控 *Ej4CL1* 的表达，抑制子 EjAP2-1 分别与 EjMYB1 和 EjMYB2 形成蛋白质二聚体间接抑制 *Ej4CL1* 的表达。在柚子中，CgMYB58 结合 *Cg4CL1* 启动子，从而调控柚粒化。在柑橘中，CsMYB308 和 CsMYB85-CsMYB330 共同调节 *Cs4CL* 的表达。在苹果中，MdMYB93 调控 *Md4CL* 表达从而调控其木质素积累。另外，NAC 在木质素单体的聚合中发挥了作用。拟南芥中 SND1 不仅参与木质素单体的生物合成，也能够直接结合 *AtLAC11* 启动子区域的 SNBE 结合元件，进而调控木质素大分子的聚合。在白梨中，PbrMYB169 是通过调控 *Pbr4CL1/4CL2* 而发挥作用的。在石榴中，PgSND1-like 结合 *Pg4CL* 启动子，调节石榴籽的硬度。

（二）病害与品质劣变

影响园艺产品采后品质劣变的因素较多，除果蔬自身衰老以外，病原菌侵染是引发品质劣变和腐烂损失的主要因素，因为病原菌侵染会促发果实生理代谢紊乱，进而加剧果实衰老和品质劣变。

病原菌的侵染不但引发园艺产品的外观品质劣变，如产生病斑、色泽变化等，还引发了园艺产品的风味品质劣变，如糖酸含量下降、糖酸比失衡、挥发性芳香物质丧失、苦味或异味物质增加等。炭疽病是芒果的最主要病害，芒果果实在接种胶孢炭疽菌后，可滴定酸含量显著下降，抗坏血酸含量显著下降，pH 显著升高，而可溶性固形物和还原糖的含量也发生变化。蓝莓果实在灰葡萄孢菌侵染后，可溶性固形物、可滴定酸、抗坏血酸、总酚和花色苷含量等营养指标均明显下降，活性氧自由基持续积累，抗氧化物质含量和抗氧化酶活性先上升后下降。黄龙病菌的侵染显著影响茶枝柑果皮和果肉中的次生代谢过程，进而改变其苦味和香味物质的含量。果皮中橘皮素等 4 种聚甲氧基黄酮及 α-蒎烯、辛醛等 39 种挥发性物质含量显著升高，而氮甲基邻氨基苯甲酸甲酯、胡椒烯等 16 种挥发性物质显著降低。果肉中川陈皮素等 2 种聚甲氧基黄酮及 D-柠檬烯、β-芳樟醇等 27 种挥发性物质含量显著降低。感染黄龙病的柑橘果实纤维化程度明显提高，果肉不易化渣。

（三）温度与品质劣变

温度是重要的环境条件，不但影响果蔬的品质形成，同时也影响果实采后品质维持。不适宜的采后温度会诱发果实生理代谢失调，加速果实品质劣变。

1. 低温与品质劣变 低温是诱导果蔬品质劣变的重要原因，不适宜的低温环境引起果蔬的细胞膜结构变化和功能丧失，细胞质膜结构的相变，使得膜脂由液晶态转变为固晶态；当温度回升，膜脂结构无法恢复到正常液晶态，即会产生一系列的伤害反应，包括质膜透性增加、膜蛋白和酶活性破坏、乙烯合成增加、胞内物质和能量代谢受到干扰等，导致细胞的抗氧化能力、蛋白质合成能力下降，次级代谢产物包括乙醇、乙醛和酯类物质积累，细胞加速衰老和死亡，进而引发果实品质的迅速劣变。果蔬品质劣变涉及非常复杂的调控网络，如细胞结构、糖、脂质、激素和转录因子的变化等。有研究表明，杏果实在近冰点温度贮藏 45d 后，果实的细胞壁结构变形，细胞膜明显向细胞中间收缩，更易受到损伤；长期不适宜的低温贮藏会导致果实糖酸比失调、有害挥发性物质生成、香气成分丧失等品质劣变症状。

低温诱导果实的抗氧化能力降低是品质劣变的因素之一。研究表明，较低的总抗氧化能力和抗氧化酶活性使得细胞中的活性氧无法被及时清除，线粒体膜结构损伤进而产生功能障碍，这可能是诱导果实冷害的重要因素。猕猴桃果实的抗氧化能力和能量代谢活性与其耐冷性密切相关，对防止果实品质劣变至关重要。芒果果实的耐冷性也与抗氧化剂、不饱和/饱和脂肪酸比例有关。此外，调节李果实中抗氧化系统的活力和提高酚类物质积累，可以增强果实的采后抗冷害胁迫能力。由此可知，果实的抗氧化能力降低和抗氧化系统功能丧失可能是果实在冷害胁迫下发生品质劣变的重要因素之一。

此外，果实中的渗透保护物质与其抗冷性也密切相关，糖类物质和一些初级代谢产物在果实的渗透调节中发挥重要作用。芒果果实在受到冷害胁迫时，渗透性保护的代谢物质增加，影响芒果果实的抗冷性。在冷害胁迫过程中，甘氨酸、脯氨酸等合成相关基因的表达及含量的提高对果实耐冷性也有调控作用。在高等植物中，蔗糖被转化酶分解是植物应对冷胁迫反应的重要措施，转化酶抑制剂（INH）是高等植物中蔗糖代谢的重要调节剂。在长期低温贮藏过程中，INH 活性破坏，导致果实中蔗糖水平降低、果实渗透势无法维持，这是品质劣变的重要因素。

果实香气来源于几种挥发性成分，主要包括酯类、醛类和醇类物质，且主要在脂肪酸代谢过程中合成。温度对果实香气的影响较大，在部分水果中，低温贮藏会减少果实的香气形成和释放。例如，低温贮藏不仅影响番茄果实的挥发性物质含量，还影响挥发性物质的类型。与常温贮藏相比，低温贮藏番茄果实的总香气挥发性物质减少，己醛、己醇和顺-3-己烯醇的积累量显著降低，导致番茄果实的风味降低。低温贮藏香蕉果实会抑制挥发性物质合成途径的关键基因表达，降低脂氧合酶活性，影响香蕉果实香味物质的形成。但也有研究表明，低温贮藏有利于某些果实的香气形成，如冷藏能增加桃果实中的酯类和内酯释放，促进桃果实的香气形成。这些结果说明不同类型的果实对低温的感应是不一致的。

乙烯与果实的成熟和衰老紧密相关，香气释放与乙烯产生的关系已被广泛研究。乙烯是通过调控脂肪酸的生物合成，从而增加果实中挥发性芳香族化合物的含量。果实在低温贮藏过程中，乙烯合成受到抑制，挥发性芳香族化合物合成减缓，水果香味品质受到影响。冷藏会抑制桃果实的乙烯释放，影响挥发性物质的合成，LOX 途径衍生的 *PpLOX1*、*PpLOX3* 和 *PpAAT1* 参与了该过程。低温贮藏抑制香蕉果实挥发性物质的产生，进而影响香蕉的香味。

果皮褐变是品质劣变的重要症状之一，往往在果实由低温转移至常温后发生，特别是香蕉、南果梨、枇杷等果实容易发生果皮褐变。研究表明，冷藏的南果梨褐变的发生与苯丙烷和可溶性糖的代谢密切相关，通过调节果实中的苯丙烷和可溶性糖代谢，维持较高的酚和蔗糖含量，可以减轻果实褐变的发生。同时，低温通过调节南果梨的抗氧化酶活性、脯氨酸代谢和渗透调节物质，影响果皮褐变。苹果在长期低温贮藏中果实的多酚氧化酶和过氧化酶活性对果实的褐变起着重要作用。研究发现，鸭梨采后果实褐变与温度的快速变化造成果实代谢的紊乱有关。

但是，与贮藏在4℃和6℃条件下相比，桃在0℃和2℃下贮藏能有效抑制果实的褐变，有利于保持果实外观，这是由于低温能调控果实脂类物质和保持膜脂的流动性。研究发现贮藏在0℃的桃果实的总极性脂或膜脂的C18:3水平、脂不饱和程度均显著高于5℃贮藏的果实，桃果实的总极性脂或膜脂的流动性也显著高于5℃下贮藏的果实。砂糖橘在1℃下贮藏25d左右或在3℃下贮藏40d左右，果皮开始出现水渍状凹陷斑点，果皮颜色也由橙红色向黄色、浅黄色变化。甜樱桃在1℃低温下贮藏，果实的花色苷合成相关基因表达和酶活性受到抑制，影响花色苷积累和外观颜色。

2. 高温与品质劣变 高温是加速果实品质劣变的重要因素之一。高温会损伤细胞膜结构，造成果实的呼吸速率增加，乙烯合成加快，果实快速衰老和品质劣变。高温主要影响果实中的糖、酸等化合物的合成和代谢，引起果实风味变化。极端而长时间的热胁迫对果实造成不可逆的损伤，诱发乙醇、乙酸等次级代谢产物产生，影响果实风味品质。

高温对果实风味的影响比较复杂，可能随着果实种类和胁迫时间的不同而变化。有研究表明，高温处理对果实的可溶性固形物含量无显著影响，但会降低可滴定酸的含量，从而提高了果实的糖酸比，这可能是由于高温处理增加了果实的呼吸强度，消耗了作为底物的有机酸。对番茄进行热处理可增强果实中的苹果酸代谢，提高可溶性糖和山梨醇的含量。另外，番茄在48℃下热处理容易造成热损伤，降低番茄中己醛、顺-3-己烯醛和反-2-己烯醛等挥发性物质的含量。对黄瓜进行长时间的高温胁迫，会影响其成熟，导致重量下降、加速衰老。对南果梨间歇升温可以调节不饱和脂肪酸和酯类物质的合成，有利于南果梨的香气产生。苹果用热空气短时间处理，可抑制挥发物的产生，影响苹果的香气成分。芒果在48℃热蒸汽处理下20min，可加速果实的后熟过程，进而改变未熟阶段和成熟阶段芒果香气挥发物的组成和浓度，对芒果果实的香味品质具有显著影响。

长期的高温胁迫将破坏果实的细胞膜结构，以及膜上的酶和蛋白质的功能，引发胞内代谢失调，最终导致果实品质劣变。高温胁迫还会破坏细胞内的ROS稳态，使得细胞内的ROS大量积累，引起膜脂的过氧化作用，进而造成膜系统损伤，增加膜透性和胞内电解质外渗，造成高温伤害和品质劣变。研究表明，高温处理使番茄果实的渗透性显著增加，膜结构损伤，导致番茄的品质劣变。此外，高温下果实的蛋白质结构和功能也要受到伤害，胞内溶酶体途径被激活，水解酶大量释放，进而引发果实品质的不可逆损伤。

高温胁迫也会影响果蔬外观和色泽。例如，在48℃下对番茄进行热处理，发现果实中的叶绿素和番茄红素含量受到显著影响，这是因为热处理延缓了番茄果实中番茄红素的合成，影响了番茄的果色形成。

许多研究表明，花色苷的生物合成受到温度的影响。在苹果中，高温导致转录激活因子复合物MYB10-bHLH300的表达下调，阻遏了MYB10对花青素生物合成基因启动子的活性，导致苹果果皮花色苷浓度和花色苷生物合成途径基因表达量的显著降低。有研究表明，高温会降低UDP-半乳糖和花青素的积累，进而导致苹果果皮中花青素含量的下降。在葡萄中，高温显著影响了葡萄果皮中与花色苷合成相关基因的表达，同时也影响了花色苷的稳定性，改变了花色苷的成分和浓度，降低了总的花色苷含量，降低了葡萄的外观和加工品质。草莓在35℃高温下贮藏，色泽劣变快，光泽度显著下降，果色明显变暗。此外，高温贮藏过程中，草莓色泽劣变可能与果实含水量、活性氧、黄酮、多酚、琥珀酸、甘露糖和丙三酸等物质含量的变化有关。

（四）湿度与品质劣变

湿度对果蔬贮藏品质具有重要影响，不适宜的湿度条件会引发果实脱水或者腐烂。研究表明，相对较高的湿度有利于保持果实品质和新鲜度，延长贮藏保鲜时间。但是，高湿度也容易引发果实腐烂，加速果实品质劣变。而贮藏环境的湿度较低，容易造成果蔬脱水和萎蔫，影响果实新鲜度和糖酸含量。

研究表明，湿度对果实的硬度和失重率具有显著影响。在 94%～100% 的相对湿度下，贮藏后苹果果实的硬度显著高于低湿条件，高湿条件能够使苹果保持鲜重，减少果实水分散失，且显著抑制果实衰老。西葫芦贮藏在近饱和湿度（98%±2%）的条件下，能减少水分损失，减轻冷害胁迫。梨、草莓、猕猴桃等果实在高湿度下贮藏也有类似的结果。

湿度对果实品质的作用机制已有较多研究。相对较高的贮藏湿度可以显著减少果实因为蒸腾作用而丧失的水分，果实能够维持相对较低的水分散失速率，延缓果实因为水分丧失引起的渗透压的变化。同时，高湿度贮藏可为果实提供较长的生理响应时间，启动包括渗透调节系统、抗氧化系统等内在调节机制，进而延缓果实的品质劣变。研究发现，西葫芦贮藏在近饱和湿度（98%±2%）的条件下，通过促进 ABA 和脯氨酸的积累，减少果实的采后水分损失，增强细胞中的抗氧化酶活性和自由基清除能力，减轻冷害胁迫，有利于保持西葫芦的采后品质。

湿度对果实的外观和色泽也有影响。例如，高湿度有利于保持果实硬度，但也有利于病原菌侵染，导致果实腐烂，从而影响果实外观和色泽。杨梅贮藏在 100% 湿度条件下，果实的腐烂率最高，果实外观等品质受到显著影响。然而，'Royal Gala' 苹果贮藏在高湿度条件下，可以防止果实枯萎，降低贮藏期间的失重率，但容易引起果实开裂，其他苹果品种在高湿度条件下贮藏会增加果实的裂果率，影响其商品性。

（五）气体与品质劣变

在果蔬气调贮藏时，环境中高 CO_2 浓度是导致果实生理失调的重要诱因，也称为高 CO_2 伤害。果实长期处于高 CO_2 浓度环境中，会造成伤害，引发品质劣变。在苹果的贮藏环境中 CO_2 浓度大于 1% 时，果实就容易产生 CO_2 伤害，导致果实褐变，品质显著下降。尽管番茄用 CO_2 处理能够在一定程度上抑制果实采后虫害发生，但高浓度 CO_2 处理对果实品质有一定的负面影响，表现在果实硬度显著降低。此外，气调包装也影响樱桃番茄的采后品质，降低番茄红素的生物合成。适宜的 CO_2 浓度可以调节果实的脂肪酸组成、膜和细胞氧化状态，修复代谢损伤和细胞膜结构，极大减少了细胞和细胞膜的氧化损伤，维持了果实细胞和能量相关细胞器微观结构的完整性，在增强果实的长期耐寒性和减少贮藏障碍，防止果实褐变、浆果失水和腐烂发生等方面具有显著效果。与此相对，不适宜的 CO_2 浓度则会加重果实的品质劣变，表现在果实的呼吸速率变化和活性氧积累，细胞膜和细胞器结构受损，品质劣变快。

气调环境也影响果实的外观和色泽。研究表明，当环境中的 CO_2 浓度大于 1% 时，果实容易产生 CO_2 伤害，引起褐变。用高浓度 CO_2 处理番茄，会影响果皮的颜色，与未处理的番茄相比，果实的成熟和衰老进程加快，果色更红，说明高浓度 CO_2 造成了伤害。当然，在气调贮藏环境中，适宜的 CO_2 浓度能降低樱桃番茄的呼吸速率和乙烯生成速率，但减少了番茄红素的生物合成和果实的红色。另外，外源 NO 也对果实的果色有影响，外源 NO 处理石榴后，石榴的总花色苷含量显著增加，石榴的商品性得到明显提升。

（六）其他因素与品质劣变

机械损伤是指在采摘和加工过程中对果实造成的损伤。通常，机械损伤会诱导一系列生理生化的异常变化，从而加速果实衰老，导致营养品质迅速下降，并导致果实腐烂。机械损伤对果实的生理生化影响包括诱导果实产生乙烯、呼吸作用增强、组织褐变和次生代谢产物生成等变化。机械损伤诱导果蔬的乙烯产生，且在1h内完成，并在以后的6～12h中达到乙烯的释放高峰。乙烯对机械损伤的响应已经在杏、苹果、猕猴桃、哈密瓜、梨、番茄等中得到证实。此外，机械损伤还使得果皮细胞膜受到严重损伤，影响了果皮细胞的质膜完整性和细胞壁多糖的含量，从而导致果实在贮运过程中发生硬度变化和品质劣变。对一些浆果和含水量较高的果实而言，机械损伤更易造成品质劣变。例如，葡萄、草莓和枇杷，机械损伤对果实造成的腐烂损失十分严重。研究表明振动模拟的机械损伤对果实生理代谢造成显著破坏，果实的呼吸速率显著高于未处理的果实，果实品质也显著下降。

机械损伤对果实外观和形态造成更严重的影响，果实表皮破损或者形状受到挤压，极大降低了果实的商品性和销售价格。在梨中的研究表明，机械损伤影响了果皮细胞的质膜完整性和组织细胞壁多糖的含量，从而导致梨在销售过程中更容易变色和变软。枇杷果实受机械伤害后，呼吸强度和多酚氧化酶（PPO）活性急剧上升，SOD酶活性下降，引起果肉生理代谢失调，导致果实褐变，降低了枇杷贮藏保鲜时间和商品性。

展　望

果蔬衰老是由内源因子和外源因子共同引发的一个生物学过程，是发生在细胞、组织及整体水平上的衰退反应，伴随着大量生理生化变化，并涉及一系列与衰老反应相关的基因特异性有序表达。这一过程的发生和发展受植物激素、基因表达、ROS、病原菌及环境因子（温度、湿度等）等多因素的精细协同调控。因此，果蔬衰老极其复杂，多因素的协同调控机制及分子网络仍需要深入解析。例如，①不同种类的植物激素如何协同调控果蔬衰老？② ROS引发果蔬衰老的具体分子机制是什么？③病原菌产生的乙烯及ROS如何协同调控果蔬衰老？④涉及哪些代谢途径及分子网络？⑤以高通量测序、代谢组学、生物信息学等为基础的系统生物学在果蔬衰老研究中有什么应用？通过不同水平和层次研究衰老调控网络，将有助于揭示新的衰老调控因子。对这些关键科学问题的研究和阐明，既有助于揭示果蔬衰老的分子调控网络，同时也为研发果蔬衰老调控的新技术提供重要的理论依据。

第三节　生理失调与调控机制

【学习目标】

1. 了解生理失调与采后品质劣变的关系。
2. 了解生理失调发生的原因及调控机制。

【主题词】品质劣变；呼吸失调；低温伤害；失水萎蔫；气体伤害；渗透调节；调控途径

果蔬在采后贮运过程中易发生生理失调，引起品质劣变，造成采后损耗。果蔬采后生理失调是由果蔬本身生理缺陷或外界不适宜环境引起的，主要由呼吸失调、低温伤害和失水萎蔫引起生理病害，其症状主要表现为表面或内部凹陷、褐变、异味、不能正常成熟等现象。果蔬采后生理变化是制约果蔬贮藏保鲜的重要因素，探明果蔬采后生理失调的原因对于开发果蔬贮藏保鲜新技术、延长贮藏保鲜期尤为重要。

一、呼吸失调

果蔬作为一个活体，采后仍进行着呼吸作用，以维持其生命活动。呼吸作用要消耗果蔬的有机化合物，进而导致品质的降低。控制呼吸可减少果蔬体内营养物质的损耗，有利于延长其保鲜期。降低氧气（O_2）浓度和提高二氧化碳（CO_2）浓度能有效地减缓果蔬的新陈代谢。但是，这些条件对果蔬来说也是一种胁迫。在低 O_2/高 CO_2 浓度下贮藏超过一定时间后，会出现呼吸失调，导致生理紊乱。因此，在采后贮藏期间和运输过程中尽量保持果蔬低而正常的呼吸作用，以便维持果蔬的鲜度和品质，而又不出现呼吸失调诱发品质劣变，是果蔬采后领域的一个重要研究课题。

（一）采后呼吸生理

水果和蔬菜采收后，水和无机物的来源丧失，同化作用基本停止。但是，果蔬在食用或加工之前，仍然是有生命活动的有机体，呼吸作用成为主要的代谢过程。呼吸作用是在酶系统参与下进行生物氧化还原的过程，将复杂的有机物逐步分解成简单的物质，同时释放能量。呼吸作用是采后果蔬生命活动的重要环节，它不仅提供采后组织生命活动所需要的能量，而且是物质代谢的核心，呼吸所产生的中间代谢产物是许多重要生物大分子合成的原料来源，呼吸停止就意味着细胞死亡。

有氧呼吸和无氧呼吸是果蔬的呼吸类型。在充足氧的存在下，有氧呼吸将糖、酸等复杂的有机质分解成为 CO_2 和 H_2O。在缺氧的情况下，无氧呼吸将有机物质分解成为乳酸、乙醇等。无论是有氧呼吸还是无氧呼吸，均需在细胞质中通过糖酵解（glycolysis，EMP）氧化分解糖分形成丙酮酸；随后，EMP 通过三羧酸循环（tricarboxylic acid cycle，TAC）、戊糖磷酸途径（pentose phosphate pathway，PPP）、乙醛酸循环（glyoxylate cycle，GAC）途径（油料种子脂肪呼吸）、乙醇酸途径（glycolate pathway，GAP）等多种途径的有氧呼吸（图 2-21），最终由线粒体内的电子传递链完成氢和电子的传递及氧化磷酸化形成能量物质。电子传递过程包含细胞色素氧化酶（cytochrome oxidase，COX）、交替氧化酶（alternative oxidase，AOX）、多酚氧化酶（polyphenol oxidase，PPO）、抗坏血酸氧化酶（ascorbic acid oxidase，ASO）、黄素氧化酶等多样化分支路径。细胞质是 EMP 和 PPP 的代谢区域，而线粒体则是 TAC 和电子传递主链的发生位置。无氧呼吸消耗 1 分子葡萄糖产生的能量仅相当于有氧呼吸的 1/32。获得同等能量，无氧呼吸需消耗更多的底物。同时，无氧呼吸积累产生的乳酸、乙醇等物质对果蔬有毒害作用，导致风味丧失和生理病害。

无氧呼吸对产品贮藏是不利的，无氧呼吸消耗的呼吸底物更多，使产品更快失去生命力；产生的乙醛、乙醇和其他有毒物质会在细胞内积累，造成细胞死亡或加速果蔬腐烂。没有丙酮酸氧化过程，缺乏新物质合成的原料。无氧呼吸的加强被看作是正常代谢被干扰和破坏，对贮藏是有害的。因此，果蔬采后贮藏的关键技术之一是控制呼吸代谢，在降低果蔬呼吸强度的前提下，尽量不引起无氧呼吸的发生。根据巴斯德效应，有氧呼吸和无氧呼吸临界处的 O_2 浓度称为无氧呼吸消失点。无氧呼吸消失点处呼吸强度最低，有机物质消耗最少，但易发生无氧呼吸。为了防止无氧呼吸发生，在无氧呼吸消失点之前适当提高 O_2 浓度，可使呼吸强度降到最低。

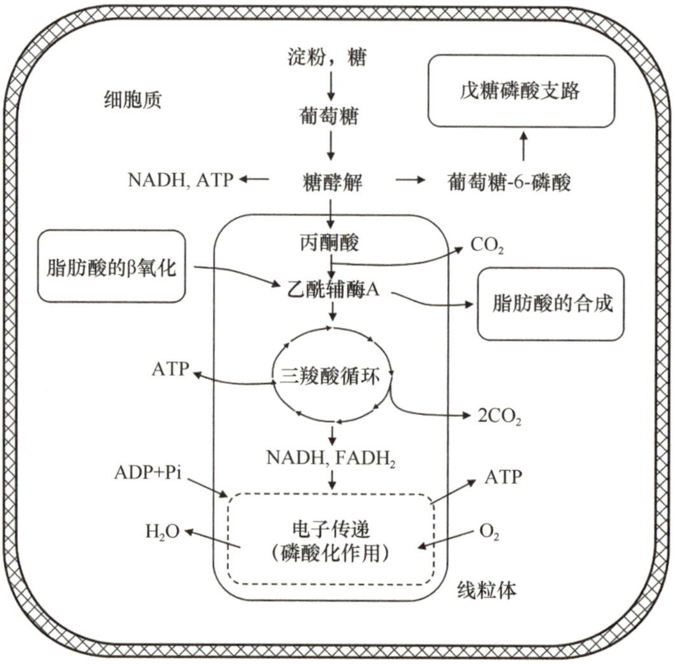

图 2-21　呼吸代谢 4 个主要途径之间的关系（Saltveit，2019）

NADH. 还原型烟酰胺腺嘌呤二核苷酸；$FADH_2$. 还原型黄素腺嘌呤二核苷酸；ATP. 三磷酸腺苷；ADP. 二磷酸腺苷；Pi. 磷酸

（二）呼吸与贮藏品质

由于呼吸作用与果蔬的各种生理生化过程密切相关，并制约生理生化过程。因此，呼吸作用影响果蔬的采后品质、成熟、耐藏性、抗病性及贮藏寿命。呼吸作用越旺盛，各种生理生化过程越快，采后寿命越短。但是，许多果蔬采后需要维持一定的呼吸强度来改善其食用品质。例如，一些热带水果需要通过呼吸代谢的中间产物，产生构成色、香、味品质的物质成分。同时，呼吸可以清除微生物分泌的毒素，有利于伤口的愈合，减少病菌侵染机会。呼吸还能够通过产生抗病的信号物质、抑菌物质，维持采后的抗病性。因此，优化果蔬采后贮运过程中的适应温度和氧气浓度，对维持生命活动所需的最低呼吸作用是非常必要的。

呼吸作用为果蔬的生命活动提供必需的能量。同时，呼吸作用通过多种中间产物使糖代谢与脂肪、蛋白质及其他物质的代谢联系在一起，使各个反应环节及能量转移之间协调平衡，并维持果蔬生命活动有序进行，从而保持耐贮性和抗病性。另外，呼吸作用可将有害中间产物氧化或水解为最终产物，防止其积累，减少代谢失调造成的生理障碍，在逆境条件下更为明显。当植物受到微生物侵袭、机械伤害或遇到不适环境时，通过呼吸的保卫反应，可激活氧化系统，加强呼吸而起到防卫作用。采后病原菌在果蔬伤口处更容易侵入，呼吸作用为果蔬恢复和修补伤口提供新细胞合成所需要的能量和底物，加速愈伤，有利于抵御病原菌侵染。在抵御病原菌侵入和病斑扩展的过程中，细胞壁的加厚，以及过敏反应中植保素类物质的生成都需要呼吸作用的加强，以提供新物质合成所需的能量和底物，使物质代谢根据其需要协调进行。

（三）呼吸失调

果蔬产品贮藏在不恰当的气体浓度环境中，正常的呼吸代谢受阻而造成呼吸代谢失调，又称为气体伤害。最常见的气体伤害主要为低 O_2 伤害和高 CO_2 伤害。当贮藏环境中氧浓度低于2% 时，容易产生无氧呼吸，造成低氧伤害，主要症状为表皮局部组织下陷并产生褐色斑点。例如，香蕉在低氧胁迫下产生黑斑；苹果发生“乙醇积累中毒症”；番茄表皮凹陷并褐变；低氧条件下土豆“黑心病”；蒜苗褪色转黄或呈灰白色；柑橘果实产生苦味，浮肿，橙色变黄，出现水渍状等。当环境中的 CO_2 浓度超过 10% 时，线粒体琥珀酸脱氢酶受抑制，三羧酸循环不能正常进行，丙酮酸向乙醛和乙醇转化，导致乙醇等挥发性物质积累，引起组织伤害和品质劣变，表现为表皮凹陷、产生褐色斑点。例如，草莓表面出现水渍状，果皮变褐；番茄表皮凹陷出现白点并逐步变褐，果实变软，迅速坏死，产生浓厚的酒味等。

1. 低氧胁迫 植物在低氧（hypoxia）或缺氧（anoxia）的环境中受到的不可避免的非生物胁迫，称为低氧胁迫。在自然条件下的植物，淹水（涝渍）或土壤微生物活动时根系内会出现低氧胁迫，在淹水导致植物淹没过程中，整个植物内部也会出现低氧胁迫。除了环境造成的低氧胁迫，在果实组织内时常发生的缺氧和急速的氧梯度也会产生低氧胁迫，特别是在果形较大的水果（如梨和苹果）中，即使是在正常含氧的环境中，由于缺乏活性氧运输机制，存在扩散屏障（如果皮），组织扩散率低，呼吸耗氧量高，也能形成氧梯度。缺氧也发生在发芽种子和高代谢率的组织中。气调贮藏通常能降低果实的呼吸速率，提高果实抗性和抑制病原菌侵染。但是，果实在气调贮藏时至少需要大于 1% 的氧气，以避免厌氧代谢。在低氧胁迫下，植物会发生一系列的变化来应对胁迫带来的伤害。

2. 结构变化 一般来说，可以将植物组织缺氧区分为由于环境因素降低了氧气利用率，或由于解剖、形态、物理或生化成分逐渐降低了组织内部的氧气水平。了解模式物种低氧胁迫的生理机制，对于果实的低氧贮藏具有重要意义。为了应对非生物胁迫，植物通过自身调节，使它们能够在不利的环境条件下生存。许多湿地和水生植物已经演化出特殊的组织，形成空间或空气通道（通气组织），以抵御淹没或漂浮等不利条件。作为通气组织形成的一部分，一些植物（如水稻）在洪水期间可以诱导茎部快速伸长以超出水面。因此，这两种策略都是基于形态变化来克服限制（对于正常生长过程）的应激条件。

3. 呼吸方式 缺氧会对许多不同的代谢途径产生较大的影响。植物是需氧生物，这意味着大部分所需能量（以 ATP 的形式）是通过有氧的细胞呼吸过程获得的。因此，基本代谢的不同适应过程代表了植物种间对低氧胁迫的普遍适应策略。细胞呼吸从好氧到无氧的变化是植物对低氧适应性的反应，备受研究者关注。

当有分子氧存在时，植物依靠有氧呼吸产生能量，这是一个高效的过程。有氧呼吸代表一系列代谢过程，包括 EMP、丙酮酸氧化、TAC 和氧化磷酸化（图 2-22）。首先，在 EMP 过程中，葡萄糖被转化为两个丙酮酸分子，产生 ATP 并将 NAD^+ 转化为还原型烟酰胺腺嘌呤二核苷酸（NADH）。其次，丙酮酸在氧的作用下，通过释放 CO_2 和生成 NADH，转化为乙酰辅酶 A，乙酰辅酶 A 在线粒体中进行三羧酸循环，产生 ATP、NADH、还原型黄素腺嘌呤二核苷酸（$FADH_2$）和 CO_2。最后，其他步骤产生的 NADH 和 $FADH_2$ 通过一系列电子载体将电子沉积在 O_2 上，并释放大部分 ATP 分子。在低氧胁迫中，TAC 和氧化磷酸化被抑制，降低了细胞的 ATP 水平。因此，为了能量需求，EMP 会随着丙酮酸的积累而增强，为了降低其浓度并进一步产生 ATP，丙酮酸被重新导向产生乙醇的发酵途径，而乙醇是一种代谢从好氧转变为厌氧的化合物。在发酵过程中，NADH 将乙醛转化为乙醇。此外，丙酮酸还可以通过原反应生成乳酸，发酵代谢利用 NADH 和丙酮酸，使得 EMP 途径得以持续进行（图 2-22）。在低氧条件下，醇脱氢酶（ADH）和丙酮酸脱羧酶（PDC）基因出现上调，编码的酶参与丙酮酸发酵。

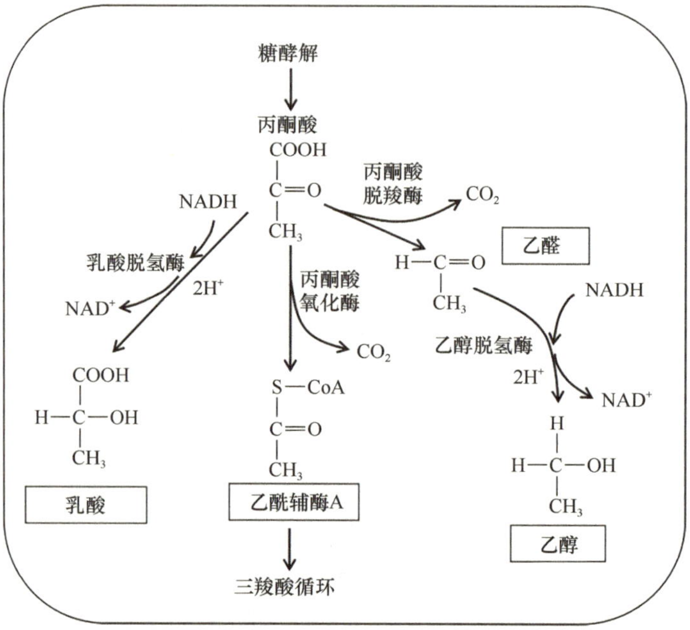

图 2-22　有氧呼吸（产生乙酰辅酶 A）和无氧呼吸（产生乳酸、乙醛和乙醇）下的丙酮酸（Saltveit，2019）

NADH. 还原型烟酰胺腺嘌呤二核苷酸；NAD^+. 烟酰胺腺嘌呤二核苷酸

然而，由于乙醇从细胞中扩散出来，它的产生消耗了植物的碳储备，因此，丙酮酸对丙氨酸的替代代谢在许多植物物种中都可以观察到。细胞呼吸的两个过程都产生能量，但无氧呼吸提供的能量远远少于有氧呼吸。为了补偿通过无氧呼吸产生的较低能量，许多生物合成和生长被抑制。低氧导致代谢途径转换，消耗较少的 ATP 和更有效地利用氧气，如蔗糖降解为己糖磷酸盐的替代生化途径。苹果和梨在低氧贮藏中，当氧气浓度低于巴斯德点而长时间缺氧时，就会出现生理紊乱。这是因为贮藏室内的低氧改变了果实的能量状态，对膜磷脂产生不利影响，导致了梨和苹果生理代谢失调。此外，贮藏环境的低氧水平可以促进厌氧的嗜冷营养微生物增殖，进而对果蔬造成伤害。

缺氧导致呼吸效率降低，由此导致能量生产减少。在缺氧条件下，ATP 的合成主要是通过 EMP 结合 NAD^+ 再生途径，包括乙醇发酵和丙氨酸的产生。事实上，乙醇和丙氨酸是苹果在气调贮藏过程中积累的主要代谢产物，它们的产生与氧浓度的变化有关，通常是随着氧浓度的增加而减少。一般来说，水果组织中含有低浓度的乙醇是正常的，它还可能诱发积极作用，如减少表面烫伤的生理障碍及产生更好的风味。然而，果实中超过一定浓度的乙醇积累，对其新陈代谢和感官品质都有负面影响。

4. 代谢产物变化　对低氧胁迫的适应可以诱导细胞水平上的一系列代谢变化。一般来说，极低的氧（或高 CO_2）浓度会导致挥发性产物（如乙醇）的积累，引起生理紊乱。除了乙醇，其他种类的化合物和相关的代谢过程似乎对氧浓度也高度敏感。其中，氨基酸代谢是低氧应激影响最大的因素之一，如丙氨酸、天冬氨酸、γ-氨基丁酸（GABA）、脯氨酸、丝氨酸和苏氨酸，在果蔬气调贮藏过程中受氧浓度的调节。在模式物种和水果组织，丙氨酸已被鉴定为缺氧相关代谢产物，这种氨基酸来源于丙酮酸的转氨作用中的两种反应：谷氨酸转化为 2-氧戊二酸盐（2-OG）或 GABA 转化为琥珀酸半醛（SSA）。从能量的角度来看，通过 GABA 分流产生的 SSA 比产生 2-OG 效率低，这可能意味着在低氧浓度下谷氨酸形成丙氨酸，植物可以利用它作为丙酮酸的储存形式。

此外，GABA 在胁迫条件下（包括缺氧）发挥重要作用，它可能是植物调节胁迫反应的信号分子，也是一种保护分子。关于果蔬气调贮藏下 GABA 积累模式是有争议的，在低氧胁迫下有增加也有减少的。关于 GABA 的一个确凿证据是该化合物在能量代谢和防御不同的非生物胁迫中发挥重要作用。丙氨酸和 GABA 是缺氧条件下产生的主要氨基酸，占低氧胁迫下总游离氨基酸的大部分。一般来说，氨基酸的积累是生物体的一种防御应答，保护组织免受不同的胁迫。因此，丙氨酸和 GABA 的产生也被认为是一种防御机制。

氨基酸之间的相互转换是一种适应环境的过程，可以使细胞的新陈代谢适应不同的条件。其他氨基酸的积累也受到缺氧的影响，在低氧浓度下贮藏的果蔬中，脯氨酸、异亮氨酸、苏氨酸和丝氨酸的积累增加。而天冬氨酸、天冬酰胺和谷氨酸在缺氧时呈现低水平，可能是因为这些氨基酸是丙氨酸和氨基丁酸合成的前体。通常，当能量水平降低时，天冬酰胺被用来供应三羧酸循环的碳骨架，而丙氨酸作为主要氨基酸在缺氧条件下积累。

氧浓度也影响果蔬的有机酸含量，如在气调贮藏期间果蔬中的琥珀酸和奎尼酸的含量都不断增加。奎尼酸有助于产生一些重要的酚类化合物，如咖啡、对香豆酸和奎尼酸的酯，以及黄烷醇单体、二聚体及低聚体，槲皮素苷和二氢查耳酮。低氧贮藏调控果蔬有机酸含量的作用机制还有待阐明。但是，有机酸含量增加有助于细胞应对低氧应激和活性氧（ROS）胁迫。苹果酸是苹果和梨等水果中最重要的有机酸之一，它在果实中的含量也会受到低氧条件的影响。在气调贮藏环境中氧含量越低，苹果果实中的苹果酸含量就越高，这主要是由于缺氧对好氧呼吸和 TAC 循环酶具有抑制作用。

糖代谢也受氧浓度的调节。在低氧条件时，葡萄糖、半乳糖和蜜二糖浓度呈增加趋势。果实组织中的半乳糖主要结合在细胞壁多糖的侧链上，如果细胞壁出现破坏，半乳糖的含量就出现增加。其他糖类如阿拉伯糖、蜜二糖、棉子糖和蔗糖及许多糖醇，在植物中都被称为渗透保护剂和应激标记。例如，蜜二糖是棉子糖寡糖家族的一员，已知与胁迫反应有关，并在耐胁迫的物种/品种中积累。植物在胁迫中积累的几种双糖是保护渗透因子，有助于膜和蛋白质的稳定，以及维持适当的细胞水合水平。这些物质在应激条件下含量增加，可作为双糖的碳水化合物储备，进而保护组织免受长期胁迫和能量损失。

低氧条件导致无氧呼吸，产生有毒产物和活性氧积累。在缺氧时生物体产生的过氧化氢（H_2O_2）被认为是一个信号分子，可触发下游缺氧信号的反应。

5. 信号转导 基于对各种植物和组织的转录组分析，以及检测它们对低氧胁迫的反应，发现低氧对基因表达模式有很大的影响。植物细胞对低氧的反应表现为基因转录出现了一个全基因组规模的重组，以重置不同的代谢和信号通路。低氧可调节许多基因的表达，大约 50 个不同的基因（转录因子、信号蛋白、厌氧代谢酶和无特征的蛋白质编码基因）被鉴定为植物不同细胞类型和物种间的共同（核心）低氧响应基因。对果蔬贮藏过程中分子变化的研究始于 20 世纪 80 年代末，一些代谢酶的编码基因（包括乙醇脱氢酶、丙酮酸脱羧酶、乳酸脱氢酶和丙酮酸脱氢酶）被鉴定为氧响应基因。这些基因编码的酶参与丙酮酸发酵，它们的上调导致从好氧呼吸转换为厌氧呼吸，积累厌氧代谢产物，如乙醛和乙醇等挥发性物质。有些果蔬的低氧胁迫基因已经被鉴定，如丙氨酸转氨酶编码的酶参与可逆催化丙酮酸和谷氨酸到丙氨酸和 α-氧戊二酸及蔗糖合酶，在低氧条件下可以催化蔗糖和果糖形成 UDP-葡萄糖。在低氧胁迫下，果蔬中还有一些特定基因出现下调，如乙烯依赖的基因，这就抑制了乙烯的生物合成和作用。

从21世纪初开始，后基因组有助于进一步理解在分子水平上涉及低氧反应的过程，特别是在苹果果实中。转录组学和代谢组学研究旨在识别和描述与低氧诱导的生理失调（如果肉褐变）的发生和发展过程，以及与能量（与三羧酸循环和电子传递链有关）、脂质（与膜改变和脂肪酸氧化有关）、次生代谢及氧化还原状态有关的基因。在苹果中，涉及细胞壁的基因、主要和次要碳水化合物、氨基酸、次生代谢、发酵和糖酵解，以及参与运输的基因和防卫基因、氧化还原基因会有选择地受到不同氧气浓度的影响，这可能与水果组织中活跃的传感机制有关。低氧环境对果蔬特异性乙烯转录因子（ERF）的调控和特异性蛋白的积累也说明了苹果果实的低氧敏感机制，ERF似乎在调节基因表达方面发挥了关键作用。除了*ERF*，其他转录因子家族（如AUX/IAA、WRKY、HB、MADS box）也参加了苹果果实对低氧胁迫的分子应答。

低氧胁迫所涉及的调控机制和信号转导，在模式植物拟南芥中研究得较多，拟南芥中大约80%的低氧反应基因在转录水平被一组ERF Ⅶ亚组所调控。这些转录因子被称为直接氧传感器，负责触发大多数缺氧反应基因的表达，进而表现出对低氧的适应性反应。低氧导致植物细胞能量供应不足，长链酰基辅酶A合成酶活性降低，影响脂肪酸合成。研究表明，低氧胁迫导致不同长链和饱和度的酰基辅酶A的差异性改变，但细胞内酰基辅酶A池变化并不明显。其中，不饱和长链酰基辅酶A的显著积累，使得ACBP1-ERF Ⅶ复合物解离及ERF-Ⅶ向细胞核转移，激活低氧相关基因表达，启动低氧信号转导。已有研究表明，植物细胞通过类泛素化N端蛋白降解（NERP）机制，调控膜脂锚定的*ERF* Ⅶ家族的稳定性，以此来实现对低氧胁迫的感知和信号转导（图2-23）。

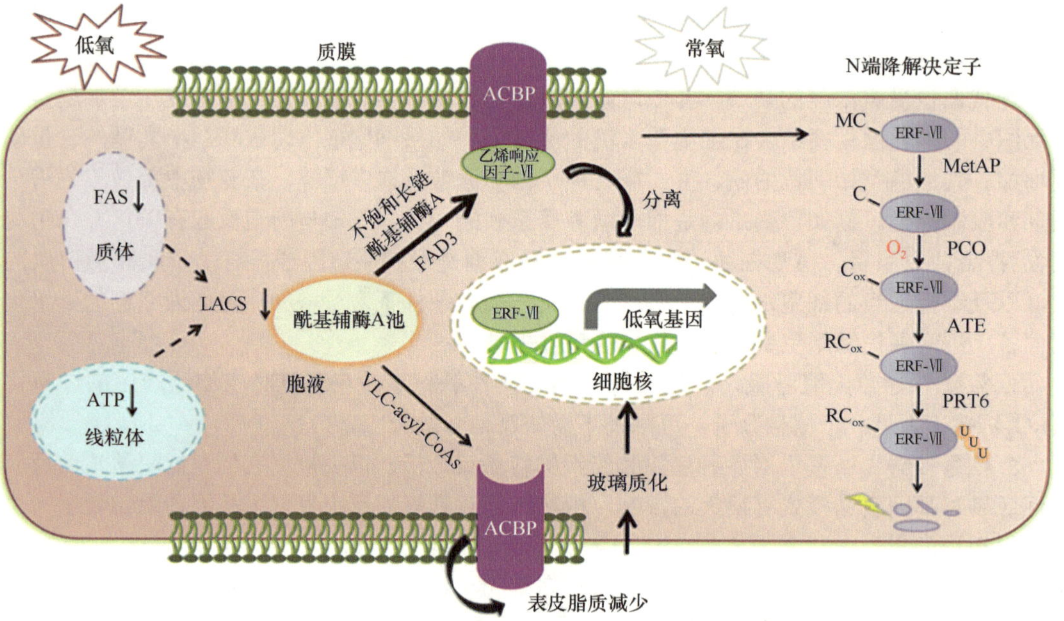

图2-23 长链不饱和脂肪酸和酰基辅酶A调控植物低氧反应双重作用的工作模型（Xie et al.，2021）

FAS. 脂肪酸合成酶；ATP. 三磷酸腺苷；LACS. 长链酰基辅酶A合成酶；FAD. 脂肪酸脱氢酶；ACBP. 酰基辅酶A结合蛋白；VLC-acyl-CoAs. 极长链酰基辅酶A；MetAP. 甲硫氨酸氨肽酶；PCO. 植物半胱氨酸氧化酶；ATE. 精氨酸转移酶；PRT. 蛋白质水解酶

氧敏感和信号转导是基于ERF Ⅶ在有氧条件下的氧依赖性翻译后修饰，而不是在无氧条件下。典型的ERF Ⅶ转录因子的特征是作为第二N端氨基酸的半胱氨酸（Cys2），使ERF Ⅶ

蛋白成为 NERP 的候选底物。在缺氧环境下，ERF Ⅶ蛋白由于 NERP 蛋白水解作用的抑制而积累，并从膜中游离，转运到细胞核中激活下游缺氧反应基因的表达。在正常的氧浓度条件下，AtERF Ⅶ通过与膜相关的酰基辅酶 A 结合蛋白 AtACBP1 和 AtACBP2 相互作用定位于细胞质膜上，将 ERF Ⅶ隔离在质膜中以保护其免受蛋白酶体降解。ACBP-ERF Ⅶ复合物可能通过整合不同细胞内来源的信号来调节缺氧反应，在缺氧感知中发挥重要作用。遗传分析证明了这一观点，下调 *ACBP1* 或 *ACBP2* 会降低植物的耐低氧的能力，这表明 *ACBP1* 和 *ACBP2* 是植物耐低氧所必需的。ACBP4 和 ACBP5 在体内和体外与 ERF Ⅶ蛋白 RAP2.3/AtEBP 相互作用，这两个 ACBP 可能也有助于调节低氧信号，可能是通过将 ERF Ⅶ从质膜向细胞核转运以应对低氧胁迫。ACBP 是一类进化保守的真核生物蛋白，由于其与长链酰基辅酶 A 有很强的亲和性，因此，具有维持酰基辅酶 A 池的功能，ERF Ⅶ与 AtACBP1 和 AtACBP2 形成蛋白质复合物，对维持氧感知和信号转导非常重要。

磷脂酸（phosphatidic acid，PA）介导植物对各种非生物胁迫的反应，研究发现 PA 通过激活乙烯信号通路帮助植物适应低氧胁迫。Yu 等研究表明，PA 在低氧信号转导中发挥作用，是基于其对丝裂原活化蛋白激酶（MAPK）的亲和力。作为一种非常规的 MAPK 级联激活（MAPKKK），CTR1 阻断 MPK3/MPK6 的激活，同时通过不同 MPK 磷酸化促进 EIN3 的降解。MPKs 对低氧的反应取决于低氧引发的 PA 积累。低氧胁迫下 PA 结合可能同时抑制 CTR1 并激活 MPK3 和 MPK6（图 2-24）。

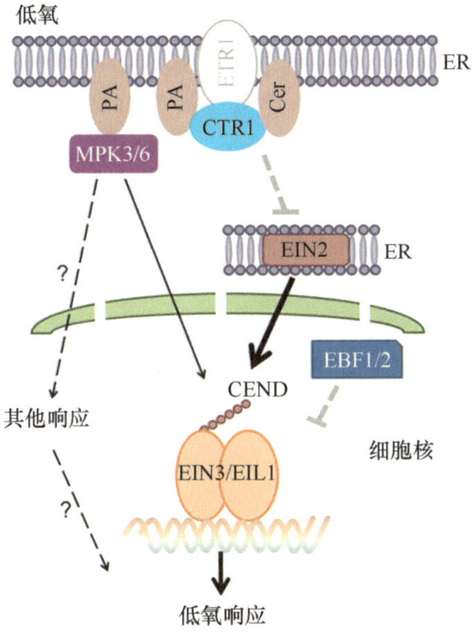

图 2-24　磷脂酸和神经酰胺调控乙烯信号介导的植物缺氧应答反应（Xie et al.，2021）

PA. 磷脂酸；ER. 内质网；ETR. 乙烯受体；CTR1. 组成型三重反应蛋白；Cer. 神经酰胺；MPK. 丝裂原活化蛋白激酶；EIN3/EIL1. 乙烯不敏感 3/ 类乙烯不敏感 1；EBF. EIN3 结合蛋白

除以上途径外，间接的氧敏感机制可能是基于低能量状态、碳水化合物利用率的变化、ROS 信号、一氧化氮相关反应、NAD/NADH 比值、钙通量和细胞内 pH 变化的稳态反应。目前，果蔬采后贮藏期间低氧胁迫的信号转导及其分子调控网络仍不清楚。借鉴模式植物拟南芥中的低氧感知和信号转导，对果蔬的低氧胁迫和采后贮藏具有重要的意义。

6. 高二氧化碳胁迫　气调贮藏是通过控制贮藏环境的气体比例来达到贮藏保鲜的目的，气调的主要特点是氧气浓度降低，同时二氧化碳浓度增加。一方面，降低氧气浓度和增加二氧化碳浓度能有效地抑制果蔬的新陈代谢；另一方面，这些条件对果蔬来说也是一种胁迫。在低O_2/高CO_2浓度下贮藏时间超过一定限度后，果实就会出现生理紊乱。如果贮藏环境的CO_2浓度过高，会导致果实的生理失调，因为无氧呼吸要产生一些挥发性物质，这些物质的大量积累要损伤果蔬组织，导致品质劣变。高浓度CO_2通过氧化损伤使组织内部变色，产生H_2O_2和破坏细胞膜。贮藏在高浓度CO_2下的果实，其多酚氧化酶（polyphenol oxidase，PPO）活性高于正常贮藏的果实，且PPO活性与果实褐变呈正相关。

在梨果中，高CO_2浓度诱导琥珀酸大量积累，可能会产生毒害。高CO_2产生的伤害表现为果皮损伤、核褐变和内部溃变。梨贮藏在5% CO_2浓度下，果心褐变率比贮藏在0.7% CO_2浓度下果心褐变率高。这与脂质过氧化积累有关，抗氧化酶活性的降低可能导致脂质过氧化和褐变。高CO_2浓度可以导致发酵相关化合物的大量积累，产生毒害，诱导细胞膜破坏和组织褐变。褐变与较高的PPO活性有关，它催化酚类化合物氧化为褐色色素，导致果心褐变。在健全的组织中，作为酶底物的氧化酶和酚类物质位于不同的亚细胞中。细胞呼吸紊乱降低了用于维护膜完整性所需的能量，细胞分区化可能受到破坏，使PPO与其酚底物接触，从而使组织褐变，褐变发生也与抗坏血酸的减少有关。

CO_2浓度的增加会改变果实的颜色和硬度及果胶化合物的溶解，从而导致细胞壁的破坏，对果实品质产生负面影响。例如，高CO_2浓度引起草莓的花青素从组织内向组织外迁移，或高CO_2浓度引起草莓pH变化导致花青素类型的变化，使得浆果草莓外层组织会发生黑色或紫色变色。在高CO_2浓度胁迫下，樱桃果实出现果梗变色，果色变暗（抑制红色素合成），果实出现渗出物，表面褐变及产生异味；桃果实表现出褐变；蜜瓜出现水分浸透和表皮开裂；猕猴桃果心变硬（不能后熟熟），果皮半透明和果皮颗粒化（可能是由于CO_2和乙烯之间的协同作用）。蔬菜在高CO_2胁迫下表现出几种紊乱症状，如朝鲜蓟的苞片可能会变黑，花托内的组织也会变色，在更成熟的花蕾中症状会更严重，苞片发黑可能是低O_2损伤和高CO_2损伤；甘蓝出现组织褐变，这种褐变通常发生在茎端维管环附近，分生组织由于呼吸活跃，对氧损伤更为敏感，贮藏后褐变和干枯；卷心菜表现为顶端周围组织的褐变，并产生明显的异味；生菜出现叶片浸水、心叶损伤（叶缘或心叶整个叶片变成红棕色）和褐变，这些都是高CO_2产生的毒害。此外，对CO_2损伤的敏感性受遗传基础影响，如苹果品种‘Gala’‘金香’‘Jonagold’比其他品种更不容易受到二氧化碳的伤害。

高浓度CO_2可以诱导植物的防御系统，如糖醇（甘露醇、利比糖醇和山梨醇）的含量增加，琥珀酸含量增加，而天冬氨酸的含量减少，这些变化与高浓度CO_2影响TAC循环有关。在拟南芥中，高浓度CO_2诱导水杨酸增加，同时，启动了多个防御途径，这种激活与氧化还原信号转导的代谢效应有关。对氧化还原组分（谷胱甘肽含量和NADPH产生酶）的基因修饰可防止水杨酸途径的启动和高CO_2浓度引起的相关抗性。另外，高CO_2浓度也影响参与次级代谢、激素依赖过程、氧化还原调节和致病相关应答的基因。对高CO_2胁迫下马尾松的转录分析表明，差异表达基因大多富集于能量代谢、碳水化合物合成、细胞壁前体合成和激素调节通路。在能量代谢方面，糖酵解、TAC循环和PPP通路相关基因的表达上调。高CO_2胁迫抑制脱落酸合成途径中的基因表达，诱导赤霉素、水杨酸、油菜素内酯和茉莉酸甲酯途径中的基因表达。

二、低温伤害

果蔬采后低温贮藏能有效抑制因呼吸作用带来的大量物质损耗，维持品质，延长贮运寿命。但是，对于大多数热带果蔬，在低温贮运过程中易发生冷害，引起品质劣变，甚至失去商品价值。

（一）冷害症状

园艺产品采后冷害是指在冰点以上低温贮运所造成的伤害，属于细胞内部结构性损伤而导致的生理机能发生障碍，是对低温胁迫的不良综合响应（表 2-2）。园艺产品冷害症状主要包括 6 类：①表皮出现凹陷斑块，主要由下层细胞塌陷所引起，塌陷处颜色逐步变深，并随冷害程度加重凹陷程度不断扩大，如橙子、青椒、橄榄和夏南瓜；②表皮组织呈水渍状斑点或斑块，并逐步加深成片，如番木瓜、番茄、黄瓜和甜椒；③果皮表面或内部发生褐变、水渍，如香蕉、芒果、番荔枝、梨、桃、凤梨、橄榄和枇杷；④叶尖、叶缘出现水渍状斑块，变成褐色或深褐色，后呈现青枯状，发生萎蔫，如花卉和一些叶菜类蔬菜；⑤果实不能正常后熟，难以达到食用品质，如香蕉、芒果、番木瓜和番茄；⑥综合症状，包括外观冷害症状与生理失调两个方面，如表面水渍化、凹陷、皱缩、褐变、萎蔫和木质化、香味丧失等。另外，荔枝、龙眼、菠菜、西蓝花、菜花、甘蓝、胡萝卜等果蔬和大多数花卉能在近 0℃温度贮运，不出现明显的冷害症状。但是，如果温度过低会引起冻害发生。园艺产品在贮运期间发生冷害后，会降低其对病原菌的抵抗能力，容易遭受病原菌侵染而迅速腐烂，并产生异味，造成严重腐烂损失。

表 2-2　不同果蔬的低温贮藏与冷害症状

果蔬	建议贮藏温度 /℃	冷害症状
香蕉	＞13	未成熟果皮出现色斑或褐化；成熟果皮出现褐色或黑色的斑块，失去后熟能力，发生异味，丧失部分香气组分
芒果	＞13	果皮出现灰色斑块，斑点状腐蚀，后熟不均匀，风味变淡，部分香气成分丧失，抗病原菌侵染能力下降
菠萝	7～13	果肉水浸状，逐步变褐（黑心病）
油梨	7～13	果肉和果皮出现色斑，果实出现异味或发臭，难以正常后熟
桃	0～1	果肉褐变、崩溃，出现粉状口感，难以正常后熟
葡萄柚	10～15	表面出现褐色斑点状蚀斑，内部组织出现水渍状，并有发酵味
柠檬	10～14	症状与葡萄柚类似，常出现红色斑点
甜橙	2～5	与葡萄柚类似，严重时表皮发生凹陷
番木瓜	13（成熟果实） 10（部分后熟果实） 7（完全后熟果实）	出现斑点状腐蚀，表面出现黄褐色斑块，难以正常后熟，丧失部分香味
番石榴	8～10	无法后熟，果肉褐变，在严重情况下果皮变褐，易发生腐烂
波罗蜜	12～14	果皮变色，果肉褐变，产生异味，腐烂敏感性增加
山竹	12～14	果皮变黑和变硬，腐烂增加
杨桃	5～10	果皮表面出现点蚀
橄榄	＞6	表面凹陷、皱缩，果皮变褐，果肉褐变
火龙果	10（红色果肉） 6（黄色果肉）	果肉半透明，果实变软、萎蔫，鳞片变黑，风味差
番荔枝	8～12（品种存在差异）	果皮变黑和变硬，出现麻点状，风味差，果肉粉腻

续表

果蔬	建议贮藏温度/℃	冷害症状
百香果	7～10（部分后熟果实） 5～7（完全后熟果实）	果皮和果肉内部变色，出现麻点、水渍状和异味，腐烂增加
梨	＞0	果肉出现黑心
白兰瓜	7～13	果面出现水渍状斑块，由灰色变为褐色，表面黏稠，腐烂增加
苹果	0～7	果心果肉褐化，果肉出现海绵状
网纹甜瓜	2～5	出现斑点状蚀斑，易发生腐烂
西瓜	10～15	出现斑点状腐蚀，果肉红色下降，风味变淡
辣椒	7～13	表面水渍状、凹陷，出现暗黑色斑点状腐蚀，易感染病原菌
番茄	7～13（成熟） ＞13（绿熟）	果实呈水渍状，难以正常后熟，种子褐化
黄瓜	7～10	表皮组织呈水渍状，从皮孔开始出现点状腐蚀，易被病原菌感染引起腐烂
茄子	7～13	水渍状褐斑或斑点状腐蚀，果肉褐变，果柄脱落或腐烂
豆荚类	7～10	表面呈现黄褐色或干疤
甘薯	＞13	果肉变色，组织崩溃，易腐烂，出现异味
南瓜	10～15	易感染链格孢菌，腐烂增加
马铃薯	3～10	内部出现红褐色，口感变甜
夏南瓜	7～10	表面点状腐蚀，凹陷，脱水，变色
石刁柏	2～4	顶部色泽变黑，出现水渍状，随后发生腐烂
黄秋葵	7～10	出现斑点状腐蚀

（二）冷害发生的生理基础

冷害是由细胞内部结构逐步损伤而引发的一系列生理功能障碍的外在表现形式。果蔬冷害发生的生理基础主要包括膜脂相变、自由基伤害、蛋白质损伤、细胞壁降解、呼吸异常与能量亏损和激素调控等。

1. 膜脂相变 细胞膜系统是组成细胞的基本结构单元，作为细胞生命活动赖以生存的基础。细胞膜生物大分子的分子结构和构象作为植物感受低温的原初部分。细胞膜系统一旦受到损伤，将引起细胞、组织各种生理代谢失调或紊乱。膜脂相变学说认为，在正常温度条件下，植物细胞膜呈液晶态相，但遭遇低温胁迫后，膜脂逐步发生了相变，成为凝胶态，并随着低温时间的延长，这种转变使细胞内原生质成为固态，难以有效流动，细胞膜失去选择透过性，胞内电解质大量渗漏，细胞内外离子失去平衡，进而引发与膜相结合蛋白的功能发生改变，引起一系列代谢紊乱，并产生中间产物和有毒物质，最终损伤细胞，甚至造成细胞解体，导致冷害发生。膜脂相变发生与低温程度和持续时间密切相关。如果低温持续时间较短，当转移到自然条件下，植物生理失调能被完全或部分修复，不出现冷害。细胞膜上的脂肪酸不饱和度与膜脂相变温度相联系，不饱和脂肪酸含量越高，膜流动性越大，膜脂相变温度越低，植物抗冷性越强；并且耐冷型果蔬品种的不饱和脂肪酸含量明显高于冷敏型品种。香蕉、番茄、黄瓜、甜椒、油桃、枇杷、橄榄、梨等多种果蔬在低温条件下贮藏，不饱和脂肪酸/饱和脂肪酸比率增加，细胞膜通透性显著增强。

2. 自由基伤害 在正常条件下，植物细胞中活性氧（ROS）自由基的产生与清除处于相对平衡的状态中，但受到低温胁迫时，这种相对平衡会打破，导致大量ROS积累。而过量ROS要损伤膜脂，引发并加速膜脂过氧化，使细胞膜的结构与功能受到损伤；同时影响DNA、RNA、蛋白质和多糖等生物大分子功能，表现出代谢异常。植物体内ROS主要来源于线粒体呼吸链上的电子漏，包括超氧阴离子、羟自由基和H_2O_2。而ROS清除系统包括酶促抗氧化系统和非酶促抗氧化系统。酶促抗氧化系统涉及超氧化物歧化酶（SOD）、过氧化氢酶（CAT）、抗坏血酸过氧化物酶（APX）、谷胱甘肽还原酶（GR）、甲硫氨酸亚砜还原酶（Msr）等抗氧化酶；非酶促抗氧化系统涉及抗坏血酸（Ash）、维生素E、谷胱甘肽、类胡萝卜素、辅酶Q、酚类物质、生物碱、硫氧还蛋白（Trx）和非蛋白质氨基酸。其中，Asa作为细胞内一种小分子的抗氧化剂，除了直接能与ROS进行还原反应、清除ROS，还可作为抗坏血酸过氧化物酶底物，帮助清除ROS作用。园艺产品在采后低温贮运过程中，需要抗氧化系统协调作用，以维持ROS在较低水平，保持细胞膜正常功能，从而防止冷害发生。

3. 蛋白质损伤 蛋白质既是细胞的重要组分，又直接参与细胞代谢过程。低温可引起蛋白质分子中的疏水键削弱，使氢键与静电引力的相互作用加强；同时引起包括抗氧化酶在内的蛋白质构象发生变化，直接影响酶结构与活性，从而降低许多抗氧化酶类清除细胞内ROS的能力，导致代谢异常。低温还影响一些多聚结构蛋白质（如微管、微丝等）的稳定性，这些蛋白质在低温逆境胁迫下会逐步发生解聚，从而影响园艺产品的质地品质。考虑到大多数酶对低温胁迫存在适应性，在较小温度波动范围内，蛋白质构象可能并没有发生明显的变化。这与园艺产品于冷害温度中短暂贮藏不出现冷害症状相一致。随着现代分子生物学技术的应用，特别是蛋白质组学的发展，发现低温胁迫能调控细胞内有关ATP的合成、活性氧系统、钙离子通道、茉莉酸、油菜素内酯、乙烯、脱落酸和水杨酸等信号途径一系列蛋白质的结构与功能，进而影响园艺产品采后冷害发生。

4. 细胞壁降解 细胞壁成分主要包含纤维素、半纤维素及果胶等多糖物质，其中以果胶物质含量最高。在果蔬采后软化过程中，需要一系列细胞壁降解酶的催化作用，最终生成可溶性果胶，使得果实逐步变得柔软多汁。低温胁迫会影响细胞壁物质的代谢，导致果实采后不能正常软化而出现果肉发绵、汁液减少等一系列冷害症状，严重影响质地和商品性。在一系列细胞壁降解酶中，果胶甲酯酶和多聚半乳糖醛酸酶是果胶降解的关键酶。在果实冷藏过程中，果胶甲酯酶活性提高，而多聚半乳糖醛酸酶活性降低，其结果导致高分子量的低甲氧基果胶（low-methoxyl peptin）不断积累增加，束缚了果实组织中的游离水，从而造成果肉中果汁减少，出现絮败现象，如油桃。在冷害温度贮藏中，果实组织ROS含量增加，ROS能非酶促降解细胞壁成分，共同参与了细胞壁物质的降解作用。

5. 呼吸异常与能量亏损 果蔬采收后仍是活的生物体。呼吸作用是生物体形成ATP的基础。当植物发生冷害后，呼吸作用异常升高，这与呼吸作用的有关酶类和代谢途径发生改变有关，表现为交替氧化酶（AOX）和解耦联蛋白（UCP）途径升高，以适应低温胁迫，同时预示着植物冷害的启动。对于发生轻微冷害的果蔬，如能及时置于正常温度下，呼吸强度基本能恢复到正常水平，并且呼吸途径也没有发生明显的改变。

由冷害引起的园艺产品呼吸强度变化原因主要包括：①低温导致代谢过程失调，酶促反应从平衡状态变为不平衡状态，表现为能量产生效率降低；②无氧呼吸增强，一些挥发性产物如乙醇、乙醛等在细胞内积累增加，造成呼吸链损伤，氧化磷酸化能力下降；③在园艺产品冷害呼吸过程中，抗氰呼吸途径明显加强，有利于组织提高ROS的清除能力。

在植物正常生命活动中，细胞通常能够合成足够能量以维持组织的正常代谢过程，但在受到低温胁迫的过程中，能量过量损耗会导致线粒体的呼吸活性增强，继而促进 ROS 产生。而 ROS 大量积累可影响线粒体上的酶和电子传递链，并打开线粒体膜上的通透性孔道，从而间接导致线粒体损伤，阻断 ATP 产生进程而引起能量供给不足。植物组织能通过提高 AOX 和 UCP 的活性及其表达水平，在一定范围内调控 ROS 水平、氧化磷酸化和 ATP 合成速率，从而维持能量供需动态平衡。线粒体功能异常或能量利用效率下降所引起的能量亏损，是导致果蔬采后发生冷害的直接原因。此外，AOX 和 UCP 运行还有利于园艺产品在低温等逆境条件下调节三羧酸循环的运行，维持能量平衡，抵抗氧化胁迫，并降低由线粒体电子传递链产生的 ROS 水平。果蔬冷害发生与能量供给有关，合适的采后处理通过调控呼吸和能量代谢、膜脂及细胞膜结构与功能的修复，从而减轻冷害发生。

6. 激素调控 在果蔬采后低温适应逆境中，植物激素起重要的调控作用。低温抑制了乙烯生物合成中的 1-氨基环丙烷-1-羧酸（ACC）合成酶和 ACC 氧化酶的活性，延缓了果实采后后熟衰老，而果蔬遭遇较长时间低温胁迫后转到常温条件下，ACC 合成酶和 ACC 氧化酶的活性大幅度升高，从而刺激了乙烯的大量产生。多胺作为植物中一类含有两个或更多氨基的化合物（腐胺、尸胺、亚精胺、精胺等），一方面能够清除体内超氧阴离子和 H_2O_2 等 ROS；另一方面通过共同竞争 *S*-腺苷甲硫氨酸（乙烯合成前体物质），抑制乙烯的生物合成，在诱导植物抗冷性中发挥重要作用。脱落酸（ABA）作为逆境胁迫的植物激素，与植物抗冷性密切相关。ABA 诱导植物抗冷性作用包括三个方面：①增加细胞膜稳定性，减缓膜脂相变发生；②促进气孔关闭，增加植物的水分平衡能力；③促进某些抗冷物质的形成。除 ABA 外，低温胁迫还与 IAA、GA 和 CTK 的作用有关。IAA 含量降低能增强芒果的抗冷性；内源 GA_3 含量下降有利于减轻菠萝冷害发生；而 CTK 可提高抗氧化酶的活性，清除 ROS 积累，并影响不饱和脂肪酸的组成比例，从而增强果蔬的抗冷性。总的来说，植物激素对果蔬抗冷性诱导是多种生理活动的共同作用结果，主要通过影响下游基因表达、翻译和蛋白质功能而发挥作用。

（三）冷害发生的环境因素

园艺产品冷害的发生和程度与贮藏温度和贮藏时间之间存在累积效应，即温度越低，贮藏时间越长，则冷害越严重。其中，一些果蔬在低温下短时期贮藏后转至常温下，能恢复正常代谢功能，表现正常生命活动，不出现冷害症状；但若贮藏时间过长，出现代谢失调，会造成不可逆的损伤，表现出冷害症状。表 2-2 给出了不同果蔬的低温贮藏与冷害症状。某些果实对低温贮藏有特殊要求。例如，广东甜橙在 1～3℃或常温（平均温度为 15℃）下贮藏 4～5 个月，因低温伤害而出现的褐斑比在中间温度（7～9℃）贮藏中要轻得多。

贮藏湿度同样影响果蔬冷害的发生。在贮藏期间增加相对湿度能减轻冷害发生；而较低的贮藏湿度则加速了果蔬表面水分的蒸发，影响一系列生理代谢过程，降低果蔬对低温胁迫的适应能力，从而促进了冷害症状的发生。香蕉、荔枝、黄瓜和辣椒等果蔬在相对湿度高的条件下贮藏，冷害程度较轻。

贮藏环境中气体成分对果蔬采后生理代谢活动起调控作用，从而也影响果蔬对低温的敏感性及其冷害发生。对于油梨、番荔枝、菠萝、梨、芒果、苦瓜、番茄等果蔬而言，低 O_2 和高 CO_2 气调环境能有效减轻冷害症状，但对香蕉、黄瓜、灯笼椒来说，低 O_2 和高 CO_2 的贮藏环境反而促进了冷害发生。

（四）冷害发生的分子机制

果蔬冷害发生的分子机制研究主要围绕乙烯作用展开，包括在低温贮藏过程中乙烯信号转导途径。通过冷锻炼、丙烯、1-甲基环丙烯（1-MCP）、热处理等不同处理对乙烯响应因子和信号转导途径的影响结果，确定了一系列转录调控因子（AP2/ERF、NAC、MYB、ERF、WRKY、MYB、Ej4CL1、CBF1、NOR-RIPENING 等）在果蔬冷害发生的作用。随着对模式植物（拟南芥）冷害机制的深入研究，提出了通过调控 C-重复结合因子（C-repeat binding factor，CBF）来调节转录因子 MYB15 的蛋白质稳定性，以及植物早期低温应答中的 *CBF* 基因能被快速诱导的分子机制。拟南芥响应低温胁迫的分子机制涉及 braainosteroid-insensitive 2（BIN2）蛋白与 *CBF* 基因上游转录因子 inducer of CBF expression 1（ICE1）互作，作为植物低温响应过程的一个重要开关，丝裂原活化蛋白激酶（MPK3/6）通过磷酸化 ICE1 负调控拟南芥对低温的耐受能力，新生多肽链偶联蛋白复合体 β 亚基的基本转录因子 3（basic transcription factor 3 like，BTF3L）蛋白通过间接调控 *CBF* 基因的表达而增强植物的抗冻能力及气孔开放因子 1（open stomata1，OST1）参与低温抗性诱导的分子作用，为进一步阐明果蔬冷害发生的分子机制提供了重要思路。

果蔬冷害发生与细胞能量发生亏损有关，ATP 含量较高和能荷值较高的果蔬冷害程度较低。2014 年，在拟南芥中首次确定了细胞外 ATP（eATP）受体（*DORN1*，does not respond to nucleotides 1）。eATP 除充当细胞能源外，还可能在植物中响应低温胁迫，通过 *DORN1* 作用途径发挥多种功能。植物中的 *DORN1* 对 eATP 感知受伤、触碰及各种生物和非生物胁迫及诱导胞内 ATP（iATP）释放到胞外基质中的可能过程，说明 eATP 受体参与了对低温的响应和冷害发生过程（图 2-25）。

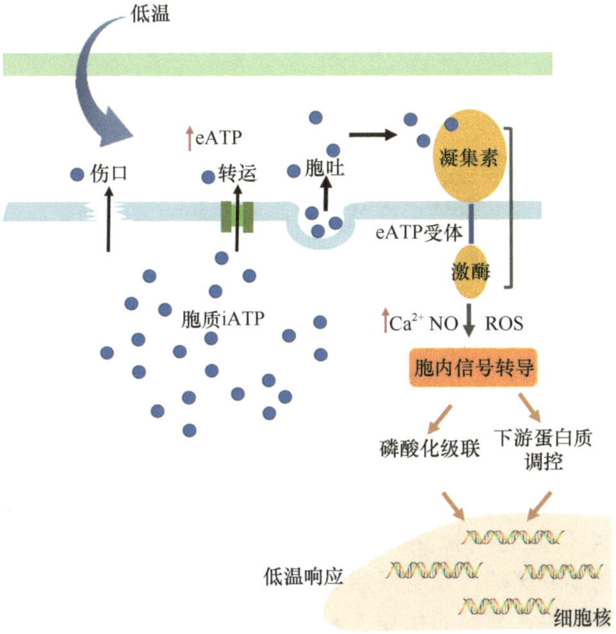

图 2-25 eATP 参与园艺产品采后冷害发生的可能分子机制

随着现代分子生物学技术应用，针对不同园艺产品采后冷害特性，借鉴模式植物拟南芥的研究进展，通过转基因功能验证，可望从分子生物学、基因组学、蛋白质组学和细胞生物学等方面深入揭示园艺产品冷害发生的分子机制。

（五）冷害调控途径

随着对园艺产品采后冷害发生及调控机制的研究深入，在冷害防控技术方面也取得了重要进展。园艺产品采后冷害防控措施主要包括以下几个方面（表 2-3）。

表 2-3　减轻不同果蔬冷害的主要采后处理

主要采后处理	主要果蔬	主要生理效应
热处理	芒果、枇杷、番木瓜、番茄、黄瓜、桃、李、南瓜、青椒、茄子	维持不饱和脂肪酸/饱和脂肪酸，促进热激蛋白基因表达和热激蛋白积累，增强精氨酸途径，促进糖代谢
冷锻炼	枇杷、香蕉、青椒、黄瓜、茄子、秋葵	减少失水，促进成熟，减少细胞膜损伤和磷脂降解
可食性被膜	香蕉、芒果、石榴、苹果	提高保水能力，抑制呼吸作用，增强组织抗氧化能力
NO	黄瓜、香蕉、李、猕猴桃、芒果	启动抗氧化防御系统，减轻 ROS 积累而引起的对细胞膜氧化的伤害，调节细胞壁代谢相关酶活性
茉莉酸甲酯	番木瓜、芒果、橙子、桃子、菠萝、枇杷、番茄、茄子、灯笼椒、黄瓜	调节抗氧化系统和能量水平，维持细胞膜和细胞壁代谢平衡，影响脯氨酸和 γ-氨基丁酸含量
水杨酸	番茄、香蕉、火龙果、山竹、柠檬、猕猴桃	提高多胺含量，诱导热激蛋白的表达，增强抗坏血酸-谷胱甘肽循环，增强抗氧化能力
草酸	石榴、桃、芒果、猕猴桃	抑制采后呼吸作用，调节组织能量代谢和脂肪酸含量
甜菜碱	香蕉、番木瓜、桃、枇杷、辣椒、山楂、黄瓜	增强细胞抗氧化能力，维持细胞膜完整性，保持细胞壁代谢平衡
硫化氢	草莓、香蕉	提高抗氧化酶类的活性，增加脯氨酸含量，减缓 ROS 过度积累对细胞膜造成的损伤

三、失水萎蔫

水分是采后果蔬的重要组成成分，充足的水分可以保持细胞膨压从而保持产品表面光泽、弹性、硬度和脆性等品质指标，是采后产品新鲜品质维持的关键因素。此外，水分作为细胞内诸多酶反应所需的物质和可溶性风味物质及营养物质的溶剂，与采后生理反应及代谢机制的响应关系密切。采后水分损失会造成细胞组织代谢紊乱、活性氧积累、激素水平失衡、营养物质流失，加速园艺产品衰老及品质劣变。当失水较少时，植物会产生一系列的应激反应，表现出水分胁迫耐性，通过一系列的调节响应失水而维持生命，这一过程包括水分胁迫信号转导、渗透调节、离子平衡、激活水分胁迫相关基因的表达、积累功能蛋白及胁迫损伤的控制和修复等。对园艺产品在采后水分亏缺的应激性反应和调控机制的研究，有利于提高园艺产品对采后失水抗逆性的理解。影响采后失水的主要因素包括产品种类、表面组织结构、表面比和细胞持水力等内部因素和贮藏环境的温度、相对湿度等贮藏环境因素。提高贮藏环境的相对湿度可减小蒸腾作用失水带来的不利影响，延缓采后失鲜和失重，延长货架期并维持采后品质。下文将对影响失水萎蔫的因素、失水与品质劣变、水分胁迫的响应机制及失水萎蔫的调控途径研究进展进行系统介绍。

（一）影响失水萎蔫的因素

园艺产品采后失水主要来自采后蒸腾作用，影响因素包括产品表面组织结构、表面比、细胞持水力等产品内部因素及温度、湿度、气压等环境因素。植物体内的水分通过蒸腾作用以气体状态经过植物体表面从体内散发到体外，果蔬产品采收后失去母体和土壤供给的营养补充，而蒸腾作用依旧进行，引起水分损失，导致产品失鲜失重。采后水分蒸腾主要是通过产品表皮层上的气孔和皮孔等自然孔道进行，少量通过表皮直接扩散蒸腾。气孔蒸发的速度快于表皮蒸发，不同种类、品种和成熟度的果蔬，气孔、皮孔和表皮层结构的不同会导致失水率的不同。气孔的数量可影响蒸腾作用的大小：叶菜类蔬菜由于叶片上气孔多，保护组织少，极易萎蔫；气孔密度和角质层厚度的差异是不同切花品种采后蒸腾作用差异的主要原因。许多果蔬和贮藏器官只有皮孔而无气孔，皮孔由一排列紧凑的木栓化表皮细胞形成，不能关闭，可使内层组织的细胞间隙直接与外界接触连通，从而加速水分蒸发，果实失重率与果面上皮孔覆盖率成正比，如梨和苹果果皮上皮孔数目多，容易失水。果蔬的比表面积（specific surface area）越大，蒸发作用越强，在相同条件下，同等重量但体积较小的产品通常具有更大的比表面积，因此更容易蒸发水分。例如，叶菜类产品表面积比较大，在贮运中易脱水萎蔫。细胞持水力也会影响采后失水，细胞保水力的大小与细胞中可溶性物质和亲水性胶体的含量有关，含有较多亲水胶体的原生质，可溶性物质含量高，细胞具有较高的渗透压，有利于细胞保水，降低水分的蒸发，同时细胞间隙大时水分移动阻力小、移动速度快，更易引起水分损失。采后环境中的相对湿度、温度、压强等因素会影响产品中水分的损失。空气湿度是影响产品表面水分蒸发的直接因素，采后新鲜果蔬产品组织中水分充满，当空气湿度较小时水蒸气含量较少，产品内水分由组织内部散发到环境中。增大相对湿度可以在一定程度上降低蔬菜的蒸腾作用，从而降低其相对失水率，维持果实硬度和新鲜度。相对湿度对不同蔬菜的蒸发强度影响不同，相对湿度对叶菜类（如大葱和青菜）的失水率影响更大，而对黄瓜和菠菜的蒸发强度几乎没有影响。温度变化会引起产品与空气中蒸汽饱和差改变，从而影响果蔬失水速率：温度升高使空气饱和湿度增加，水分子移动加快且细胞液黏度下降，水分子所受的束缚力减小，加重产品失水程度。不同果蔬蒸腾作用对温度的反应不同：温度下降，蒸腾速率急剧下降，如马铃薯、洋葱、胡萝卜、柿子等；温度下降，蒸腾作用缓慢下降，如番茄、花椰菜、枇杷等；与温度关系不大，蒸腾作用引起失水加速，如芹菜、菠菜、茄子、黄瓜、蘑菇、芦笋、草莓等。此外，低压条件可促进果蔬气孔的张开，减少水分蒸腾的阻力，进而引起水分丧失。

（二）失水与品质劣变

采后失水引起产品失重失鲜和组织褐变，表面光泽消失、形态萎蔫，失去外观饱满、新鲜和脆嫩的质地，可溶性风味物质和营养物质含量减少，感官品质和营养品质受损，进而失去商品价值。采后失水是失重的重要原因，苹果低温冷藏 7d，由水分蒸散造成的重量损失为 0.5%，而呼吸作用仅使苹果失重 0.05%；柑橘贮藏期失重的 70% 由失水引起，25% 是呼吸消耗干物质所致。萝卜失水易造成内部糠心，苹果等核果类表现则为果肉变沙，黄瓜、柿子椒等幼嫩果实失水造成硬度下降，萎蔫失去脆性。水分亏缺导致切花体内的低水势，加速切花萎蔫及衰老进程的开始。水分流失显著增加草莓贮藏期抗坏血酸的损失和果实品质的下降。

1. 失水的生理基础　采后失水影响正常的代谢机制，过度失水导致采后产品组织中水势降低，引起代谢紊乱，包括水解酶活性增强、ROS 代谢失调、渗透失调、呼吸代谢破坏、有毒物质和离子积累及激素水平失衡等。采后水分亏缺会导致叶绿素酶、果胶酶等水解酶的活性增强，从而引起果蔬黄化、变软、皱缩。柑橘果皮细胞壁代谢相关水解酶果胶酶、纤维素酶、果胶甲基酯酶的活性随着水分胁迫的加强而增加，果皮细胞壁代谢相关成分离子结合型果胶、共价结合型果胶、半纤维素、纤维素的含量随着水分胁迫的加强而降低，而水溶性果胶含量随着水分胁迫的加强而增加。水分胁迫会引起植物体内蛋白质的降解，失水胁迫加速月季切花的衰老，可能的原因是失水胁迫提高了切花月季中度耐性品种花瓣中内肽酶的活性。在失水条件下细胞水势的降低会导致活性氧积累，造成脂膜过氧化的伤害程度加深，破坏产品体内 ROS 代谢平衡。贮藏前少量失水可促进板栗果实中相对电导率、失重率和丙二醛（malondialdehyde，MDA）含量上升，同时对呼吸强度和水分含量有一定影响。龙眼果实失水后果皮活性氧清除酶超氧化物歧化酶（SOD）、过氧化氢酶（CAT）、抗坏血酸过氧化物酶（APX）、谷胱甘肽还原酶活性和内源抗氧化物质抗坏血酸、谷胱甘肽含量下降，超氧阴离子产生速率和 MDA 含量增加，同时总酚和类黄酮含量明显下降，导致果皮褐变。采后大量失水促进了芹菜采后叶绿素含量的下降和 POD 活性、MDA 含量的上升，导致抗坏血酸含量和 SOD、CAT 和 APX 活性快速下降。失水高敏感基因型的辣椒果实的膜脂肪酸中亚油酸的含量很高，而低敏感型的则亚麻酸含量相对较高，质膜的破坏和离子渗漏与高失水率有很高的相关性。水分蒸腾与果蔬自身的呼吸作用密切相关，呼吸作用强，由此产生的热量较多，水分蒸腾也较多。同时，采后失水也会刺激呼吸作用，失水刺激大分子物质转化为小分子物质，呼吸底物的增加会刺激果实呼吸作用。采后 2% 的失水能刺激猕猴桃果实的呼吸强度，导致果实较高的腐烂率。但是，也有研究认为干燥状态抑制呼吸，过湿状态由于较高的酶活性而促进呼吸。依据湿度与果蔬呼吸的关系将果蔬分为三类：低湿促进呼吸型，包括香蕉、西洋梨、猕猴桃等大部分跃变型果实，大部分果菜类，根菜类中的直根类、薯类等；低湿抑制呼吸型，包括中国梨、日本梨、草莓、大部分叶菜类，食用菌类，花卉类等；低湿高湿无差别型，包括葡萄、橙等。过度的水分蒸发会刺激果蔬中乙烯和 ABA 的合成，加快果蔬的成熟衰老进程。当细胞失水达到一定程度时，细胞液浓度增高，某些有毒物质和离子如氢离子、氨根离子等大量积累会引起细胞中毒。猕猴桃果实失水 6%，刺激乙烯合成，加速了果实衰老。急速水分损失导致了黄瓜、茄子、青椒果实中乙烯的大量生成，且随着水分损失的快速增加，果实中 ACC 含量、ACC 合成酶及 ACC 氧化酶活性显著上升。此外，有研究发现，适度的失水处理推迟了猕猴桃果实呼吸跃变和乙烯释放高峰的时间，并降低其呼吸峰值和乙烯峰值，延缓果胶类物质的水解和果实硬度的下降，防止果实腐烂，延缓果实衰老，保持果实品质，延长了猕猴桃果实的贮藏保鲜时间。

2. 细胞结构变化　采后失水使组织细胞膨压降低、机械结构特性改变，进而导致细胞的分布状态发生改变，细胞结构解体，破坏正常的生理代谢。失水导致细胞核、叶绿体发生降解，细胞壁发生变形，出现质壁分离现象。果蔬在贮藏期间因细胞结构解体，细胞膜受到破坏，酚类物质被催化氧化生成醌类物质，进一步导致组织褐变。葡萄果实失水 40% 时，细胞质发生凝聚，嗜锇颗粒和囊泡明显增多，细胞内出现大量由细胞器的融合降解而造成的空洞。在采后失水严重的猕猴桃果实的表皮中发现细胞变形且呈不规则形状，贮藏 4d 时细胞出现收缩，贮藏 8d 后，细胞严重收缩并紧密堆积（图 2-26）。荔枝失水引起海绵层组织细胞失水收缩，胞间隙减小，细胞层不明显，结构受到破坏，形成凹陷腔，果实组织结构破坏，导致褐变程度的增加。采后振动引起猕猴桃失水严重，果实表皮细胞中观察到细胞膜从细胞壁分离，以及细胞膜和溶解液泡的降解。

失水引起代谢紊乱，细胞结构变化和细胞膨压降低，也影响果蔬的耐藏性及抗病性，组织萎蔫脱水的程度越大，抗病性下降越快，腐烂越严重。失水萎蔫的程度越大，灰霉病菌侵染甜菜块根引起的腐烂率就越高；过度失水会导致柑橘和葡萄果实中糖酵解产物丙酮酸进入无氧支路，乙醇和乙醛等挥发性物质大量积累，产生生理伤害，导致抗病性降低。

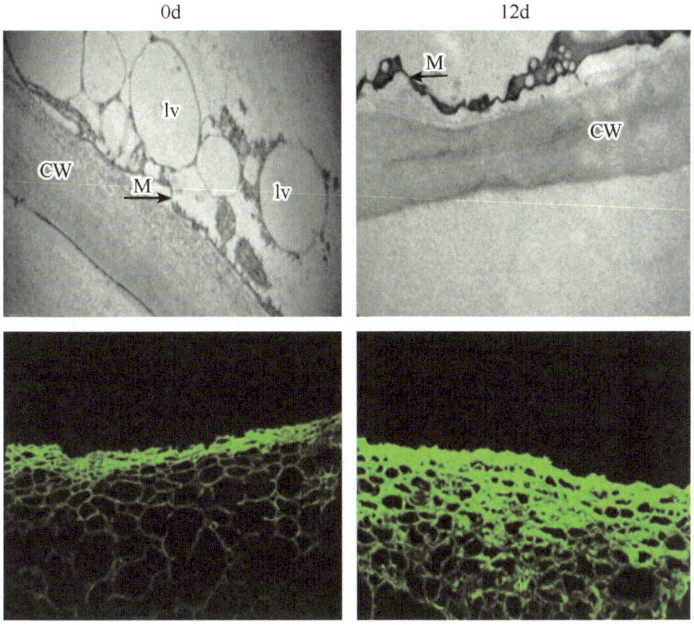

图 2-26　采后失水对猕猴桃超微结构及表皮细胞形态的影响（Wei et al.，2019）

CW. 细胞壁；lv. 裂解液泡；M. 细胞膜

（三）水分胁迫的响应机制

植物在不同程度的失水胁迫下会做出相关的应激反应，当失水程度较低时，植物会通过一系列的调节响应失水而维持生命，表现为失水胁迫耐性。水分胁迫会引起细胞中渗透胁迫信号转导，通过渗透调节维持正常的代谢过程。同时，水分胁迫也通过诱导一些非渗透调节类保护物质的产生来保护细胞结构和代谢平衡。这些物质包括抗氧化类物质 GSH 和功能保护蛋白脱水素（dehydrin，DHN）等。植物在水分胁迫下的调控机制包括在分子水平上引起信号转导、基因转录、蛋白质翻译表达等，导致相应的生理变化及适应水分胁迫的变化。

1. 渗透调节及离子平衡　渗透调节是植物适应水分胁迫的重要机制，植物在逆境条件下通过代谢活动增加细胞内的溶质浓度，降低其渗透势，进而降低水势以保持一定的膨压，维持正常代谢的过程。在轻度失水的条件下，水分胁迫会增加采后果蔬产品中小分子渗透物质的积累，从而调节渗透压，其中可溶性糖、游离脯氨酸、总游离氨基酸、甜菜碱等渗透调节物质可以在水分胁迫下积累以调节渗透。

水分胁迫可诱导细胞内可溶性糖（蔗糖、葡萄糖、果糖等）含量增加，可溶性糖可提高细胞液浓度，降低渗透势，保持细胞水分。脯氨酸是植物体内重要的有机渗透调节物质，具有较强的水合能力，在植物受旱时它的增加有利于细胞或组织的持水，游离脯氨酸的大量积累不仅起到渗透调节作用，还因其水合能力强而减少水分丧失。月季切花在失水时产生渗透胁迫，水分亏缺的程度与体内游离脯氨酸含量的增加呈正相关。水分胁迫下细胞内总游离氨基酸含量的增加，是细胞内膜系统主动代谢的结果。细胞质膜和液泡膜的选择透性，使游离氨基酸主要通过细胞质渗透调节物质发挥作用。水分胁迫处理下甘薯离体叶片失水速率的减慢及抗旱能力的增强与叶片中可溶性糖、游离氨基酸和脯氨酸的积累相关。甜菜碱在细胞质中积累可以保持细胞内外的渗透平衡，而且能够有效地维持蛋白质分子和生物膜的结构与功能，参与维持细胞正常的生理功能。在水分胁迫下，甘氨酸甜菜碱可延缓切花花瓣中的水分亏缺程度，减缓膜脂过氧化发生，延长切花瓶插寿命，并提高了月季切花的观赏品质。K^+半径小，水合作用大，作为渗透调节物质主要以离子状态存在于液泡中，对于渗透势的降低有积极作用。在受到不同程度脱水胁迫时，随着脱水胁迫强度的增大，叶片细胞离子外渗的累计量也在不断加大。同时，脱水胁迫造成了叶片质外体和共质体溶液中钠、钾离子浓度的增加。但是，质外体比共质体溶液中钠、钾离子浓度的增加更多，进而改变了细胞内外离子浓度梯度和离子平衡膜电位，说明水分胁迫引起的离子信号的改变有可能引起细胞的次生生理改变，由此有可能与植物的抗性相关。

2. 非渗透调节物质　水分胁迫下一些非渗透调节类保护物质可以通过保护细胞结构和酶活性来维持代谢平衡，如抗氧化类物质谷胱甘肽（GSH）、功能保护蛋白脱水素及一些水分通道蛋白等。失水胁迫可以诱导 GSH 含量的增加，GSH 可还原脂类自由基从而提高胁迫耐性。有研究表明，GSH 含量的提高可改善切花月季的失水胁迫耐性。甜菜碱除具有降低细胞渗透势的作用外，还具有维持生物大分子的结构和完整性、保护细胞内蛋白质和代谢酶类的活性等“非渗透调节”功能。植物对水分胁迫耐性的提高，可通过一些外源物质处理提高抗氧化酶类和内肽酶类的活性来实现。一些外源物质处理可以提高植物对水胁迫的抗性，如 ABA、茉莉酸、GSH、甜菜碱、水杨酸、赤霉素，但外源物质在水分胁迫下的保护和影响作用，通常因不同品种和胁迫强度及时间而不同。

脱水素是一类多种胁迫因子响应的逆境诱导蛋白质，干旱、低温和高盐等引起脱水的环境因素，ABA 均能诱导脱水素在绿色组织中的表达。最初水分胁迫应答在水稻中发现，广泛存在于细菌、藻类和高等植物的各个组织和器官中，其表达具有组织器官特异性，受发育时期和外源 ABA 等影响。脱水蛋白在水分胁迫下的保护作用，可能通过以下方面实现：在植物失水时，部分替代水分子，保持细胞液处于溶解状态，从而避免细胞结构的塌陷，稳定细胞结构，尤其是膜结构；分子伴侣和亲水性溶质的作用，脱水素可非特异性结合生物大分子，在水分胁迫时稳定和保护蛋白质的结构及功能。通过活细胞蛋白定位实验表明，脱水蛋白 DHNI 分布于猕猴桃的细胞核，渗透胁迫可以诱导脱水蛋白的表达和向细胞质分布，并显著积累在质膜附近，表明脱水蛋白可能与质膜结构功能稳定有关。脱水蛋白与水膜损坏的生物膜大分子相互作用可以增强对膜结构的保护作用，由于结构水分子与生物膜空间结构的维持有关，脱水过程可能破坏水膜的完整性，缩短膜脂双层间的距离，使各成分相互混合，最终导致生物膜结构的不可逆改变。在脱水条件下，小麦脱水蛋白 WCOR410 聚集在细胞膜附近，氨基酸序列分析显示 WCOR410 蛋白中含有大量酸性及富含羟基的氨基酸，使其与膜上磷脂和类固醇发生相互作用。脱水过程中，膜水分的丧失将改变膜的相变温度，造成不可逆损伤，而 WCOR410 的兼亲 α 螺旋区域将替代水分的位置，其分子内羟基与磷脂分子中的极性键形成氢键，从而使膜脂仍类似于未脱水状态。脱水蛋白具有抗氧化活性，可降低环境胁迫诱导活性氧产生导致的脂质过氧化及膜泄漏。脱水蛋白 ITP 和 ERD14 具有金属离子结合活性，PvSR3 则在重金属胁迫下大量增加并受外源 H_2O_2 调节，表明脱水蛋白与金属的结合可能是降低氧化损伤的一种防御机制。大肠杆菌表达系统中纯化的 CuCOR19 在体外可以防止大豆脂质体的过氧化反应，对脂质体的抗氧化作用高于白蛋白、GSH、脯氨酸、甘氨酸、甜菜碱和蔗糖等物质。有研究已证实了脱水蛋白的自由基清除活性，如 CuCOR19 可清除羟基和过氧化物自由基，但不能除去 H_2O_2 和超氧化物自由基，其清除自由基的活性与血清蛋白相当，远高于甘露醇。在采后生理中脱水素可作为一种胁迫响应蛋白，提高果实在采后贮藏过程中的抗逆性，尤其对于采后果实耐冷性的提高有显著性作用。脱水素在采后果蔬中的表达和积累可受采后低温、热处理、高 CO_2、油菜素内酯、物理伤害、UVC、乙烯处理的影响。

在水分缺乏过程中，定位于质膜的通道蛋白与干旱胁迫有关，水通道蛋白属于运输水分的膜蛋白家族，在对水分缺乏的反应中可能涉及调控细胞的水分状态。失水胁迫会引起植物体内许多变化，一些水通道蛋白或水通道蛋白同源物的表达是一种对胁迫的积极反应，水通道蛋白可以实现水分在细胞内的跨膜运输，在水分运输和胞内渗透压的调控等方面具有重要作用。植物水孔蛋白在植物体内形成水选择性运输通道，而有些水通道蛋白在植物逆境应答中起着重要作用。1992 年，Preston 等第一次分离出具有水分运输特性的蛋白质 CHIP28，在质膜上形成水分选择性运输通道。植物水通道蛋白根据序列同源性可以分为 3 类：质膜内在蛋白、液泡膜内在蛋白和 NLM 蛋白（nodulin 26-like MIP，NLM）。质膜内在蛋白主要分布在细胞质膜上，液泡膜内在蛋白主要分布在细胞液泡膜上。在轻度水分胁迫下，叶肉细胞失水、气孔关闭，若胁迫进一步加重，细胞则处于静息状态；重新供水时，细胞又恢复正常生理，水通道蛋白参与了所有这些过程，在细胞水分平衡中延缓水分的散失，从而降低胁迫引起的伤害。

3. 水分胁迫的分子机制 细胞失水会诱导植物中水分胁迫相关基因的响应和表达。植物响应水分胁迫的分子机制包括水分胁迫信号的感知和传递，相关转录因子在第二信使下的激活及转录因子激活下游基因的表达。植物中水分胁迫诱导基因产物主要有两类：一类参与水分胁迫的信号转导或基因表达调控，主要包括参与传递信号和调控基因表达的转录因子及感应和转导胁迫信号的蛋白激酶；另一类是在胁迫中起直接保护作用的酶类及功能蛋白，主要包括代谢酶类，如渗透调节物质合成相关酶、抗氧化相关酶、脱水蛋白、通道蛋白、分子伴侣等。

干旱、高盐和低温等引起脱水的非生物胁迫会造成植物内源激素 ABA 的积累。ABA 作为一种胁迫信号在干旱、不适当低温引起的脱水等非生物胁迫下具有诱导植物抗逆性及调节水分平衡的作用。内源 ABA 通过传递其所接收的逆境信号，激活包括调节信号转导和抗逆性相关的等诸多与胁迫相关基因的表达，诱导合成 LEA 蛋白、脱水蛋白和其他保护性蛋白质，从而提高植物抗脱水能力。ABA 也可通过诱导渗透保护剂分子（可溶性糖、脯氨酸）的积累，避免细胞脱水。ABA 能在失水胁迫下自动启动叶片细胞质膜上抗缺水信号的转导，引起叶面气孔非均匀闭合，减少叶片的水分蒸发。甜樱桃采后失水会诱导果实中 ABA 的积累和代谢相关基因 *PacNCED1* 的表达，刺激乙烯释放，促进采后衰老进程。低湿（RH 55%～60%）贮藏条件下贮藏的脐橙，贮藏初期果实中 ABA 的积累量显著高于高湿（RH 85%～90%）贮藏条件下的果实，这就说明初期的水分损失可诱导果实中 ABA 积累。有研究表明，ABA 缺陷突变体柑橘果实相比野生型柑橘果实更容易发生采后失水，表现出非冷冻皮蚀症状。这些结果说明 ABA 对果实失水抗逆性具有重要的调节作用。

目前的研究表明，从水分胁迫起始信号的感知到靶基因表达之间存在 ABA 依赖和非 ABA 依赖的信号转导途径，非 ABA 依赖途径也涉及低温胁迫相关的信号转导和响应。干旱响应元件结合蛋白（DREB）类转录因子属于 AP2 转录因子家族，与脱水响应元件（DRE）或 CRT（C-repeat）顺式作用元件结合。DREB 通过 DRE 核心元件（TACCGACAT）的结合而调控 ABA 独立途径，可在不依赖 ABA 的条件下调控逆境胁迫的抗性应答。先前的研究表明，转录因子 *DREB1* 和 *DREB2* 能够结合拟南芥 *rd29A* 的 DRE 元件以减轻干旱胁迫。转基因拟南芥中 DREB 基因 *VrDREB2A* 的过表达增强了脱水素相关基因的表达，表明 DREB 家族在干旱胁迫下对脱水素的调控具有重要作用。DREB 因子可以显著上调转基因烟草脱水素 *NtERD10B* 和 *NtERD10D* 的表达。除干旱胁迫反应外，DREB 还参与冷胁迫信号传递，在拟南芥中，*AtDREB1A/AtDREB2A* 的过表达可诱导冷胁迫下的 *rd29A* 和 *COR47* 等冷应激相关基因的表达。

细胞失水能诱导一些水分胁迫相关基因的表达，如渗透调节代谢中关键酶基因、脱水蛋白等基因。葡萄果实在脱水过程中会迅速触发 *ADH* 基因表达，*ADH* 基因在脱水过程中的大量表达导致ADH活性升高，进而影响厌氧代谢的活性。*MeHSF8*基因可能在转录水平参与ABA介导的木薯水分胁迫响应和木薯块茎的采后生理性变质，可作为候选基因进一步研究其在木薯抗逆和采后贮藏中的功能。对不同脱水程度的葡萄果实转录组的分析结果表明，采后失水对葡萄果实代谢过程有显著影响，葡萄中较高的水分胁迫与主要参与激素和糖代谢及防御机制的基因的表达有关。除脱水强度外，失水率也显著影响采后葡萄果实中的基因差异表达。脱水蛋白与植物对非生物胁迫的耐受性呈正相关，在应激过程中对生物分子起保护作用。在非生物胁迫下参与保护细胞膜、酶和核苷酸的稳定。研究表明，*DHN-5*的过表达使转基因拟南芥具有较高的耐盐性，诱导P5CS、脯氨酸、CAT、SOD和POD的表达。过表达*ShDHN*基因可显著提高转基因番茄在干旱和冷胁迫下的耐性，保持较高的细胞相对含水量，减少ROS和MDA积累。在多重非生物胁迫下，*CaDHN1*基因沉默导致辣椒叶绿素的积累，以及POD和Mn-SOD的表达降低。此外，有研究表明含有DRE的脱氢蛋白基因启动子对干旱/或冷应激没有反应，说明脱氢蛋白基因的调控机制较为复杂，还有待深入解析。

（四）失水萎蔫的调控途径

采后贮藏环境维持相对较高的湿度时，可以有效减轻果蔬失水萎蔫，延缓果蔬衰老，减小失重率，维持硬度和色泽。目前维持较高相对湿度的采后贮藏方式主要有高湿贮藏和包装调控。

1. 高湿贮藏 蔬菜高湿贮藏的概念于20世纪70年代被首次提出，高湿贮藏有效地减少胡萝卜、结球白菜的水分损失，维持采后品质和降低腐烂率，证明了增加贮藏环境的相对湿度，可显著降低蔬菜的蒸发强度和相对失水率。近年的研究表明，相对湿度高的贮藏环境可以有效维持果蔬产品的采后品质，提高果实抗氧化活力，减缓采后褐变。而且高湿对于柑橘脱绿和减轻香蕉、莱姆酸橙、葡萄的冷害都有良好效果。在高湿条件下，致腐酶溶解果胶的活性下降，可有效减少胡萝卜的腐烂及甘蓝变色。低温高湿的贮藏条件能有效地降低葡萄果实的呼吸强度，保持较好的硬度，延长贮藏期。高湿贮藏可有效减缓草莓果实失重，维持较高的维生素C和花青素等营养物质含量。高湿贮藏可有效减缓采后荔枝失水，维持果实新鲜度和采后品质。菠菜、青菜、黄瓜和大葱等蔬菜在5℃低温环境条件下，相对湿度将影响其失水率及蒸发强度，增大相对湿度可以在一定程度上降低蔬菜的蒸腾作用，从而降低其失水率。另外，提高贮藏期的相对湿度，可减轻某些蔬菜的冷害症状。例如，黄瓜在0℃下相对湿度接近100%的环境中，表皮出现的冷害陷斑显著低于90%相对湿度环境中的黄瓜。高湿贮藏还能减轻脐橙果实冷害发生，保持果实的硬度。辣椒在0℃下相对湿度为88%～90%环境条件中贮藏12d，有67%的辣椒出现陷斑；而在相对湿度96%～98%下贮藏，只有33%的辣椒出现陷斑，在茄子、西葫芦等果实中也发现高湿贮藏对其冷害的发生有显著的抑制作用。相对高湿度（95%）结合高CO_2和低O_2处理，能有效减少番茄的冷害，延长番茄果实的保质期。

但是，高湿贮藏并非适用于所有果蔬产品，如红橘类果实，果皮结构疏松而生理活跃，高湿贮藏会导致果皮松弛和膨大，以致消耗果肉中的营养成分，加速了果实衰老和品质劣变，增加了果实的病害腐烂。洋葱在相对湿度低的环境下贮藏效果较好，提高相对湿度导致发芽、生根提早。对于洋葱、大蒜等蔬菜外层鳞片适当失水，有利于保持整个鳞茎处于休眠状态。因此，这类蔬菜也不适合高湿贮藏。

2. 包装调控 目前采后包装调控的方式主要有塑料薄膜包装、化学物质涂膜、高湿冰箱和高湿贮藏库等。采用聚乙烯薄膜塑料袋包装或单果包装增加了果蔬贮藏环境的相对湿度，是防止或减少失水的有效方法。塑料薄膜包装能在果实周围形成小环境，保持接近100%的相对湿度。需根据果蔬种类及贮藏温度等条件，选择塑料薄膜的类型和厚度，或采取定期放气、薄膜打孔等措施，以确保果蔬在贮藏过程中不发生 CO_2 伤害和无氧呼吸。

聚乙烯薄膜塑料袋包装可显著减少龙眼果实果皮失水并抑制果皮褐变，同时可保持果皮细胞细胞器和膜系统的完整性。防雾袋包装有效解决了 PE 袋内的“结雾”问题，显著降低了荔枝果实的腐烂率和病情指数，果实花青素苷含量、果肉营养成分高于 PE 包装；如果在 PE 包装袋中加入 PAM 吸湿剂，可导致包装内的相对湿度降低，荔枝果实褐变指数及贮藏过程中的失重率及膜透性提高，果皮含水量及花青素苷含量降低，影响果实外观品质。化学物质涂膜可以在产品周围形成一个相对高湿度的微环境，延缓水分从表皮向大气中的蒸发和扩散，抑制采后失水，从而维持良好的贮藏品质。例如，使用 0.2mmol/L $HgCl_2$ 能够抑制荔枝果皮含水量下降，延缓果皮褐变。另外，纳米银和聚乙烯吡咯烷酮涂膜处理芦笋，能有效控制其失重率。高湿冰箱和干湿冷库也是采后高湿贮藏的有效手段，低温高湿的环境对于维持果蔬产品的贮藏品质比简单的低温贮藏更有效。高湿度冰箱对减少果蔬的蒸腾失水，保持果蔬维生素 C 含量，减少失水率、可滴定酸及可溶性固形物的分解有显著作用。此外，干雾湿度控制系统控制的高湿贮藏冷库凭借干雾喷雾器对加湿液滴的高效汽化和精确的湿度调节感应系统，可以有效地维持冷库内的高湿环境，并保持稳定的温湿度，减少高湿易造成的结露现象，从而抑制采后病害的发生。与普通冷库相比，干雾控湿冷库可有效抑制未包装果蔬产品（奶白菜、广东菜心、番木瓜、番石榴）在贮藏期间的失水失重，延长其贮藏保鲜期。高湿冷库贮藏可有效降低青菜、菱瓜和柑橘的重量损失，保持产品的新鲜状态和感官品质。同时，减少青菜和菱瓜的腐烂率，保持维生素 C、叶绿素、有机酸等营养成分。有研究表明，利用一种纸箱中添加气调包装内衬进行高湿度的贮藏技术，即水分控制技术（MCT 技术），可以在高湿度低温贮藏运输中有效保持脐橙果实的新鲜度，并减少冷害发生。

展望

园艺产品种类较多，对低温敏感的差异大，贮藏环境复杂。冷害发生受诸多因素影响，是一种由内在因子和外部环境因素所协同作用的过程，特别是组织对低温环境的感受、信号转导与生理响应机制。因此，未来的重点研究包括：①基于果蔬采后代谢规律，如何实现果蔬精准贮藏与物流保鲜？②如何综合利用分子生物学技术和基因改良技术培育耐贮藏新品种，以减少果蔬采后呼吸失调，延长果蔬的贮藏保鲜期？③园艺产品采后冷害发生过程中，膜脂相变、蛋白质伤害、自由基伤害及激素变化之间的相互关系是什么？④园艺产品采后低温信号的感知、信号转导及生理响应之间存在着怎样的调控网络？⑤园艺产品采后失水过程中，水胁迫抗逆性是如何产生的，其响应机制是什么？⑥如何综合考虑湿度和其他环境因素对果蔬生理生化的影响，以及如何开发精准的高湿贮藏技术以减少果蔬采后失水？以上这些研究还有待在未来的工作中进一步探索。

本章思考题

1. 哪些植物激素调控果实成熟？它们的作用机制是什么？
2. 转录因子如何调控果实成熟？哪些类型的转录因子在果实成熟过程中发挥作用？
3. 表观遗传修饰有哪些类型？它们如何调控果实成熟？
4. 果实衰老过程有何特征？果实衰老调控机制是什么？
5. 果实品质劣变和生理失调受哪些因素影响？作用机制是什么？

本章主要参考文献

田世平，罗云波，王贵禧，等. 2011. 园艺产品采后生物学基础. 北京：科学出版社.

Brumos J. 2021. Gene regulation in climacteric fruit ripening. Current Opinion in Plant Biology, 63: 102042.

Casanova-Sáez R, Mateo-Bonmatí E, Ljung K. 2021. Auxin metabolism in plants. Cold Spring Harbor Perspectives in Biology, 13: a039867.

Chen T, Qin G, Tian S. 2020. Regulatory network of fruit ripening: current understanding and future challenges. New Phytologist, 228(4): 1219-1226.

Fenn M A, Giovannoni J J. 2021. Phytohormones in fruit development and maturation. The Plant Journal, 105(2): 446-458.

Giovannoni J, Nguyen C, Ampofo B, et al. 2017. The epigenome and transcriptional dynamics of fruit ripening. Annual Review of Plant Biology, 68: 61-84.

Jia H, Jiu S, Zhang C, et al. 2016. Abscisic acid and sucrose regulate tomato and strawberry fruit ripening through the abscisic acid-stress-ripening transcription factor. Plant Biotechnology Journal, 14(10): 2045-2065.

Jiang G, Xiao L, Yan H, et al. 2017. Redox regulation of methionine in calmodulin affects the activity levels of senescence-related transcription factors in litchi. Biochimica et Biophysica Acta, 1861(5): 1140-1151.

Leng P, Yuan B, Guo Y. 2014. The role of abscisic acid in fruit ripening and responses to abiotic stress. Journal of Experimental Botany, 65(16): 4577-4588.

Li S, Chen K S, Grierson D. 2019. A critical evaluation of the role of ethylene and MADS transcription factors in the network controlling fleshy fruit ripening. New Phytologist, 221(4): 1724-1741.

Liu Y, Tang M, Liu M, et al. 2020. The molecular regulation of ethylene in fruit ripening. Small Methods, 4(8): 1900485.

Ma L, Mu J, Grierson D, et al. 2020. Noncoding RNAs: functional regulatory factors in tomato fruit ripening. Theoretical and Applied Genetics, 133(4): 1753-1762.

Qin G, Meng X, Wang Q, et al. 2009. Oxidative damage of mitochondrial proteins contributes to fruit senescence: a redox proteomics analysis. Journal of Proteome Research, 8(5): 2449-2462.

Saltveit M E. 2019. “Respiratory metabolism” postharvest physiology and biochemistry of fruits and vegetables. Woodhead Publishing, CHAPTER, 4: 73-91.

Tang D, Gallusci P, Lang Z. 2020. Fruit development and epigenetic modifications. New Phytologist, 228(3): 839-844.

Vazquez-Hernandez M, Blanch M, Sanchez-Ballesta M T, et al. 2020. High CO_2 alleviates cell ultrastructure damage in Autumn Royal table grapes by modulating fatty acid composition and membrane and cell oxidative status during long-term cold storage. Postharvest Biology and Technology, 160: 111037.

Wang R F, Angenent G C, Seymour G, et al. 2020. Revisiting the role of master regulators in tomato ripening. Trends in Plant Science, 25(3): 291-301.

Wei W, Yang Y Y, Lakshmanan P, et al. 2023. Proteasomal degradation of MaMYB60 mediated by the E3 ligase MaBAH1 causes high temperature-induced repression of chlorophyll catabolism and green ripening in banana. Plant Cell, 35(5): 1408-1428.

Wei X, Xie D, Mao L, et al. 2019. Excess water loss induced by simulated transport vibration in postharvest kiwifruit. Scientia Horticulturae, 250: 113-120.

Xie L J, Zhou Y, Chen Q F, et al. 2021. New insights into the role of lipids in plant hypoxia responses. Progress in Lipid Research, 81: 101072.

Zhou L, Tang R, Li X, et al. 2021. N^6-methyladenosine RNA modification regulates strawberry fruit ripening in an ABA-dependent manner. Genome Biology, 22: 168.

第三章

采后病理

第一节 病原菌及侵染途径

【学习目标】

1. 了解采后主要病原菌的种类、生物学特性。
2. 了解采后主要病原真菌的侵染途径。

【主题词】采后主要病原菌；侵染途径；病程；接触期；侵入期；潜育期；发病期

一、采后主要病原菌

腐烂是导致园艺产品采后损失的最主要原因，可造成巨大的经济损失。采后腐烂主要由病原微生物引起，致病的微生物即病原物（pathogen）主要为真菌和细菌。只有系统掌握病原微生物的生物学特性和发病规律，才能制定有效的病害防控策略，保障园艺产业的健康发展。本节主要介绍引起果蔬等园艺产品采后腐烂的主要病原菌种类、形态、发病症状及其侵染过程。

（一）主要病原真菌

每种园艺产品可受到多种病原真菌的侵染，但最为典型的只有少数几种。例如，由扩展青霉（*Penicillium expansum*）引起的青霉病是苹果和梨的主要采后病害；指状青霉（*Penicillium digitatum*）和意大利青霉（*Penicillium italicum*）引起的绿霉病和青霉病是柑橘类果实的主要病害；由匍枝根霉（*Rhizopus stolonifer*）引起的软腐病是桃和杏等核果类果实的主要采后病害，而灰葡萄孢（*Botrytis cinerea*）主要造成葡萄腐烂等。在园艺产品采后病原物中，有些病原物寄主范围较广，如青霉、根霉、灰葡萄孢、链格孢、镰刀菌和白地霉等可侵染多种园艺产品。相反，有些病原物对寄主具有较强的选择性。例如，指状青霉只能引起柑橘的绿霉病，但不侵染其他非柑橘类果实；扩展青霉主要引起苹果和梨等果实的青霉病，但不侵染柑橘果实。病原菌这种对寄主的选择性侵染叫寄主专化性。采后真菌性病原物大多数属半知菌亚门，少数属鞭毛菌、结合菌及子囊菌亚门。以下介绍常见的采后主要病原真菌。

1. 葡萄孢属（*Botrytis*）　葡萄孢菌（也称为灰霉菌）的分生孢子梗细长，有分枝，略带灰色，顶端细胞膨大成球状，上面有许多小梗，小梗上着生分生孢子。分生孢子聚生，呈葡萄穗状，分生孢子卵圆形（图 3-1A）。该属中最重要的采后病原物是灰葡萄孢。灰葡萄孢的生长适温范围较宽，在 −2℃的低温条件下也能生长，是低温贮藏期间常见的病原物。灰葡萄孢不仅具有很强的采前侵染能力，还能在采后过程侵染多种果蔬，并具有接触性侵染的特性。该病原物的寄主范围很广，可引起仁果类、核果类、浆果类、茄果类、瓜类及叶菜类等多种果蔬的灰霉病，尤其在葡萄、草莓、番茄等浆果（图 3-1B～图 3-1D）上发病严重，侵染初期病部呈水渍状浅褐色圆斑，随后病斑逐渐扩大，表面密生霉状物，初为白色，后变为土灰色的病原菌分生孢子。由于该菌的分生孢子束很像一串串葡萄，由此得名“葡萄孢菌”。该菌在寄主病斑上产生的分生孢子呈灰色，因此引起的病害又称“灰霉病”。灰葡萄孢菌因广泛的侵染寄主、很强的致病力，以及每年导致全球经济损失达 100 亿～1000 亿美元，被国际植物学家评为仅次于稻瘟病菌的“第二重要植物病原真菌”。

图 3-1　灰葡萄孢分生孢子形态（A）及在葡萄（B）、草莓（C）和番茄（D）果实上的灰霉病症状

2. 青霉属（*Penicillium*）　青霉菌分生孢子梗较多，分枝呈扫帚状，其上串生无色的单孢分生孢子（图 3-2A）。采后常见的青霉主要包括扩展青霉、指状青霉和意大利青霉。扩展青霉主要引起苹果、梨、山楂、桃、杏、李、樱桃和葡萄等果实的青霉病，其分生孢子通过果实在采收及采后过程中产生的机械伤口侵入，也可通过病健果接触传染。病斑呈黄褐色水渍状圆斑，边缘明显，表面凹陷，病斑处果肉软腐，呈圆锥状向果心扩展（图 3-2B）。在湿度较高的条件下，病斑表面会生出小疣状霉粒，初为白色，后变为蓝色，表面覆有一层青色粉状物，即病原菌的子实体，病斑处及周围果肉霉味严重。指状青霉主要引起柑橘的绿霉病。病原菌可通过果皮的伤口和衰老果实的皮孔侵入，可通过接触传染。病部初期呈水浸状斑点，以后病斑逐渐扩大，靠近病斑的中心先出现白霉，后开始产生蓝色、淡蓝色、绿色或橄榄绿色分生孢子（图 3-2C）。意大利青霉主要引起柑橘的青霉病。其分生孢子可从果面机械伤口和果蒂剪口侵入，也可通过病果与健康果接触传染。病部初期呈水渍状圆斑，以后病斑逐渐扩大，表面密生霉状物，初为白色，后变为蓝绿色的分生孢子（图 3-2D）。

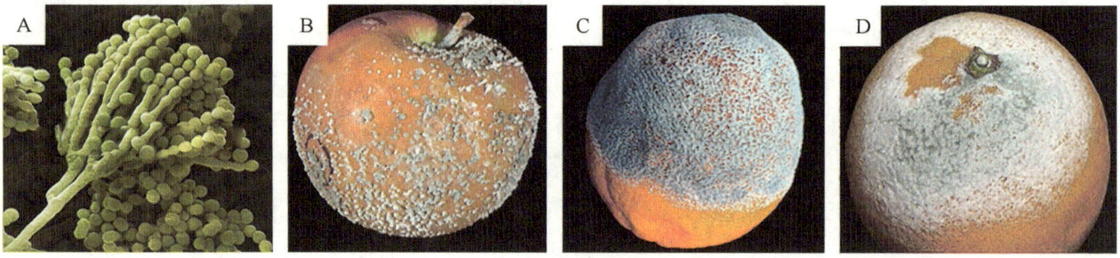

图 3-2　青霉属分生孢子形态（A）及在苹果（B）、柑橘（C、D）上的症状

3. 刺盘孢属（*Colletotrichum*）　刺盘孢菌的分生孢子着生在分生孢子盘上，盘状或垫状分生孢子盘埋生在寄主表皮下，成熟后突破表皮露出体外（图 3-3A）。生长适温 28～32℃，最高 40℃，最低 12℃，分生孢子在相对湿度 95% 以上才能萌发，是高温和高湿条件下的常见病害，常见的有盘长孢状刺盘孢（*Colletotrichum gloeosporioides*）、芭蕉刺盘孢（*Colletotrichum musae*）、葫芦科刺盘孢（*Colletotrichum orbiculare*，异名：*Colletotrichum lagenarium*）。其中盘长孢状刺盘孢也称胶孢刺盘孢，寄主范围广泛，可在采前或采后引起苹果、芒果、香蕉等多种

果蔬的炭疽病（图 3-3B～D）。芭蕉刺盘孢是香蕉最主要的潜伏侵染性真菌，在未成熟的果实上侵染，初期形成大量小的黑色环状斑点，随着果实成熟，斑点逐渐扩大，最后小圆斑汇合成不规则的大斑，病部长出红色黏性小点（图 3-3D）。葫芦科刺盘孢主要为害瓜类作物，以西瓜、冬瓜、甜瓜最易感病。该病原物侵染西瓜后，初期出现水浸状暗绿色斑，进而形成圆形或椭圆形黑褐色凹陷斑，在湿度较高的环境中，病斑中部会产生粉红色黏性物质，在果面产生大量病斑，但皮下果肉逐渐干腐。

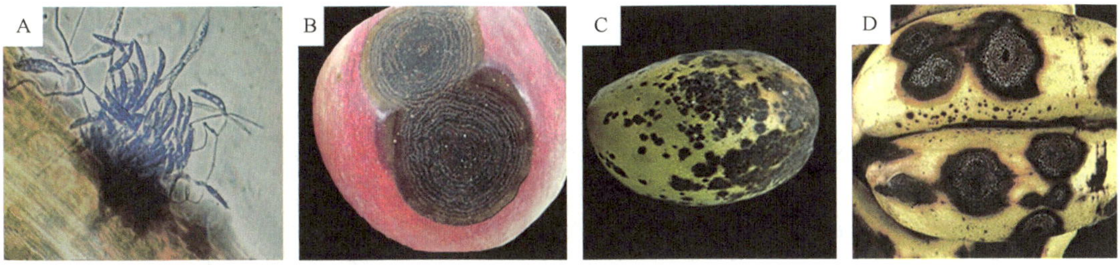

图 3-3　刺盘孢属分生孢子形态（A）及引起苹果（B）、芒果（C）、香蕉（D）果实炭疽病症状

4. 链格孢属（*Alternaria*）　链格孢菌的分生孢子梗深色，单枝，顶端单生或串生分生孢子。分生孢子淡褐色至褐色，形状不一，呈倒棍棒形、椭圆形或卵圆形，有纵隔膜，顶端有一喙状细胞（图 3-4A）。该病原物生长适温范围较宽，在 0℃的低温条件下也能缓慢生长。常见的有互隔交链格孢（*Alternaria alternata*）、柑橘链格孢（*A. citri*）、苹果链格孢（*A. mali*）、瓜链格孢（*A. cucumerina*）等，可引起苹果、梨、桃、油桃、杏、李、樱桃、葡萄、草莓、番茄、甜椒、茄子、黄瓜等果蔬的黑斑病及苹果霉心病等（图 3-4B～H），其寄主范围广。链格孢可在花期、果实发育期及采后通过多种途径侵入园艺产品。互隔交链格孢侵染后病部初呈浅褐或深褐色斑点，边缘明显，表面凹陷，之后病斑逐渐扩大，表面着生黑色霉状物，湿度较高时表面有白色菌丝产生。有时病部表面少有菌丝体或黑色霉状物，下部组织呈现深褐色或黑色海绵状，病健部明显分离。

图 3-4　链格孢属分生孢子形态（A）及所引起的几种果实采后病害症状（B～H）

5. 镰刀菌属（*Fusarium*）　镰刀菌的分生孢子呈镰刀形，两端稍尖，略弯曲，无色，多

细胞。菌丝均具隔膜，每个细胞中常含多个核，在有隔菌丝体上形成分化程度不同的分生孢子梗（图 3-5A）。镰刀菌最适生长温度为 25～30℃。镰刀菌可在采前或采后侵染西瓜、甜瓜、香蕉和马铃薯等多种果蔬，主要在采后发病，不同产品的症状差异较大。由半裸镰刀菌（*F. semitectum*）引起的甜瓜白霉病，病部最初呈直径 1～3cm 的淡褐色凹陷圆斑，病部果皮开裂，裂缝中出现浓密的白色霉丛，后期病部果肉充满着菌丝，呈海绵状软木质团块，果肉甜味变淡，并伴有霉味，病部果肉与邻近果肉分离（图 3-5B）。由硫色镰刀菌（*F. sulphureum*）、接骨木镰刀菌（*F. sambucinum*）等引起的马铃薯干腐病是马铃薯贮藏期间的常见病害。侵染初期块茎表皮局部褐变、凹陷，随着扩展病部出现皱褶，呈同心轮纹状，其上有灰白色的绒状颗粒。但剖开病薯，内部为长满菌丝的空腔，最终导致整个块茎僵缩或干腐（图 3-5C）。

图 3-5　镰刀菌属分生孢子形态（A）及甜瓜白霉病（B）、马铃薯干腐病（C）症状

6. 根霉属（*Rhizopus*）　根霉菌丝发达，有匍匐丝和假根。孢囊根丛生，从匍匐丝上长出，顶端形成球形孢子囊，孢子囊壁易破裂，散出大量的球形或近球形孢囊孢子（图 3-6A），进而通过气流传播。引起果蔬软腐病的根霉主要有匍枝根霉（*R. stolonifer*）和米根霉（*R. oryzae*）两种。根霉难以侵染未成熟果实，但对成熟果实非常敏感。主要通过果蔬表面的各类伤口侵入，具有接触侵染的能力。根霉分泌胞外酶的能力极强，在高温、高湿条件下 2～3d 即可腐烂整个果实。根霉引起的软腐病是核果类、浆果类、茄果类、仁果类和甜瓜等多种果蔬常温贮运下的常见病害（图 3-6B～D）。侵染初期病部呈水渍状圆斑，以后病斑逐渐扩大，病斑表面密生灰白色菌丝，菌丝体顶端肉眼可见圆形孢子囊，开始为白色，后变成黑色。

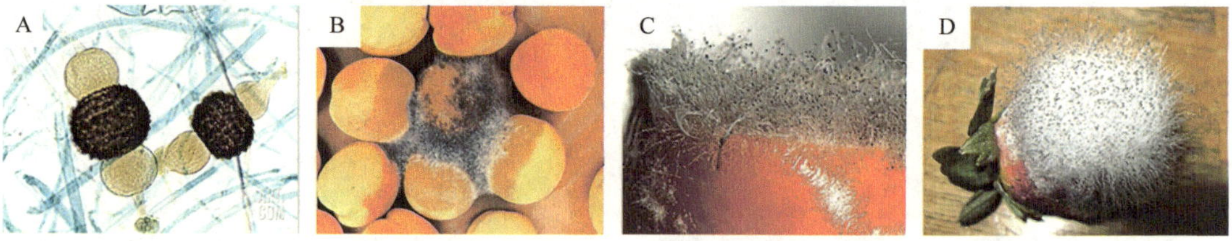

图 3-6　根霉属接合孢子形态（A）及所引起的果实采后软腐病症状（B～D）

7. 链核盘菌属（*Monilinia*）　链核盘菌的分生孢子无色，单孢，呈柠檬形或卵圆形，在梗端连续成串生长，分生孢子梗较短（图 3-7A）。分生孢子一般可经虫伤或皮孔侵入未成熟的果实潜伏至果实成熟时发病。同时该病原物还能直接穿透果皮，引起苹果、桃、李、杏的褐腐病。引起核果类褐腐病的病原有实生链核盘菌（*M. fructicola*）与核果链核盘菌（*M. laxa*）两种。病部初期呈小的水浸状斑点，之后病斑逐渐扩大，病斑表面产生灰褐色绒状霉丝，形成圆心轮纹状排列的孢子层后迅速变成褐色（图 3-7B，C）。

图 3-7　链核盘菌属分生孢子形态（A）及所引起的果实褐腐病症状（B，C）

8. 单端孢属（*Trichothecium*）　该属的代表性病原菌粉红单端孢（*T. roseum*）分生孢子倒洋梨形、卵形，孢基具偏乳头状突起，成熟时具 1 个横隔，分隔处稍缢缩，孢壁光滑略厚。分生孢子梗细长，直立，无色，不分枝，无隔膜，偶有 1～2 个隔膜，顶端有时稍大，以倒合轴式序列产生孢子。分生孢子在孢子梗顶端密生形成孢子堆。菌丝体绒毛状，初为白色，后变成粉红色（图 3-8A）。该病原菌主要通过果蔬表面的各类伤口侵入，引起多种果蔬的粉霉病及苹果心腐病。其从甜瓜表皮裂纹或伤口处开始侵染，初期病斑为淡褐色，边缘不明显，初生白色，后转为粉红色霉状物（图 3-8B）。随着病斑的扩展，病部组织轻度腐烂，果肉苦而不堪食用。由粉红单端孢引起的苹果心腐病属果实霉心病的二次侵染，多在后熟期或贮藏期发病，感病部位果肉褐色，边缘不明显，果肉味苦（图 3-8C）。

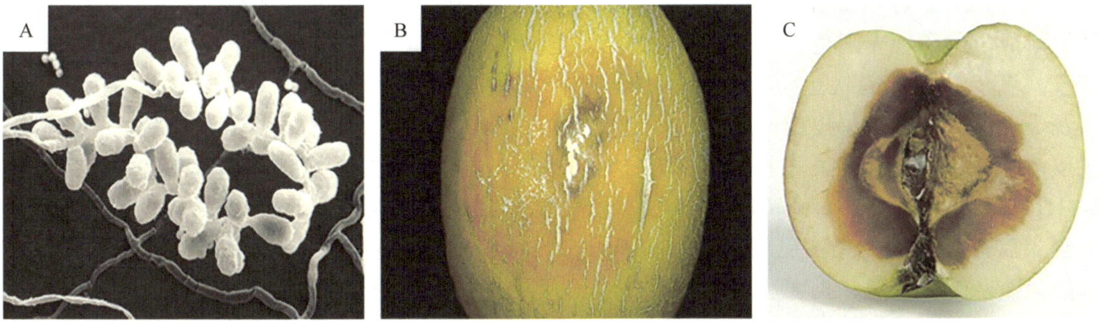

图 3-8　粉红单端孢分生孢子形态（A）及所引起的甜瓜粉霉病（B）和苹果心腐病（C）

9. 地霉属（*Geotrichum*）　白地霉（*G. candidum*）是该属中的主要采后病原物。菌丝无色，有隔膜，产生内生孢子；老熟菌丝可断裂为串生的圆筒形或椭圆形节孢子（图 3-9A）。生长适温为 24～28℃，pH 为 8～9。其主要通过果蔬表面的各类伤口侵入，导致柑橘、荔枝、龙眼和番茄等果蔬的酸腐（图 3-9B～D）。柑橘酸腐病初期病部呈水渍状淡黄色至褐色圆形病斑，病果表面可见稀疏的白霉层，随着病斑的扩展，病部快速软烂，大量汁液可从病部流出，并散发出强烈的酸臭气味。龙眼和荔枝果实酸腐病常自蒂部开始发病，病斑初期呈褐色不规则形小斑，随后病斑逐渐扩大且颜色加深，果肉腐败，酸臭，果皮硬化，后期病部长出白色霉层。

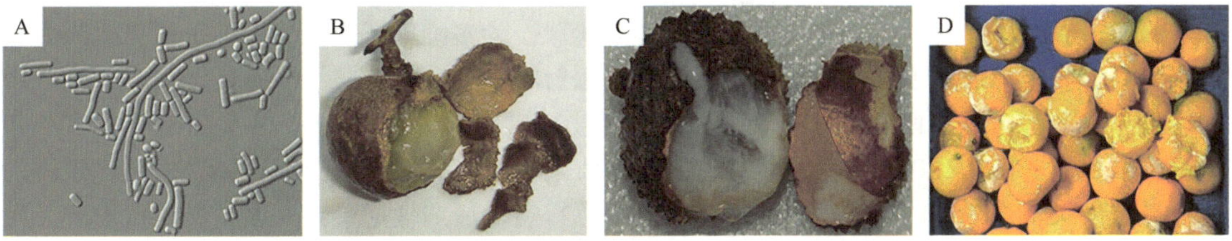

图 3-9　白地霉分生孢子形态（A）及所引起的果实酸腐病症状（B～D）

10. 拟茎点霉属（*Phomopsis*） 拟茎点霉的分生孢子器埋生，分生孢子梗有分枝，无色，多数细长；产孢细胞无色，圆柱状（图 3-10A）。该属病原物主要引起柑橘和芒果的褐色蒂腐病（图 3-10B，C）。其中柑橘拟茎点霉主要通过各类伤口侵入，果蒂周围先出现水渍状浅褐色病斑，后逐渐成为深褐色，病部渐向脐部扩展，边缘呈波纹状，最后可使全果腐烂。患病果皮较坚韧，手指按压有革质柔韧感。由于病果的内部较果皮腐烂更快，因此，当外界果皮变色扩大至果面 1/3～2/3 时，内部果肉已全部腐烂，故有“穿心烂”之称。芒果拟茎点霉（*P. mangiferae*）引起芒果的褐色蒂腐病病斑不规则，但病健交界明显，浅褐色至黑褐色，果肉液化、流汁、有酸味。

图 3-10 拟茎点霉属分生孢子形态（A）及所引起的柑橘（B）和芒果（C）褐色蒂腐病

11. 疫霉属（*Phytophthora*） 疫霉属菌丝无隔膜，在寄主细胞间蔓延。孢子囊在孢囊梗上形成，孢囊梗无限生长。孢子囊卵形，成熟后脱落，萌发时产生游动孢子或直接萌发长出芽管（图 3-11A）。有性生殖在藏卵器内形成一个卵孢子。病原物可直接穿透与土壤接触的果实及表面湿润的健康果皮或自然孔口。恶疫霉（*P. cactorum*）侵染的草莓病部褪色，且僵硬或呈皮革状。在较高湿度条件下被稀疏的白霉所覆盖，维管束变成褐色，但病健部界线明显（图 3-11B）。甜瓜疫霉（*P. melonis*）侵染甜瓜后，病部褐色，果肉变软，呈水渍状，表皮破裂直至全果腐烂。柑橘类果实受柑橘褐腐疫霉（*P. citrophthora*）侵染后发生褐腐病，罹病的果实开始呈淡灰或褐色斑，扩大后呈僵硬或皮革状，并产生刺激性气味（图 3-11C）。致病疫霉（*P. infestans*）侵染马铃薯块茎后初期形成褐色或紫褐色病斑，稍凹陷，病部的薯肉呈红褐色，慢慢向四周扩大或腐烂，病健无明显界线（图 3-11D）。

图 3-11 疫霉属孢子囊形态（A）及引起的草莓疫霉病（B）、柑橘褐腐病（C）、马铃薯晚疫病（D）症状

12. 曲霉属（*Aspergillus*） 曲霉属菌丝有隔膜，为多细胞霉菌。分生孢子梗顶端膨大成为顶囊，一般呈球形。顶囊表面长满一层或两层辐射状小梗。最上层小梗瓶状，顶端着生成串的球形分生孢子（图 3-12A）。该属最重要的病原物是黑曲霉（*A. niger*），主要引起葡萄、枣和洋葱的曲霉病（图 3-12B，C）。黑曲霉主要从葡萄果实伤口处侵入，初期形成淡褐色腐烂斑，继而导致果实呈淡褐色软烂，发病部位产生黑褐色霉层，后期软烂果粒失水，仅残留表皮及种子。黑曲霉侵入枣果后，受害部位变软，果肉呈淡褐色至褐色腐烂，病斑表面产生灰白色、黑褐色或黑色的大头针状霉状物，腐烂果实呈霉酸味。

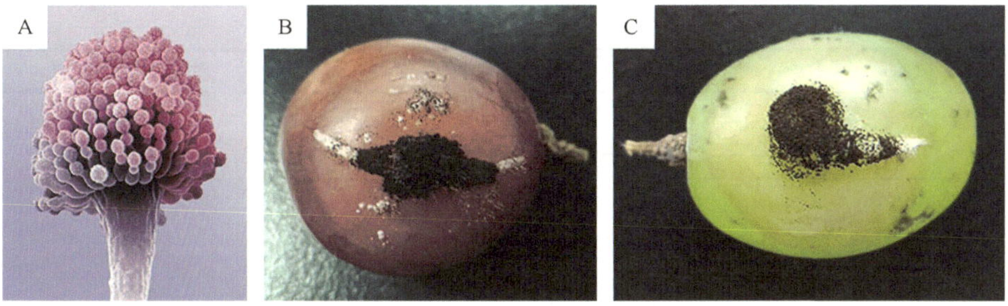

图 3-12　曲霉属分生孢子形态（A）及葡萄曲霉病症状（B、C）

常见果蔬采后真菌性病害如表 3-1 所示。

表 3-1　常见果蔬采后真菌性病害

病原物	病害	寄主
青霉属（*Penicillium*）		
扩展青霉（*P. expansum*）	青霉病	仁果类、核果类、葡萄
指状青霉（*P. digitatum*）	绿霉病	柑橘
意大利青霉（*P. italicum*）	青霉病	柑橘
绳状青霉（*P. funiculosum*）	小果褐腐	菠萝
产黄青霉（*P. chrysogenum*）	青霉病	大蒜、蒜薹
链格孢属（*Alternaria*）		
互隔交链格孢（*A. alternata*）	黑斑病	核果类、仁果类、葡萄、柿子、红枣、枸杞、番木瓜、茄果类、瓜类、豆类、甘蓝、花椰菜、甜玉米、胡萝卜、马铃薯、甘薯、洋葱
	霉心病	苹果、梨
根生链格孢（*A. radicina*）	黑腐病	胡萝卜
柑橘链格孢（*A. citri*）	黑腐病	柑橘
甘蓝芸薹生链格孢（*A. brassicicola*）	黑斑病	花椰菜、甜瓜
葡萄孢属（*Botrytis*）		
灰葡萄孢（*B. cinerea*）	灰霉病	仁果类、核果类、葡萄、柑橘、草莓、茄果类、瓜类、豆类、花椰菜、番茄、甜椒、胡萝卜、蒜薹、马铃薯、绿叶蔬菜
镰刀菌属（*Fusarium*）	干腐或软腐病	茄果类、瓜类、豆类、胡萝卜、马铃薯、大蒜、绿叶蔬菜
	白霉病	甜瓜、绿叶蔬菜、豆类、地下根茎类
串珠镰孢（*F. monliforme*）	冠腐病	香蕉
亚粘团串珠镰孢（*F. moniliforme* var. *subglutinans*）	轴腐病	香蕉
地霉属（*Geotrichum*）		
白地霉（*G. candidum*）	酸腐病	核果类、柑橘、荔枝、甜瓜、番茄
刺盘孢属（*Colletotrichum*）		
葫芦科刺盘孢（*C. orbiculare*）	炭疽病	瓜类
盘长孢状刺盘孢（*C. gloeosporioides*）	炭疽病	苹果、芒果、桃、李、杏、葡萄、番茄
芭蕉刺盘孢（*C. musae*）	炭疽病	香蕉
尖孢刺盘孢（*C. acutatum*）	炭疽病	芒果

续表

病原物	病害	寄主
单端孢属（*Trichothecium*）		
粉红单端孢（*T. roseum*）	粉霉病	核果类、仁果类、香蕉、番茄、甜瓜
拟茎点霉属（*Phomopsis*）		
柑橘拟茎点霉（*P. citri*）	褐色蒂腐病	柑橘
芒果拟茎点霉（*P. mangiferae*）	褐色蒂腐病	芒果
褐纹拟茎点霉（*P. vexans*）	茄褐纹病	茄子
曲霉属（*Aspergillus*）		
黑曲霉（*A. niger*）	曲霉病	葡萄、枣、洋葱
根串珠霉属（*Thielaviopsis*）		
奇异根串珠霉（*T. paradoxa*）	黑腐病	菠萝
疫霉属（*Phytophthora*）		
柑橘褐腐疫霉（*P. citrophthora*）	褐腐病	柑橘
致病疫霉（*P. infestans*）	晚疫病	马铃薯、番茄
辣椒疫霉（*P. capsici*）	疫霉病	茄子
根霉属（*Rhizopus*）		
匍枝根霉（*R. stolonifer*）	软腐病	核果类、仁果类、葡萄、草莓、茄果类、瓜类、豆类、胡萝卜、马铃薯、大蒜、绿叶蔬菜
毛霉属（*Mucor*）		
梨形毛霉（*M. piriformis*）	毛霉病	苹果、梨、桃
核盘菌属（*Sclerotinia*）		
核盘菌（*S. sclerotiorum*）	绵腐病（菌核病）	柑橘、茄果类、瓜类、豆类、绿叶蔬菜、地下根茎类、结球蔬菜
链核盘菌属（*Monilinia*）		
实生链核盘菌（*M. fructicola*）	褐腐病	核果类、仁果类
核果链核盘菌（*M. laxa*）	褐腐病	核果类
球二孢属（*Botryodiplodia*）		
可可球二孢（*B. theobromae*）	蒂腐病	芒果、番木瓜

（二）主要病原细菌

欧氏杆菌属和假单胞菌属是引起园艺产品采后病害的病原细菌，可引起大多数蔬菜和部分水果的软腐（表 3-2），与真菌性软腐的最大区别是发病后期病部有脓状物溢出，但病部表面不会产生霉状物。其中欧氏杆菌（*Erwinia*）菌体为短杆菌，不产生芽孢，革兰氏染色阴性反应，周鞭游动，化能有机营养，兼性好气，最适生长温度为 27～30℃。该属中引起果蔬采后软腐的主要有胡萝卜欧氏杆菌和菊欧氏杆菌两个种，其中最重要的病原细菌是胡萝卜欧氏杆菌胡萝卜软腐亚种（*E. carotovora* subsp. *carotovora*，*Ecc*）、胡萝卜软腐欧文氏菌黑胫亚种（*E. carotovora* subsp. *atroseptica*，*Eca*）和菊欧氏杆菌（*E. chrysanthemi*，*Ech*）。感病组织初期为水浸状斑点，在适宜条件下，病斑面积迅速扩大，最后导致组织全部软化溃烂，伴随产生不愉快的腋臭味。

假单胞菌属（*Pseudomonas*）单细胞，直或微弯杆状，一至多根极生鞭毛运动，革兰氏染色阴性反应，属好气性病原菌。本属细菌引起的病害具程度不一的寄主专化性，所致病害的症状复杂多样，包括维管束萎蔫、茎部溃疡、软腐等。该属中可引起采后腐烂的主要有丁香假单胞菌（*P. syringae*）和边缘假单胞菌（*P. marginalis*），可侵染大多数叶菜及部分果菜（表 3-2），该属病原物的致病症状与欧氏杆菌属基本相似，但气味较弱。

表 3-2　常见的果蔬采后细菌性病害

病原物	病害	寄主
欧氏杆菌属（*Erwinia*）		
胡萝卜欧氏杆菌（*E. carotovora*）	软腐病	茄果类、瓜类、豆类、地下根茎类、结球蔬菜、绿叶蔬菜、部分水果
菊欧氏杆菌（*E. chrysanthemi*）	软腐病	大多数蔬菜和部分热带、亚热带水果
假单胞菌属（*Pseudomonas*）		
边缘假单胞菌（*P. marginalis*）	软腐病	大多数蔬菜及部分水果
假单胞菌（*Pseudomonas* spp.）	软腐病	大多数蔬菜
丁香假单胞菌（*P. syringae*）	软腐病或斑点病	大多数蔬菜及部分水果

二、病原菌侵染过程

病原菌通过一定的传播媒介与园艺产品接触，然后侵入寄主体内取得营养，建立寄生关系，并在寄主体内进一步扩展使寄主组织破坏或死亡，最后出现症状。这种接触、侵入、扩展和症状出现的过程，称为侵染过程，简称病程（pathogenesis）。通常把侵染性病害的病程划分为接触期、侵入期、潜育期及发病期 4 个阶段。

（一）接触期

接触期（contact period）是指从病原物孢子与寄主接触，在寄主表面萌发、生长，并分化形成附着胞等侵染结构的阶段。这个时期病原物孢子受寄主表皮物理、生化和生物等复杂环境因素的影响，处于比较脆弱的阶段，这个时期决定着它能否成功侵入寄主，是防治病害的有利阶段。在接触期，病原物受环境条件影响较大，其中以湿度、温度的影响最大，病原物孢子萌发需要适宜的温度及湿度条件，如雨水、露水、果蔬表面的水膜或较高的相对湿度。湿度条件必须要持续足够长的时间以利于病原菌孢子萌发、产生侵染结构和侵入寄主，病原物在水滴中的萌发最好。在接触期，温度对病原物的影响也很大，它主要影响病原菌的孢子萌发和侵入速度。病原菌的孢子萌发需要一定的温度，最适温度一般在 20～25℃。不同病原菌对温度的要求存在差异。在适宜的温度下，不仅孢子萌发速率增加，萌发所需的时间也较短。因此，加强接触期贮运环境的温湿度控制，能有效地控制病原菌的侵染。

为了成功侵染，病原真菌的孢子接触、黏附到寄主表面后，孢子开始萌发、芽管（菌丝）生长、产生附着胞等侵染结构。在接触期间，病原菌与寄主进行着一系列的识别活动，主要包括病原菌对寄主表面物化信号的感知和响应。

1. 表皮拓扑结构信号（topographic signal）　病原真菌孢子与寄主表面接触后，形成的芽管或菌丝可识别气孔等特定的表面拓扑结构以诱导其侵染结构的形成。植物病原真菌小麦叶锈菌（*Puccinia triticina*）的芽管沿小麦叶片表皮细胞的长轴定向生长以寻找气孔，继而启动附着胞的形成；小麦叶枯病菌（*Zymoseptoria tritici*）通过菌丝在气孔中的扩展而侵入小麦叶片。

在果实上，皮孔是黑斑病菌互隔交链格孢（*A. alternata*）识别侵入苹果梨的主要通道，皮孔附近的孢子首先萌发，产生菌丝，随后菌丝进一步扩展进入皮孔，使皮孔表层细胞解体。然而，寄主表面的拓扑结构对病原物侵染结构分化的调控具有多样性和复杂性，*P. triticina* 的芽管虽然能识别小麦叶片的气孔，但无法识别非寄主植物的气孔。

2. 表皮的坚硬度 寄主表面的坚硬度是稻瘟病菌（*Magnaporthe oryzae*）和刺盘孢（*Colletotrichum*）附着胞形成必需的诱导因子之一。体外研究表明，*M. oryzae* 分生孢子萌发形成的芽管在凡士林或聚合琼脂等软基质上不能分化形成附着胞，而干燥的琼脂表面可诱导其附着胞的分化。进一步研究表明，硬度信号在 *M. oryzae* 孢子萌发后 2h 被感知，并且已经在 *M. oryzae* 中确定了附着胞萌发所需的临界硬度。随后发现三叶草刺盘孢菌（*C. trifolii*）能够在植物角质层、玻璃和塑料等硬表面上形成附着胞，但不能在矿物油等软表面上形成附着胞。与硬表面接触也是炭疽病菌盘长孢状刺盘孢（*C. gloeosporioides*）附着胞形成所必需的条件。

3. 表皮的疏水性 研究发现，寄主表面疏水性是诱导植物病原真菌侵染结构分化的重要诱导因子。大麦白粉病菌（*Erysiphe graminis*）分生孢子的成功萌发和分化与表面疏水性直接相关。疏水性也能诱导玉米黑粉病菌（*Ustilago maydis*）的菌丝生长和附着胞形成，然而，疏水性与其他化学信号相结合诱导作用更强。在苹果梨上研究发现随着发育期的延长，果皮表面的蜡质形成增多，疏水性增加，接触角随之变大。花后 30d 时果实表面接触角仅为 61.6°，而经过 90d 的发育到花后 120d 时，接触角增大到 79°。果实表面疏水性（接触角）与互隔交链格孢侵染结构分化相关性分析表明，疏水性与附着胞和侵染菌丝的形成之间呈显著正相关（$P<0.05$）。表皮疏水性还能打破禾生刺盘孢（*C. graminicola*）的休眠并促进其孢子萌发和附着胞形成。此外，感知和响应寄主表面的疏水性是灰葡萄孢中分生孢子黏附的先决条件。

4. 表皮角质层化学组分 寄主表皮角质层的部分化学组分作为识别的信号分子在寄主-病原物互作中具有重要作用。最早研究发现，角质水解物能诱导苜蓿根腐病菌（*Fusarium solani* pv. *pisi*）角质酶活性，水解物中 ω 羟基脂肪酸组分表现出较强的诱导活性，其中 C16 烷酸具有显著的诱导作用，其主要依赖于 ω 碳原子上的羟基，而不依赖于羧基。有研究证明，真菌病原物通过感知寄主表面角质单体，进而激活其角质水解酶。角质单体最初是由黏附于寄主表面的真菌孢子中较低活性的角质酶水解产生的，随后角质单体可诱导真菌产生大量角质酶，进而启动侵入。尖孢镰刀菌（*Fusarium oxysporum*）在转录水平上调控角质酶的诱导表达，转录因子 CTF1 可特异性地结合在角质酶基因启动子中富含 G 的回文序列区，激活基因的表达。角质单体还能诱导稻瘟病菌（*M. grisea*）和小麦白粉病菌（*E. graminis*）附着胞的形成。同时，角质单体还能诱导炭疽病菌（*C. trifolii*）侵染结构的形成，以及具有激活作用的脂诱导蛋白激酶 LIPK 的表达。

植物表皮蜡质及其组分对病原真菌侵染结构分化也具有诱导作用。研究发现，鳄梨果实表皮蜡质组分中 C24 和长链醇能刺激 *C. gloeosporioides* 分生孢子的萌发和附着胞的形成，而非寄主植物花椰菜、大白菜、菜豆叶片和甘薯块茎表皮蜡质却对该病原菌附着胞的形成具有抑制作用。此外，鳄梨蜡质中的极性组分萜类和占蜡质成分 5% 的 C30～C32 脂肪醇能促进 *C. gloeosporioides* 孢子萌发或附着胞形成，而其他长链脂肪醇则抑制附着胞的形成。小麦叶面蜡质中的醛类可诱导 *E. graminis* 的孢子萌发和侵染结构形成，其中以 C26 醛诱导活性最强，其他醛类的诱导活性则随碳链的减少或增加而降低。有研究发现，小麦叶表皮蜡质中的 C28 醛能显著诱导 *M. grisea* 附着胞的形成。可见，表皮蜡质对病原物侵染结构分化的调控存在蜡质化学组分、链长、病原菌和寄主种类的依赖性。另外，完整果皮及蜡质提取物涂抹表面对梨果黑斑病菌（*A. alternata*）附着胞和侵染菌丝的形成均具有诱导作用。

大量研究表明，G 蛋白信号途径、cAMP/protein kinase A（PKA）信号途径、MAPK 级联信号途径、calcium/calmodulin 依赖信号途径都参与了寄主表皮蜡质物化信号诱导的病原菌侵染结构的分化和预侵染过程（图 3-13）。基于药理学及遗传学方法的研究表明，在梨果黑斑病菌与寄主的互作中，细胞内钙信号途径中的磷脂酶 C（PLC）、MAPK 级联信号途径和 cAMP/protein kinase A（PKA）途径中的 PKA 催化亚基（PKAc）均参与了梨果实表皮蜡质物化信号诱导 *A. alternata* 侵染结构的分化过程。

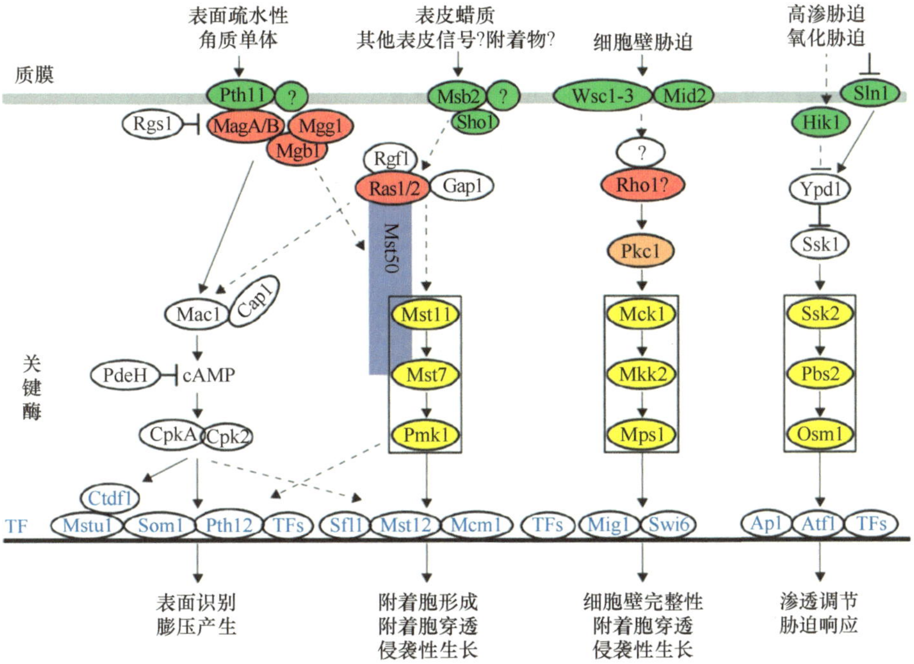

图 3-13　参与病原物侵染结构形成的主要信号通路

5. 寄主产生的乙烯　乙烯作为一种促进果实成熟的植物激素，早期研究表明其可诱导 *C. gloeosporioides* 侵染结构分化。体外实验研究发现，低浓度的外源乙烯利（1μmol/L）对 *A. alternata* 孢子的萌发和附着胞的形成具有促进作用，1μmol/L 的外源乙烯利处理 6h 后，*A. alternata* 的附着胞形成率比对照提高了 31.71%（$P<0.05$）；而高浓度（≥10μmol/L）具有抑制作用。同时，用 MAPK 抑制剂 SB203580 处理后显著抑制了外源乙烯诱导的 *A. alternata* 孢子的萌发和附着胞形成，培养 2h 时，与对照组（1μmol/L 外源乙烯利）相比，其抑制率分别是 17.01% 和 57.14%。同样，有研究发现乙烯利 +cAMP 抑制剂（atropine）处理显著降低了 *A. alternata* 附着胞形成率（$P<0.05$），说明 MAPK 和 cAMP/PKA 信号途径均参与了乙烯诱导 *A. alternata* 侵染结构的分化。此外，*B. cinerea* 分生孢子的萌发也受乙烯的影响。

（二）侵入期

从病原物侵入寄主开始，直到与寄主建立寄生关系为止的这一段时期，称为侵入期（infection period）。

1. 侵入途径　有些病原物可在果蔬生长发育和成熟衰老的各个时期对其进行侵染，而有些病原物只能在果蔬采收以后侵染。采后病原物侵入寄主的时期分为潜伏侵染和采后侵染。各种病原物侵入寄主的途径也呈现多样性。病原真菌多以孢子萌发形成的芽管通过自然孔口或伤口侵入，部分病原真菌能通过果蔬表皮角质层直接侵入。细菌主要通过自然孔口和伤口侵入。

（1）潜伏侵染　潜伏侵染是引起果蔬采后病害的一个重要原因。部分病原真菌在果蔬生长发育期间侵入寄主体内，因寄主体内抗病性的存在而使其呈潜伏状态。在果蔬成熟或贮藏后期，体内抗病性减弱或消失，病原真菌才恢复活动，进而导致症状的出现。可以引起潜伏侵染的病原真菌主要包括盘长孢状刺盘孢、实生链核盘菌、可可球二孢、灰葡萄孢、链格孢和镰刀菌等。

1）侵入时期：病原真菌可在花期或果实发育期通过角质层直接侵入，也可通过气孔、皮孔、萼孔或甜瓜的网纹等自然孔口侵入而潜伏。潜伏侵染最早可发生在花期。例如，*B. cinerea* 的孢子可在寄主柱头上迅速萌发，并经由花柱组织进入子房，形成对草莓和葡萄果实的早期侵染。互隔交链格孢通常定殖于花柱，可经萼心间组织进入心室，形成对苹果的早期侵染。另外，该病原菌可由梨初花期的萼片侵入，或通过盛花期和落花期的萼片、花瓣和花柱侵入，但以花瓣和花柱侵染率最高。同时，该病原菌在梨果实发育期间均可侵入，以萼筒和萼室间的侵染率最高。

大多潜伏侵染发生在果实的发育期。用盘长孢状刺盘孢的孢子接种生长期间的鳄梨果实1d后便萌发，芽管在果实表面的蜡质层中形成黑色的附着孢，在未成熟果实中该病原菌一直以附着孢的形式存在，当果实软化时，附着胞上便分化形成侵染丝，穿透角质层和表皮。侵入的菌丝便在果皮组织和果肉中发展蔓延，开始形成黑斑，最终在黑斑上形成分生孢子盘。有研究表明，互隔交链格孢可在发育期直接穿透柿果实角质层；侵入杏果实气孔；侵入梨、芒果和哈密瓜果实皮孔；通过萼孔进入苹果心室，经过扩展后，以菌丝体形式潜伏在果实中。

2）侵入部位：除导致苹果心腐病的粉红单端孢菌等个别情况外，潜伏在果实体内的病原物大多分布于果皮或皮下组织中，果肉被侵染的概率不高。例如，潜伏在厚皮甜瓜中的交链格孢和镰刀菌大多存在于表皮以下1cm左右的组织中。同样，侵染芒果的病原真菌可在皮下1mm厚的表层组织中存活，果肉基本无菌。病原真菌侵入寄主后可在孢子萌发、芽管伸长、附着孢形成、侵染丝产生和菌丝适度扩展各个生长阶段潜伏。

病原真菌在果实表面不同部位的潜伏率也明显不同，其中以果蒂处的带菌率最高。例如，番木瓜果蒂处的带菌率极显著地高于果实中部和顶部；芒果果蒂处互隔交链格孢带菌率最高，其次是果实中部，底部最少；柿果蒂处的互隔交链格孢带菌率明显高于中部和顶部；红木莓果蒂处灰葡萄孢的带菌率要明显高于果实中部和顶部；然而，哈密瓜果实中部的带菌率却显著高于顶部和柄部。发育期间果实各部位受病原真菌侵染的程度可随果实的发育期而变化，果实各部位出现潜伏侵染的差异可能与果实在不同发育期表面的凝水形成和分布有关。

（2）采后侵染　采后侵染（postharvest infection）是指病原真菌在采收及分级、包装、运输、贮藏、销售等采后处理过程中对果蔬的侵染。大多数病原真菌对园艺产品的侵染发生在采后，侵染的途径主要包括以下几种。

1）机械伤口。机械伤口是病原菌采后侵入的主要途径，有些病原菌如青霉、根霉、地霉和细菌只能通过机械伤口侵染。园艺产品在采收、分级、包装、运输过程不可避免地会造成一些机械伤。尤其采收时剪切的果柄是采后病原菌侵染的重要部位，如香蕉的冠腐病及菠萝的花梗腐，芒果、番木瓜、鳄梨、甜椒、洋梨及甜瓜的茎端腐，全部是通过采收时造成的剪切伤口入侵引起的。苹果擦伤可引起皮孔内扩展青霉的发展，也可诱发皮孔内潜伏的盘长孢活动。一些具有采前侵入寄主能力的病原菌，如灰葡萄孢、互隔交链格孢、镰刀菌、实生链核盘菌、盘长孢状刺盘孢等也可通过寄主表面伤口侵入果蔬。

2）生理损伤。贮藏期间冻害、冷害、高温、高 CO_2 或缺氧等不良环境因素引起的果蔬生理损伤，会破坏果蔬的表皮结构而引起病原物侵入。有些果蔬对低温敏感，低温伤害能加速病原菌的侵入。番茄、辣椒、甜瓜和冬瓜发生冷害后容易被互隔交链格孢侵染而引起黑斑病，冻害后葡萄更易发生灰霉病；高 CO_2 或低氧伤害的苹果也容易发生青霉病。

3）寄主衰老。衰老会造成果蔬表皮保护组织降解，气孔失去自我调控能力，致使病原菌侵入，这些病原菌包括青霉、链格孢、镰刀菌、根霉、地霉、根串珠霉等。在贮藏的后期，由于果蔬衰老和抗性降低，受各类病原菌侵染的概率会显著增高。例如，甜瓜贮藏后期粉霉病和青霉病的发病率明显增加；洋葱贮藏后期镰刀菌引起的白霉病的发病率也显著提高。

4）接触侵入。病原真菌的孢子可通过空气循环在贮藏库和运输工具内传播。采后处理的各个环节（预冷、清洗、分级、包装等）也是病原菌传播的重要途径。例如，水冷会增加苹果贮藏期间的青霉病；二苯胺或乙氧基喹处理可抑制苹果虎皮病，但会促进贮藏期间青霉病的发生。青霉、根霉、地霉、毛霉和灰霉等病原真菌可通过接触传染，导致健康果实发病。这种情况在苹果、梨、柑橘等的青霉病，桃、杏、甜瓜的软腐病，以及葡萄、草莓、番茄、甜椒等的灰霉病中尤为明显。

2. 侵入过程

（1）病原真菌的侵入过程　在适宜的条件下，黏附于寄主表面的病原真菌的孢子萌发产生芽管，其顶端膨大形成附着胞，接着附着胞产生较细的侵染丝或侵染钉，通过分泌胞外酶或机械力的作用穿透角质层，进入寄主的表皮组织，形成树枝状的分枝结构。大部分采后病原菌有长达数月的潜伏侵染期，潜伏侵染的寄主主要为未成熟的果实。在这一过程中，侵染钉产生的分枝状结构侵入未成熟果实的表皮细胞，形成肿胀的菌丝结构，并不再继续扩展，直至果实成熟，进入腐生生长阶段。随着果实成熟进程的发展，潜伏侵染结构形成大量的腐生型菌丝，进入寄主细胞，吸取寄主体内的养分，建立寄生关系（图 3-14）。从寄主表皮角质层直接侵入的病原真菌一般会产生附着胞，而从伤口和自然孔口侵入的真菌，可以不形成附着胞和侵染结构，而是直接以芽管侵入。

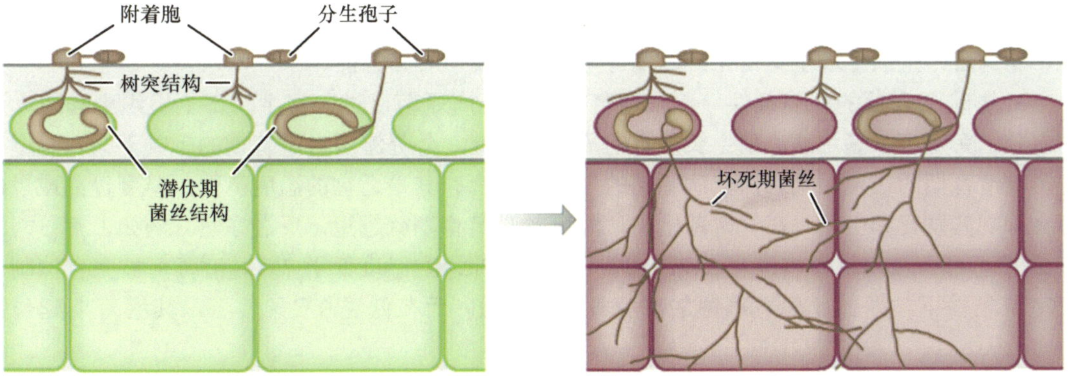

图 3-14　病原菌在果实上的定殖模式图

（2）细菌的侵入过程　引起采后病害的大多数细菌主要通过伤口或自然孔口侵入，病原细菌可通过直接落入的方式获取营养而繁殖，以及靠泳动进入伤口或自然孔口。

3. 影响病原菌侵入的环境条件　病原菌的侵入与环境中湿度和温度密切相关，其中以湿度的影响最大。大多数病原真菌的孢子萌发、细菌的繁殖和游动，都需要在水滴里进行。果蔬表面的不同部位在不同时间内可以有雨水、露水等水分存在。一般在高湿度下，寄主愈伤组织形成缓慢，自然孔口开张度大，表面保护组织柔软而利于病原物的侵染。对于通过伤口直接侵入的病原菌，外界湿度对其侵入的干扰影响不大。温度只是影响病原菌的侵入速度，在一定的温度范围内，温度越高病原菌的侵入速度也越快。各种病原菌都具有其萌发和生长的最高、最适及最低的温度范围。超出最高和最低的温度范围，病原真菌的孢子便不能正常地萌发和生长。一般情况下，外界环境温度基本可以满足病原菌侵入的需要。除刺盘孢、根霉等少数病原菌外，多数病原菌均可在接近0℃的低温条件下萌发生长，尤以青霉、链格孢和灰葡萄孢最为典型。

（三）潜育期

潜育期（incubation period）是从病原物与寄主建立寄生关系开始，直到出现明显的症状为止的这一时期。

1. 潜育的时间 潜育期的长短受病菌致病力、寄主抗性和环境条件三方面的影响。不同病原菌对同一寄主，同一种病原菌对不同寄主，以及同一寄主的不同成熟阶段，潜育期的长短均存在差异。就采后病害而言，每种病害均有一定的潜育期。通常是采前侵入的较长，采后侵入的较短。其中盘长孢状刺盘孢、交链格孢、灰葡萄孢和镰刀菌的潜育期可达数月，而根霉、毛霉和青霉潜育期只有几小时或几天。

2. 潜育期间病原菌与寄主的互作 在潜育期内，病原菌要从寄主获得更多的营养物质供其生长发育，病原菌的生长和繁殖将影响其致病力。对寄主而言，其自身也并非完全处于被动状态，相反它会通过自身的防御结构、预存或诱导抗菌物质等来抵御入侵的病原菌。因此，病原菌必须在克服寄主的防卫抵抗之后，才能从寄主获取所需的营养物质，以支持其在寄主体内生长发育。所以，采后病害发生的程度，取决于果蔬自身的抗病性。如果寄主的抗病性强，虽然有病原菌侵染，腐烂率也不高。另外，采后环境条件，如温度、湿度、气体成分等，既可影响果蔬寄主的生理状态，也会影响病原菌的生长发育。因此，当环境条件不利于果蔬寄主的抗病性而有利于病原菌的致病力时，才会发生腐烂。可见，潜育期长短受病菌致病力、寄主抗性和环境条件三方面的影响。潜育期间病原菌与寄主互作的关系复杂，包括病原菌对寄主的破坏、感病后寄主的生理生化变化，以及寄主的防卫反应等多方面。

3. 影响潜育期的环境条件 在潜育期，由于病原菌已进入寄主，寄主组织中含有大量的水分，完全可以满足病原菌生长发育的需求。因此，外界湿度对潜育期的影响不大。温度则是影响潜育期的决定因素。由于病原菌的生长和发育有其最适宜的温度范围，温度过高或过低都会抑制其发育和生长。在一定范围内，温度越高潜育期就越短，反之亦然。例如，匍枝根霉在24℃下可在成熟桃体内潜育24h，10℃下则需72h，当温度低于7℃时潜育可被完全抑制。在室温条件下，西蓝花黑斑病菌的潜育期为3～5d，而在低温0℃条件下，其潜育期延长为5～7d。

寄主的营养状态也是影响潜育期的重要因素。对于采后病害而言，未成熟果实能抑制病原菌产生有毒物质或抑制病原菌水解酶的活性，从而抵抗病原菌侵害。例如，未成熟番茄中含有大量番茄碱，绝大部分以配构体的形式存在，番茄的生物碱有明显的抑菌作用；而随着番茄果实的成熟度增加，这种碱含量减少。所以，成熟的番茄果实容易受灰葡萄孢、刺盘孢等病原菌侵染。

（四）发病期

从寄主开始表现症状到病原真菌入侵的病部表面产生孢子，细菌性病害病部表面有脓状物溢出的一段时期即发病期。症状出现以后，病原物仍在进一步扩展，病斑不断扩大，病部产生更多的繁殖体，寄主的抗性也越来越微弱。新产生的病原物的繁殖体可成为再次侵染的病源。发病期内，病害发生的严重程度不仅与寄主抗性、病原菌的致病力和环境条件的适合程度有关，而且还与采取的防治措施相关。

展 望

尽管果蔬采后主要病原菌的鉴定、生物学特性、寄主范围、基本侵染规律和发病特征已被广泛研究，但是，由于采后病原菌的种类繁多、侵染机制复杂，不同园艺产品的生理特性各异，以及寄主与病原菌互作受诸多因素影响，因此，园艺产品采后病理学仍需深入研究。①仍有许多园艺产品采后病害的发生规律、病原菌及其生物学特性尚不清楚，还需要进一步调查研究。与真菌性病害相比，蔬菜采后细菌性病害的病原学、生物学特性和发病特征的研究还相对薄弱，需要加强。②需加强主要病原物的遗传背景研究，深入阐明其致病产毒的分子基础及调控机制。③病原菌识别寄主是一个复杂的过程，现有的研究仍不能全面揭示发生机制，需要通过转录组、蛋白质组和代谢组等多组学分析，以及病原菌群体等手段，揭示亲和性病原物对寄主表皮物化信号的识别和应答系统。④尽管一些病原真菌对果蔬的潜伏侵染规律基本明确，但潜伏侵染发生的分子互作机制有待进一步揭示。⑤园艺产品在新时代下的产供销模式发生巨大转变，应加强研究新模式下主要采后病原菌的传播途径及致病机制，满足园艺产品全产业链品质安全保障技术的升级。

第二节 病原菌致病机制及调控

【学习目标】

1. 了解采后病原菌的主要致病基因类群。
2. 了解采后病原菌致病力的主要调控机制。

【主题词】 致病力；致病因子；胞外酶；植物毒素；活性氧；调控机制；互作机制

采后病原菌在侵染过程中向胞外分泌大量的胞外酶和毒素等致病因子来杀死植物细胞，之后从细胞降解物中吸收营养物质进行生长和繁殖，以扩大侵染进程。研究采后病原菌致病分子机制能深入认知病原菌在应对寄主抵御和环境因子胁迫时的复杂的侵染机制，为制定精准高效的病害控制策略奠定理论基础，对园艺产业的提质、增效具有重要意义。病原真菌是园艺产品采后最主要的病原菌，本节将重点介绍采后病原真菌中的主要致病基因类群及其调控机制。

一、病原菌致病基因类群

（一）胞外酶

在侵染寄主的过程中，采后病原菌会向胞外分泌大量的蛋白质和代谢产物以协助其入侵寄主细胞。例如，通过蛋白质组学的方法在采后病原真菌灰葡萄孢（*Botrytis cinerea*，也称灰霉菌）（图 3-15）和扩展青霉（*Penicillium expansum*）中可以鉴定到 200 多个胞外蛋白，其中包括多糖水解酶、蛋白酶、氧化还原酶等多个种类。

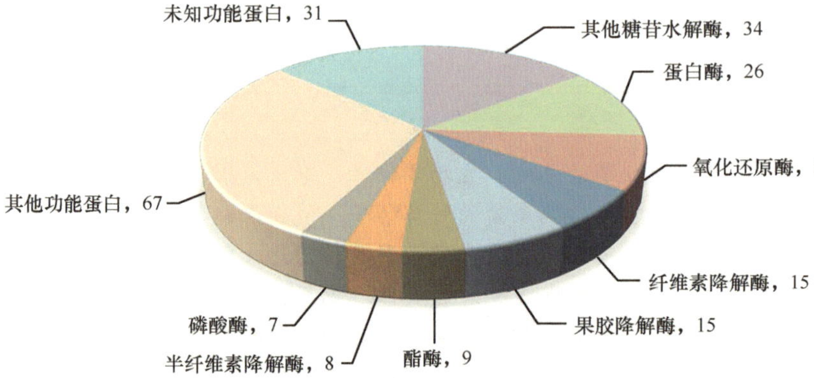

图 3-15　灰霉菌胞外蛋白种类及数量

层生镰刀菌（*Fusarium proliferatum*）在侵染香蕉果皮的过程中约有 104 个胞外蛋白被显著诱导分泌，其中有 40 个是在香蕉果皮中特异性分泌的。采后病原菌所分泌的水解酶类可以降解植物角质层和细胞壁等物理屏障，并可以通过进一步降解植物组织来为其生长提供必要的营养物质。同时，部分分泌蛋白还可以通过调控寄主免疫系统来促进病原菌侵染过程。采后病原菌的胞外蛋白中主要包括以下几类致病因子。

1. 角质酶　分生孢子是多数采后病原真菌最主要的传播和侵染源。植物的病害循环过程从分生孢子落在寄主植物表面的时刻开始。分生孢子在寄主表面附着后在适当的条件下会萌发产生芽管，并在芽管顶端分化出附着胞等侵染结构来促进入侵寄主组织。病原菌要侵入寄主组织所面临的第一层防御屏障是植物最外围的角质层（cuticle）。角质层是覆盖在所有植物地上部分表皮细胞外的亲脂结构，其主要成分是角质，它是一种含 16～18 个碳的羟基脂肪酸。角质层通常会覆盖一层疏水的蜡质。角质层直接与外界环境接触，是植物应对生物和非生物胁迫的重要屏障。多数植物病原真菌在侵染的过程中会向外界环境分泌角质酶（cutinase）来降解寄主的角质层结构。角质酶是一种酯酶，分子质量为 22～26kDa，可以将不溶性的角质多聚物降解成为单体或低聚物。灰霉菌可以向胞外分泌 5 种不同的角质酶，但单独敲除其中一个角质酶基因对其致病力并没有显著影响，这是由于角质酶有多种同工酶，它们之间存在功能冗余现象，其中一个基因缺失，其功能可以被其他具有相同或相似功能的基因给予补充。而在另外一些采后病原真菌如盘长孢状刺盘孢（*Colletotrichum gloeosporioides*）和实生链核盘菌（*Monilinia fructicola*）中，角质酶是重要的毒力因子，角质酶编码基因的缺失可导致其致病力的显著下降。有的采后病原真菌中的胞外脂酶也参与角质层的降解，它们可以降解角质和蜡质中的不饱和长链脂肪酸酯，一方面协助病原菌侵入寄主，另一方面为病原菌的生长提供营养物质。在灰霉菌的分生孢子中加入脂酶的抗体会导致分生孢子无法穿透番茄叶片的角质层，但抗体并不影响孢子的萌发和其在伤口部位的侵染，这说明脂酶只在表层侵染过程中发挥作用。

2. 细胞壁降解酶　植物的细胞壁是病原菌在突破寄主最外围角质层后所面临的最主要的防御屏障，其主要由果胶（pectin）、纤维素（cellulose）和半纤维素（hemicellulose）组成。纤维素是由葡萄糖聚合组成的大分子多糖；半纤维素是由木糖、阿拉伯糖和半乳糖等几种不同类型的单糖组成的异质多聚体；果胶是以聚半乳糖醛酸为主的天然生物大分子。采后病原真菌的胞外蛋白中包含大量的植物细胞壁降解酶（cell wall degrading enzyme，CWDE）。

（1）果胶酶　　果胶是植物细胞壁初生壁的主要成分，也是中胶层的重要组分，可将细胞和组织紧密联系在一起。果蔬采后病害的软腐症状主要是病原菌所分泌的果胶酶降解寄主细胞壁果胶造成的结果。果胶酶（pectin enzyme）是一组复合酶，根据其对底物作用方式的差异可分为果胶酯酶（pectin esterase，PE）、果胶裂解酶（pectate lyase，PL）和多聚半乳糖醛酸酶（polygalacturonase，PG）。果胶酶根据作用位点可分为内切酶和外切酶两类，前者可随机切断果胶分子链中的糖苷键，后者则作用于果胶分子链的两端，逐个或以二聚体的方式切断糖苷键。内切多聚半乳糖醛酸酶是病原真菌中降解植物细胞壁的重要酶类。灰霉菌中有 6 个内切多聚半乳糖醛酸酶编码基因，其中 BcPG1 和 BcPG2 在侵染早期被大量分泌到胞外，其编码基因 *BcPG1* 和 *BcPG2* 的表达量在侵染过程中会提高上千倍，*BcPG1* 或 *BcPG2* 的单独敲除都会导致灰霉菌致病力的显著下降。同样，在柑橘绿霉病菌（*P. digitatum*）中，BcPG1 和 BcPG2 的同源蛋白 PdPG1 和 PdPG2 也对致病力有重要影响，其编码基因的缺失致使致病力降低。

果胶甲基酯酶（pectin methylesterase，PME）可以使果胶去甲基化，从而使 PG 更容易降解细胞壁中的果胶。灰霉菌中的果胶甲基酯酶 BCPME1 是重要的胞外致病因子，*Bcpme1* 基因的敲除导致灰霉菌降解外源果胶的活性显著降低，同时敲除突变体在不同寄主上的致病力降低 30%～77%。木聚糖酶（xylanase）和纤维二糖水解酶（cellobiohydrolase）也被证明对采后病原真菌的致病力有重要贡献。在采后病原真菌中，会有 1000 余个蛋白质具有胞外定位信号，可通过蛋白质组学鉴定的蛋白质也有数百种，但目前通过遗传学的方法在胞外蛋白中鉴定到的致病因子数量相对较少。一方面，这主要是由于相同功能蛋白之间存在功能冗余现象。例如，参与纤维素降解的胞外酶有 14 种，降解果胶的酶类多达 28 种。因此，单独敲除其中一个基因并不会引起致病力发生显著变化，其功能会被其他功能相似的蛋白质迅速补充。另一方面，很多功能未知的胞外蛋白对采后病原真菌致病力的贡献仍有待进一步研究。

（2）纤维素酶　　纤维素酶能将纤维素降解为纤维二糖和葡萄糖，在细胞壁的分解中发挥着非常重要的作用，主要包括内切β-1,4-葡聚糖酶、外切β-1,4-葡聚糖酶和β-葡萄糖苷酶3类。它广泛存在于生物体中，细菌、真菌和动物都能产生纤维素酶。纤维素酶在植物病原菌的致病方面并不是十分重要。一方面由于纤维素结晶状的特性，其降解速度比较慢，一般发生在植物感染的后期。另一方面，真菌中存在众多的纤维素酶，它们之间存在明显的功能冗余，单个纤维素酶基因的敲除对致病性一般没有明显的影响。在灰霉菌的分泌组中鉴定到 14 个纤维素酶。目前灰霉菌中只报道了一个纤维素酶基因（*cel5A*）的敲除突变体，该基因的敲除对致病力没有影响。在引起瓜类枯萎病的尖孢镰刀菌中，β-葡萄糖苷酶活性高的菌株的致病力显著高于该酶活性低的菌株。

（3）半纤维素酶　　半纤维素是多糖聚合体的复杂混合物，其组成和含量与植物种类、组织和发育阶段密切相关。半纤维素的降解需要多种酶的参与，主要包括木聚糖酶、半乳聚糖酶、葡聚糖酶、阿拉伯聚糖酶、甘露聚糖酶等。与纤维素酶类似，半纤维素酶对植物病原菌致病力的影响也有限。例如，在禾谷镰刀菌中木聚糖酶 *Xyr1* 基因的敲除导致病原菌木聚糖酶产量显著下降，但对致病力并没有明显影响。对采后病原菌来说，半纤维素酶也不是理想的毒力因子。在灰霉菌中虽然木聚糖酶编码基因 *Xyn11A* 的敲除导致致病力下降，但这种作用并不依赖于其木聚糖水解活性，而是该木聚糖酶在病原菌与寄主的互作过程中发挥了重要作用。

（4）其他酶类　　植物病原菌所分泌的植物细胞壁降解酶类除主要的多糖降解酶外，还包括蛋白酶、淀粉酶和磷脂酶等。在植物的细胞壁和细胞膜中含有数量众多的蛋白质。病原菌分泌的蛋白酶可以降解植物细胞壁和细胞膜蛋白，导致细胞结构破坏，组织变软。在采后病原菌的胞外蛋白质组中可以鉴定到数量众多的蛋白酶。例如，天冬氨酸蛋白酶是植物病原真菌丰度最高的分泌蛋白质之一，但这些蛋白酶编码基因的敲除对病原菌的致病力并不产生显著影响。病原菌所分泌的淀粉酶可以降解寄主植物中的淀粉，磷脂酶则可以降解植物中的脂类物质。

3. 效应蛋白 多数采后病原真菌为死体营养型，并不能从活体植物组织中吸收营养物质。因此，死体营养型病原菌若要在植物组织中成功定殖，需要在与寄主接触的初期就快速杀死植物细胞。多数情况下，采后病原菌的主要侵染源为分生孢子。然而，由于病原菌在孢子萌发的初期生物量很小，蛋白质的合成和向胞外分泌的量非常有限。因此，在侵染早期病原真菌并不能通过分泌大量的细胞壁降解酶或毒素来迅速杀死寄主细胞。同时，寄主植物也会产生抗病反应来诱导病原菌细胞的凋亡，从而抑制新的菌丝产生。因此，病原菌的持续侵染能力，取决于其在被寄主的抗菌物质清除之前诱导寄主细胞局部坏死的能力。

效应蛋白（effector protein）在病原真菌的侵染早期发挥了非常重要的作用。在采后病原真菌的胞外蛋白中鉴定到的效应蛋白主要是坏死诱导蛋白（necrosis inducing protein，NIP）。NIP 可以通过非常少的蛋白质量诱导局部寄主细胞的快速死亡，帮助病原菌在侵染初期于寄主组织中定殖。目前，在死体营养型模式菌灰霉菌（*B. cinerea*）的胞外蛋白中鉴定到了多个可显著诱导寄主植物细胞坏死的蛋白质。Cerato-platanin 家族蛋白在病原真菌的胞外蛋白组中广泛存在。灰霉菌中的 Cerato-platanin 家族蛋白 BcSpl1 是分泌量最大的胞外蛋白之一，几乎在所有的培养条件下，都可以在胞外蛋白组中鉴定到该蛋白质的存在。在巴斯德毕赤酵母（*Pichia pastoris*）中，异源表达的 BcSpl1 蛋白能诱导番茄、烟草和拟南芥等多个寄主叶片的快速坏死反应。注射 BcSpl1 后的寄主植物表现出典型的超敏反应（hypersensitive response，HR），包括活性氧积累、电解质泄漏、细胞质收缩和诱导抗病基因表达等。在与灰霉菌亲缘关系较近的核盘菌（*Sclerotinia sclerotiorum*）中，Cerato-platanin 家族蛋白 SsCP1 也具有显著诱导寄主细胞快速坏死的作用。SsCP1 可以与寄主的病程相关蛋白（pathogenesis related protein，PR）PR1 在质外体中发生直接的相互作用。寄主中的水杨酸（salicylic acid，SA）参与了 SsCP1 对寄主抗病性的诱导，在寄主中表达 SsCP1 可显著提高 SA 的积累，从而提高对多个病原菌的抗性。NLP 蛋白（necrosis and ethylene-inducing peptide 1-like protein）是一类在植物病原菌中广泛存在的效应蛋白，可显著诱导双子叶寄主植物的细胞坏死和抗病反应。NLP 蛋白具有相对较小的分子质量（约 24kDa），序列具有较强的保守性，一般包含一个由两个半胱氨酸残基形成的二硫键。第一个 NLP 蛋白是在尖孢镰刀菌（*Fusarium oxysporum*）中发现的，它诱导古柯叶片中乙烯的合成和细胞坏死。目前，在多个采后病原真菌中发现了 NLP 蛋白的存在，并且它们也具有诱导寄主细胞坏死和抗性反应的作用。灰霉菌中有两个 NLP 蛋白（BcNEP1 和 BcNEP2），能诱发寄主植物细胞凋亡（apoptosis）和坏死（necrosis）两种形式的细胞死亡。通过蛋白质的荧光标记发现，BcNEP1 和 BcNEP2 作用于寄主细胞的质膜和核膜位置，导致叶绿体中活性氧的大量积累。在另一重要的采后病原真菌扩展青霉（*P. expansum*）的胞外蛋白中，也鉴定到两个可诱导寄主细胞坏死的 NLP 蛋白 Penlp1 和 Penlp2。

除 Cerato-platanin 和 NLP 家族蛋白外，采后病原真菌所分泌的一些多糖水解酶，除有降解寄主细胞壁多糖的功能外，还具有诱导寄主细胞坏死的功能，且这种作用并不依赖于其水解酶活性。Xyn11A 是灰霉菌分泌到胞外的一种木聚糖酶，具有分解寄主细胞壁中木聚糖的活性。同时，Xyn11A 具有诱导寄主细胞快速坏死的功能，这种作用不依赖于其水解酶活性。同样，在侵染初期，灰霉菌的胞外木葡聚糖酶 BcXYG1 能快速诱导寄主细胞坏死和寄主的抗性反应，且不依赖于其水解酶活性。这些研究结果说明死体营养型病原真菌与寄主之间互作的复杂性。

虽然纯 NIP 蛋白可以显著诱导寄主细胞坏死，但只有其中部分 NIP 蛋白的编码基因（如 *BcSpl1* 和 *Penlp1*）敲除后导致病原菌致病力的显著降低，其他多数 NIP 蛋白编码基因的单独缺失并不引起致病力发生显著变化。说明这些胞外 NIP 蛋白之间有明显的功能冗余现象，它们在侵染寄主的过程中协同发挥作用。与此同时，NIP 也具有调节寄主免疫反应的作用。灰霉菌的 NIP 蛋白 BcIEB 可与寄主中的病程相关蛋白 Osmotin 直接互作，抑制寄主植物的抗菌活性，促进侵染过程。BcXYG1 通过寄主膜受体蛋白 BAK1 和 SOBIR1 来诱导寄主细胞坏死，激发寄主的系统获得抗性（systemic acquired resistance，SAR）。

（二）活性氧

活性氧（ROS）在果蔬寄主与病原微生物的互作过程中发挥着重要的调节作用。一方面，当果实遭到病原菌的侵染后，在侵染点周围迅速积累大量的 ROS，称为活性氧爆发（ROS burst），这被认为是寄主植物的主要抗病反应。ROS 作为信号分子可以诱导寄主细胞的超敏反应（HR），造成侵染点周围细胞的程序性死亡，阻断营养供应，从而抑制活体寄生的病原菌在寄主中的定殖。然而，采后病原真菌多为死体营养型，只能从死细胞中吸收营养物质，寄主的 HR 反应造成的细胞死亡，反而有利于病原真菌在寄主中的存活和发展。另一方面，病原菌本身具有复杂的 ROS 平衡系统，在调控病原菌的发育和与寄主的互作过程发挥着重要的作用。在真菌细胞中，Nox 是催化产生 ROS 的主要酶类。真菌中的 Nox 通常是由催化亚基和多个调节亚基组成的复合体，定位于细胞膜或内质网膜（图 3-16）。

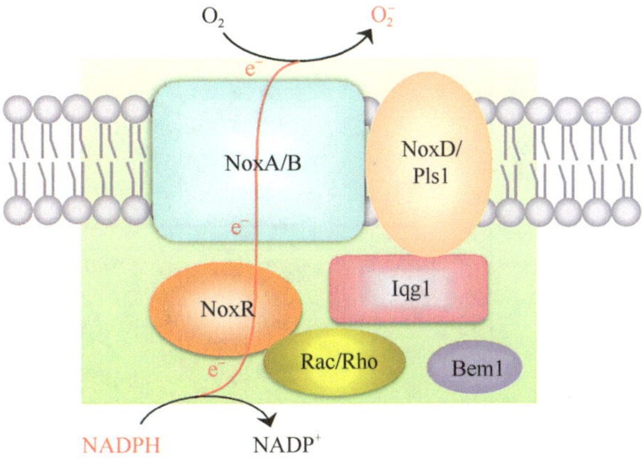

图 3-16　真菌中 NADPH 氧化酶复合体结构示意图

在多个采后病原真菌中都鉴定到了 Nox，并证明其在病原菌的发育和致病过程等方面发挥了非常重要的调控作用（图 3-17）。在灰霉菌中有两个 Nox 催化亚基 BcNoxA 和 BcNoxB，分别与膜上的骨架蛋白 BcNoxD 和 BcPls1 相结合。在胞质中，还存在多种 Nox 复合体的游离亚基，包括 BcNoxR、BcBemA、BcCdc24 等。胞质亚基 BcNoxR 是 BcNoxA 和 BcNoxB 共同的调节亚基。BcNoxA 和 BcNoxB 在灰霉菌侵染寄主的过程中均发挥着重要作用，但其分工有所不同。BcNoxB 在侵染初期寄主细胞形成局部坏死阶段发挥作用，与最初侵染结构的形成有关，而催化亚基 BcNoxA 则在灰霉菌于寄主中成功定殖后病斑快速扩展阶段发挥作用。调节亚基 BcNoxR 与灰霉菌胞内 ROS 的产量和分布状态密切相关，BcNoxR 的缺失会导致 ROS 的产量显著降低，影响 ROS 在菌丝中的极性分布状态。由于 BcNoxR 是 BcNoxA 和 BcNoxB 共同的调节亚基，BcNoxR 突变体与 BcNoxA/BcNoxB 的双敲除突变体的表型一致。BcNoxR 通过调节下游的 6-磷酸葡萄糖酸脱氢酶（6-phosphogluconate dehydrogenase，6-PGD），影响灰霉菌的发育和致病力。另外，BcNoxD、BcPls1、BcBemA 和 BcCdc24 等 Nox 复合体亚基也被证明参与了调控灰霉菌致病力和发育过程。在互隔交链格孢（*A. alternata*）中，Nox 复合体对分生孢子的产量有显著的调节作用，NoxA、NoxB 和 NoxR 等亚基的缺失会导致分生孢子产量降低 95% 以上。活性氧中的 H_2O_2 分子结构与 H_2O 相似，细胞膜上的水通道蛋白 aquaporin 可以介导 H_2O_2 的跨膜转运。在灰霉菌中有 8 个定位于细胞膜的水通道蛋白，其中的 AQP8 介导 H_2O_2 向细胞内的转运，AQP8 编码基因的缺失会导致 ROS 在菌丝顶端的极性分布状态受到破坏，影响灰霉菌侵染结构的形成和致病力。

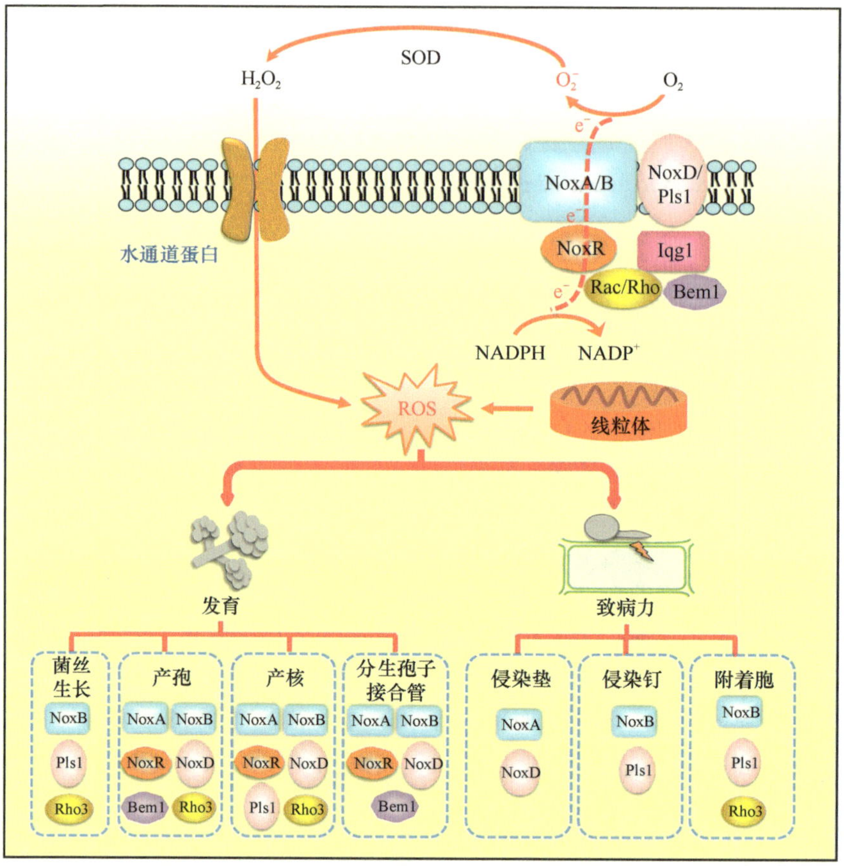

图 3-17　ROS 调控病原真菌发育和致病力的机制

（三）植物毒素

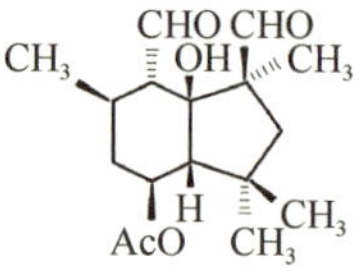

图 3-18　灰霉二醛结构图

1. 萜类毒素　除了向胞外分泌致病蛋白，采后病原菌还会分泌各种对寄主植物具有毒性的低分子量代谢产物。在采后病原菌中，研究较为深入的植物毒素是灰霉菌产生的灰霉二醛（botrydial）。灰霉二醛是一种分泌到胞外的倍半萜类代谢产物（图 3-18）。在灰霉菌产生的代谢产物中，灰霉二醛对植物的毒性最高，它导致植物组织萎蔫、褪绿或崩溃。在多个受灰霉菌侵染的寄主组织中，可以检测到灰霉二醛的存在。在受感染的大豆叶片中，灰霉二醛的含量可以达到 50ppm①。说明灰霉二醛是灰霉菌用来杀死寄主细胞的重要致病因子。

一个由 5 个基因（*Bcbot1*～*Bcbot5*）组成的基因簇负责灰霉二醛的合成，其中包括 3 个细胞色素 P450 单加氧酶基因（*Bcbot1*、*Bcbot3*、*Bcbot4*）、1 个乙酰基转移酶基因（*Bcbot5*）和 1 个倍半萜环化酶基因（*Bcbot2*）。灰霉二醛是一种菌株依赖型的毒力因子。在灰霉菌 T_4 菌株中敲除灰霉二醛的合成基因，导致灰霉菌的致病力显著下降；在另外两个菌株 B05.10 和 SAS56 中敲除该基因，则对致病力没有明显的影响。灰霉二醛在菌株 B05.10 和 SAS56 中缺失，不会导致致病力下降，其原因是这两个菌株中存在与灰霉二醛功能相似的植物毒素 botcinic acid。

① ppm 表示百万分之一

当在 B05.10 和 SAS56 中同时敲除灰霉二醛和 botcinic acid 的编码基因，则会导致致病力的显著降低。

2. 有机酸 有机酸是采后病原菌中另一类重要的植物毒性代谢产物。有机酸并不直接杀死寄主细胞，而是作为侵染寄主过程中的辅助因子。一些采后病原真菌，如灰霉菌、核盘菌、扩展青霉、指状青霉和意大利青霉等，在侵染寄主的过程中，通过分泌有机酸来酸化寄主组织。有机酸可以通过降低环境 pH 来提高其分泌的细胞壁降解酶的活性。同时，有机酸可以螯合寄主细胞壁中的 Ca^{2+} 以削弱细胞壁的强度。灰霉菌和核盘菌通过向胞外分泌大量的草酸（oxalic acid）来降低寄主组织的 pH，在这两个病原真菌中均发现有酸性 pH 条件下特异性表达的 PG 酶。核盘菌分泌的草酸可以显著诱导寄主细胞的程序性死亡（programmed cell death，PCD），有利于核盘菌的致病过程。草酸合成对核盘菌的致病力至关重要，敲除草酸合成关键基因则导致该病原菌完全丧失致病力。青霉属病原真菌（*Penicillium* spp.）则主要通过分泌葡萄糖酸（gluconic acid）和柠檬酸（citric acid）来酸化寄主组织。在扩展青霉中，分泌葡萄糖酸能力强的菌株，在果实上具有更强的致病力；通过抑制葡萄糖酸合成相关酶的活性则可显著降低其致病力。

3. 碱性物质 有些采后病原真菌在侵染过程会酸化寄主组织，而另一些采后病原真菌，如刺盘孢（*Colletotrichum* spp.）和交链格孢（*A. alternata*）则会通过向外分泌氨（ammonia）来碱化寄主组织，促进侵染过程。鳄梨在受到盘长孢状刺盘孢（*C. gloeosporioides*）侵染后，果皮中氨的积累量可提高 500%，pH 则由 5.6 提高到 8.5。在受 *C. coccodes* 侵染的番茄果实中，菌丝顶端附近的 pH 为 7.9，距菌丝顶端 10mm 处 pH 为 6.0，而健康番茄组织的 pH 为 4.2，说明该炭疽菌能够通过菌丝顶端向胞外分泌大量的碱性物质。这种碱化过程显著提高了胶孢炭疽菌中的果胶裂解酶编码基因（*PELB*）表达和果胶裂解酶向胞外分泌，影响对鳄梨果实的致病力。病原菌氨的分泌与氮元素的吸收密切相关，当 *C. coccodes* 中氮吸收相关基因（*nit*⁻/*areA*⁻）突变后，氨分泌能力和致病力均显著降低。研究表明，*C. coccodes* 分泌的氨是通过寄主中的 NADPH 氧化酶来诱导活性氧的积累，加速寄主细胞的坏死，促进病原菌在寄主中的定殖。在萌发的孢子中，氨的积累与 *C. gloeosporioides* 附着胞的产生密切相关，进而启动病原真菌由潜伏状态向侵染状态的转变。

（四）小 RNA

小 RNA（small RNA，sRNA）是一类具有调控基因表达作用的短链非编码 RNA，具有与靶标基因全部或部分互补的序列。小 RNA 是病原真菌中发现的新型致病因子，在病原菌与寄主的互作过程中具有重要的调控作用。内切核糖核酸酶 Dicer 可以将双链或单链 RNA 分解成 sRNA。成熟的 sRNA 首先被装载到 Argonaute（AGO）蛋白中，之后将 RNA 诱导的沉默复合体（RNA-induced silencing complex，RISC）引导到靶基因，接着通过 mRNA 切割、翻译抑制或表观修饰来诱导基因的沉默，这一过程被称作 RNA 干扰（RNA interference，RNAi）。RNAi 参与了调节植物抵抗各种病原体的免疫反应。同时，病原菌本身所产生的小 RNA 对其致病力有重要贡献。灰霉菌可以将自身的 sRNA 分泌到寄主细胞中，通过劫持植物的 RNAi 系统有选择性地抑制寄主的防御反应。利用深度测序方法在灰霉菌中鉴定到 73 个潜在的具有沉默寄主植物抗病基因功能的小 RNA。这些小 RNA 被灰霉菌自身的 Dicer 预加工，一旦它们被分泌到寄主细胞中，就会与寄主中的 AGO 蛋白结合，沉默寄主中特定的抗病基因。同时，植物寄主也可以通过外泌体（exosome）将小 RNA 分泌到胞外，然后被病原真菌吸收后抑制靶标致病基因的表达，调控病原菌的致病力。

二、病原菌致病的调控机制

采后病原真菌与寄主的互作是一个复杂的动态过程，其致病力不仅取决于各种致病因子之间的协同作用，同时，还受胞内外多个水平的调控。例如，病原真菌的致病力受胞内信号转导、转录调控、蛋白质分泌等多重水平的精准调节，也受温度、光照、环境 pH 及寄主抗病性等外部条件调控。

（一）信号转导

采后病原真菌与果实的互作过程受到信号转导水平的精准调控。信号级联通路将胞外的各种信号通过细胞膜传递到胞质和细胞核，调节基因的时空表达模式，产生不同的细胞反应。通过正反向遗传学等方法，信号转导通路中的多个组分被证明对采后病原真菌的致病力具有重要的调节作用。G 蛋白偶联受体（G-protein-coupled receptor，GPCR）定位于细胞膜，是细胞接收外界信号的重要受体蛋白，具有 7 次跨膜结构。GPCR 通过其胞外域感受外界信号，利用其胞内域将信号传递给下游的异三聚体 G 蛋白（heterotrimeric G protein）。在灰霉菌中敲除其中一个 *GPCR* 基因，会导致致病力微弱下降；敲除异三聚体 G 蛋白中的 α 亚基的编码基因 *bcg1* 或 *bcg2*，其致病力会显著降低。膜受体组氨酸激酶对病原真菌的发育和致病力也有调控作用。灰霉菌中的组氨酸激酶 BOS1 参与调控渗透率、抗药性和致病力。麦角菌（*Claviceps purpurea*）中的组氨酸激酶 CpHK2 对孢子萌发、氧化胁迫和致病力等有重要影响。信号转导中的第二信使 cAMP 参与调控了采后病原真菌的多个重要的生物学过程，包括营养生长、产孢、营养感应和致病力等。腺苷酸环化酶（adenylate cyclase）通过调节细胞内 cAMP 的水平，影响多个采后病原真菌的发育和致病力。MAPK 调控的信号转导途径在真核细胞中高度保守。例如，指状青霉（*P. digitatum*）有 3 个 MAPK 激酶编码基因 *Pdos2*、*PdSlt2* 和 *PdMpkB*，参与调控其致病力。敲除 *Pdos2* 或 *PdSlt2* 导致指状青霉对柑橘果实的致病力显著下降；敲除 *PdMpkB* 则会导致其致病力完全丧失。灰霉菌中的 MAPK 激酶基因 *bmp1* 是调控其致病力的关键基因，该基因缺失使灰霉菌致病力完全丧失。灰霉菌中另一个与酿酒酵母中 HOG1 同源的 MAPK 基因 *BcSAK1*，影响其无性生殖和侵染结构的发育。该基因缺失导致灰霉菌完全丧失产孢能力，不能侵染寄主的组织。然而，在稻瘟病菌（*Magnaporthe grisea*）及西瓜炭疽病菌（*C. lagenarium*）中的 HOG1 同源基因对致病力的影响较小。小 G 蛋白为单体 GTP 结合蛋白（monomeric GTPase），分子质量为 20～30kDa，是信号转导过程中重要的分子开关，参与调控细胞中众多生化反应。与异三聚体 G 蛋白的 α 亚基类似，与 GTP 结合的小 G 蛋白处于活化状态，可激活下游信号分子，当 GTP 被水解为 GDP 时，则处于非活化状态。根据在细胞生命过程中的功能，小 G 蛋白可分为 5 个亚家族，每个亚家族在细胞中的作用各不相同：Ras 亚家族调节酵母和哺乳动物细胞的分化过程；Rho 亚家族参与 MAPK 的细胞信号转导过程，并调控肌动蛋白重组；Ran 亚家族在细胞核的核孔位置调节蛋白和 RNA 分子在细胞核与细胞质之间的转运过程；Arf 亚家族在真核生物细胞的膜转运中起着重要作用，可将胞质溶性蛋白运送到囊泡出芽位点；Rab 亚家族参与调控胞内的囊泡运输。灰霉菌中的 Ras 亚家族小 G 蛋白 Bcras1/2 和 Rho 亚家族小 G 蛋白 Bccdc42/Rho3 已被证明参与了发育和致病力的调节。Bccdc42 和 Rho3 是通过影响细胞核分裂、分生孢子穿透性和菌丝顶端的 ROS 积累等过程，调控灰霉菌发育和致病力。

（二）转录调控

转录调控是真核生物行使其生物学功能过程中的重要调节机制。生物体的基因需经过转录形成 mRNA，之后通过翻译合成相应的蛋白质，最终由各种不同的蛋白质来行使其生物学功能。转录因子（transcription factor，TF）定位于细胞核，能够与基因启动子区域中顺式作用元件结合，调控靶基因在特定的时空表达，影响其生物学功能。因此，转录因子在基因转录水平的调控中发挥着核心作用。近年来，在转录水平研究病原菌致病的分子机制越来越受到关注。例如，研究禾谷镰刀菌（*Fusarium graminearum*）的 657 个转录因子的突变体，发现有些转录因子参与调控 *F. graminearum* 的生长发育、胁迫响应、致病力和毒素合成；稻瘟菌（*M. oryzae*）中的 bZIP 家族的转录因子是生长发育、致病力、养分利用、胁迫反应等生物学过程的调控因子；灰霉菌基因组共包含 10 701 个编码基因，其中编码转录因子超过 400 个，但目前鉴定到参与调控发育和致病力的转录因子的数量非常有限。受 MAPK 信号转导途径调控的 STE 家族转录因子 Ste12 对灰霉菌、指状青霉和扩展青霉等采后病原真菌的侵染过程有重要影响。受钙调磷酸酶调控的锌指转录因子 Crz1 和 Reg1 则参与了灰霉菌和指状青霉的发育和致病过程。灰霉菌的 GATA 家族转录因子 BcLTF1 受到光信号的诱导，参与调控其无性繁殖、致病力、活性氧平衡、次生代谢等过程。MADS-box 家族转录因子 Bcmads1 在灰霉菌的致病力和光形态建成方面具有重要的调节作用。然而，采后病原真菌致病力转录调控的分子机制仍有待进一步的深入研究。

（三）蛋白质分泌

在与寄主互作过程中，病原真菌会分泌大量致病蛋白到胞外，协助完成侵染过程。这些致病蛋白从胞内分泌转运到胞外的过程也受到精准的调控。丝状真菌分泌蛋白质的过程，需要从翻译得到的多肽链进入内质网（endoplasmic reticulum，ER）。在 ER 中，多肽链在分子伴侣和折叠酶的帮助下，进行正确的折叠和修饰，如糖基化、形成二硫键、磷酸化和亚基的组装等。在真核生物的蛋白质分泌途径，需经过正确折叠和修饰的蛋白质离开 ER，被包装到囊泡中，再运送至高尔基体（Golgi body）。虽然在丝状真菌中一般观察不到典型的高尔基体。但是，在真菌细胞中，则存在具有高尔基体相关功能的结构，称为类高尔基体。在高尔基体中，蛋白质可以发生糖基化等修饰，并根据其功能进行分拣。之后，蛋白质被再次装配至分泌囊泡中，运送至细胞质膜、分泌囊泡与质膜融合后，将蛋白质释放到胞外环境。研究表明，丝状真菌主要在菌丝顶端或亚顶端区域分泌蛋白质。Rab 家族的小 G 蛋白对囊泡运输具有关键的调控作用。不同的 Rab 蛋白，在囊泡运输的不同阶段发挥作用。在灰霉菌中，有 10 个 Rab 家族蛋白，其中的 Bcsas1 蛋白与哺乳动物中的 Rab8 和酵母中的 Sec4 是同源蛋白。Rab8/Sec4 负责调控蛋白质分泌过程中的最后一步，即囊泡由高尔基体至细胞膜的转运过程。Bcsas1 的缺失使灰霉菌的囊泡分泌和转运过程受到影响，分泌囊泡不能与质膜正常融合，这限制了多个关键致病因子向胞外分泌，导致灰霉菌的发育和致病力受到显著抑制。在豆刺盘孢（*Colletorichum lindemuthianum*）中，敲除 *Rab8/Sec4* 的同源基因 *CLPT1* 对该菌致死。肌动蛋白 Actin 是真核生物中细胞微丝的重要组成部分，在调控囊泡分泌和细胞器转运过程中发挥着轨道作用。敲除灰霉菌中的 Actin 的编码基因 *BcactA*，显著降低其生长速率、产孢能力和致病力。BcactA 影响 40 多个胞外蛋白的分泌，包括 11 个植物细胞壁降解酶，其中的纤维二糖水解酶（BcCBH）和鼠李糖苷酶（BcRHA）被证明是调控灰霉菌致病力的关键蛋白。扩展青霉中包含 DnaJ 结构域的蛋白 Blistering1，参与了调控内质网中的蛋白质加工、蛋白质输出，以及囊泡介导的蛋白质运输和内吞作用。研究表明，敲除扩展青霉的 *Blistering1* 基因，阻止了多个植物细胞壁降解酶和棒曲霉素（patulin）合成酶的作用，导致突变株致病力显著降低，同时丧失了合成棒曲霉素的能力。

（四）环境因子

采后病原真菌的发育和致病力不仅受到众多胞内因子的调控，同时也受到温度、pH 和光照等胞外环境因子的影响。

1. 温度 温度通常被认为是影响病原菌生物学特性的最重要的环境因子之一，它不仅影响病原菌的菌丝生长、产孢过程、孢子形态和孢子萌发力，也影响病原菌对寄主植物的致病力。控制温度是园艺产品采后贮藏阶段最常用的手段之一。因此，研究温度与病原菌生物学特性及致病力关系，对认识园艺产品采后病害的发生机制非常重要。

研究表明，园艺产品采后贮藏温度对病原菌生长发育和致病力具有重要影响。大部分病原真菌在低温环境条件下新陈代谢减慢，甚至处于静止状态；随着温度升高，病原菌的生长发育加快，致病力增强。但是，不同病原真菌对低温的耐受力存在差异。例如，青霉属（*Penicillium*）的软毛青霉（*P. puberulum*）、徘徊青霉（*P. palitans*）、扩展青霉（*P. expansum*）、常现青霉（*P. frequentans*）、产黄青霉（*P. chrysogenum*）和荨麻青霉（*P. urticae*）的最低生长温度为 −4～−2℃。引起油桃褐腐病的病原菌 *Monilinia laxa* 和引起甜菜茎点病的病原菌 *Phoma betae* 的生长速度在 0℃以下明显受到抑制，并且产孢时间也随着温度的降低而推迟。引起大蒜灰霉病的葱腐葡萄孢（*Botrytis allii*）对低温有较强的耐受性，−4℃时仍有缓慢生长，菌丝生长速度大约为 0.8mm/ 周。

温度的变化对病原菌孢子的形态及萌发也有重要的影响。许多研究表明，在低温条件下产生的分生孢子的体积要比温度较高的环境下产生的分生孢子的体积大；*M. laxa* 在冬天产生的分生孢子比夏天产生的分生孢子大；*M. fructicola* 在 15℃、20℃、25℃下产生的分生孢子体积分别为 1002μm^3、862μm^3、697μm^3，且 15℃下产生的孢子萌发率也明显高于 25℃下所产孢子；*B. allii* 在 −2℃下产生孢子的体积是 20℃下产生孢子体积的 2.75 倍；多生青霉（*Penicillium hirsulum*）在 −2℃时孢子的体积是 20℃时孢子体积的 2 倍。较低的温度可以通过增大分生孢子的体积来提高孢子胞内物质的生物合成，为增强其侵染能力积累更多能量。

病原菌孢子的萌发率和芽管的生长速度是其致病力的重要指标。例如，在 0℃下，匍枝根霉（*Rhizopus stolonifer*）、黄曲霉（*A. flavus*）、蒂腐色二孢（*Diplodia natalensis*）的孢子会丧失其活力。然而，有些采后病原菌的孢子在低温下仍保持较强的活力，如在 −2℃下，*P. digitatum* 和 *M. fructigena* 的孢子仍能正常萌发；*B. allii* 和 *P. hirsulum* 在 −2℃下产生的孢子比在常温下产生的孢子萌发早，萌发率高，致病力强。研究表明，体积大的孢子比体积小的孢子包含更多的营养物质，大孢子在萌发时可利用自身的内源营养物质，所以，芽管伸长更快。另外，大孢子比小孢子有更大的表面积，有利于更好地利用外源营养物质。向日葵黑斑病菌（*A. helianthi*）在较低温下产生的孢子中多聚糖含量较高，表明其代谢活性较高，为其侵染寄主提供了较多的物质基础；*Alternaria* spp.、*Drechslera* spp. 和 *M. fructicola* 在低温下产生的孢子比常温下产生的孢子具有更快萌发力和更强的致病力。

2. pH pH 对病原菌的发育和致病力具有重要的调节作用。在果实的衰老过程中，呼吸作用会首先消耗有机酸，导致果实的 pH 逐渐升高，对病原菌的抵抗力逐渐降低，继而影响病原菌的致病力。作为最重要的环境参数，pH 对采后病原真菌的孢子萌发具有重要的调节作用。例如，pH 为 2 或 8 的环境条件可抑制扩展青霉胞内蛋白质的合成和折叠过程，进而抑制分生孢子的萌发能力。有些采后病原菌在采前侵入寄主，在果实的发育阶段保持潜伏状态，在果实成熟或衰老时才表现出病征，表明这类病原菌适应 pH 的范围较广。环境 pH 还通过调节胞外蛋白的分泌，控制病原菌的致病力。灰霉菌在较低的环境 pH（pH 4）下，可诱导分泌较多的蛋白水解酶；在较高的环境 pH（pH 6）下，则诱导更多的植物细胞壁降解酶分泌，以增强其致病力。如前文所述，采后病原真菌在与寄主互作的过程中，通过向胞外分泌酸性或碱性物质，调整环境酸碱度，使其有利于侵染。灰霉菌和青霉属等采后病原真菌在侵染过程中，向胞外分泌有机酸来酸化寄主组织；刺盘孢属和交链格孢等通过向外分泌氨来碱化侵染环境。病原真菌进化出一套复杂的响应环境 pH 的信号转导系统，病原真菌对 pH 的响应主要由 Pal 信号通路调节，该通路由 PacC、PalA、PalB、PalC、PalF、PalH 和 PalI 7 个组分组成。其中，PacC 是一个 pH 依赖型的全局性转录因子，*PacC* 的表达受高 pH 环境的诱导，参与多个采后病原真菌致病力的调控过程，包括扩展青霉、交链格孢、盘长孢状刺盘孢、灰霉菌等。扩展青霉中的 PacC 通过直接调控下游的致病基因 *PeCRT*（calreticulin）和 *PeSAT*（sulfate adenylyltransferase）的表达，调控其致病力。

3. 光照　光照作为最重要的环境因子之一，对采后病原真菌的发育和致病力有关键的调控作用。光既作为一种能源，也作为一种信号源。病原真菌虽然不能像植物一样利用光能进行光合作用，但仍能感知光信号，以驱动其适应环境。病原真菌的许多发育过程和生理反应都受到光的调控，包括菌丝生长、向光性、无性和有性繁殖、生物节律和次级代谢等。在模式真菌粗糙脉胞菌（*Neurospora crassa*）中，光调节胡萝卜素合成、分生孢子产生、初生子囊盘形成和生物钟。在构巢曲霉（*Aspergillus nidulans*）中，光参与次生代谢及平衡无性生殖与有性生殖。光促进灰霉菌的无性繁殖，使菌丝分化产生分生孢子，在黑暗条件下，则促进菌核的产生。分生孢子和菌核是灰霉菌的两种重要形态。在自然界中，灰霉菌在多数情况下通过无性繁殖产生分生孢子，分生孢子是其最主要的传播和侵染源。因此，分生孢子的产生或产量直接影响灰霉病的流行和严重程度。菌核由致密的菌丝构成，且质地坚硬，有很强的抗逆能力，是灰霉菌越冬的重要形态。同时，在条件适宜时，菌核可作为灰霉菌的有性生殖过程中的母本与小孢子受精形成子囊盘。

灰霉菌的基因组中包含一套较完整的光受体编码基因，包括 2 个近紫外/蓝光受体、4 个蓝光受体、2 个绿光受体和 3 个红光/远红光受体。近年来，发现了灰霉菌的多个光信号通路中的关键调节因子。VELVET 复合体是子囊菌中光信号调节发育和次级代谢通路中的关键组分。在灰霉菌中，敲除 VELVET 复合体的组分（BcVEL1、BcVEL2 和 BcLAE1）可抑制菌核的发育，促进产孢和孢子黑色素的合成，导致其致病力降低。WCC 复合体（white collar complex）由两个 GATA 型转录因子 BcWCL1 和 BcWCL2 组成，BcWCL1 是蓝光受体的一种，调节光响应基因的表达。WCC 功能的缺失，可导致灰霉菌持续产孢的表型，导致致病力显著下降。BcLTF1 和 BcLTF2 是灰霉菌中发现的两个光响应转录因子，它们的表达受光照诱导。BcLTF1 可调节多个光响应基因的表达，参与调控抗氧化胁迫和致病力。BcLTF2 在光诱导产生分生孢子的过程中发挥正调控作用。在灰霉菌中，Bcfrq1 被证实是响应光信号生物钟的调节器；MADS-box 家族转录因子 Bcmads1 在光形态建成的过程有关键的调节作用。*Bcmads1* 基因缺失导致灰霉菌出现持续产孢的表型，突变株丧失了在黑暗条件下产生菌核的能力。最近研究发现，光可诱导灰霉菌中环丙烷脂肪酸合成酶基因 *BcCfaS* 的表达，通过调节茉莉酸甲酯的合成，影响灰霉菌的无性繁殖和菌核发育。

（五）病原菌与寄主互作

植物病原菌根据其获取营养物质的方式主要分为 3 类：活体营养型（biotrophic）、死体营养型（necrotrophic）和半活体营养型（hemibiotrophic）。采后病原菌多数为死体营养型。活体营养型病原菌可直接从活体细胞中吸收营养。死体营养型病原菌不能在活细胞中存活，它们需要首先杀死寄主细胞，然后从死细胞中获取营养。半活体营养型病原菌在侵染早期为活体营养型，接着转变为死体营养型。活体营养型病原菌与寄主经过长时间的协同进化，形成了精细而复杂的互作调控机制。长期以来，人们认为死体营养型病原菌的侵染机制较简单，病原菌首先通过胞外水解酶或植物毒素直接将寄主细胞杀死，然后再从死细胞中吸收营养，病原菌与寄主之间不存在复杂的互作过程。后来的研究发现，死体营养型病原真菌与寄主的互作，远比之前所知的要复杂得多。果实成熟度与果实的抗性密切相关，有的采后病原真菌，如 *Colletotrichum* spp.、*Alternaria* spp.、*Botrytis* spp. 和 *Monilinia* spp. 等具有潜伏性侵染的特性，在果实未成熟阶段处于潜伏侵染状态，当果实发育成熟后，再启动侵染机制，引起果实病害腐烂。说明这些潜伏性侵染的病原菌在寄主组织中存在活体寄生阶段。在病原菌的潜伏侵染阶段，果实便产生了自身的防御反应，如木质化、糖苷生物碱和苯丙烷代谢途径的激活等，以应对病害的发展。同时，与寄主接触的初期死体营养型病原真菌，通过诱导寄主细胞发生程序性死亡（programmed cell death，PCD），促进其成功侵染。当寄主植物的 PCD 过程受到抑制后，对病原菌表现出明显的抗性。另外，寄主的抗性应答可诱导病原菌孢子在寄主表面的萌发阶段发生细胞凋亡，进而失去侵染能力。病原菌抗凋亡的能力对其能否成功入侵寄主植物有重要影响，病原菌的抗凋亡能力强，致病力就强；相反，抑制病原菌的抗凋亡能力，则抑制其致病力。RNA 介导的基因沉默被证明在采后病原真菌与寄主的互作过程中发挥重要作用。如前文所述，灰霉菌可将小 RNA 分泌到寄主细胞中，利用寄主自身的 RNA 沉默系统，抑制寄主的免疫反应。同样，寄主也可以利用自身的小 RNA，抑制灰霉菌致病相关基因的表达。在采后病原真菌的胞外蛋白中，除细胞壁降解酶外，还存在大量的功能未知的蛋白质，其中一些蛋白质对寄主免疫应答具有调控作用。例如，采后病原真菌中的 Cerato-platanin 和 NLP 家族蛋白，能诱导寄主细胞发生 HR 反应，导致细胞坏死。同时，这些蛋白质可通过寄主的膜受体蛋白来调控其免疫反应。

展　望

采后病原菌多为传统定义的死体营养型病原菌。越来越多的证据表明，死体营养型病原菌的致病机制远比所认知的要复杂得多，还需要从不同的层面开展深入研究，包括：①死体营养型病原菌在侵染早期存在短暂的活体寄生阶段，病原菌与寄主在该阶段的互作分子机制仍不清楚。②目前鉴定到的病原菌重要致病因子及参与互作过程的蛋白质数量还十分有限，尤其是病原菌所分泌的大量蛋白酶在与寄主互作过程中的功能仍有待探究。③在采后病原菌与寄主的互作过程中，寄主的免疫反应如何影响采后病原真菌的致病力仍需深入解析。④采后病原菌的基因组中包含多种表观修饰相关的编码基因，而在表观水平上揭示其致病机制的研究较少。深入系统揭示采后病原菌致病的分子机制及调控网络，对全新认知病原菌复杂的侵染机制和研发具有靶向作用的抑菌物质具有重要的意义。

第三节　寄主的抗性应答

【学习目标】

1. 了解园艺产品抗性应答的基本类型。
2. 了解园艺产品抗性应答的生理生化变化。
3. 了解园艺产品抗性应答的分子机制。

【主题词】抗性应答；表皮；诱导抗性；活性氧；水杨酸；茉莉酸；乙烯；效应蛋白；超敏反应

植物在与病原菌长期相互作用和协同进化过程中，形成了一套复杂的抗性应答机制，能对病原菌的侵染作出快速响应，以趋利避害。寄主的抗病性包括被动抗病性和主动抗病性两个方面。前者是植物体内预先存在的抗病特性，包括较厚的表皮结构和较高的抗菌物质含量等；后者则是寄主对病原菌侵染作出的主动反应，包括结构改变及抗性反应增强。提高园艺产品自身抗病性，可控制采后病害的发生，减少采后腐损。本节主要阐述园艺植物的表皮结构和成分、天然抗病物质和诱导寄主抗性在病原菌侵染过程中的作用机制。

一、表皮结构与成分

园艺产品的表皮结构及成分在抵御采后病原菌侵染过程中具有十分重要的作用。几乎所有陆生植物暴露在环境中的器官表面都具有表皮结构。表皮主要由蜡质、角质、各种羟基化修饰的脂肪酸、与角质相关联的细胞壁多糖等组分构成（图 3-19）。

表皮结构能够为植物组织提供机械支撑，阻止植物非气孔性失水，调节气体交换，抵御病虫入侵，避免高温、强光等环境因素对植物的损伤，防止果实开裂等，对维持植物组织生理活性和抵御外部不利环境因素的伤害具有重要意义。表皮形态在果实发育和成熟过程中会发生显著变化。例如，芒果果实在接近成熟时，角质层出现裂纹，同时蜡质呈现不规则凸起。随着果实进一步成熟，角质层开始形成裂隙，而这些裂隙的位置往往成为病原菌侵袭的通道。

（一）蜡质

植物表皮中的蜡质主要由极长链脂肪酸（very-long-chain fatty acid，VLCFA）及其衍生物组成。成熟进程中，番茄果实蜡质的总量和二烯烃所占的比例增加，除异烷烃外，所有蜡质类组分的绝对含量都逐步增加。寄主植物表皮蜡质结构损坏或溶解后容易受到病原菌侵染。梨果实表皮蜡质中含有特定抗真菌组分，能有效抑制互隔交链格孢（*Alternaria alternata*）分生孢子的萌发和菌丝生长。进一步体外测定表明，正烷烃和三萜类化合物是梨果实表皮蜡质中的主要抗真菌物质，能够显著抑制 *A. alternata* 的孢子萌发和菌丝生长。将葡萄和辣椒果实浸在有机溶剂中除去表皮蜡质后，果实对灰霉菌和盘长孢状刺盘孢（*Colletotrichum gloeosporioides*）的敏感性显著增加。通过高通量测序及生物信息学分析，果蜡能够诱导 *A. alternata* 与侵染结构形成相关的基因发生差异表达，这些差异基因多富集在初级及次级代谢、信号转导等生物学过程，其中脂肪酸代谢和过氧化物酶途径中的基因受到显著诱导。

蜡质成分作为信号分子在寄主-病原菌互作过程中也起着重要作用。对 *C. gloeosporioides* 等易形成附着胞的病原菌来说，其孢子的附着和萌发依赖于寄主表皮蜡质化学信号分子的

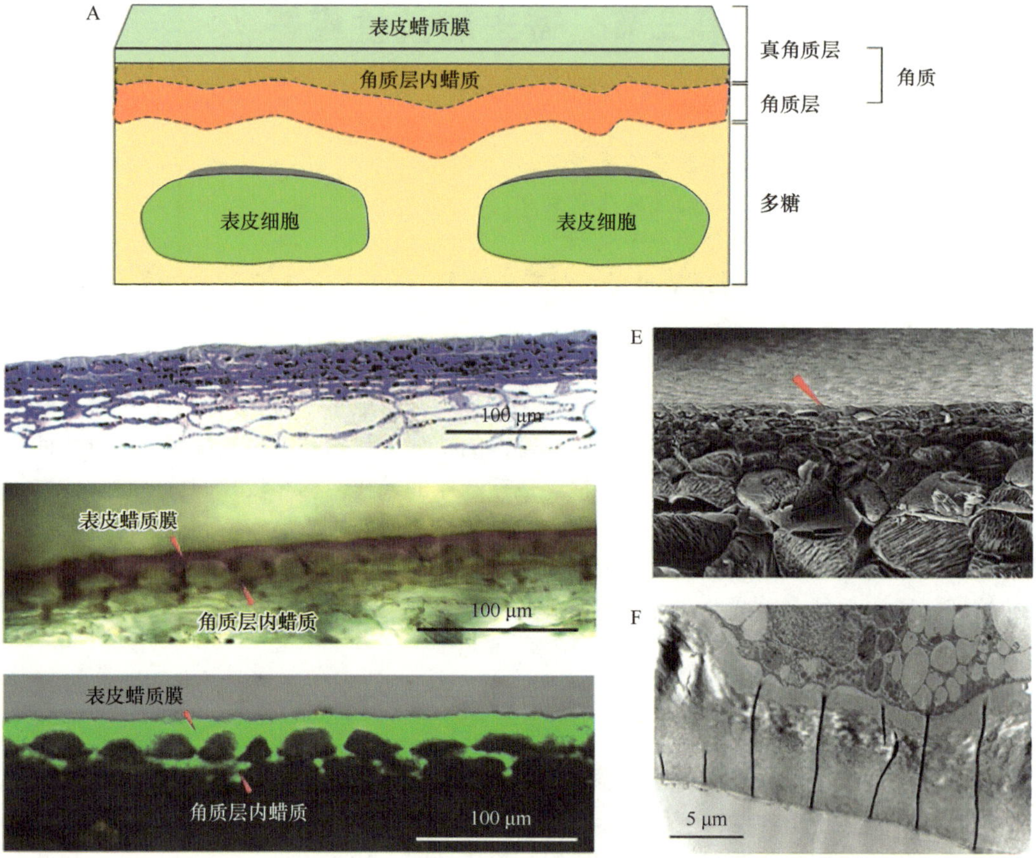

图 3-19　番茄果实表皮结构显微观察

A. 果实表皮结构示意图；B～D. 果实表皮结构甲苯胺蓝、苏丹Ⅳ及油红染色；E. 果实表皮结构的扫描电镜观察（箭头示果实表皮层）；F. 果实表皮结构的透射电镜观察

刺激。蜡质成分对病原菌孢子萌发和附着胞的形成具有一定的专一性。例如，鳄梨果实表皮蜡质组分中 C24 和长链脂肪醇能刺激 *C. gloeosporioides* 的孢子萌发和附着胞形成，而来自非寄主植物的蜡质成分则会抑制附着胞的形成。此外，鳄梨蜡质中的萜类化合物也能诱导 *C. gloeosporioides* 附着胞的形成。占蜡质成分大约 5% 的 C30～C32 脂肪醇能诱导 *C. gloeosporioides* 的孢子萌发，而其他长链脂肪醇则抑制附着胞形成。由此表明，蜡质中同时含有孢子萌发和附着胞形成的激活剂和抑制剂，其含量高低决定病程。此外，接种 24h 后，尖孢刺盘孢（*C. acutatum*）能够穿透辣椒果实的表皮蜡质层，形成高度分枝的厚壁菌丝体。而将 *C. acutatum* 接种到胡椒花瓣、芒果叶片和茄子果实上时，则没有观察到该侵染结构的形成。因此，表皮蜡质的组成和含量可能是影响病原真菌寄主专化性的一个重要因素。

适当的果实采后处理能够通过改变蜡质成分、含量和分布，增强园艺产品对各种病原菌的抗性。1-甲基环丙烯处理能够抑制‘皇家嘎拉’苹果贮藏过程中表皮蜡质含量的降低。乙烯处理（2μL/L）能够提高橙果实表皮中的蜡质总量，而诱导合成的新生蜡质能够覆盖表皮气孔、填补蜡质裂缝，从而增强果实对指状青霉侵染的抗性。热处理可以促进‘金冠’苹果表皮蜡质的裂纹融合，还可以加速甜瓜果实表皮蜡质融化并覆盖气孔。番茄果实经 UVC（3.7kJ/m^2）辐照处理后，表面结构更加平整，表皮蜡质呈现脊状凸起，表皮毛更加坚硬。

（二）角质

角质是由长链 C16 和 C18 ω-羟基脂肪酸衍生而来的聚酯类化合物。角质含量较高的品种对灰霉菌的抗性更强。较厚的角质层在寄主抗性能力的增强方面主要表现为：有良好的抗压能力、较强的抑制病原菌穿透的能力、较多的胞外酶抑制物质、限制细胞内含物的扩散，以及水和营养物质进入孢子萌发所需的微环境。某些角质层中还含有抑制真菌的化学物质。研究表明，具有较厚角质层的樱桃果实对褐腐病的抗性较强，而葡萄角质层的厚度也与其对灰霉菌的抗性呈正相关。一些果实（如甜樱桃）角质层的沉积，在某一特定发育时期提前终止；而在番茄果实发育过程中，每单位表面积角质单体的总量保持不变，除 9,10,18-三羟基十八碳和 9,10,18-三羟基十八酸含量增加外，其他组分的相对比例均保持不变。

病原菌侵入寄主时需要突破表皮的角质结构。附着在寄主组织表面的真菌孢子，通过分泌少量的角质酶分解寄主表皮的角质层，产生单体及寡聚体。这些物质可以进而诱导寄主自身角质酶基因的表达，加速降解寄主表皮角质，降低寄主防御能力，实现成功侵染。番茄突变体 *delayed fruit deterioration*（*dfd*）果实的表皮中积累了较高含量的角质成分，而突变体果实表皮的蜡质覆盖与野生型果实相似，导致果实软化进程明显延迟，细胞膨压显著升高，对灰霉菌抗性增强。在另一研究中，番茄 *cutin deficient 1*（*cd1*）、*cd2* 和 *cd3* 突变体果实的角质含量显著降低，导致果实表皮机械应力下降，对灰霉菌的敏感性增加。研究者利用野生番茄品种 *Solanum pimpinellifolium*（TO-937）和栽培番茄品种‘Moneymaker’（MM）构建了 169 份 RIL 遗传群体，进而确定了 70 个与果实表皮角质层沉积、组成和解剖学特征相关的 QTL 位点。此外，*FIS1* 基因编码一个赤霉素 2-氧化酶（GA2-oxidase），敲除该基因可导致番茄生物活性赤霉素含量增加，角质和蜡质生物合成增强，果实硬度增加，贮藏期延长，而对果实重量或口感没有不利影响。这些结果表明，果实表皮角质层是多基因控制和环境影响共同塑造的复杂性状。深入研究果实角质层发育、角质层与次生代谢、角质层与病原菌抗性的遗传调控网络对园艺作物分子育种和遗传改良具有潜在指导作用。

（三）细胞壁

细胞壁结构中常常含有羟基肉桂酸衍生物、黄酮类化合物、二羧酸、烷酸、苯丙素及多糖（如纤维素和果胶）等其他组成成分。这些成分在抵御病原菌入侵的过程中发挥着重要作用，主要表现为加厚细胞壁，提高细胞壁的韧性，增强细胞壁对病原菌的抗性。

局部加厚是细胞壁抗性反应的重要特征，主要表现为电子致密物质增多，包括纤维素、半纤维素、β-1,3-葡聚糖等成分。例如，梨果实受到树生黄单胞菌（*Xanthomonas arboricola* pv. *pruni*）侵染时，侵染位置附近纤维素沉积，细胞壁加厚。在轮纹病菌（*Botryosphaeria berengriana* f. sp. *piricola*）侵染梨果实 24h 时，同样可以观察到细胞壁中电子致密物质增多的现象。在真菌侵染位置，细胞壁通常出现胼胝质、木质素的沉积，纤维素结构改变及果胶乙酰化水平变化等现象。而有些病原菌则产生特定的效应蛋白，抑制胼胝质和其他组分的沉积。角质层厚、表皮细胞排列紧密的果实品种，能够更好地保持细胞壁的完整性，抵御病原菌侵入。经乙烯处理的‘Navelate’柑橘果实对指状青霉抗性增强，这主要是由于乙烯诱导果实中新蜡质成分的合成并沉积在气孔或蜡层较薄的区域，从而形成有效的物理屏障。番茄果实受到灰霉菌侵染时，坏死组织边缘的细胞壁中木栓质沉积增多，进而抵御病原菌的侵染。

此外，病原真菌和细菌侵染植物时，被侵染部位的细胞壁会加厚并形成乳突（papillae）。*A. alternata* 侵染日本梨（*Pyrus pyrifolia* var. *culta*）后，细胞壁中能够检测到胼胝质沉积形成的乳突，而且在接种 9h 后，抗性植株中乳突数目显著多于敏感植株。除了胼胝质，木质素也是常见的细胞壁沉积物，病原菌侵染寄主细胞时，往往引起侵入位点发生木质素积累。病原菌入侵位置细胞壁的木质化，使其能够抵抗病原菌胞外酶的降解作用；而细胞壁多糖的酯化，可限制病原菌胞外酶对底物的分解，阿魏酸和松柏醇共价结合在细胞壁糖蛋白上，可阻止细胞壁多糖与病原菌胞外酶的接触。同时，细胞壁木质化限制了病原菌产生的毒素向周边细胞扩散。同时，也限制了细胞内水分和营养物质的外渗。木质素聚合中产生的酚类物质和自由基可钝化病原菌胞外酶，抑制毒素的作用。富羟脯氨酸的糖蛋白可作为凝集素将病原菌固定在细胞壁上，阻止病原菌侵入和扩散，还可通过木质素沉积形成结构屏障，在植物的抗病反应中起作用。

二、天然抗病物质

自然条件下或受到病原菌侵染后，园艺作物能合成并积累各种次生代谢产物以应对病原菌入侵，这些次生代谢物质主要包括多酚类（polyphenol）、黄酮类（flavonoid）、萜类（terpenoid）、生物碱（alkaloid）等。近年来，大量研究显示，次生代谢与园艺作物品质和抗性密切相关。

（一）多酚类物质

多酚类物质主要来源于苯丙烷代谢途径的生物合成反应，如绿原酸、单宁酸、儿茶酚和原儿茶酚等。多酚类物质在被侵染组织周围积累，直接抑制病原菌，也能够被氧化成对病原菌具有毒性的醌类物质而起作用。粉红单端孢（*Trichothecium roseum*）侵染甜瓜后，果实组织内的绿原酸和阿魏酸含量明显增加；*B. cinerea* 侵染葡萄及 *Alternaria* spp. 侵染甜瓜后，果实组织内总酚、类黄酮和木质素含量会显著升高。通过对'秦冠''富士''金冠'苹果果实组织酚类代谢主要产物和相关酶活性变化的测定，发现抗性品种通过调节酚类物质代谢，强化果实抗性反应，进而提高对 *B. cinerea* 的抗性。研究表明，对香豆酸对 *B. cinerea* 和 *A. alternata* 的菌丝生长及其在樱桃和冬枣果实上的致病力表现出明显的抑制作用。同时，香豆酸还能抑制 *P. expansum* 产生棒曲霉素，从而有助于对采后病害和真菌毒素污染的协同防控。此外，香芹酚能有效抑制 *A. alternata* 孢子萌发和菌丝生长，抑制效果表现出显著的浓度依赖作用。香芹酚处理 *A. alternata* 后，其菌丝表面粗糙，细胞壁厚度不均匀，细胞超微结构遭到破坏；香芹酚处理枸杞后，鲜果中 POD 和 PAL 活性显著提高，黑霉病发病率和病斑扩展受到显著抑制。

当植物受到环境中的生物或非生物因子刺激时，受激部位的芪类（stilbene）物质含量会显著增加。将来源于葡萄的白藜芦醇合酶（resveratrol synthase，RS）编码基因转入烟草，转基因植物中 3,4,5-三羟基芪的合成和积累显著增加，植株对 *B. cinerea* 的抗性也显著提高。转 *RS* 基因的烟草、水稻、大麦和小麦植株，分别对 *B. cinerea*、*M. oryzae*、*E. graminis* 和 *A. solani* 的抗性增强，但不同转基因株系的抗性存在明显差异。将来源于野生葡萄 *Vitis quinquangularis* accession Danfeng-2 的芪合酶编码基因 *VqSTS6* 在汤普森无核葡萄品种中过表达，转基因植株中反式-白藜芦醇和其他芪类化合物的含量明显升高，对葡萄白粉病菌 *Uncinula necator* 的抗性显著提高。此外，采前 UVC 处理葡萄能够诱导葡萄果实积累芪类化合物，从而提高葡萄品质及抗性。

（二）黄酮类物质

黄酮类物质是以黄酮为母核衍生出的同分异构体及其还原产物，是经苯丙烷代谢途径产生的种类最多的代谢物。大部分黄酮类化合物以糖苷或碳糖基修饰的形式存在，仅有少数以游离态存在。研究表明，黄酮类化合物能够提高机体清除自由基的能力，其酚羟基上的氢原子可与超氧自由基结合，生成黄酮自由基，进而终止自由基链式反应。黄酮类物质常常在胁迫应激反应中大量积累，进而对病原真菌产生抑制活性。桑色素（morin）和木犀草素（luteolin）是植物组织中普遍存在的多羟基黄酮化合物，具有良好的抗氧化性。研究表明，桑色素与木犀草素复配能够有效控制香蕉轴腐病的发生。进一步生理指标检测表明，上述两种黄酮类化合物的复配处理能较好地保持香蕉果实的色泽、硬度等外观品质，并显著降低香蕉果实在贮藏前期的呼吸强度，推迟乙烯释放峰和呼吸峰的出现。有研究表明，木犀草素能够有效抑制 *B. cinerea* 和 *P. expansum* 的菌丝生长及其在樱桃果实上的致病力，通过激活苯丙烷代谢途径，提高果实自身的抗氧化能力，抑制 *P. expansum* 产生棒曲霉素，因而，具有较好的应用前景。

（三）萜类物质

萜类物质是广泛存在的一类天然烃类化合物，其合成和积累通常表现出种属、器官、组织和发育阶段的特异性。从结构上看，多数萜类物质都是由五碳的异戊烯焦磷酸（IPP）和二甲基烯丙基焦磷酸（DMAPP）拼接而成。最常见的萜类化合物都是挥发性物质，是植物精油的主要成分，包括月桂烯（myrcene）、蒎烯（pinene）、柠檬烯（limonene）和芳樟醇（linalool）等。研究报道，多种以萜类物质为代表的精油成分对采后病原真菌都具有良好的抑制作用。例如，桃、李等核果类果实中的多种挥发性化合物都具有抑制 *B. cinerea* 和实生链核盘菌产孢的能力，其中以苯甲醛、苯甲醇、γ-缠霉素和 γ-戊内酯最为有效。萜类化合物主要通过甲羟戊酸（MVA）途径和脱氧木酮糖-5-磷酸途径（DXP）或 2-C-甲基-D-赤藓糖醇-4-磷酸（MEP）途径合成。苧酸甲酯是一种来自松柏科植物心材的含量较高的单萜类物质，国外已经作为精油中的主要成分用于空气清新、情绪舒缓等用途。苧酸甲酯能够显著抑制 *B. cinerea* 和 *P. expansum* 的菌丝生长及其在苹果、葡萄、青提等果实上的致病力，这种抑制作用主要是通过破坏线粒体膜电位，诱导病原菌细胞活性氧爆发，破坏其细胞膜透性，造成胞质内含物外漏。罗勒烯是参与诱导植物防御反应的一种信号分子，其诱导的抗性具有广谱性，单子叶植物和双子叶植物均能够响应外源罗勒烯处理。罗勒烯能诱导白菜组织中硫苷含量显著增高，进而提高对蚜虫的抗性，而蚜虫在取食罗勒烯处理过的植物后，生长、繁殖受阻，体内解毒酶被诱导。此外，罗勒烯处理能提高番茄和黄瓜植株对丁香假单胞菌番茄致病变种（*Pseudomonas syringe* pv. *tomato*）和芸薹生链格孢（*A. brassicicola*）的抗性，主要表现在叶片内细菌生长受阻、真菌菌丝生长受抑制、叶片坏死程度较轻。

（四）生物碱类物质

研究证明，茄科植物富含的糖苷生物碱对病原真菌具有显著的抑制作用。茄碱（α-solanine）、查茄碱（α-chaconine）、边缘茄碱（solamargine）和番茄碱苷（α-tomatine）对白菜白斑病菌（*Cercosporella brassicae*）和葱链格孢（*Alternaria porri*）均具有抑制活性，其中番茄碱的抗真菌活性最强。龙葵中含量丰富的甾类生物碱具有较强的抗菌活性，可以抑制曲霉（*Aspergillus* spp.）、根霉（*Rhizopus* spp.）、镰刀菌（*Fusarium* spp.）、毛霉（*Mucor* spp.）等多种病原真菌。马铃薯中的糖苷生物碱茄碱和查茄碱也具有一定的抗真菌作用。研究表明，马铃薯软腐病及晚疫病的发病率随着茄碱含量的增加明显降低。茄碱和查茄碱的混合物具有协同抗真菌作用，且较低浓度的混合物协同作用更加显著。此外，糖苷生物碱还可以显著抑制 *F. oxysporum* 的菌丝生长。糖苷生物碱还能提高鲜食枸杞中过氧化物酶（POD）、苯丙氨酸氨裂合酶（PAL）等抗氧化酶类的活性，从而显著提高枸杞鲜果的抗病能力。

三、诱导寄主抗性

（一）诱导抗性

诱导抗性是植物在受到昆虫咬食、病原菌侵染、机械损伤或其他不利因素刺激后，诱导产生的防卫反应，在此过程中生理、生化及形态特征的变化能够使植物产生一定的抗性。用各种激发子处理采后果实，能够诱导果实产生对病原菌的抗性。这种抗性的产生涉及寄主植物组织形态学和生理生化及分子生理方面的变化。在应用拮抗微生物、物理因子、化学因子及天然物质处理果实后，可导致寄主产生一些形态学方面的变化，包括：①木质素积累；②胼胝质沉积；③乳突生成；④细胞壁相关蛋白质的积累。同时，在生物和非生物激发子处理以后，可引起寄主植物一系列的生理生化变化，包括：①植保素积累；②病程相关蛋白质的诱导合成；③树脂类物质的产生；④乙烯合成；⑤伴随有氧代谢过程的活性氧爆发，进而引起寄主植物抗病相关基因表达水平的变化等。前人的研究已经表明，激发子处理能够使园艺产品获得持久的抗性，抵抗多种病原菌的侵染，从而维持自身的健康状态。这些结构和生理生化上的变化，使果实增强了对于外界病菌的抗性，从而减少了采后贮藏等环节中的腐烂损失。因此，诱导抗性对于果实采后病害的精准防控是一种有效且富有前景的途径，而综合多种诱导因子处理采后果实将会取得更好的协同效果。

果实在受到病原菌的侵染时，细胞膜会发生质壁分离，并形成皱褶结构，皱褶中往往会积累大量次生代谢物质，表现出细胞膜加厚、电子致密物质增多。在轮纹病菌（*Botryosphaeria berengriana* f. sp. *piricola*）侵染梨果实 36h 时，果肉细胞中开始出现菌丝，一些细胞发生质壁分离；在 48h 时，大部分果肉组织均出现质壁分离现象。在葡萄座腔菌（*B. dothidea*）侵染苹果果实时，与菌丝接触或相邻的果肉细胞发生质壁分离，液泡受损，细胞质凝结，并聚集于细胞壁周围或在相邻细胞之间转移。细胞壁木质化也是典型的受病原菌侵染诱导产生的形态结构变化。木质化的细胞壁形成了对病原菌进一步侵害的物理屏障，并增强了对病原菌的酶溶解作用的抗性。同时，这道屏障限制了营养物质由寄主向病原菌的转移，阻止了病原菌增殖。寄主植物的局部抗性主要表现为超敏反应，即病原菌侵染植物组织后，植物启动抗性基因（*R* 基因）介导的抗性反应，在受攻击位点周围的细胞中被激活，导致被侵染的植物组织发生快速的局部坏死反应。在侵染点周围短时内会产生大量的活性氧、过氧化氢等累积，激发植物局部细胞过敏性死亡，并参与植物细胞壁的增厚加固等功能。

此外，园艺产品在采收、分级、包装和贮运期间易受机械损伤，伤口不仅直接影响果蔬产品的感官品质和食用价值，还为病原菌侵染提供了通道。马铃薯、柑橘、甜瓜和猕猴桃等多种果蔬在受到损伤后，存在愈伤的现象，这一现象属于典型的诱导抗性应答反应。通过伤口表面封闭层的形成，可增加机械强度，有效降低水分蒸腾，抑制病原菌通过伤口侵染。伤口表面聚酚软木脂（suberin polyphenolic，SPP）和聚酯软木脂（suberin polyaliphatic，SPA）的依次沉积是愈伤封闭层形成的重要标志。这一“栓化过程”主要包括封闭层和伤口周皮形成，两者最终聚合形成软木脂，在伤口表面与细胞壁紧密相连。封闭层的形成是初级栓化的标志，损伤后位于伤口表面的非分生组织薄壁细胞被迅速木栓化，这一阶段首先是SPP沉积并整合在细胞壁上，SPA随后附着于SPP上沉积，SPP和SPA的循环沉积造成细胞完全栓化。待封闭层沉积完成后，伤口周皮开始形成，构成伤口周皮的组织结构。这些组织结构主要包括长方形的木栓细胞有序排列而形成的持久的具有保护作用的组织（栓化形成层），位于栓化组织底部的栓外层，附着形成于木栓层之下的栓内层。栓化后的细胞致密聚合在一起，不仅能够强化植物细胞壁，增加机械强度，维持细胞壁结构完整性，还可减少水分蒸腾并抑制病原菌的侵染和扩展。

（二）诱导抗性的生理特征

感受外界刺激后，除形态结构变化外，植物还会产生一些应激反应，并伴随一系列生物化学反应，引起多种生理生化指标的变化。目前，有关植物诱导抗性的生理生化机制研究主要聚焦于抗病相关的酶或物质。其中，研究较多的主要包括氧化胁迫调节相关的酶类和抗氧化物质（如超氧化物歧化酶、过氧化物酶、过氧化氢酶、总酚等）、苯丙烷代谢途径相关的酶类（如苯丙氨酸裂解酶、酪氨酸裂解酶等）、病程相关蛋白、β-1,3-葡聚糖酶、几丁质酶等。植物凝集素、活性氧等物质都参与了植物的诱导抗性过程。

与模式植物相比，园艺作物中关于超敏反应的报道并不多见。互隔交链格孢（*A. alternata*）是造成枣（*Ziziphus jujuba*）果实采后腐烂的主要病原真菌。研究发现，枣果实受到*A. alternata*侵染并产生病斑后，在病斑周围的果皮上会出现一圈绿色的环状晕圈，其外围包围着一圈红色的环状晕圈，而绿色晕圈会随着病斑的扩展逐渐消失。此外，较高的刺伤接种浓度和随后较低的贮藏温度都会显著增大绿色晕圈的面积。进一步研究表明，*A. alternata*对枣果实的成功侵染与枣果皮绿色及红色晕圈部位酚酸类物质[包括（+）-儿茶素、绿原酸、（−）-表儿茶素和对香豆酸]含量的降低直接相关，而在果皮下的果肉组织中，这些具有抗真菌活性的物质含量出现增加现象。有趣的是，外源水杨酸处理能够快速地触发受*A. alternata*侵染的枣果实上绿色及红色晕圈的产生，通过激活苯丙烷代谢途径显著提高相应酚酸类物质的积累，从而限制病斑的扩展。这是园艺作物果实中寄主局部抗性应答的典型案例。

水杨酸（salicylic acid，SA）及其类似物苯并噻二唑（BTH）、茉莉酸（JA）及茉莉酸甲酯和氨基丁酸类化合物都是典型的植物激素类激发子，能够有效诱导果实的防御应答。应用这些活性外源物质处理园艺产品是诱导其抗性的一种有效策略。喷施外源褪黑素（melatonin，MT）能有效降低匍枝根霉（*Rhizopus stolonifer*）侵染导致的果实软腐病的发生，并显著减小其在李果实上产生的病斑直径。MT处理能够上调苯丙烷类代谢酶的活性，增加酚类和木质素积累，而MT处理后接种*R. stolonifer*则可显著诱导H_2O_2爆发，同时提高几丁质酶、β-1,3-葡聚糖酶、苯丙氨酸解氨酶、肉桂酸-4-羟基化酶、4-香豆酸辅酶A连接酶等抗性相关酶的活性。综上所述，外源MT处理可诱导果实产生诱发（priming）反应，使其面临病原菌侵染时表现出更强烈的抗性应答，从而维持果实采后品质和抗性。作为一种非蛋白质氨基酸，β-氨基丁酸（β-aminobutyric acid，BABA）通过特异信号通路，激活植物对病原菌的抗性应答反应，提高植物体对病原菌的防御能力。BABA处理诱导草莓和葡萄果实抗性反应属于诱发反应，是果实受到病原菌侵染时所产生的诱导性防卫应答，不会在正常环境条件下因过度抗性反应而造成物质和能量损耗。

（三）抗性应答的分子机制

1. 超敏反应　许多革兰氏阴性菌会引起敏感植物发病及抗性植物产生HR反应，如欧氏杆菌（*Erwinia* spp.）、雷尔氏菌（*Ralstonia* spp.）。上述反应主要受这些细菌的 *hrp* 基因簇控制。*hrp* 基因簇负责编码并组装细菌的 Hrp Ⅲ型分泌系统，并将细菌产生的诱导蛋白释放到胞外或者寄主细胞中，*hrp* 基因簇缺失，突变株致病力减弱，也不能诱导抗性植物的 HR 反应。这些诱导蛋白被称为 harpin 蛋白，外施 harpin 蛋白，能诱导植物组织快速产生 H_2O_2 等抑菌物质，发挥抗病防御作用。甜椒中的超敏反应辅助蛋白（hypersensitive response assistant protein，HRAP）能加强 harpin 诱导的植物 HR 反应。异源表达甜椒 *hrap* 基因的转基因烟草，对细菌的 harpin 蛋白更敏感，并对 *P. syringe* 和 *Erwinia* spp. 具有抗性，而原核表达的 hrap 蛋白对细菌并没有抑菌活性。此外，转入 *hrap* 基因的转基因番茄对青枯病菌（*Ralstonia solanacearum*）表现出了更高的抗性。

诱导寄主植物抗性反应已经成为提高植物广谱抗病性的一个重要策略。从引起叶霉病的黄枝孢霉（*Cladosporium fulvum*）克隆到的 *CfHNNI1* 基因，能够引起 *C. fulvum* 的寄主和非寄主植物产生坏死斑。*CfHNNI1* 在马铃薯中的瞬时表达，能诱导 HR 标记基因 *HSR203* 的表达，同时显著降低了马铃薯中的病毒含量。将病原菌诱导型启动子驱动的 *hsr203J* 在转基因烟草植株中稳定表达后，*C. fulvum* 接种能够显著诱导这些转基因烟草中 *CfHNNI1* 的表达，同时伴随细胞死亡因子（HSR203）和病程相关蛋白（PR）的高效表达，导致烟草对 *C. fulvum* 的抗性明显增强。由于 CfHNNI1 的诱导表达，转基因植株也获得了对 *Pseudomonas syringae* pv. *tabaci* 和 TMV 的抗性。因此，CfHNNI1 是一个具有重要应用价值的通用 HR 激发子。

为了保证寄主植物以最低的细胞损失为代价来抵御病原菌的入侵，超敏反应必须受到严格调控。转录因子、泛素-蛋白酶体系统在细胞超敏反应中发挥着重要的调控作用，这种调控作用常常发生在转录及翻译后水平。苹果轮纹病（apple ring rot）是近年来苹果生产上最严重的一种病害，为害枝干及果实，是由葡萄座腔菌（*Botryosphaeria dothidea*）侵入产生的病害。研究表明，过表达 *MdHIR4*（hypersensitive-induced reaction），通过促进超敏反应，降低了苹果叶片和愈伤组织对 *B. dothidea* 的抗性。MdWRKY31 通过结合在 *MdHIR4* 启动子区并抑制其表达，正调控苹果果实对 *B. dothidea* 的抗性。SINA（seven in absentia）是一个具有 RING 结构域的 E3 泛素连接酶。番茄中 SINA 蛋白家族包括 6 个成员（SINA1～SINA6），广泛参与植物发育及抗性的调控。体外泛素化分析显示，上述 6 个基因编码产物均具有 E3 泛素连接酶活性，能够形成同源或异源二聚体发挥作用。其中，SINA1～SINA3，SINA5、SINA6 能够负调控超敏反应的发生，而 SINA4 则能够诱导超敏反应，促进细胞死亡发生。近年的研究表明，特定膜蛋白对细胞死亡进程也具有重要的调控作用。Remorins（REM）家族是一个植物特异的蛋白质家族，在植物发育及胁迫响应过程中发挥重要作用。番茄 SlREM1 调控番茄果实成熟进程，过表达 SlREM1 的番茄叶片对 *B. cinerea* 的抗性显著降低。异源过表达 SlREM1 的烟草叶片，出现细胞死亡的表型，iTRAQ 蛋白质组学分析表明，SlREM1 是通过与细胞死亡调控因子 Cys-rich and transmembrane domain-containing protein A-like（CRTD）、blue copper protein-like（BCPL）和 nuclear capbinding protein subunit 2（NCBP）互作，诱导细胞活性氧爆发和细胞死亡。

2. 寄主的免疫应答　植物先天免疫系统是植物受到病原菌侵染而诱导激活的主动防卫系统，能够对病原菌产生快速的防卫反应。目前已知植物的免疫系统主要包括两类防卫反应途径：一类是通过定位于细胞膜上的病原菌相关分子模式识别受体（PRR），感知来源于病原菌的特定分子结构，即病原菌/微生物相关分子模式（PAMP/MAMP），产生分子模式触发的免疫应答反应（PTI）（图 3-20）。此外，由于 PTI 反应可以被病原菌分泌的效应蛋白（或者称为无毒蛋白）靶向抑制，植物逐渐进化出了另一类防卫途径，即特异抗病蛋白（R 蛋白）识别病原菌产生的效应蛋白，进而激发更为强烈的特异防卫反应，即效应蛋白触发的免疫反应（ETI）。

PTI 和 ETI 的激活与否决定了植物整体的抗病或感病表型。

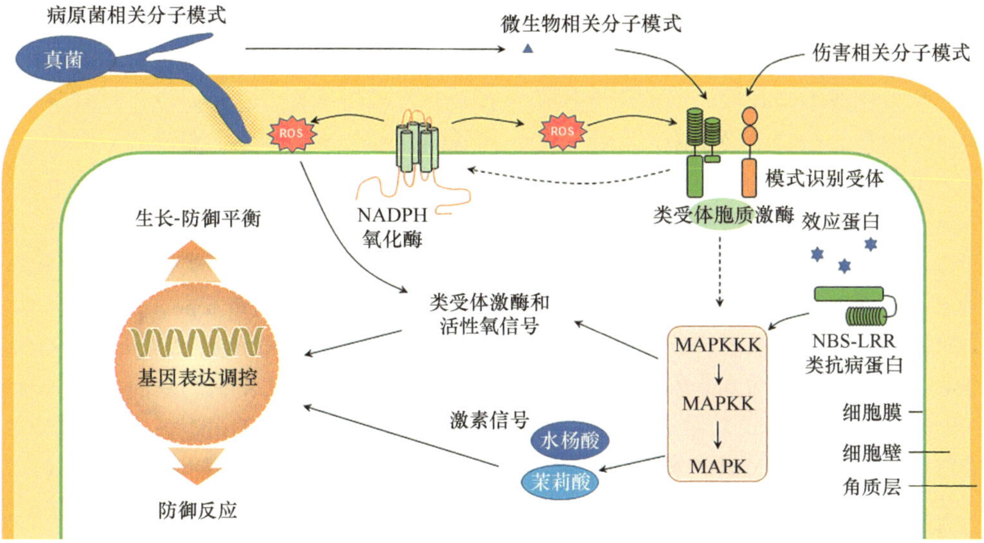

图 3-20　寄主对病原菌侵染的免疫应答

（1）PTI　植物可以识别许多微生物共有的且高度保守的分子结构（microbe/pathogen associated molecular pattern，MAMP/PAMP），这些分子能够诱导植物产生免疫应答反应，通常被称为基础免疫反应。目前，已知的 PAMP 主要包括鞭毛蛋白（flagellin）、翻译延伸因子（ET-Tu）、脂多糖（lipopolysaccharide，LPS）、肽聚糖（peptidoglycan）、几丁质（chitin）、壳聚糖（chitosan）、木聚糖酶（xylanase）等。在 PTI 反应中，质膜定位的模式识别受体（pattern recognition receptor，PRR）（如 FLS2、EFR 和 CEBiP）与 PTI 的激活密切相关。PRR 与 PAMP 相结合后，招募类受体激酶 BAK1 或 BAK1 家族的其他成员，形成活化的受体复合体。然后，通过磷酸化过程直接激活下游的胞质激酶 BIK1 及其家族成员 PBL。这些变化激活了质膜上特定的钙离子通道，导致胞质游离钙离子浓度迅速升高，进而激活钙依赖性蛋白激酶（calcium-dependent protein kinase，CDPK），诱导活性氧产生及丝裂原活化蛋白激酶（mitogen-activated protein kinase，MAPK）级联反应，快速完成胞内的信号传递，最终激活细胞核内的防御反应相关的转录因子，开启防卫基因（defense gene）的表达。此外，受损表皮及细胞壁所产生的组织碎片，可能会作为伤害相关的分子模式（damage associated molecular pattern，DAMP）释放到胞外空间，进而诱发由寄主植物模式识别受体（如 CERK1 和 CEBiP）启动的病原菌相关的分子模式诱发的免疫反应，调节植物抗性应答反应。

番茄是研究园艺作物果实品质形成和保持的模式材料，园艺作物中经典的 PTI 免疫反应最早也是在番茄中报道的。Ethylene-inducing xylanase（EIX）是绿色木霉菌（*Trichoderm aviride*）分泌的一种木聚糖酶，能够诱发番茄发生过敏反应，而寄主植物对木聚糖酶的识别并不依赖于其酶活性。番茄类受体蛋白 LeEIX1/2 能够特异识别乙烯诱导的木聚糖酶。尽管 LeEIX1 和 LeEIX2 均能够与 EIX 结合，当 Yxxϕ 基序被突变时，LeEIX2 通过网格蛋白介导的胞吞受到抑制，EIX 不能够继续诱导寄主产生 HR 反应，说明胞吞活性在 EIX 引发的免疫途径中扮演着重要角色。PORK1（PEPR1/2 ortholog receptor-like kinase 1）是拟南芥模式识别受体 PEPR1/2 在番茄中的同源蛋白，PORK1 能够通过磷酸化类受体胞质激酶 TPK1b，调节番茄对系统素的响应及其对 *B. cinerea* 和烟草天蛾（*Manduca sexta*）的抗性。

（2）ETI　病原菌为了逃避寄主植物 PTI 基础免疫机制，进化出多种效应蛋白，在侵染过程将其分泌到寄主细胞中，最终干扰或阻断植物的 PTI 反应。效应蛋白能够被植物细胞中的抗性蛋白识别，产生效应蛋白触发的免疫反应（ETI）。在植物与病原菌的特定相互作用中，植物通常产生抗性或不亲和性，而病原菌往往具有亲和性或易感性，这种对立进化是基于基因对基因的互作模型。在这个模型中，如果寄主抗性基因（resistance gene，简称 *R*）产物能够发现病原菌无毒基因（avirulence gene，简称 *Avr*）编码的产物，会导致不亲和性，植物不会感病。相反，由于等位基因变异或缺少相关组件，植物不能发现病原菌 *Avr* 基因的编码产物，则会出现亲和性，病原菌成功侵染，并诱发病症。作为植物体内普遍存在的一类抗性蛋白（R 蛋白），核苷酸结合的富含亮氨酸重复蛋白（nucleotide-bounding leucine-rich repeat protein，NB-LRR/NLR）对植物抗性具有重要调控作用。研究发现，苹果醛糖-6-磷酸还原酶（aldose-6-phosphate reductase，A6PR）的反义抑制株系中，山梨醇合成减少，许多 NLR 编码基因发生下调，植株对 *A. alternata* 更加敏感。其中 MdNLP6 能够与来自 *A. alternata* 的 Hrip1 蛋白相互作用，而山梨醇能够促进转录因子 MdWRKY79 对 *MdNLR16* 的转录激活，进而调控苹果对 *A. alternata* 的抗性。这是园艺作物中一个典型的以“基因对基因”（gene-for-gene）发挥作用的 NLR 蛋白与真菌效应蛋白互作的范例。此外，coiled-coil（CC）-type NB-LRR（CNL）蛋白 MdRNL2 和 MdRNL6 在苹果链格孢叶斑病、炭疽叶枯病和褐斑病的抗性中发挥着重要作用。但是，这种广谱抗性的作用机制仍有待进一步研究。

3. ROS 信号　有氧代谢过程会产生一类性质活泼的含氧副产物——活性氧，包括单线态氧、超氧阴离子、羟自由基、过氧化氢等。在寄主植物与病原菌相互作用的过程中，细胞质膜定位的 NADPH 氧化酶是生成超氧阴离子的重要部位，超氧阴离子在胞外空间通过酶促反应歧化为 H_2O_2，而 H_2O_2 通过水通道蛋白或其他途径转运至胞内，作为信号分子调节下游级联反应，完成细胞信号转导过程，使细胞对外界环境变化做出快速响应。ROS 在植物生长发育过程中扮演着双重角色：一方面，它可以作为信号分子，调节细胞分裂、细胞器交叉会话、程序性死亡（PCD）、激素信号转导、生物和非生物胁迫应答等进程；另一方面，过量的 ROS 则能够对多种细胞组分（特别是膜结构）造成氧化损伤。与此同时，细胞内的抗氧化酶类及非酶活性物质如 SOD、POD 等，能够及时清除有氧代谢中产生的活性氧，维持机体氧化还原平衡（图 3-21）。

ROS 信号与植物细胞内氧化还原状态平衡的维持紧密相关。不利环境条件都会导致 ROS 迅速产生，并作为细胞第二信使，由细胞质或细胞器向细胞核内传递信号，影响基因表达。ROS 信号传递机制主要包括蛋白质氧化修饰和氧化还原状态改变。ROS 能够通过对蛋白巯基的氧化修饰，使其发生次磺酸化、亚磺酸化或磺酸化修饰，而过量累积的 ROS 将诱发果实锰超氧化物歧化酶（MnSOD）、孔蛋白（porin）和三羧酸循环（TAC）中的重要线粒体蛋白质羰基化，导致线粒体膜电位改变和外膜破损，引起线粒体功能受损，从而加速果实衰老。这些研究结果明确了线粒体重要功能蛋白的差异表达与果实衰老有关，为证实 ROS 对果实衰老的调控作用提供了证据。此外，抗氧化酶类和非酶抗氧化物质在延缓果实衰老中起着关键作用。*P. digitatum* 侵染柑橘后，果实中的抗氧化酶 CAT、SOD 和 APX 的活性显著降低。受 *P. expansum* 侵染的苹果，果实中 SOD、APX、POD 等 ROS 解毒酶编码基因的表达量显著提高。此外，沉默番茄果胶裂解酶编码基因 *SlPL*，可提高番茄果实中 CAT、SOD 和 POD 酶活性，这是转基因番茄果实对 *B. cinerea* 敏感性降低的原因。目前已知许多植物源或其他生物源活性物质，都能通过激活果蔬自身抗氧化能力（包括抗氧化酶活性和非酶抗氧化物质含量）或诱导病原菌活性氧爆发来实现抑菌保鲜作用。

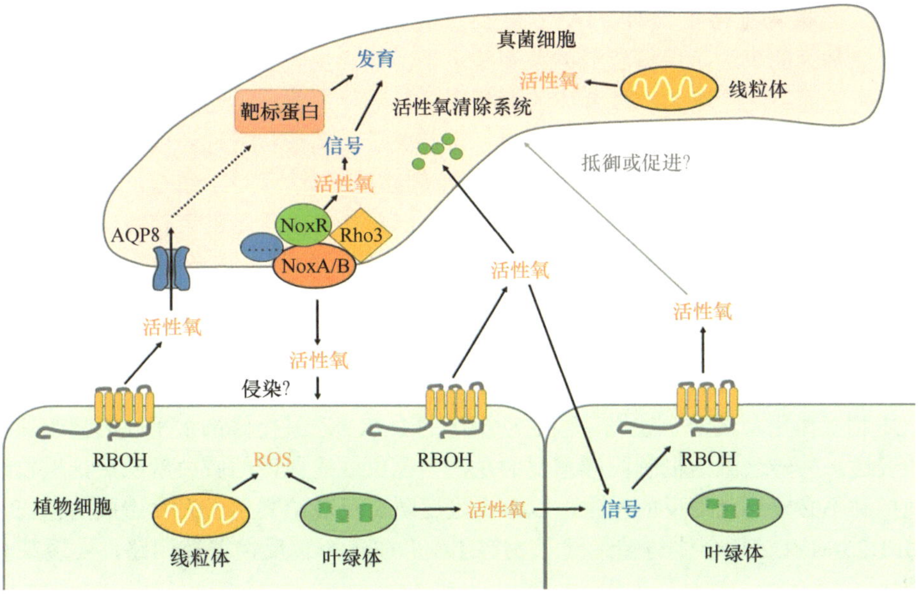

图 3-21　活性氧介导园艺作物与病原菌的相互作用

RBOH. 植物呼吸爆发氧化酶，属于 NADPH 氧化酶

4. 激素信号　激素信号也广泛参与调节植物抗性应答过程，其中水杨酸、茉莉酸和乙烯起着主要的调节作用，因此，被称为防卫激素。通常认为，水杨酸介导的信号途径参与植物对活体或半活体营养型病原菌的抗性，而茉莉酸/乙烯途径介导的抗性应答往往针对死体营养型病原菌，这两类途径有时相互拮抗，在低浓度时又表现出一定的协同作用。此外，生长素、赤霉素、细胞分裂素、油菜素内酯及脱落酸也参与调节植物的抗病反应。

（1）水杨酸信号　水杨酸在抗性应答中的作用机制在拟南芥和烟草等模式植物中得到了比较深入的研究。植物在感受到多种活体或半活体营养型病原菌时，往往会积累水杨酸，从而启动下游防御反应，如细胞壁增厚、病程相关蛋白质表达、基因表达和代谢途径的重编程等。水杨酸不仅作用于病原菌和植物直接接触的部位，而且在远端组织的系统获得抗性方面发挥关键作用。外源施加水杨酸或者其结构类似物，可以诱导局部的和远端的抗性。膜醭毕赤酵母（*Pichia membranifaciens*）和 0.5mmol/L 水杨酸配合处理采后甜樱桃果实，能够显著降低樱桃果实采后病害发生及病斑直径。其作用机制主要与果实抗氧化酶活性提高、POD 同工酶谱变化、抗氧化蛋白质及病程相关蛋白质的表达上调有关。

苯并噻重氮 BTH（商品名为 Bion），又名 ASM（acibenzolar-*S*-methyl），是水杨酸的结构类似物，能够诱导多种果蔬的抗性。采后进行 BTH 处理能减轻马铃薯、甜瓜、哈密瓜、香蕉、番茄、芒果等多种果蔬的采后病害，并提高 PAL、POD 和 PPO 的活性。采后进行 BTH 处理还能够促进梨、桃、草莓、甜瓜等果实体内 H_2O_2 的产生，提高 SOD 活性，从而抑制过氧化氢酶（CAT）及抗坏血酸过氧化物酶（APX）活性，并促进其他非酶活性物质（如酚类、黄酮和木质素）的积累，活化苯丙烷代谢途径，促进病程相关蛋白质的合成。

（2）茉莉酸信号　茉莉酸及其酯类衍生物统称为茉莉素，是植物抵抗生物和非生物胁迫过程中发挥重要作用的氧脂类激素。死体营养型真菌和根际微生物入侵会诱导植物体内快速积累茉莉酸。过量表达茉莉酸合成途径的限速酶 Spr8/TomLoxD，能够在不影响自身生长发育的情况下，显著提高植物对病原菌的抗性，这表明植物细胞中存在一种实现生长与免疫过程平衡的协调机制。当植物正常生长时，JAV1-JAZ8-WRKY51 复合体（JJW 复合体）发挥功能，抑制茉莉酸合成基因的表达，保持较低的茉莉酸水平；而昆虫咬食或特定病原菌侵染会导致 JJW 复合体解聚，进而解除了对茉莉酸合成的抑制作用，诱导茉莉酸迅速合成。

番茄是研究茉莉酸信号转导的重要材料，目前关于茉莉酸信号通路的很多实验证据都是在番茄相关的研究中获得的。F-box 蛋白 COI1 是茉莉酸的受体。COI1 结合活性 JA-Ile 后，招募 JAZ（jasmonate ZIM-domain）并形成 COI1-JA-Ile-JAZ 复合体，促进茉莉酸信号转导。此外，完整的 SCFCOI1 复合体对于维持 COI1 蛋白的稳定性至关重要。转录因子 MYC2 是茉莉酸信号通路中高层级的调控因子，在茉莉酸介导的植物免疫中具有重要作用，而磷酸化依赖的蛋白质降解是 MYC2 发挥转录调控功能的前提；转录中介体亚基 MED25 通过与 COI1 及 MYC2 互作，将 COI1 招募至 MYC2 下游靶基因的启动子区，同时通过招募 Pol Ⅱ，并与组蛋白乙酰转移酶 HAC1 相互作用，调节上述靶基因启动子区的 H3K9 乙酰化修饰水平，影响茉莉酸途径相关基因的表达。与转录激活机制同样重要的是，当昆虫或病原菌的威胁解除后，植物细胞又需要高效地抑制不必要的免疫反应发生，以减少过度防御反应给其生长发育造成的损伤。这一过程中，MED25-MYC2 复合体与转录因子 MTB1-3 形成一个负反馈调控回路，实现茉莉酸信号途径的弱化。

基于茉莉酸信号转导，茉莉酸甲酯（methyl jasminate，MeJA）能够诱导果蔬产生抗性、维持果蔬品质、延长果蔬货架期。外源 MeJA 处理能够抑制采后番茄果实硬度的下降，诱导 SOD 等抗氧化酶的活性，提高果实中总酚、黄酮、抗坏血酸和还原型谷胱甘肽等非酶活性物质的水平，提高番茄果实自身的抗氧化胁迫能力；同时，MeJA 处理能够提高苯丙氨酸解氨酶、β-1,3-葡聚糖酶和几丁质酶等抗性相关酶的活性，减缓茄碱含量的下降，增强病程相关蛋白质的表达，进而提高了番茄果实的抗性。此外，*SlMYC2* 基因沉默显著抑制了 MeJA 对番茄果实抗性及抗氧化相关酶类和非酶活性物质的诱导作用，表明 *SlMYC2* 在 MeJA 介导果实抗病过程中发挥着正调控作用。采前喷施 MeJA 可显著提高芒果果实中酚类化合物和总花青素浓度，提高防御酶活性及木质素含量，有效控制芒果病情指数及接种炭疽病菌后的病斑直径。MeJA 显著抑制 *P. digitatum* 在柑橘果实上的病斑直径，促进了柑橘果实伤口中拮抗菌罗伦隐球酵母（*Cryptococcus laurentii*）的快速增殖，从而降低果实腐烂率。不同浓度 MeJA 处理可提高猕猴桃果实 SOD、POD、CAT、APX 等氧化还原酶类的活性，同时显著提高几丁质酶和 β-1,3-葡聚糖酶活性，促进总酚积累，显著降低丙二醛含量，降低猕猴桃软腐病的发生。

（3）乙烯信号　乙烯作为一种小分子气体激素，广泛调节植物生长发育及对环境胁迫的应答等一系列生物学过程。此外，机械损伤也会诱导植物产生乙烯并启动相关信号机制，这类乙烯被称为“伤乙烯”（injury ethylene）。

乙烯作为植物激素参与调控采后果蔬抵御生物胁迫的过程。研究表明，植物在遭受病原真菌侵染后，其发病过程伴随着“病害乙烯”（disease ethylene）的大量释放。此时，乙烯的作用具有双重性：一方面，乙烯可诱导激活 JA 和 SA 的合成，进而共同激活防御反应，通过下游 AP2/ERF 家族的转录因子激活抗病相关基因的表达，上调细胞凋亡、水解酶等基因的表达，增强植物对病原菌的抗性。这一信号通路在不同类型的果实中具有一定的普遍性，在采后柑橘、葡萄、番茄果实中均有报道；另一方面，乙烯释放能够加速果实成熟和衰老进程，尤其对呼吸跃变型果实的作用尤为明显，伴随着质地、香气、营养物质等变化，对果实品质造成巨大影响。因此，探究乙烯对植物-病原菌互作过程的分子机制，进而精准调控贮运环境中的乙烯水平，在减少生物胁迫造成的果蔬采后损失中具有重要意义。乙烯利浸泡处理能够显著提高鲜切富士苹果 PPO 和 POD 的活性，降低 APX 活性下降速率，提高果实抗氧化能力及苯丙烷代谢活性，进而提高果实抗性。

P. syringae pv. *tomato* 侵染后，番茄乙烯合成和释放迅速增加，与此同时，病斑开始形成。与此类似，*B. cinerea* 侵染番茄果实后，发病果实的乙烯释放量明显增加，而 ACC 合成酶活性也显著提高。在采后果实的贮藏环境中使用乙烯吸收剂可明显延缓 *B. cinerea* 诱导的病害发生，而且 ACC 合成酶的活性也相对较低，表明病菌侵染和果实乙烯释放量具有一定相关性。蒂腐色二孢（*Diplodia natalensis*）引起的蒂腐病，与乙烯的作用密切相关，菌丝体侵入柑橘果蒂细胞的速率随乙烯含量的增加而加快。

（4）一氧化氮信号　作为植物体内重要的信号分子，一氧化氮（NO）在诱导园艺作物抗病性过程中发挥重要作用。NO 熏蒸或者通过外源 NO 供体硝普钠（SNP）处理，均可以增强采后果蔬的抗病性。NO 熏蒸减小了 *A. alternata* 接种后在甜瓜果实上产生的病斑直径，而网纹组织中菌丝量也明显减少。NO 熏蒸处理哈密瓜 2h 后接种粉红单端孢，贮藏 21d 后的发病率比未处理的对照组显著降低，病斑直径小，且处理组果实保持了较高的硬度。SNP 溶液浸泡甜橙果实 10min 后接种 *C. gloeosporioides*，结果显示，NO 供体处理组的果实炭疽病发病率显著降低，且 20℃贮藏 28d 后处理果实的病斑直径比未处理的对照组病斑显著减小。

NO 诱导植物抗病性的机制主要包括以下几方面。①诱导物理屏障的形成：NO 可通过诱导植物增强一些物理性屏障（如沉积木质素、胼胝质和侵填体、形成乳突等）来抵抗病原菌的进一步侵染和扩展。②激活苯丙烷代谢途径：NO 通过对 *PAL* 等基因的诱导促进苯丙烷途径相关次生代谢产物的合成，进一步诱导 SA、木质素等的合成。SNP 溶液浸泡处理果实后，PAL、C4H、4CL 和 CHI 的酶活性及基因表达水平显著提高，木质素、总酚和黄酮的含量也显著增加。③信号转导作用：NO 作为重要的第二信使分子，能够提高果蔬病程相关蛋白质、几丁质酶和 β-1,3-葡聚糖酶等防御酶的活性，并诱导防御相关基因的表达。外源 NO 处理能显著提高贮藏期间火龙果、草莓和芒果等果实的 CHI 和 GLU 酶活性；SNP 溶液处理显著降低了桃果实褐腐病的发病率，产生较小的病斑；实时荧光定量 PCR（RT-qPCR）分析显示，NO 处理组中 *PR-1* 和 *PR-10* 的基因表达显著上调。④对病原菌的直接杀伤作用：NO 能够与病原菌侵染寄主时产生的超氧阴离子反应，生成过氧亚硝酸阴离子，进而诱导核酸分子亚硝酰化，造成 DNA 链断裂，也可与特定酶类的 Fe-S 中心结合抑制酶活性，从而直接杀死病原菌。

5. 诱导寄主抗性　诱导抗性主要包括系统获得抗性和诱导系统抗性（induced systemic resistance，ISR），主要是基于激发子的性质和激发后涉及的相关调控途径不同而区分。诱导抗性是指植物经过病原物接种，或经过物理、化学、生物因子处理所激发的，针对后续病虫害的持久且广谱的抗性。系统获得抗性依赖于水杨酸介导的信号途径，通过提高内源水杨酸含量，诱导病程相关蛋白质的积累，而诱导系统抗性则主要依赖茉莉酸和乙烯所介导的信号途径（图 3-22）。

SAR 是指当植物局部受病原菌侵染后，可诱导植株远端未侵染部位对后续多种病原菌侵染表现出的抗性，这是由特定生物因子引发的由水杨酸介导的防御机制，涉及病程相关蛋白质的积累。SAR 发生后，植物将抗性信号由局部组织传递至其他健康组织，激活防御相关基因的表达，并启动诱发（priming）机制，从而诱导植株整体的抗病性，产生系统防御反应。SAR 产生的抗性是广谱的，对病毒、细菌、真菌均有抗性。这种保护作用具有长效性，可持续几周到一个月，甚至整个季节。在模式植物中的研究结果显示，SAR 信号主要由两个平行的分支构成，其中一条分支受水杨酸调节，而另一条分支主要受壬二酸（azelaic acid）、甘油-3-磷酸（glycerol-3-phosphate，G3P）、脱氢松香醛（dehydroabietinal）及其上游的 NO 和 ROS 信号调节。系统获得抗性应答的建立依赖于水杨酸，但水杨酸并不是其中发生长距离运输的信号分子。近年研究鉴定了一系列被长距离转运的参与调节系统获得抗性的信号分子，包括水杨酸甲酯（methyl salicylate）、壬二酸、甘油-3-磷酸、脱氢松香醛和哌啶酸/*N*-羟基哌啶酸（pipecolic acid/*N*-hydroxypipecolic acid）。

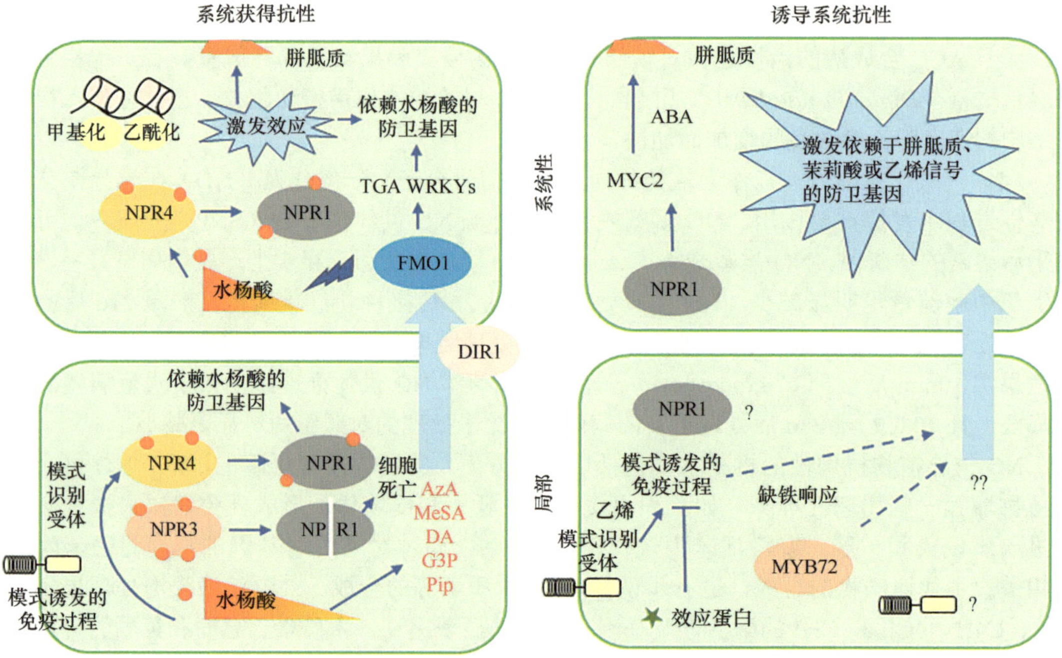

图 3-22　系统获得抗性和诱导系统抗性模式图

此外 SAR 反应依赖于完整的表皮结构。角质层可能调节水杨酸的主动转运。受 pH 梯度和水杨酸去质子化的驱动，水杨酸在胞质中积累之前，首先在质外体中积累。在角质膜缺陷突变体中，由于蒸腾作用的增加，水杨酸优先在角质膜的蜡质中积累，从而影响水杨酸的长距离运输和哌啶酸（pipecolic acid）的积累。相比之下，较高的湿度恢复了表皮缺陷突变体的系统性水杨酸运输和 SAR。在不利环境条件下，柑橘植株中常常会积累较高水平的哌啶酸和哌啶酸甜菜碱（高水苏碱），这表明哌啶酸及其衍生物可能在园艺作物中也有重要作用。BTH 处理能够诱导芒果果实产生系统获得抗性，从而降低采后芒果果实炭疽病的发病率。芒果果实组织中 PPO、POD、PAL 和 SOD 等氧化还原酶类活性升高，非酶活性物质（酚类、类黄酮、木质素和富含羟脯氨酸蛋白）含量增加，同时活性氧水平升高，病程相关蛋白质、几丁质酶活性下降缓慢，β-1,3-葡聚糖酶活性提高。

ISR 特指受特定根际微生物（如假单胞菌、芽孢杆菌、木霉等）诱导的由茉莉酸和乙烯信号介导的防御机制，同样具有持久性和广谱性。ISR 通过非病原物诱导寄主产生抗性应答，而并非直接杀死或抑制病原物。ISR 机制的激活与茉莉酸和乙烯水平无关，而是由于茉莉酸和乙烯信号激活一系列特定防御基因的表达，或者是寄主自身对茉莉酸和乙烯的敏感性提高。研究表明，植物能够在不显著升高激素水平的情况下，诱导乙烯和茉莉酸依赖性反应发生。ISR 能够引发 MAPK 级联反应、ROS 信号、苯丙烷代谢途径激活、细胞壁重构等一系列防御反应。

根际微生物主要依赖于根系分泌物或水解产物进行繁殖，其中一些根际细菌能够促进植物生长。这些植物促生根际菌（plant growth promoting rhizobacteria，PGPR）主要通过竞争营养、分泌铁载体和水解酶类、产生抗生素等方式，促进植物生长或抑制病原菌。目前关于园艺作物中 ISR 相关机制的报道并不多见。但是，有关根际细菌诱导 ISR 的现象在许多植物中均已报道，如番茄、黄瓜、烟草、胡萝卜、康乃馨、甘蔗等。PGPR 与植物相互作用，通过一系列诱导物激发植物体内信号传递，激活防卫基因表达，对病原菌侵染形成物理或化学屏障。已知能够介导根际细菌诱导系统抗性的诱导物包括脂多糖、铁载体等。

展 望

近年来，随着高通量测序和各种组学技术的快速发展与应用，园艺产品对采后病原菌的抗性应答机制研究已经取得了一定进展，但是，仍有一些问题亟待研究。例如，①作为种子植物特有的器官，果实发育程度较高。与模式植物相比，园艺产品中果实等器官抗性应答过程是否存在特异的分子机制？②园艺产品响应病原菌侵染并做出抗性应答反应的早期信号事件有哪些？③园艺产品感受并响应这些信号机制的受体有哪些？④膜蛋白在其中具有怎样的作用？此外，果蔬采后品质维持与抗性平衡的协同机制仍不清楚，采后环境条件对园艺产品抗性应答与病原菌致病力的协调机制仍需深入解析。这些科学问题需要在未来从转录、翻译、翻译后修饰、表观遗传等不同层次开展研究。园艺产品抗性应答分子机制的解析，不仅为果蔬品质保持和病害控制提供理论基础，同时，也为创制精准高效的防病保鲜技术提供理论指导。

第四节 真菌毒素与调控机制

【学习目标】

1. 了解污染果蔬及其加工制品的主要真菌毒素种类及其危害。
2. 掌握主要真菌毒素生物合成的分子基础及调控机制。
3. 了解真菌毒素降解的主要方法及其机制。

【主题词】真菌毒素；次生代谢；危害；限量标准；生物合成；调控机制；降解机制

真菌毒素（mycotoxin）是由真菌产生的在较低的浓度范围内对人和动物产生危害的一类次生代谢产物。真菌毒素污染是损害人类健康、引起食品安全问题的重要诱因。它的危害主要包括急性、亚急性和慢性毒性，造成组织和器官的损伤，并具有致畸、致癌和致突变的作用。本节主要阐述果蔬及其加工制品中的主要真菌毒素及危害、真菌毒素合成调控和真菌毒素的降解机制。

一、主要真菌毒素及危害

果蔬在采后的贮藏、运输和销售等过程中容易受到病原真菌的侵染发生腐烂。部分病原真菌在引起果蔬腐烂的同时产生不同种类的真菌毒素，并由发病部位向健康部位扩散，污染果蔬。当这些果蔬作为原料进入加工链后会污染果蔬加工制品。摄入含有真菌毒素的果蔬及其加工制品对消费者的健康造成潜在的威胁。常见的污染果蔬及其加工制品的真菌毒素主要包括棒曲霉素（patulin，PAT）、赭曲霉毒素（ochratoxin，OT）、单端孢霉烯族毒素（trichothecene）和交链孢毒素（alternaria toxin）等。橘霉素（citrinin）、黄曲霉毒素（aflatoxin，AF）、杂色曲霉素（sterigmatocystin）、青霉酸（penicillic acid）等也可污染果蔬及其加工制品。

（一）棒曲霉素及其危害

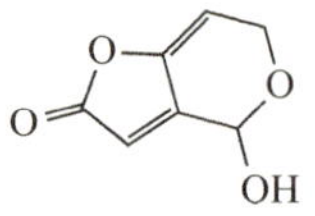

图 3-23 棒曲霉素的化学结构式

棒曲霉素（PAT），又称展青霉素，分子式为 $C_7H_6O_4$，化学名称 4-羟基-4-氢-呋喃 (3,2 碳) 并吡喃-2(6 氢) 酮（图 3-23），分子量 154，是一种聚酮类真菌毒素。棒曲霉素结构简单，易溶于水、甲醇、乙醇、丙酮、氯仿、乙酸乙酯等极性有机溶剂，微溶于苯和乙醚，不溶于石油醚。在氯仿、二氯甲烷等溶剂中能长期稳定存在，在水和甲醇中不稳定，会逐渐分解。它对光较为敏感，最大紫外吸收波长为 276nm。

据报道，青霉属（*Penicillium*）、曲霉属（*Aspergillus*）、拟青霉属（*Paecilomyces*）、丝衣霉属（*Byssochlamys*）和帚霉属（*Scopulariopsis*）真菌的部分种类可以产生棒曲霉素。大部分产生棒曲霉素的真菌来自青霉属，其中扩展青霉（*P. expansum*）是生产上引起果蔬及其加工制品棒曲霉素污染的主要真菌。扩展青霉寄主范围广泛，是苹果、梨、桃、葡萄、山楂等果实采后的主要病原真菌，并通过加工原料污染加工制品。

在 20 世纪 40 年代，棒曲霉素作为一种抗生素被发现。早期研究表明，它对多种真菌和细菌具有广谱的抗性，并用于感冒等疾病的治疗。然而，随后的研究发现，棒曲霉素的毒副作用很强，不适合作为抗生素临床应用，并被归类为真菌毒素。大量的医学研究结果表明，棒曲霉素具有明显的急性、亚急性和慢性毒性，对肾、肝、消化系统、神经系统、免疫系统等都有不良影响。有关棒曲霉素的限量，在家禽口服棒曲霉素的 LD_{50} 为 170mg/kg 体重，啮齿类动物的 LD_{50} 为 17～55mg/kg。棒曲霉素引起的急性中毒症状包括痉挛、呕吐、胃肠溃疡、充血和水肿等。同时，它还具有胚胎毒性，造成胚胎死亡、发育畸形等症状。毒理学研究表明，棒曲霉素的致病机制与引起细胞内活性氧积累、DNA 损伤、抑制蛋白质合成等有关。

棒曲霉素污染是国内外普遍存在的问题。扩展青霉侵染是引起果蔬及加工制品中棒曲霉素污染的主要诱因。扩展青霉侵染后引起腐烂的同时会产生大量的棒曲霉素，因此，果蔬腐烂部位的棒曲霉素浓度较高。同时，棒曲霉素也会从腐烂部位向健康部位扩散，所以未腐烂部位也会有棒曲霉素的污染。被棒曲霉素污染的果蔬，一旦混入加工原料中，则会随着加工链进入产品，危害人体健康。棒曲霉素污染的加工制品包括果汁、果脯和果酱等。例如，中国疾病预防控制中心等单位在 1989～1990 年对我国市场水果制品中棒曲霉素的污染情况进行了调查，结果显示，原汁、原酱等半成品中棒曲霉素的检出率高达 76.9%，最高含量达到 953μg/kg，成品中棒曲霉素的检出率为 19.6%，最高含量达到 262μg/kg。意大利的研究机构对欧洲市场上 135 份苹果制品中的棒曲霉素污染情况进行调查，发现污染率达到 34.8%。棒曲霉素超标事件在国内外媒体上屡见报道。其中，苹果汁产业受棒曲霉素污染的影响最大，棒曲霉素含量成为判断苹果汁质量安全的重要指标。我国是全球最大的苹果汁生产国和出口国，控制棒曲霉素污染是苹果汁出口要考虑的首要问题。

基于棒曲霉素的危害及其污染现状，世界主要国家和地区都对果蔬制品中棒曲霉素的污染制定了严格的限量标准（表 3-3）。WHO 建议每人每天棒曲霉素的摄入量不超过 0.4μg/kg 体重，大部分国家要求果蔬制品中棒曲霉素的含量不超过 50μg/kg。例如，《食品安全国家标准 食品中真菌毒素限量》（GB 2761—2017）中对以苹果和山楂为原料制备的水果制品、饮料和酒类的最高限量标准均为 50μg/kg。欧盟对果蔬制品中棒曲霉素的限量要求更为严格，其中果汁和乙醇饮料中棒曲霉素最大限量为 50μg/kg，固体产品中最大限量为 25μg/kg，儿童和婴儿食品中最大限量为 10μg/kg。

表 3-3　世界部分国家和地区食品中棒曲霉素的限量标准

国家和地区	适用范围	限量标准 / (μg/kg)
中国	苹果及山楂制品	50
美国	果汁产品	50
欧盟	果汁及苹果为原料的饮料	50
	固体苹果制品	25
	婴幼儿、儿童食品	10
新加坡	苹果汁及含果汁产品	50
日本	苹果汁及含果汁产品	50

（二）赭曲霉毒素及其危害

赭曲霉毒素（OT）是聚酮类真菌毒素，主要包括 7 种结构类似的化合物（图 3-24），分别为赭曲霉毒素 A（ochratoxin A，OTA）、赭曲霉毒素 B（ochratoxin B，OTB）、赭曲霉毒素 C（ochratoxin C，OTC）、赭曲霉毒素 A 甲酯（OTA methyl ester）、赭曲霉毒素 B 甲酯（OTB methyl ester）、赭曲霉毒素 B 乙酯（OTB ethyl ester）和 4-羟基赭曲霉毒素 A（4-hydroxy OTA）。其中，OTA 的毒性最强，在果蔬产品中检出率最高，危害最大。

OTA 分子式为 $C_{20}H_{18}ClNO_6$，化学名称 7-(L-β-苯基丙氨基-羰基)-羧基-5-氯-8-羟基-3,4-二氢-3R-甲基异氧杂奈邻酮（香豆素），分子量 403，是由 7-羧-5-氯-8-羟-3,4-二氢-R-甲基异香豆素通过一个肽键与 L-β-苯丙氨酸的 7-羧基相连而形成。OTA 为无色晶体，微溶于水，但易溶于极性有机溶剂且较为稳定。它对光较为敏感，在强光条件下不稳定，易分解。OTA 熔点为 169℃，具有较高的热稳定性，常规的加工处理不能破坏 OTA 的结构。

OTA 的产生菌主要来自曲霉属（*Aspergillus*）和青霉属（*Penicillium*）。产生该毒素的常见曲霉属真菌包括赭曲霉（*A. ochraceus*）、碳黑曲霉（*A. carbonarius*）和黑曲霉（*A. niger*）等。青霉属真菌包括疣孢青霉（*P. verrucosum*）、鲜绿青霉（*P. viridicatum*）等。这些真菌多为典型的腐生型病原菌，致病力较弱，主要通过果蔬表面的伤口侵染。葡萄及其加工制品受 OTA 的污染较为严重。其中，葡萄酒中的 OTA 污染受到人们的特别关注，是衡量葡萄酒品质的重要指标。葡萄汁和葡萄干等制品也是 OTA 污染的主要对象。针对西班牙产的葡萄酒的调查发现，抽检的 96 份样品中有 95 份检出 OTA，检出率达到 99%。2017 年的一项调查抽检了我国市售的 57 份葡萄干样品，有 11 份检出 OTA，检出率为 19%。*A. carbonarius* 和 *A. niger* 是造成葡萄及其制品中 OTA 污染的主要病原菌。除葡萄及其制品外，樱桃、番茄、无花果、咖啡豆等也常有 OTA 检出。

OTA 对人类和动物具有急性和亚急性毒性。急性毒性主要表现为出血、血栓、肠炎等，亚急性毒素表现为肾和肝的损伤等。OTA 被认为与巴尔干流行性肾病及突尼斯肾病等地区性疾病的发生相关。它对猪的经口半致死剂量为 1～6mg/kg 体重，大鼠经口半致死剂量为 20～30mg/kg 体重，小鼠经口半致死剂量为 40～58.0mg/kg 体重。同时，OTA 具有致癌、致畸、致突变和免疫抑制作用。国际癌症研究机构 IARC 将 OTA 确定为 2B 类致癌物。OTA 灌胃处理的大鼠中肾腺瘤和肾癌的发生率显著升高，且雄性发生率高于雌性。它的致毒机制包括：通过损害线粒体的呼吸作用，抑制 ATP 的生成；通过其结构中含有的苯丙氨酸与自由的苯丙氨酸竞争苯丙氨酸-tRNA 结合位点，影响蛋白质的合成和 DNA 及 RNA 的合成；与 DNA 形成 OTA-DNA 共价化合物，引起 DNA 损伤等。

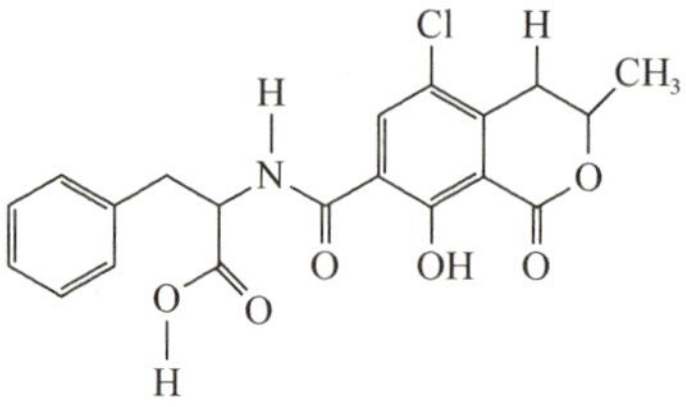

赭曲霉毒素A

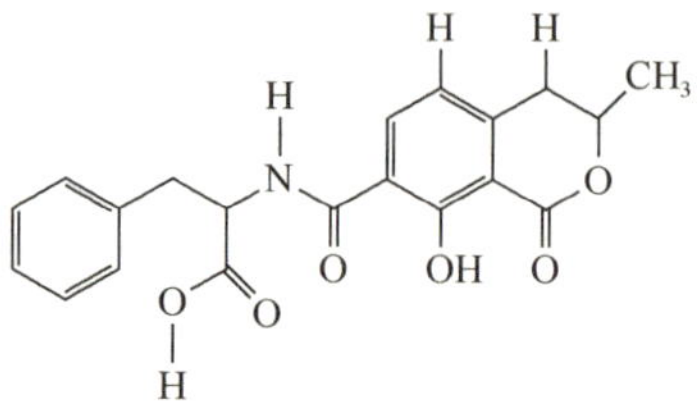

赭曲霉毒素B

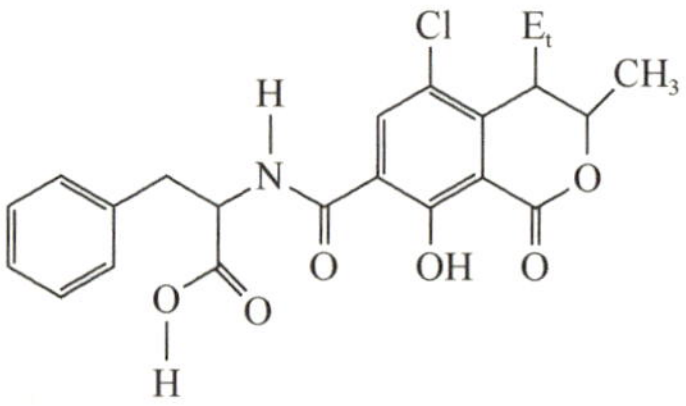

赭曲霉毒素C

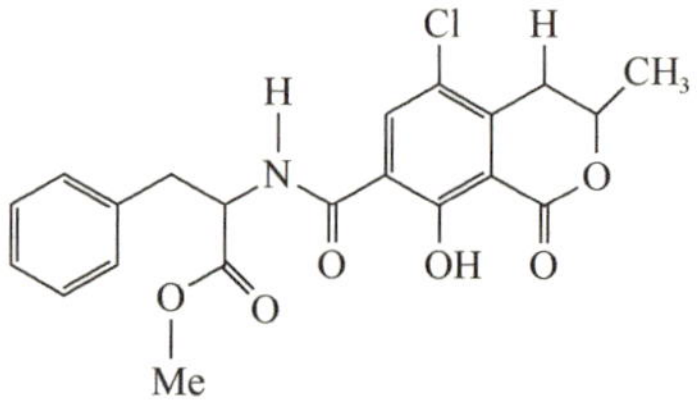

赭曲霉毒素A甲酯

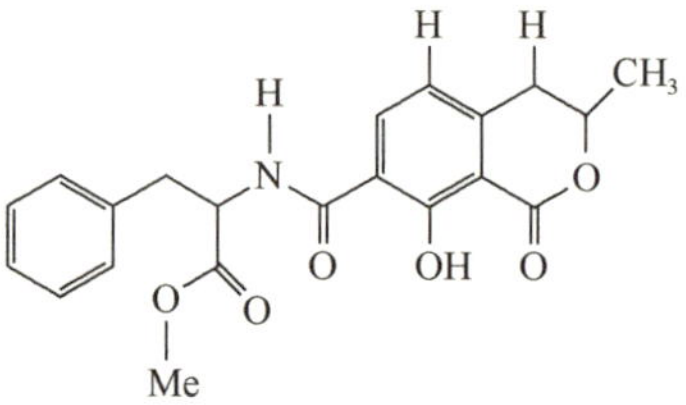

赭曲霉毒素B甲酯

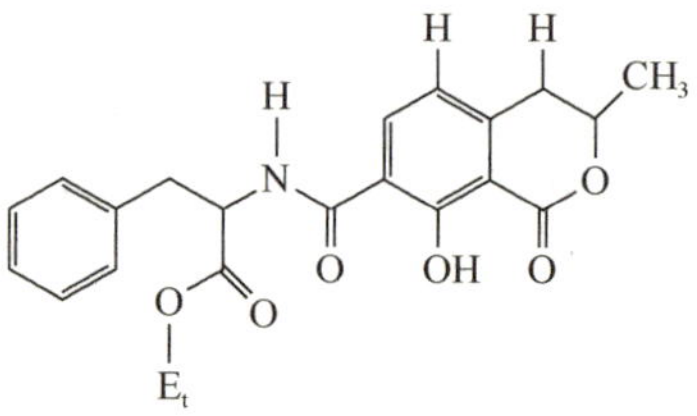

赭曲霉毒素B乙酯

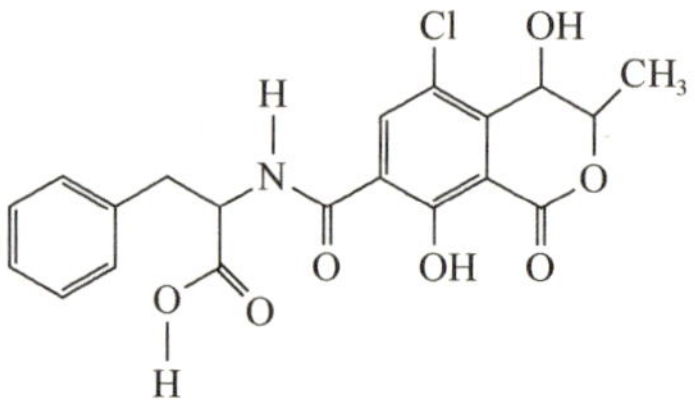

4-羟基赭曲霉毒素A

图 3-24　7 种赭曲霉毒素的化学结构式

鉴于 OTA 在食品特别是在葡萄及其制品中存在广泛性和危害性，目前已有 10 多个国家和地区制定了果品及其加工制品中 OTA 的限量标准（表 3-4）。欧盟委员会（EC）制定的 OTA 限量标准中，葡萄酒及用于葡萄酒酿造和饮料制作的葡萄汁中限量标准为 2μg/kg；葡萄干等制品中限量标准为 10μg/kg（Commission Regulation no.1881/2006）。国际葡萄与葡萄酒组织（OIV）推荐葡萄酒中 OTA 的限量标准为 2μg/kg。我国《食品安全国家标准 食品中真菌毒素限量》（GB 2761—2017）中规定葡萄酒中 OTA 的限量标准为 2μg/kg，烘焙咖啡豆和烘焙咖啡中限量标准为 5μg/kg，速溶咖啡饮料中限量标准为 10μg/kg。

表 3-4　世界部分国家和地区果品及制品中 OTA 限量标准

国家和地区	适用范围	限量标准 /（μg/kg）
中国	葡萄酒	2
	烘焙咖啡豆/烘焙咖啡	5
	速溶咖啡	10

续表

国家和地区	适用范围	限量标准 / (μg/kg)
欧盟	葡萄汁、葡萄酒及其他葡萄制品	2
意大利	欧盟标准以外的果汁	50
巴西	葡萄酒和干果	10
加拿大	葡萄干	10
	葡萄酒	2
伊朗	葡萄干、无花果及干果	10

（三）单端孢霉烯族毒素及其危害

单端孢霉烯族毒素是真菌产生的一大类四环倍半萜醇类化合物。这类毒素化学结构中的C9═C10双键和C12-13氧环结构是该类毒素的活性基团。单端孢霉烯族毒素种类繁多，已鉴定的这类化合物已有200余种。按照化学结构可分为A、B、C、D四大类：A型毒素的C8位上具有羟基（—OH）或酯基（—COOR），代表性的真菌毒素包括T-2毒素（T-2 toxin）、HT-2毒素（HT-2 toxin）、新茄病镰刀菌烯醇（neosolaniol，NEO）和蛇形菌素（diacetoxyscirpenol，DAS）等；B型毒素的C8位上具有羰基（—C═O），代表性毒素包括脱氧雪腐镰刀菌烯醇（deoxynivalenol，DON，又称呕吐毒素）及其衍生物3-乙酰脱氧雪腐镰刀菌烯醇（3-acetyl-deoxynivalenol，3-ADON）、15-乙酰脱氧雪腐镰刀菌烯醇（15-acetyl-deoxynivalenol，15-ADON）和镰刀菌烯酮（fusarenon X，Fus-X）等；C型毒素在C7、C8或C9、C10上有第二个环氧基团，而D型毒素在C4、C15上含有一个大环结构。生产上A型和B型毒素较为常见，其中T-2和DON因其毒性和危害情况而最受关注，其结构式如图3-25所示。A型毒素结构中羟基较少，极性较弱；B型毒素结构中羟基较多，极性较强。这类毒素在常用的甲醇和乙腈等有机溶剂中易溶且稳定，可以长时间贮存。单端孢霉烯族毒素较为耐热，具有一定的酸和碱稳定性，对光不敏感。

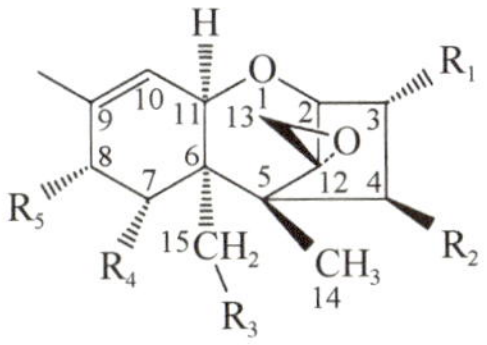

A型

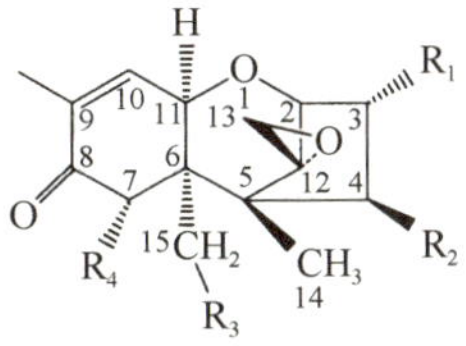

B型

图3-25 A型和B型单端孢霉烯族毒素的化学结构式

产生单端孢霉烯族毒素的真菌主要来自镰刀菌属（*Fusarium*）和单端孢属（*Trichothecium*）。此外，轮枝孢（*Verticillium*）、头孢霉（*Cephalosporium*）、木霉（*Trichoderma*）、黑色葡萄状穗霉（*Stachybotrys*）和漆斑霉（*Myrothecium*）等属的某些真菌也可产生该类毒素。单端孢霉烯族毒素在马铃薯、甜瓜等果蔬中污染较为严重。其中，*Fusarium* spp.侵染引起的马铃薯块茎干腐病是马铃薯中单端孢霉烯族毒素污染的主要来源。在我国西北地区主要的致病菌包括硫色镰刀菌（*F. sulphureum*）、接骨木镰刀菌（*F. sambucinum*）和腐皮镰刀菌（*F. solani*），其中*F. sulphureum*的致病力最强，染病的马铃薯块茎中可以检测到3-ADON、Fus-X、T-2和HT-2等单端孢霉烯族毒素。*Fusarium* spp.也是我国西北地区特色农产品甜瓜的主要病原菌，侵染甜瓜引起白霉病（又称镰刀菌果腐病），在贮运期间引起腐烂，同时产生多种单端孢霉烯族毒素。此外，一些研究发现，霉心病的苹果果实中也可以检测到单端孢霉烯族毒素。

单端孢霉烯族毒素对人畜具有广泛的毒性效应。它的毒性主要由其化学结构决定，化学结构中的 C9═C10 双键（烯基）和 C12-13 环氧环是必需的毒性官能团。此外，结构中的乙酰基和羟基的数量及位置也与毒性大小相关。在单端孢霉烯族毒素中，T-2 毒素的毒性最强。T-2 可以阻碍细胞内蛋白质、DNA、RNA 等大分子物质的合成。因此，骨髓、肝、脾、胃、肠黏膜等细胞增殖旺盛的组织及器官都是 T-2 的主要作用靶点。T-2 还被认为与大骨节病、克山病等地方病的发生相关联。DON 的毒性低于 T-2，但其污染更为广泛，风险更高。短期摄取过污染 DON 的食物，会造成恶心、呕吐、头疼、腹痛、贫血等症状，长期摄入会损伤肝、肾、生殖系统，并具有致癌、致畸的作用。

目前，单端孢霉烯族毒素在果蔬中的研究较少，还未设立针对果蔬及其制品中单端孢霉烯族毒素的限量标准。但马铃薯、甜瓜等果蔬产品中的单端孢霉烯族毒素污染情况值得重视。此外，世界上 37 个国家和地区针对谷物中的 DON 已设立了限量标准。我国《食品安全国家标准 食品中真菌毒素限量》（GB2761—2017）中规定谷物及其制品中 DON 的限量标准为 1000μg/kg，主要针对玉米、大麦、小麦及其制品。美国食品药品监督管理局（FDA）也设立了同样的限量标准。

（四）交链孢毒素及其危害

交链孢毒素是指由链格孢属（*Alternaria*）真菌产生的次生代谢产物。链格孢菌次生代谢发达，产生的毒素种类繁多，目前已经发现的有 70 多种。根据其理化性质和化学结构的不同可以分为 4 类。第 1 类是二苯-α-吡喃酮类化合物，主要包括交链孢酚（alternariol，AOH）和交链孢酚单甲醚（alternariol monomethyl ether，AME）等；第 2 类是四价酸类化合物，如细交链孢菌酮酸（tenuazonic acid，TeA）；第 3 类是二萘嵌苯醌类（戊醌类）化合物，主要包括交链孢毒素Ⅰ～交链孢毒素Ⅲ；其他结构的毒素归为第 4 类，代表性化合物为环四肽类毒素腾毒素（tentoxin，TEN）。其中，AOH、AME 和 TeA 在果蔬及其制品中的检出率较高，对消费者健康潜在的危害较大。

AOH 的分子式为 $C_{14}H_{10}O_5$，分子量 258；AME 分子式为 $C_{15}H_{12}O_5$，分子量 272，两种毒素化学结构类似。TeA 的分子式为 $C_{10}H_{15}NO_3$，分子量为 197。TeA 呈褐色黏稠油状，可溶于甲醇和氯仿等有机溶剂。TeA 可与钙、镁、铜等金属发生螯合反应。它结构不太稳定，商用的标准品通常为其铜盐。它们的结构如图 3-26 所示。

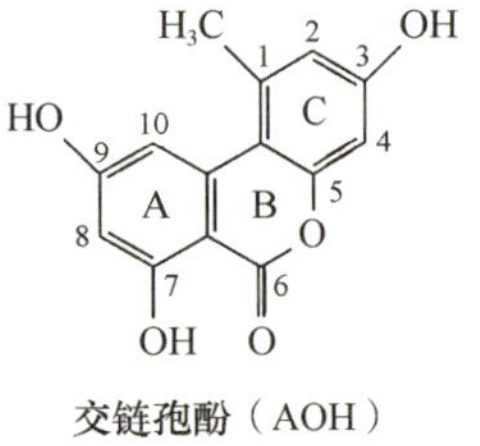
交链孢酚（AOH）

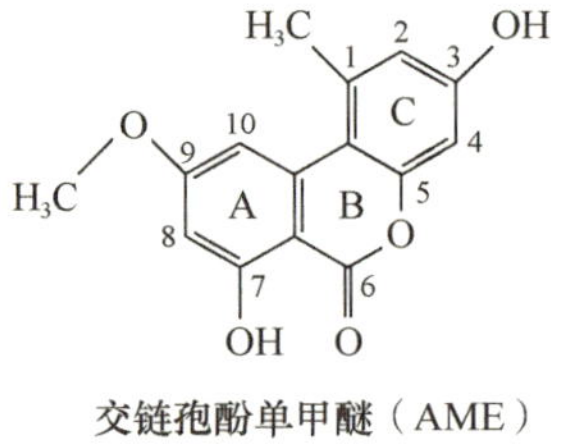
交链孢酚单甲醚（AME）

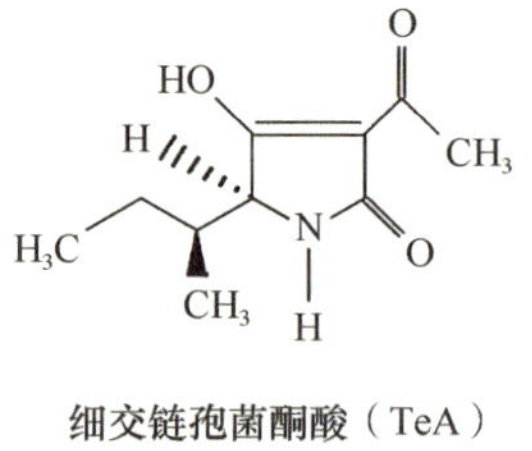
细交链孢菌酮酸（TeA）

图 3-26　三种主要交链孢毒素的化学结构式

产生交链孢毒素的病原菌主要包括互隔交链格孢(*A. alternata*)、细极链格孢(*A. tenuissima*)和乔木链格孢（*A. arborescens*）等。链格孢菌是侵染采后果蔬的重要病原菌之一，寄主范围广泛，具有潜伏性侵染特性。因此，番茄、苹果、梨、蓝莓、葡萄、柑橘、柠檬、橄榄等水果及其加工制品中均有交链孢毒素的污染。对我国市场中 206 份果蔬制品的调查发现，果汁中交链孢毒素检出率为 21.4%，葡萄干中交链孢毒素检出率为 48.8%，番茄酱中交链孢毒素检出率为

89.2%，杏干中交链孢毒素检出率为 42.9%，其中番茄制品中交链孢毒素（特别是 TeA）的检出率最高。不同种类的病原菌产生的真菌毒素种类不同，而且很多链格孢菌能同时产生多种交链孢毒素。其中，*A. alternata* 是果蔬采后最常见的链格孢属病原菌，也是最重要的交链孢毒素产生菌。它可同时产生 AOH、AME、TeA 等多种不同毒素。同一种链格孢菌的不同菌株产生毒素的种类和能力不尽相同。从阿根廷一家葡萄园分离鉴定的 37 个 *A. alternata* 菌株中，97% 的菌株至少能够产生 AOH、AME 和 TeA 毒素中的 1 种，53% 的菌株可以同时产生这 3 种毒素。

对 AOH、AME 和 TeA 等交链孢毒素的毒性，目前还缺乏权威性评估。多种动物实验的结果表明，TeA 在交链孢毒素中的毒性最强，是唯一被美国国家职业安全及健康组织列入有毒化学物质登记册的交链孢毒素。TeA 的动物急性中毒症状包括多涎、呕吐、厌食、循环系统损伤和出血性胃肠病等，可导致动物死亡。AOH 和 AME 具有细胞毒性和基因毒性，可抑制细胞增殖，引起 DNA 损伤。食品中 AOH 污染可能与食管癌的发生相关。由于一种链格孢菌可同时产生多种交链孢毒素，研究这些毒素之间的协同作用，发现多种毒素混合其毒性显著增强。

目前，世界各国对食品中真菌毒素的限量标准中还未包括交链孢毒素。然而，交链孢毒素污染的现状已经引起人们的关注和担忧。欧盟委员会已开展了食品中交链孢毒素对人类健康影响的风险评估工作，结果表明，具有基因毒性的 AOH 和 AME 在长期低剂量暴露下，已经超过了其相应毒理学关注阈值（TTC），其危害还需进一步评估；而 TeA 等无基因毒性的毒素，虽未超过阈值，但仍需保持关注。

二、真菌毒素合成与调控

真菌毒素由真菌中特定的代谢途径合成，参与毒素合成的催化酶、转运蛋白和调控因子等的编码基因通常在染色体上以基因簇的形式存在，称为次生代谢基因簇（secondary metabolic gene cluster）。营养、温度、湿度、pH 等外部环境因子对真菌毒素生物合成具有重要影响。同时，真菌内部的特异性和全局性调控因子响应外部环境的变化，在转录、翻译、翻译后、表观遗传等不同水平上调控真菌毒素的合成。

（一）棒曲霉素合成与调控

1. 棒曲霉素的生物合成途径　20 世纪 70～80 年代，曾经掀起棒曲霉素生物合成途径研究的热潮。人们通过诱变等方法，陆续分离到一些不产生棒曲霉素的突变菌株，这些突变株在棒曲霉素合成被阻断后，会积累不同的中间产物。人们通过对中间产物的分离、鉴定，并结合同位素标记技术，逐渐推测出棒曲霉素生物合成的可能途径。认为棒曲霉素生物合成途径起始于乙酰辅酶 A 和丙二酰辅酶 A，通过 10 步催化反应合成终产物棒曲霉素（图 3-27）。然而，该途径第 4 步催化反应的产物是龙胆醇还是间羟基苯甲醛一直存在争议。棒曲霉素合成途径的第 1 步反应非常关键，由 1 分子的乙酰辅酶 A 和 3 分子的丙二酰辅酶 A 通过缩合反应转化成 6- 甲基水杨酸。这步反应决定了整个合成途径产物的性质，由聚酮合酶 6- 甲基水杨酸合酶（6-MSA synthase）负责催化。在 20 世纪 60 年代，就分离到 6- 甲基水杨酸合酶，并推测它以同源四聚体的形式完成第 1 步催化反应。随后，负责催化第 2～4 步和第 7 步反应的催化酶 6- 甲基水杨酸脱羧酶（6-MSA decarboxylase）、间甲酚羟基化酶（*m*-cresol 2-hydoxylase）、间羟基苯甲醇脱氢酶（*m*-HBA dehydrogenase）和异顶环氧菌素脱氢酶（isoepoxydon dehydrogenase）也陆续被分离鉴定。

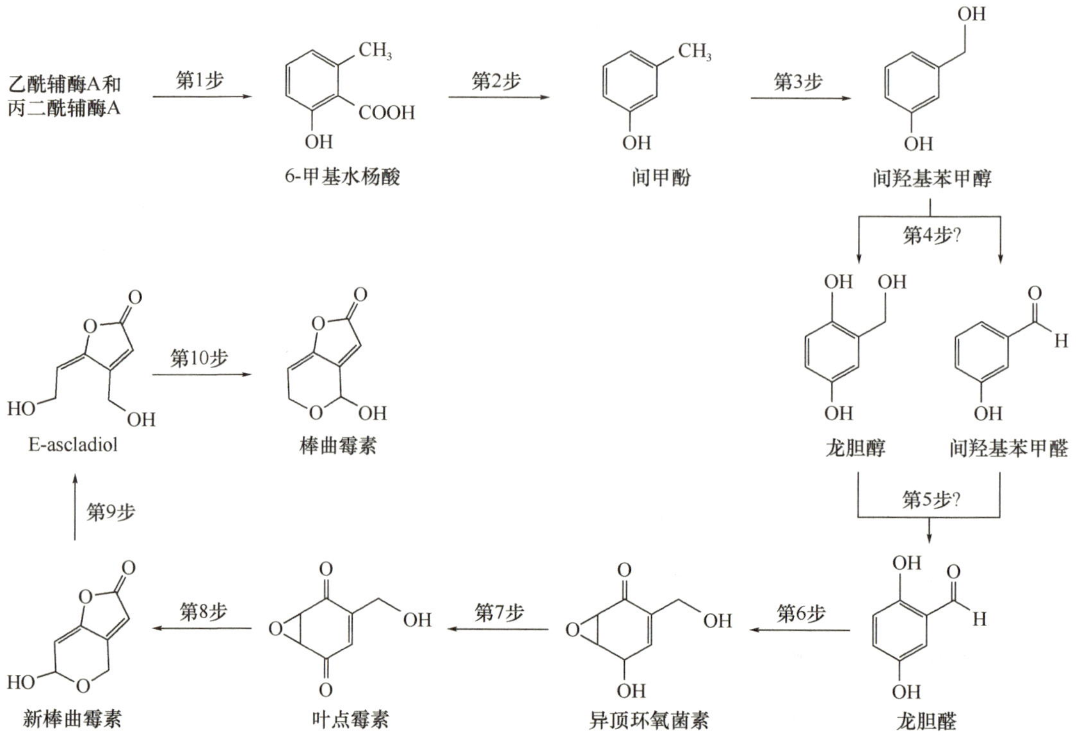

图 3-27　棒曲霉素的生物合成途径

2. 棒曲霉素生物合成的分子基础　尽管负责棒曲霉素生物合成的一些催化酶已经被鉴定出来，然而，在 20 世纪 90 年代之前，对这些催化酶的编码基因仍然一无所知。此外，编码转运中间和终端产物的转运蛋白，以及负责调控基因簇表达的途径特异性转录因子和它们的编码基因也不清楚。随着分子生物学技术的发展，在 1990 年，克隆了第 1 步反应 6-甲基水杨酸合酶的编码基因，1992 年，克隆了第 7 步反应异顶环氧菌素脱氢酶的编码基因。但之后很长一段时间都没有关于其他棒曲霉素合成相关基因的报道。全基因组测序技术的发展再次推动了棒曲霉素合成分子基础的研究。2009 年，从完成全基因组测序的棒曲霉（*Aspergillus clavatus* NRRL1）中找到一个含有 15 个基因的棒曲霉素合成基因簇。后来的研究发现，该菌株并不能合成棒曲霉素。2015 年，棒曲霉素的主要产生菌扩展青霉（*P. expansum*）T01 菌株被全基因组测序，组装成了 33.52Mb 的高质量基因组草图，从扩展青霉中鉴定到的 55 个次生代谢基因簇，包括一个完整的棒曲霉素合成基因簇（图 3-28）。该基因簇全长约 41kb，由 15 个基因组成，按照字母顺序命名为 *PatA*～*PatO*，包括 11 个编码催化酶的基因 *PatB*、*PatD*、*PatE*、*PatF*、*PatG*、*PatH*、*PatI*、*PatJ*、*PatK*、*PatN*、*PatO*，1 个编码转录因子的基因 *PatL* 和 3 个编码转运蛋白的基因 *PatM*、*PatC* 和 *PatA*。随后，在完成全基因组测序的其他棒曲霉素产生菌灰黄青霉（*P. griseofulvum*）、酒青霉（*P. paneum*）和南极青霉（*P. antarcticum*）中，也陆续鉴定到 15 个基因组成的棒曲霉素合成基因簇。通过对不同真菌中棒曲霉素基因簇的比较，发现基因簇内基因的排列顺序并不相同。例如，*P. expansum* 与 *A. clavatus* 中基因的排列顺序完全不同。但基因排列顺序的变化并未影响到棒曲霉素的合成。*P. expansum* 中棒曲霉素合成基因簇所有基因的表达与毒素的合成均密切相关，当毒素产量增加时，这些基因的表达量也显著增加。利用分子遗传学方法，对基因簇内所有基因进行单敲除后，所有基因敲除突变株的毒素合成能力均显著下降，其中 8 个基因敲除后，突变株完全失去了毒素合成能力。这些研究表明，毒素合成基因簇内所有基因在棒曲霉素合成中起重要作用。经过对与 *P. expansum* 进化关系接近的意大利青霉（*P. italicum*）和指状青霉（*P. digitatum*）的基因组进行比较分析，发现这两种青霉中有不完整的棒曲霉素合成基因簇，如意大利青霉有 5 个基因，指状青霉中有 8 个基因，表明这两个菌的棒曲霉素合成基因簇中的大部分基因在进化过程中丢失。因此，失去了合成棒曲霉素的能力。

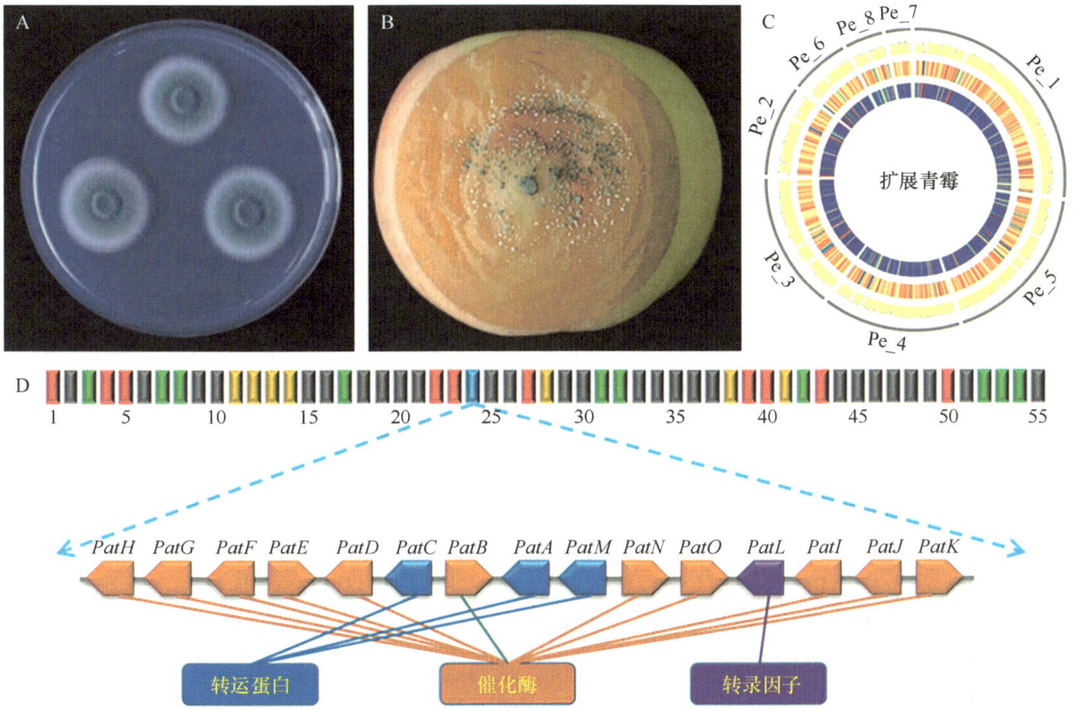

图 3-28　扩展青霉中的棒曲霉素合成基因簇鉴定

A. 扩展青霉的菌落形态；B. 苹果青霉病症状；C. 扩展青霉 T01 菌株基因组特征；D. 扩展青霉中棒曲霉素合成基因簇组成

棒曲霉素合成途径的第 1～4 步和第 7 步的研究较多，因此，比较容易确定在 11 个催化酶编码基因中 *PatK*、*PatG*、*PatH*、*PatI* 和 *PatN* 编码的酶分别负责催化这些步骤。值得一提的是，前人研究中关于棒曲霉素合成途径第 4 步催化反应的产物是龙胆醇还是间羟基苯甲醛还不确定。最新的研究通过基因敲除、底物饲喂等方法，确定了在棒曲霉素合成途径中第 4 步反应的产物是龙胆醇，而不是间羟基苯甲醛。由此解决了长期以来在此步反应上仅基于化学产物推断形成的争议。随后通过底物饲喂、异源表达和体外催化的方法，进一步确认了 *PatD*、*PatF* 和 *PatE* 编码的酶分别负责催化第 8～10 步。尽管目前关于第 5～6 步反应催化酶的编码基因还没有完全确定，但有证据表明 *PatO* 和 *PatJ* 的编码产物可能参与第 6 步的反应。

通常情况下，参与真菌次生代谢产物合成的催化酶在细胞中是区隔化的，即定位在不同的亚细胞位点。这种分布有利于特定步骤催化反应的进行或避免反应产物对细胞自身的毒性。通过绿色荧光蛋白标记技术结合特异性的荧光染料，发现扩展青霉中负责棒曲霉素合成的催化酶在细胞中也定位在不同的亚细胞位点。其中，PatK、PatG、PatN、PatD 和 PatF 定位于细胞质，它们负责棒曲霉素合成的第 1、2、7、8 和 9 步。催化第 3 和 4 步反应的催化酶 PatH 和 PatI 均定位于内质网。可能催化第 6 步反应的催化酶 PatO 和 PatJ 定位于液泡。最后一步反应的催化酶 PatE 是一个分泌蛋白，定位于细胞壁，表明该途径第 10 步由 E-alscladio 转化为棒曲霉素是发生在细胞外。棒曲霉素的细胞毒性远高于 E-alscladio。因此，棒曲霉素在细胞外合成可能是病原真菌一种有效的自我保护策略。催化酶的亚细胞定位对棒曲霉素的合成非常关键。例如，PatE 的 N 端具有一个 19 个氨基酸组成的信号肽，需要分泌到细胞外催化最后一步反应，含有这段信号肽序列的 PatE，定位于细胞壁，能正常产毒；去除这段信号肽后，PatE 亚细胞定位发生改变，由细胞壁变为细胞质，同时失去棒曲霉素的合成能力。同样，将第 3 步反应的催化酶 PatH 中增加一个核定位信号后，使得原来定位于内质网 PatH，定位改变到细胞质，而改变定位后的 PatH，也不能合成棒曲霉素。除这些催化酶外，基因簇编码的三个转运蛋白 PatA、PatM 和 PatO 定位于内质网、细胞膜等位点，与中间产物的转运相关。负责调控该途径的特异性转录因子 PatL 定位在细胞核，调控整个基因簇的表达。

3. 棒曲霉素生物合成的调控机制 外源因子对真菌中棒曲霉素的合成具有重要影响。研究发现一些重要的环境因子，如 pH、温度、水分活度（A_w）和气体成分等，都会影响扩展青霉中棒曲霉素的合成。例如，扩展青霉在培养液的 pH 为 5 时，棒曲霉素的产量最高，偏酸或偏碱的环境不利于毒素产生。扩展青霉在很广的温度范围内都可以产生棒曲霉素。但较高的温度更利于扩展青霉的生长发育和毒素的合成。然而，过高的温度也不利于毒素合成，一般温度高于 30℃时，扩展青霉停止毒素的合成。棒曲霉素的合成需要较高的水分活度，A_w 为 0.99 时毒素产量高，当降到 0.85 时几乎不能合成毒素。此外，棒曲霉素的合成需要氧气的参与，在低氧、高二氧化碳条件下毒素合成降低，因此，气调贮藏条件下的果实不易受到棒曲霉素的污染。

寄主的种类和品种对棒曲霉素的产生也有重要影响。在同样的贮藏条件下，扩展青霉在梨果实上产生的毒素量高于苹果果实。在接种同样扩展青霉浓度的苹果果实上，‘Golden Supreme’品种上棒曲霉素的含量显著高于‘Empire’品种。寄主对棒曲霉素合成的影响可能与不同果实中糖、酸等营养成分含量的差异相关。在离体培养条件下，碳源和氮源对扩展青霉棒曲霉素合成有显著的影响。对不同的碳源和氮源的比较分析发现，麦芽糖、葡萄糖、果糖、蔗糖等作为碳源有利于棒曲霉素合成；而乳糖、苹果酸、纤维素等碳源则不利于毒素的合成。碳源浓度对毒素合成也有影响，高浓度的蔗糖不利于棒曲霉素的合成。在不同氮源中，蛋白胨等有机复合氮源比无机氮源更利于棒曲霉素合成，培养基中的铵盐最不利于毒素产生。

棒曲霉素的生物合成受到多层次的调控，包括途径特异性的转录因子和全局性的调控因子。在棒曲霉素合成基因簇中，*PatL* 编码 C6 型转录因子。在 *PatL* 敲除突变株中，棒曲霉素合成基因簇的所有基因的表达均被遏制，失去毒素合成能力。*PatL* 具有结合 DNA 的锌指结构，但结合的 DNA 序列目前尚不清楚。除特异性因子外，已知的具有全局调控作用的转录因子 LaeA、VeA、VelB、CreA、AreA、PacC 对棒曲霉素的合成也具有重要影响。LaeA 最早发现于曲霉菌中，它对黄曲霉毒素的生物合成具有调控作用。LaeA 与 Velvet 家族的蛋白质 VeA 和 VelB 组成异源三聚体，称为 Velvet 复合体。基因敲除分析表明，LaeA、VeA 和 VelB 缺失任一组分后，基因簇的表达都会受到严重抑制，扩展青霉将丧失棒曲霉素的合成能力，说明 Velvet 复合体对棒曲霉素合成具有关键的调控作用。此外，研究发现 pH、糖、酸等外源因子对棒曲霉素合成的影响，也与 PacC 和 CreA 等转录因子的调控作用相关联。PacC 是真菌响应环境 pH 信号的重要转录因子。分析发现，棒曲霉素合成基因簇中 9 个基因的启动子区含有 PacC 的特异性结合序列。在扩展青霉 *ΔPePacC* 突变株中，棒曲霉素的合成被抑制，当环境 pH＞5.0 时，棒曲霉素的合成被完全阻断。CreA 是真菌碳同化抑制途径（carbon catabolite repression，CCR）的重要调控因子，也影响棒曲霉素在离体和活体条件下的合成。PacC、LaeA 和 CreA 等调控因子之间存在协同调控机制，并与表观遗传因子 SntB 等构成复杂的分子调控网络。

（二）赭曲霉毒素合成与调控

1. 赭曲霉毒素 A 的生物合成途径 在不同的赭曲霉毒素中，赭曲霉毒素 A（OTA）的研究最受关注。OTA 是一种聚酮化合物，在该类化合物的合成途径中，具有聚酮合酶（polyketide synthase，PKS）参与催化的聚酮缩合反应。同时，从结构上看，OTA 由 7-羧-5-氯-8-羟-3,4-二氢-R-甲基异香豆素和 L-β-苯丙氨酸经过一个酰胺键连接而成。因此，非核糖体多肽合成酶（NRPS）可能也参与 OTA 的合成。早期根据 OTA 的化学结构，推测 OTA 的生物合成途径是：乙酰辅酶 A →蜂蜜曲菌素→ OTβ → OTα → OTC → OTA。随后，通过同位素标记的底物饲喂实验表明，可能存在两条合成途径：一条途径推测 OTβ 先转变为 OTα，再转变为 OTA；另一条途径则认为 OTβ 先转变为 OTB，再转变为 OTA。但两个途径中都没有 OTC 的参与。有研究认为，OTα 不是 OTA 合成途径的中间产物，而是 OTA 的水解产物。基于生物化学和部分突变株产物的分析，目前仍未明确 OTA 的具体合成途径。

2. 赭曲霉毒素 A 生物合成的分子基础 解析赭曲霉毒素 A（OTA）生物合成的分子基础，可为明确其生物合成途径提供帮助。作为聚酮类的代谢产物，早期关于 OTA 合成相关基因的研究，大多集中在聚酮合酶编码基因的克隆，并成功地从赭曲霉（*A. ochraceus*）、西曲霉（*A. westerdijkiae*）、碳黑曲霉（*A. carbonarius*）等曲霉属真菌，以及北欧青霉（*P. nordicum*）和疣孢青霉（*P. verrucosum*）等青霉属真菌中相继克隆到可能参与 OTA 合成的聚酮合酶编码基因。随后，可能参与 OTA 合成途径的非核糖体多肽合成酶、细胞色素 P450 单加氧酶和卤化酶的编码基因也被克隆，由此，推测了 OTA 合成的基因簇，但并不完善。近年来，一些可以产生 OTA 的曲霉属和青霉属真菌被全基因组测序，从中鉴定到 OTA 生物合成相关的基因簇。通过对 *A. ochraceus* fc-1 的全基因组测序，并与其他曲霉菌和青霉菌进行比较分析，发现 OTA 合成基因簇中共有 5 个必需基因：*OtaA*～*OtaD* 和 *OtaR1*。其中，*OtaA* 负责编码 Type Ⅰ型聚酮合酶，*OtaB* 编码非核糖体多肽合成酶，*OtaC* 编码细胞色素 P450 单加氧酶，*OtaD* 编码卤化酶，*OtaR1* 编码一个 bZIP 型转录因子。这 5 个基因在所有 6 个可产生 OTA 的病原菌中均存在，且排列顺序相同。基因敲除分析表明，这 5 个基因的单敲除突变株均失去 OTA 的合成能力。除了这些基因，在 *A. ochraceus* fc-1 的基因簇中，还发现了两个基因 *OtaE* 和 *OtaR2*。*OtaE* 编码一个 FAD 依赖的氧化还原酶（FAD dependent oxidoreductase），而 *OtaR2* 编码一个 C6 型转录因子。在 *OtaE* 和 *OtaR2* 的敲除突变株中，OTA 的产量与野生型相比下降 50% 以上，表明它们也参与了 OTA 的合成，但不是必需的基因。通过对不同基因敲除突变株的代谢产物分析，以及关键催化酶的异源表达和体外催化实验，推测 OTA 的生物合成途径如图 3-29 所示。首先，*OtaA* 编码的聚酮合酶将 1 分子的乙酰辅酶 A 和 4 分子的丙二酰辅酶 A 通过缩合生成 7-甲基蜂蜜曲菌素（7-MM），*OtaC* 编码的单加氧酶将 7-MM 上的甲基氧化成羧基生成 OTβ，然后 *OtaB* 编码的非核糖体多肽合成酶通过催化酰胺缩合反应将 OTβ 与苯丙氨酸连接生成 OTB，最后 *OtaD* 编码的卤化酶催化 OTB 加氯生成终产物 OTA。*OtaE* 编码的氧化还原酶也可能参与了 OTA 的合成，因为存在 7-MM 上的甲基氧化成羧基的反应，但仍需要进一步的验证。此外，近期人们还在 OTA 合成基因簇的 *OtaA* 和 *OtaB* 之间注释了一个新的基因 *OtaY*。该基因的编码产物具有 SnoaL 结构域，可能具有环化酶（cyclase）的活性。*OtaY* 是否参与 OTA 的合成，还需要进一步的研究证明。

3. 赭曲霉毒素 A 生物合成的调控机制 在 OTA 合成基因簇中，含有两个转录因子的编码基因 *OtaR1* 和 *OtaR2*。*OtaR1* 是 OTA 合成的必需基因，其编码产物为 bZIP 型转录因子。*OtaR1* 敲除后 *OtaA*～*OtaD* 4 个基因的表达量都显著下调。其中，*OtaA* 几乎检测不到表达。

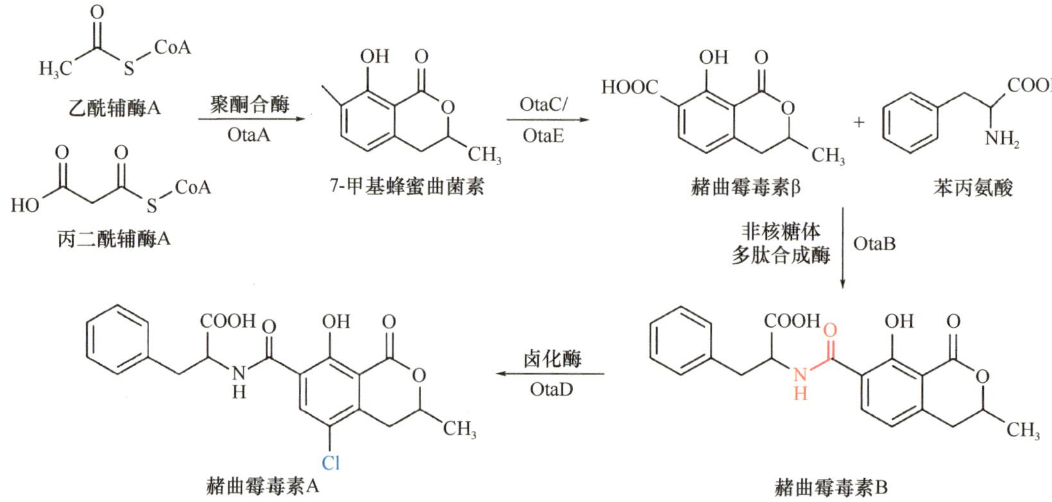

图 3-29　赭曲霉毒素 A 生物合成可能途径

因此，推测 *OtaR1* 是 OTA 合成途径的特异性调控因子。*OtaR2* 的编码产物是含有 Zn2Cys6 结构域的转录因子，*OtaR2* 的表达不受 *OtaR1* 的调控，*OtaR2* 也不调控 *OtaR1* 的表达。*OtaR2* 调控 *OtaA*、*OtaC*、*OtaD* 的表达，也影响 OTA 的合成。然而，并不是所有 OTA 合成基因簇中都含有 *OtaR2*，在 *A. niger*、*A. carbonarius*、*P. nordicum* 中，就未鉴定到该基因。尽管 *OtaR1* 和 *OtaR2* 的上游直接调控因子和信号响应途径还不清楚，但一些全局性的调控因子会影响它们的表达。

敲除 Velvet 复合体中 LaeA 和 VeA 的编码基因，均会导致 OTA 合成的显著降低。在 *A. carbonarius* 中，*ΔAclaeA* 突变株侵染油桃和葡萄后，OTA 产量与野生型相比显著降低。在油桃上的毒素产量由 2041ng/g 降低到 3.45ng/g。同时，OTA 合成基因簇的 5 个必需基因 *OtaA*～*OtaD* 和 *OtaR1* 的表达量也全部下调。寄主的成熟度和营养成分也影响 OTA 的产生，其调控机制与 LaeA 有关。对坐果 30d 不同成熟度的葡萄进行连续取样和接种试验，发现 *A. carbonarius* 在成熟度越低的果实上病斑较小，但 OTA 的产量却很高。在成熟度越低的葡萄中，固形物含量和组织 pH 越低，有机酸含量越高，表明果实中的低糖和高酸有利于 OTA 的合成。进一步研究发现，葡萄果实中低糖、低 pH 和高有机酸能促进 *AclaeA* 的表达，有利于 OTA 的合成。

营养成分也影响 OTA 的合成。在 *A. ochraceus* 中，葡萄糖、蔗糖、麦芽糖等有利于 OTA 的合成，而果糖、甘露糖、木糖、乳糖、半乳糖、阿拉伯糖等碳源不利于 OTA 合成。不同碳源对 OTA 毒素合成的调控与真菌 CCR 途径关键转录因子 CreA 密切相关。当 *A. ochraceus* 培养在含有利于 OTA 合成的葡萄糖、蔗糖等碳源的培养基中时，OTA 合成基因簇的 5 个必需基因的表达量显著增加。然而，敲除 *AoCreA* 后，即便是在利于 OTA 合成的碳源中，基因簇中 5 个基因的表达量也会显著降低。同时，在 *ΔAoCreA* 中，OTA 的产量下降到很低的水平。与野生型相比，在含有葡萄糖的培养基上，*ΔAoCreA* 突变株中的 *OtaA* 表达量下降至 1/300。

环境 pH 信号途径的关键转录因子在 PacC 对 OTA 的合成也具有重要的调控作用。在离体培养条件下，*A. carbonarius* 敲除 *PacC* 后，OTA 的合成在酸性和中性 pH 条件下显著降低，在 pH 7.0 条件下，基本不产生毒素。对 OTA 合成基因簇中各基因的表达分析发现，与 LaeA 和 CreA 等调控因子不同，并不是基因簇内所有必需基因的表达都受到 PacC 的调控。PacC 主要调控非核糖体多肽合成酶的编码基因 *OtaB* 的表达，而不影响聚酮合酶编码基因 *OtaA* 的表达。在油桃果实中，*ΔAcPacC* 的 OTA 产量也显著低于野生型。

（三）单端孢霉烯族毒素合成与调控

1. 单端孢霉烯族毒素的生物合成途径 尽管单端孢霉烯族毒素种类较多，但其化学结构具有共同的特征——倍半萜骨架结构。因此，该类毒素生物合成的前段具有共同的途径（图 3-30），合成的前体物质为反式法尼基焦磷酸（tFPP）。合成途径的第 1 步为 tFPP 在单端孢霉二烯合酶的催化下环化形成单端孢霉二烯，该反应也是整个合成途径的第 1 个限速步骤。随后，单端孢霉二烯在 P450 单加氧酶催化下，通过羟基化和环氧化反应生成异单端孢霉烯三醇。异单端孢霉烯三醇通过两步非酶促的异构化和环化反应形成单端孢霉烯族化合物的骨架——异单端孢霉菌醇。异单端孢霉菌醇的 C3 位羟基在乙酰基转移酶作用下被乙酰化，生成异单端孢霉素，再由 P450 单加氧酶催化生成 15-脱乙酰丽赤壳菌素。随后，在乙酰基转移酶催化下生成丽赤壳菌素。丽赤壳菌素经过不同合成途径，可分别生成 DON、T-2 和 NIV 等单端孢霉烯族毒素。

2. 单端孢霉烯族毒素生物合成的分子基础 已知参与单端孢霉烯族毒素生物合成的基因共有 15 个，称为 *Tri* 基因。与棒曲霉素等毒素的合成基因簇不同，单端孢霉烯族毒素合成基因簇并不在同一染色体位点上。在禾谷镰刀菌（*F. graminearum*）中，这 15 个基因分成 3 个部分：12 个基因组成的 *Tri5* 核心基因簇；2 个基因组成的 *Tri1-Tri16* 基因位点；单基因组成的 *Tri101* 基因位点。目前，绝大部分 *Tri* 基因在单端孢霉烯族毒素合成途径中的功能已经清楚。其中，*Tri5* 编码催化合成途径第 1 步反应的单端孢霉二烯合酶，3 个基因（*Tri4*、*Tri11* 和 *Tri13*）编码 P450 单加氧酶，4 个基因（*Tri7*、*Tri3*、*Tri16* 和 *Tri101*）编码乙酰基转移酶，2 个基因（*Tri6* 和 *Tri10*）编码转录调控因子，*Tri1*、*Tri8* 和 *Tri12* 分别编码羟化酶、酯酶和转运蛋白。*Tri9* 和 *Tri14* 编码的蛋白质功能未知，它们不是单端孢霉烯族毒素合成的必需基因。

在长期进化过程中，某些 *Tri* 基因的功能发生变异或丧失，造成不同种类或不同菌株的菌产生不同类型的毒素。其中，编码羟化酶的 *Tri1* 基因编码产物的功能差异是拟枝孢镰刀菌（*Fusarium sporotrichioides*）和禾谷镰刀菌（*F. graminearum*）分别产生 A 型和 B 型单端孢霉烯族毒素的重要原因。*Tri1* 在产 T-2 毒素的 *F. sporotrichioides* 和产 DON、NIV 毒素的 *F. graminearum* 中，只有 59% 的同源性。在 *F. graminearum* 中，Tri1 催化 C7 和 C8 位羟基化，而 *F. sporotrichioides* 中 Tri1 只催化 C8 位羟基化，导致 *F. graminearum* 合成 B 型毒素 DON 和 NIV，而 *F. sporotrichioides* 合成 A 型 T-2 毒素。此外，研究发现编码乙酰基转移酶的 *Tri7* 和 P450 单加氧酶 *Tri13* 基因在决定 DON 和 NIV 的合成中起重要作用。当这两个基因具有功能时，C4 位发生羟基化合乙酰化从而进入 NIV 合成途径，而当功能缺失时，则进入 DON 合成途径。

在真菌毒素合成过程中，为避免真菌毒素及有毒的中间代谢物对本身造成毒害，真菌经常通过区隔化代谢物或及时外排实现自我保护。在产毒条件下，*F. graminearum* 中有一种直径为 3～4μm 的环状结构，其被命名为“毒素小体”（toxisome）。研究表明，参与禾谷镰刀菌 DON 生物合成早期和晚期步骤的两个 P450 单氧化酶（Tri1 和 Tri4）定位于毒素小体。在诱导毒素合成条件下，Tri4 蛋白与已知的内质网定位蛋白羟甲基戊二酰（HMG）CoA 还原酶 Hmr1 共定位，形成毒素小体，这种结构可能是由内质网重塑形成的。随后的研究发现，毒素小体是由光面内质网有序堆叠而成，呈球形、新月形或卵形，分布在核周或在外围内质网。禾谷镰刀菌Ⅰ型肌球蛋白 Myo1 与 Tri1 和肌动蛋白互作，为内质网重塑形成毒素小体提供了动力。

3. 单端孢霉烯族毒素生物合成的调控机制 单端孢霉烯族毒素的生物合成受到碳源、氮源、光、pH 等环境信号的影响。在内源调控因子方面，除了途径特异性调控因子外，也受到全局性调控因子的正调控或负调控。MAPK、cAMP-PKA 等信号转导途径及表观遗传修饰等，

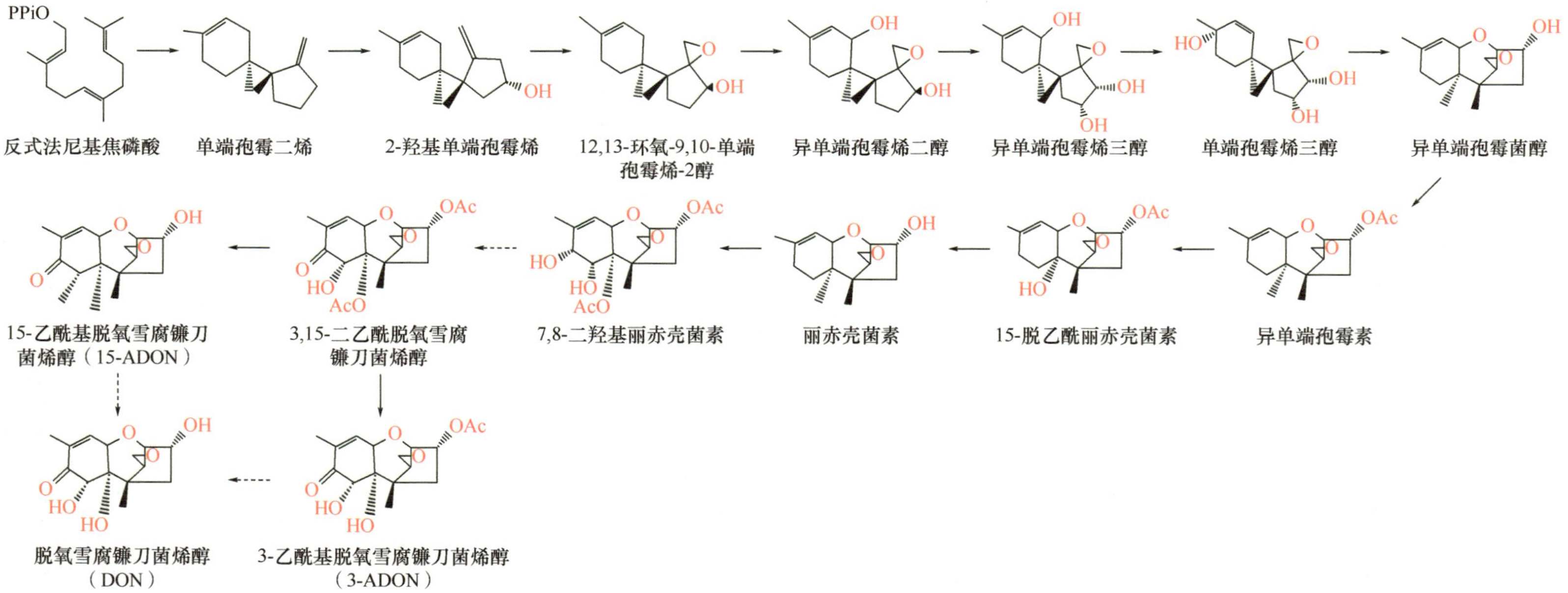

图 3-30　单端孢霉烯族毒素生物合成途径

也参与单端孢霉烯族毒素的合成调控。

在 15 个 *Tri* 基因中，位于 *Tri5* 基因簇的基因 *Tri6* 和 *Tri10* 编码转录因子，它们正调控 T-2 或 DON 毒素的合成。其中，*Tri6* 编码 C2H2 型转录因子，通过与靶基因启动子区的 TNAGGCCT 序列结合，调控相关基因的表达。敲除 *Tri6* 基因后，*F. sporotrichioides* 和 *F. graminearum* 中，T-2 和 DON 毒素的合成能力完全丧失。染色质免疫共沉淀（ChIP-Seq）分析发现，转录因子 Tri6 不仅调控直接参与单端孢霉烯合成的相关基因表达，还直接调控 200 多个靶基因，是一个全局性的转录因子。*Tri10* 编码的蛋白质与已知转录因子有较低的同源性，但也是单端孢霉烯合成的必需基因。在 *F. sporotrichioides* 中，转录因子 Tri10 在 Tri6 的上游，调控 *Tri6* 和其他 *Tri* 基因的表达，影响 T-2 毒素的合成。然而，在 *F. graminearum* 中，敲除 *Tri10* 虽然减少了 DON 的产生，但 *Tri6* 的表达不受影响。反而，*Tri6* 负调控 *Tri10* 的表达。

除合成基因簇中的 *Tri6* 和 *Tri10* 之外，一些全局性转录因子响应环境信号后，对单端孢霉烯族毒素的合成也具有重要调控作用。在禾谷镰刀菌中，蔗糖比葡萄糖更能诱导单端孢霉烯族毒素的产生。但是，在蔗糖存在条件下，增加葡萄糖的量并未影响 DON 的产生。在 10 个 *Tri* 基因的启动子区，发现碳代谢的关键调控因子 CreA 的结合位点，但目前 CreA 是否调控 *Tri* 基因的表达和毒素的合成，仍不明确。与其不同的是有研究证明，氮代谢调控的转录因子的 AreA 和 AreB 与单端孢霉烯族毒素的合成密切相关。在 *F. graminearum* 中，一个氮代谢调控转录因子 AreA 可通过与 Tri10 的互作调控 *Tri* 基因的表达和 DON 的合成。此外，AreA 也可能与多个 *Tri* 基因的启动子区结合，直接调控这些基因的表达。另一个氮代谢调控转录因子 AreB，通过与 AreA 的互作参与毒素的合成调控。环境 pH 信号对单端孢霉烯族毒素的合成具有重要的调控作用。酸性条件能促进 *F. graminearum* 中 DON 的合成，而在中性或碱性条件下，*Tri* 基因不表达，不能合成 DON 毒素。其调控机制与环境 pH 信号途径的关键转录因子 FgPac1 相关。FgPac1 可与 *Tri6* 和 *Tri10* 等基因的启动子区结合，负调控 *Tri* 基因的表达和 DON 的合成。组成型表达活性形式的 FgPaC1c 强烈抑制 *Tri* 基因的转录和酸性条件下毒素的积累。

表观遗传修饰也影响单端孢霉烯族毒素的合成。组蛋白甲基化和乙酰化影响 *F. graminearum* DON 的产生。敲除编码组蛋白 H3K27 甲基转移酶 Kmt6 的基因能引起 *Tri3*、*Tri4*、*Tri5* 和 *Tri10* 的组成型表达。相反，敲除组蛋白 H3K4 甲基转移酶基因 *FgSET1* 阻止了 DON 的合成。组蛋白乙酰化能激活基因的表达，组蛋白乙酰转移酶 Gcn5、Sas3 和 Elp3 均与 DON 的合成正相关。有趣的是，组蛋白去乙酰化酶基因 *HDF1* 的缺失，也导致 DON 产量的显著降低，这表明 DON 的合成可能受到组蛋白乙酰化状态的动态精细调控。

（四）交链孢毒素合成与调控

1. 交链孢毒素的生物合成途径 近年来，交链孢毒素的研究逐渐得到关注，因此，有关该类毒素的生物合成和调控机制还不深入。交链孢毒素主要有三种类型：交链孢酚（AOH）、交链孢酚单甲醚（AME）和细交链孢菌酮酸（TeA）。AOH 和 AME 属于聚酮类化合物。根据 AOH 的化学结构，推测它的生物合成途径是 1 个乙酰辅酶 A 和 6 个丙二酰辅酶 A 在酮基合成酶及酰基转移酶的作用下，通过克莱森缩合反应形成聚酮化合物，最终在硫酯酶作用下，发生醇醛缩合芳构化和内酯化形成 AOH（图 3-31）。AME 是 AOH 的甲基衍生物，AOH 与 *S*-腺苷甲氨硫酸反应可生成 AME。TeA 的合成途径不同于 AOH 和 AME。早期研究根据对 TeA 化学结构的分析，猜测 TeA 是一分子的异亮氨酸和两分子的乙酸盐缩合而成，并通过人工合成实验进行了证实。2015 年，在稻瘟病菌中，发现了一个非核糖体多肽合成酶和聚酮合酶（NRPS-PKS）的杂合酶 TAS1，体外催化试验证明，它可以催化异亮氨酸和乙酰辅酶 A 合成 TeA。因此，在生物体内，异亮氨酸和乙酰辅酶 A 很有可能是 TeA 合成的前体物质。

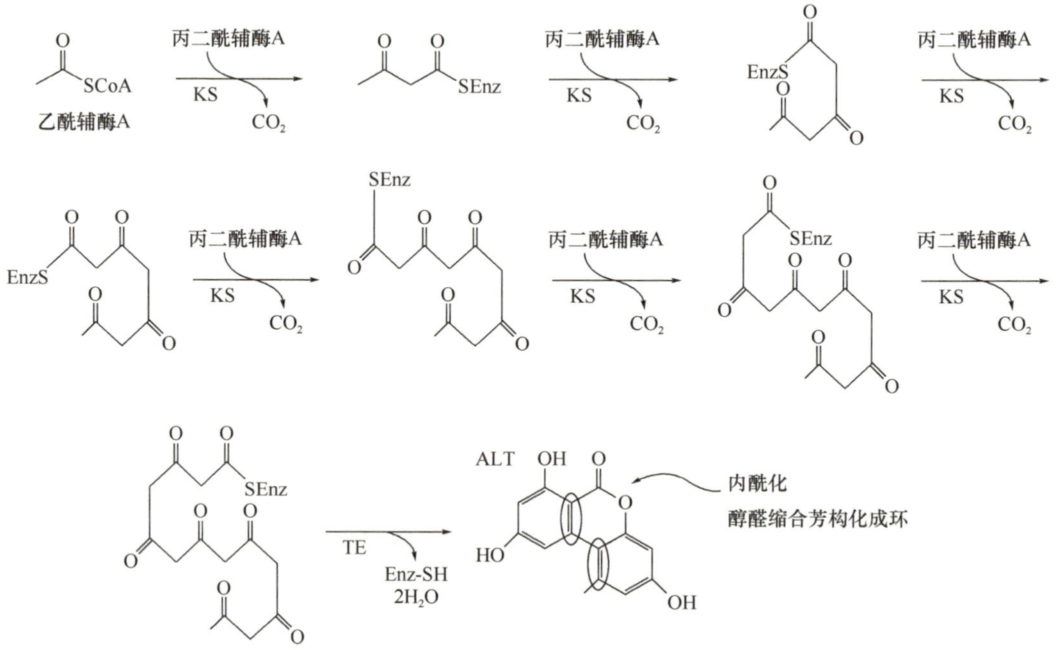

图 3-31　交链孢酚的生物合成途径

KS. 酮基合成酶；TE. 硫酯酶；ALT. 交链孢毒素；SEnz. 酰基转移酶

2. 交链孢毒素生物合成的分子基础　AOH 和 AME 作为聚酮类化合物，其生物合成一般需要聚酮合酶（PKS）的参与。从约 32Mb 的 *A. alternata* 基因组中，鉴定到了 10 个 PKS 酶编码基因（*pksA*～*pksJ*）。其中，*pksI* 是 AOH 合成的关键酶编码基因。该基因全长 5796bp，编码的蛋白质含有 1763 个氨基酸，分子质量约 192kDa，属于典型的非还原型聚酮合酶（NR-PKS）。在染色体上，围绕该骨架基因形成了一个由 5 个基因组成的长度约 15kb 的基因簇。除 *pksI* 外，还包括甲基转移酶基因 *omtI*、FDA 依赖型单氧酶基因 *moxI*、短链脱氢酶基因 *sdrI*、二醇双氧化酶基因 *doxI* 和 C6 型转录因子的编码基因 *aohR*。进一步研究发现，整个基因簇可负责 AOH、AME、4-OH-AME、ALN 和 ALT 5 种次生代谢产物的合成。其中，*pksI* 负责 AOH 的合成，随后在 *omtI* 编码的甲基转移酶的催化下，AOH 转化成 AME。AOH 基因簇在多种链格孢菌中都存在，表现出良好的共线性。此外，在小麦全蚀病菌（*Parastagonospora nodorum*）中，也鉴定到负责 AOH 合成的聚酮合酶编码基因 *SnPKS19*，该基因的编码产物与 PKSI 有 85% 的序列相似性。在链格孢属真菌中，TeA 生物合成的编码基因，仍未见报道。

3. 交链孢毒素生物合成的调控机制　在 *A. alternata* 的交链孢毒素合成基因簇中，*aohR* 编码一个 C6 型转录因子。利用 CRISPR/Cas9 技术获得的 *aohR* 敲除突变株，发现聚酮合酶基因 *pksI* 的表达降低，并减少了 AOH 和 AME 的合成。在过表达 *aohR* 的菌株中，基因簇内全部基因的表达均上调，其中 *pksI* 基因表达上调 20 多倍，AOH 和 AME 的产量也显著增加。除基因簇内的特异性调控因子外，Velvet 复合体组分中的全局调控因子 LaeA 和 VeA，也影响 AOH 和 AME 的合成。在对 *A. alternata* 两个菌株 ATCC 66981 和 CBS 116.329 的研究中发现，打断 *laeA* 和 *veA* 对 AOH 和 AME 的合成具有重要影响，但在不同的菌株中，其调控效果有所不同。在 ATCC 66981 株系中，突变株与野生型的产毒情况为 *ΔlaeA*＞WT＞*ΔveA*，*ΔlaeA* 突变株的产毒量超过了野生型菌株的 2 倍，但 *ΔveA* 突变株的产毒量降低了 70% 以上；在 CBS 116.329 株系中；*ΔlaeA* 和 *ΔveA* 突变株的产毒明显减少，*ΔlaeA* 突变株中 AOH 的合成减少了 90% 以上，AME 的合成减少了一半以上。基因打断技术在验证基因功能方面有一定的局限性。因此，相关研究结果还有待进一步证实。

外源营养物质影响交链孢毒素的合成。氮源的利用与交链孢毒素的合成密切相关。总体上，有机氮源比无机氮源更有利于 *A. alternata* 合成 AOH 和 AME。例如，在静置培养条件下含有丙氨酸或天冬氨酸的培养基中，AOH 和 AME 的产量分别是基础培养基的 300 倍和 40 倍。在无机氮源中，静置培养条件下合适比例的铵盐和硝酸盐混合作为氮源时，可以检测到 AOH 和 AME 的含量，但单独添加铵盐或硝酸盐，则完全抑制 AOH 和 AME 的合成。在静置培养条件下的不同种类的碳源中，以葡萄糖、果糖、蔗糖、麦芽糖、木糖、鼠李糖、甘露醇、淀粉和乙酸钠作为碳源时，均可检测到 AOH 的含量，但其中只有果糖、甘露醇、鼠李糖和蔗糖作为碳源时，*A. alternata* 可以合成 AME。乙酸钠是诱导 AOH 产生的最佳碳源。

pH、A_w 和温度等环境因素也是影响 AOH 和 AME 合成的重要因素。有研究表明，pH 4.0～4.5、25℃、A_w 0.99 最适合 *A. alternata* 合成 AOH 和 AME。在番茄果实上，*A. alternata* 在 25℃时合成 AOH 和 AME 的速度高于 4℃和 15℃。但是，在苹果果实上，*A. alternata* 在 25℃时可合成毒素，但在 4℃和 15℃时则不产毒素，说明寄主对病原菌毒素的合成也有重要的影响。

三、真菌毒素的降解

人们发展了很多不同的方法来控制果蔬及其加工制品中的真菌毒素污染，根据其降解的机制，主要分为物理降解法、化学降解法和生物降解法。

（一）物理降解法

在苹果加工产品中，物理降毒技术受到广泛的关注和应用，如辐照、高静压和脉冲光等。物理技术对霉菌毒素的降解机制主要包括产霉菌的抑制、毒素分子的断裂和化学结构的改变。

1. 辐照法　食品辐照是将各种类型的食物置于一定计量的辐射过程中，一般分为两大类：电离辐射和非电离辐射。电离辐射是一种非热方法和高频高能量类型（短波长），其作用是从物质的原子和分子中去除电子，并产生离子，如 γ 射线、X 射线、α 粒子、β 粒子和中子粒子。这些电离辐射损伤的细胞可直接或间接导致 DNA 分子和细胞分裂。而非电离辐射，如作为热方法的红外线和微波、紫外线、可见光或光谱、极低频，以及作为非热方法的射频，都是波长较长的低频辐射，可以通过热损伤破坏 DNA 结构，并导致微生物细胞突变，破坏其细胞。非电离辐射还会导致水自由基化和高活性自由基的形成，这些自由基可以通过与真菌毒素互作或产生低生物活性的分子，减少真菌毒素。研究显示，电离辐射和非电离辐射对抑制病原真菌（尤其是针对曲霉属、青霉属和镰刀菌属）和消减真菌毒素方面都有显著的效果，且随着辐射剂量的增加，这种效果会更显著。此外，研究表明，辐照通过破坏毒素的化学结构，有效降解产品中的 PAT、OTA、AFs 和 T-2 等毒素。

2. 热处理法　由于大多数的真菌毒素具有耐热性，因此，AF 和 OTA 的降解分别发生在 250℃和 200℃左右的温度下。FB 在超过 180℃的温度下可被完全破坏，而 DON 的降解发生在 210℃。通常，真菌毒素的降解取决于处理的持续时间和温度。热处理可以与高压处理相结合，以加速食品中霉菌毒素的降解。

3. 脉冲光法 脉冲光（pulsed light，PL）使用波长为100～1100nm的短而高强度的闪光，包括紫外线、可见光和红外线，其中包含具有高杀菌作用的短波长。这些波长可以穿透高电位的生物细胞，并影响其结构，如细胞膜壁、蛋白质条带，特别是对DNA结构、细胞造成不可逆的损害。脉冲光对真菌毒素的解毒机制归因于诱发毒素分子的断裂。此外，PL处理所引起的真菌毒素分子断裂，可能是由于呋喃末端双键的断裂和内酯环的打开。

4. 高静压法 食品的高静压（high hydrostatic pressure，HHP）处理是一种“非热”食品保存和灭菌技术，以保护食品免受微生物侵害，以及减少化学防腐剂的用量。在该技术中，固体或液体食品暴露在高压下（通常在100～1000MPa范围内），高压导致微生物、病原菌孢子和生物酶失活，从而延长食品的保质期。HPP的典型降解方法是通过改变真菌毒素的化学结构来降解真菌毒素，其与蛋白质分子的静电和疏水相互作用，以及促进含有巯基键化合物的形成有关，而其共价键不受影响。研究表明，当HPP在45℃ +550MPa压力下加热并维持20min时，玉米籽粒中的ZEA和DON含量显著降低。另外，使用HPP（500～700MPa）和加热（85～90℃）13min以上，可灭活耐热性真菌费希尔曲霉（*Aspergillus fischeri*）和大孢篮状菌（*Talaromyces macrosporus*），说明HPP在防止真菌生长和控制食品中真菌毒素含量方面具有显著效果。关于其降毒机制，有研究表明主要与细胞膜损伤有关。PAT是由共价键组成的小分子，它在苹果汁中的降解，可能是与其他物质形成了加合物。这些化合物具有巯基，如半胱氨酸和谷胱甘肽。有研究报道，半胱氨酸-PAT形成的加合物，在不同压力/温度组合的环境下有所变化。此外，HHP还能破坏细胞结构，使蛋白质变性，释放或暴露硫醇基团，并与毒素发生反应，从而降解真菌毒素。

5. 冷等离子体法 冷等离子体被称为低温等离子体或非热技术，通常在大气压下通过气体放电或减压获得冷等离子，所需功率较小。冷气体等离子体成分由各种物质组成，包括负离子和正离子、自由基分子、电子、紫外线光子和臭氧。冷等离子体法对产毒真菌，尤其是对曲霉菌属和青霉属等病原真菌的生长，具有高效的抑制作用，从而降低它们对食品的危害，减少真菌毒素，如AFs、OTA、DON、ZEN、AOH和AME等污染。

（二）化学降解法

化学法脱毒是通过水解、碱化、氧化、还原等化学反应，破坏真菌毒素的化学结构而脱毒的方法。研究发现，真菌毒素一般在弱酸条件下稳定，而强酸几乎可以降解大部分的真菌毒素。例如，强酸可将AFB和AFG_1结构改变为半缩醛形式的AFB2a和AFGza，通过破坏毒素基团，从而大幅降低毒性。

1. 碱炼法 其原理是利用碱性溶液使毒素结构发生化学反应以达到解毒目的。碱炼法可打开AF的内酯环并形成钠盐，AF的结构发生改变使其毒性降低或者消失，所形成的盐可在后续工艺中去除。氨化反应是指向有机物分子中引入氨基的过程，是碱处理法中常见的化学反应。例如，氨化反应可将AFB的内酯环结构破坏，转化为AFD_1、AFD_2。使用氨化、碱水解可破坏OTA、T-2和DON等毒素结构。在碱性条件下，5%～8%的NaOH可将85.5%～90.7%的T-2毒素结构破坏，$(NH_4)_2CO_3$可将T-2毒素的毒性降低50%，$NaHCO_3$、NaClO也具有类似的脱毒效果。研究表明，在碱性条件下，DON降解与反应时间和温度等有关。

2. 还原法 含硫制剂通过还原作用改变毒素结构，主要包括亚硫酸氢钠、亚硫酸钠、硫代硫酸钠、焦亚硫酸钠等。可以将DON转化成DON-磺酸盐。PAT在含硫化合物如二氧化硫的存在下是不稳定的。研究表明，PAT能与许多含硫化合物如半胱氨酸、*N*-乙酰半胱氨酸和谷胱甘肽等形成加合物，而这些加合物是毒性较小的化合物。它们会进一步反应形成E-ascladiol

和脱氧棒曲霉酸（desoxypatulinic acid，DPA）。这是因为PAT对巯基、氨基和硫醇基团具有很强的共价结合亲和力。虽然仍有一些毒性，但已确定这些加合物的毒性是PAT的1/100。

3. 臭氧法 臭氧处理能抑制病原真菌孢子的萌发和菌丝生长，进而抑制真菌毒素的产生和积累。臭氧处理还能通过强氧化作用直接改变真菌毒素的化学结构，导致其生物活性的改变，从而起到解毒作用。大量研究表明，臭氧处理可显著降低粮食谷物中的AF、DON、单端孢霉烯毒素等的含量。臭氧可破坏AFB中呋喃环的C8═C9，进一步反应后转化为酮、醛、有机酸等衍生物。臭氧易于攻击单端孢霉烯族毒素的双键，如与T-2毒素的C9═C10作用，致使其毒性下降，还可以与DON的功能性基团发生化学反应达到脱毒目的。研究表明，臭氧容易攻击棒曲霉素中的羟基，完全破坏棒曲霉素的结构。在臭氧浓度较高或处理时间足够长的条件下，通过攻击棒曲霉素化学结构中的两个共轭乙炔双键，可以完全将其降解为二氧化碳、草酸、二甘醇和水，因此该种方式可以作为工业上消除棒曲霉素的有效手段。

（三）生物降解法

微生物利用产生的代谢产物或酶破坏毒素分子的毒性结构，将毒素降解或转化为毒性较小的化合物。其降解机制主要是破坏真菌毒素的毒性结构位点，根据化学反应的类别，霉菌毒素生物转化中涉及的反应类型包括以下几种：①羟基化，将羟基引入分子中，增加霉菌毒素的极性，并降低毒性；②醇和酮之间的氧化还原，包括羟基的氧化和羰基的还原；③碳-碳双键加氢，生物转化还原碳-碳双键；④去环氧化；⑤其他氧化还原，包括环氧化、醇类氧化成酸、酸还原成醇和多步骤氧化还原；⑥甲基化，转化由*O*-甲基转移酶催化；⑦糖基化和葡萄糖醛酸化，是葡萄糖或葡萄糖醛酸共价连接到羟基的过程，以增加霉菌毒素的极性，并降低其毒性；⑧酯化反应，主要是由醇和羧酸形成酯的反应；⑨水解，霉菌毒素的酯键和酰胺键均被广泛研究用于水解；⑩硫酸化，是磺基转移酶催化的磺基在羟基上的偶联；⑪去甲基化，从分子中去除甲基的过程，常见方法是用羟基取代甲氧基；⑫脱氨基，从脱氨酶催化的分子中去除氨基；⑬其他反应，如表观异构化、环氧化、脱氢、脱氯及其多步骤转化。目前，人们已从微生物中鉴定了多种具有降解真菌毒素能力的生物酶，如氧化酶、过氧化物酶、漆酶、还原酶、酯酶、羧酯酶、氨基转移酶、内酯水解酶等。

1. 棒曲霉素的生物降解机制 PAT中的半缩醛和内酯环对PAT的毒性非常重要。因此，如果PAT的呋喃或吡喃环被破坏，转化的产物就会变成少毒或无毒化合物。PAT生物转化的主要途径如图3-32所示，包括以下几方面。①氧化还原：PAT的二氢吡喃环在C4处沿着C—O键打开，在pH为5时，通过来自季也蒙迈耶氏酵母（*Meyerozyma guilliermondii*）的酶PGUG形成E-ascladiol/Z-ascladiol。这种酶是一种氧化还原酶，活性中心含有NADP。PGUG同系物主要分布在酵母菌中，从而使它们能够对抗曲霉菌属和青霉属的PAT产生菌。②多步生物转化：PAT的γ-内酯环在pH为5～6时被来自红冬孢酵母（*Rhodosporidium kratochvilovae*）的酶水解打开，随后在原始分子的C7a处—OH发生烯醇互变异构。然而，C4上的脱羟基与双键位置的反转同时发生。此外还涉及一些氧化还原酶修饰。将PAT转化为脱氧棒曲霉酸（DPA），其对体外人淋巴细胞的细胞毒性低于PAT。在多项研究中已经证明，活性氧（ROS）是PAT介导毒性的关键因素。由于PAT会引起活性氧的产生，因而很有可能是抗氧化基因/蛋白质在细胞中负责PAT的解毒。然而，很少有报道揭示参与生物降解途径的降解基因/酶。DNA微阵列辅助转录组分析发现，PAT对酿酒酵母蛋白酶体、硫氨基酸代谢和氧化应激相关基因具有高度的诱导作用。编码超氧化物歧化酶基因*SOD1*的缺失提高了酵母对

PAT 的敏感性。PAT 激活转录因子 Pap1 后，裂殖酵母中的 Cu/Zn 超氧化物歧化酶、过氧化氢酶和谷胱甘肽 *S*-转移酶的表达增加。最近的蛋白质组学分析显示，PAT 的处理显著增加了蛋白 U7（一种短链脱氢酶）的丰度及其编码基因的表达，提示该蛋白质可能参与了假丝酵母对 PAT 的降解。通过在大肠杆菌原核中表达该短链脱氢酶 CgSCD 的编码基因获得的重组蛋白可将 PAT 降解为 E-ascladiol。

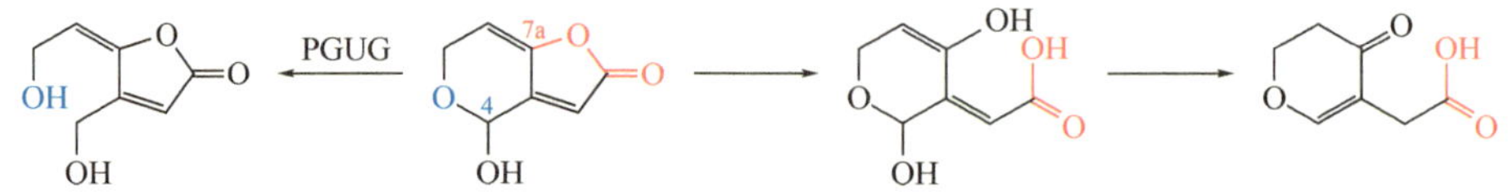

图 3-32　棒曲霉素的生物降解途径

2. 赭曲霉毒素 A 的生物降解机制　OTA 生物降解最重要的机制是将 OTA 降解为 Ochratoxin α（OTα）和 L-苯丙氨酸，它们是通过水解酶（如羧肽酶、蛋白酶、脂肪酶、赭曲霉毒素酶等）水解酰胺键形成。如图 3-33 所示，OTA 降解为 OTα 的途径涉及苯丙氨酸部分的双加氧酶攻击，随后脱氢为邻苯二酚衍生物，该衍生物经历了间环断裂和羟基化步骤，该步骤释放 OTα。一方面，由于 OTα 毒性很低，而 L-苯丙氨酸无毒性，这种机制可以被认为是一种解毒途径。另一方面，OTA 在碱性条件下内酯环可能会发生水解，最终的降解产物是开放的 OTA 内酯形式。其对大鼠的毒性与 OTA 相似，但对小鼠和短杆菌毒性较小。

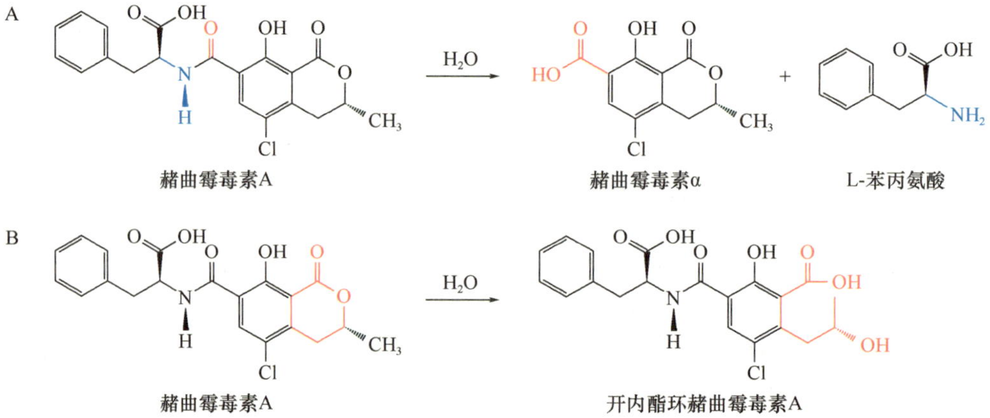

图 3-33　赭曲霉毒素 A 的生物降解途径

A. OTA 的酰胺键水解；B. OTA 的内酯环水解

3. T-2 毒素的生物降解机制　T-2 毒素的毒性活性部位为氧环和双键，打开氧环结构或还原双键均可显著降低其毒性。其生物解毒途径如图 3-34 所示，包括：①水解作用，多种微生物可以将 T-2 毒素水解为 HT-2 毒素、T-2 三醇、T-2 四醇；② C8 异戊基水解为新茄病镰刀菌烯醇（NEO）；③ C3 乙酰化，生成 3-乙酰基 T-2 毒素；④ C3 糖基化，生成 T-2 毒素 3-葡萄糖醛酸；⑤羟基化作用，生成 19-羟基 T-2 毒素；⑥脱环氧环，生成脱氧 15-单乙酰镰刀菌烯三醇（DE MAS）、脱氧镰刀菌烯三醇（DE SCP）和 SCP18。这些生物转化产物的毒性都明显低于 T-2 毒素。

4. 呕吐毒素的生物降解机制　呕吐毒素（DON）中的 C12-13 位环氧结构和 C3 位羟基基团是其主要的毒性位点。因此，这 2 个基团是 DON 生物降解研究中的主要靶点。多种微生物及微生物和植物产生的生物酶可降解 DON，其作用方式可归为 8 类（图 3-35）。① C12-13 位上的环氧基去环氧化作用，转化产物为去环氧 DON（DOM-1）。② C3 位上的羟基氧化作

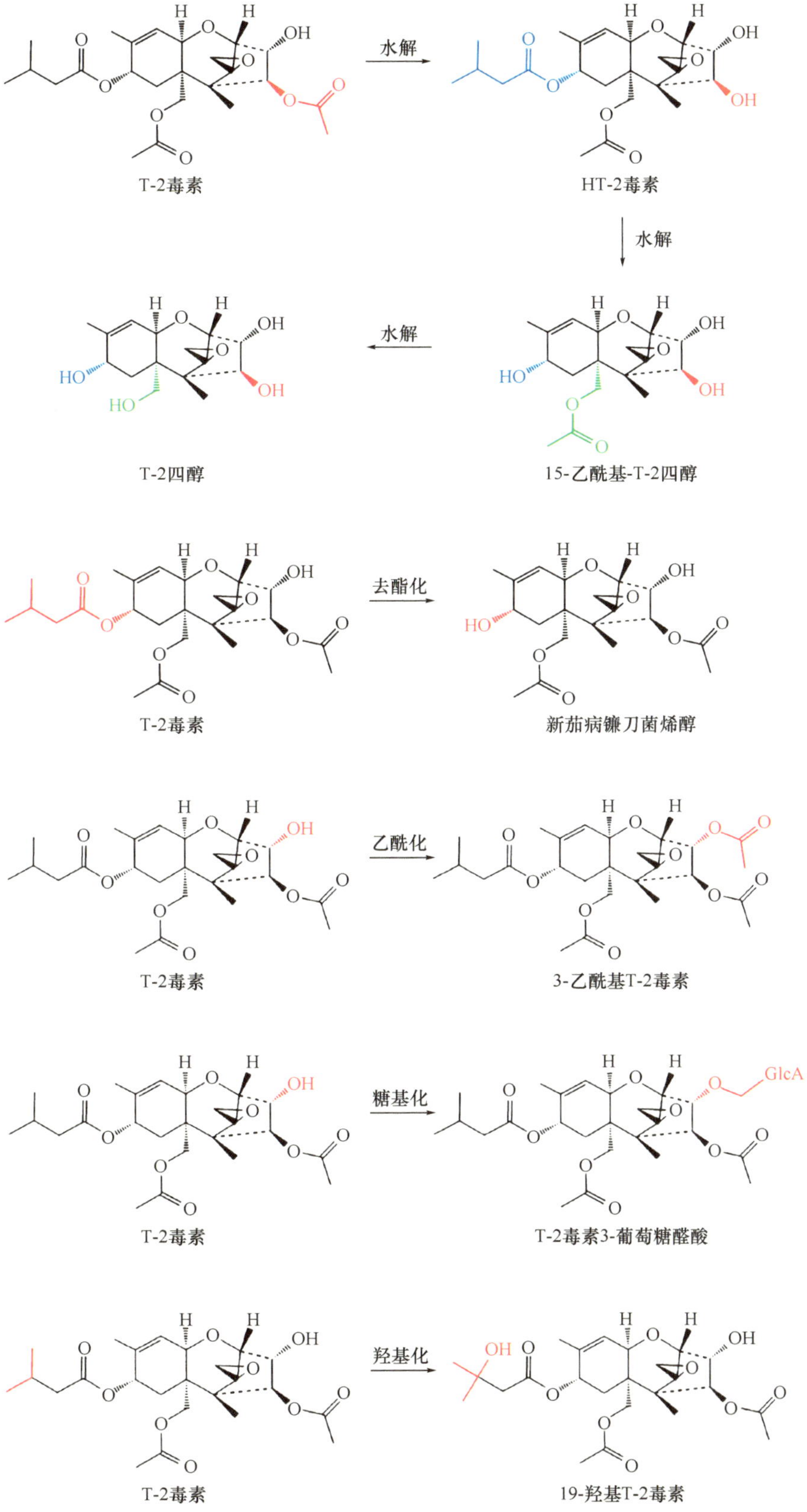

图 3-34　T-2 毒素的生物降解途径

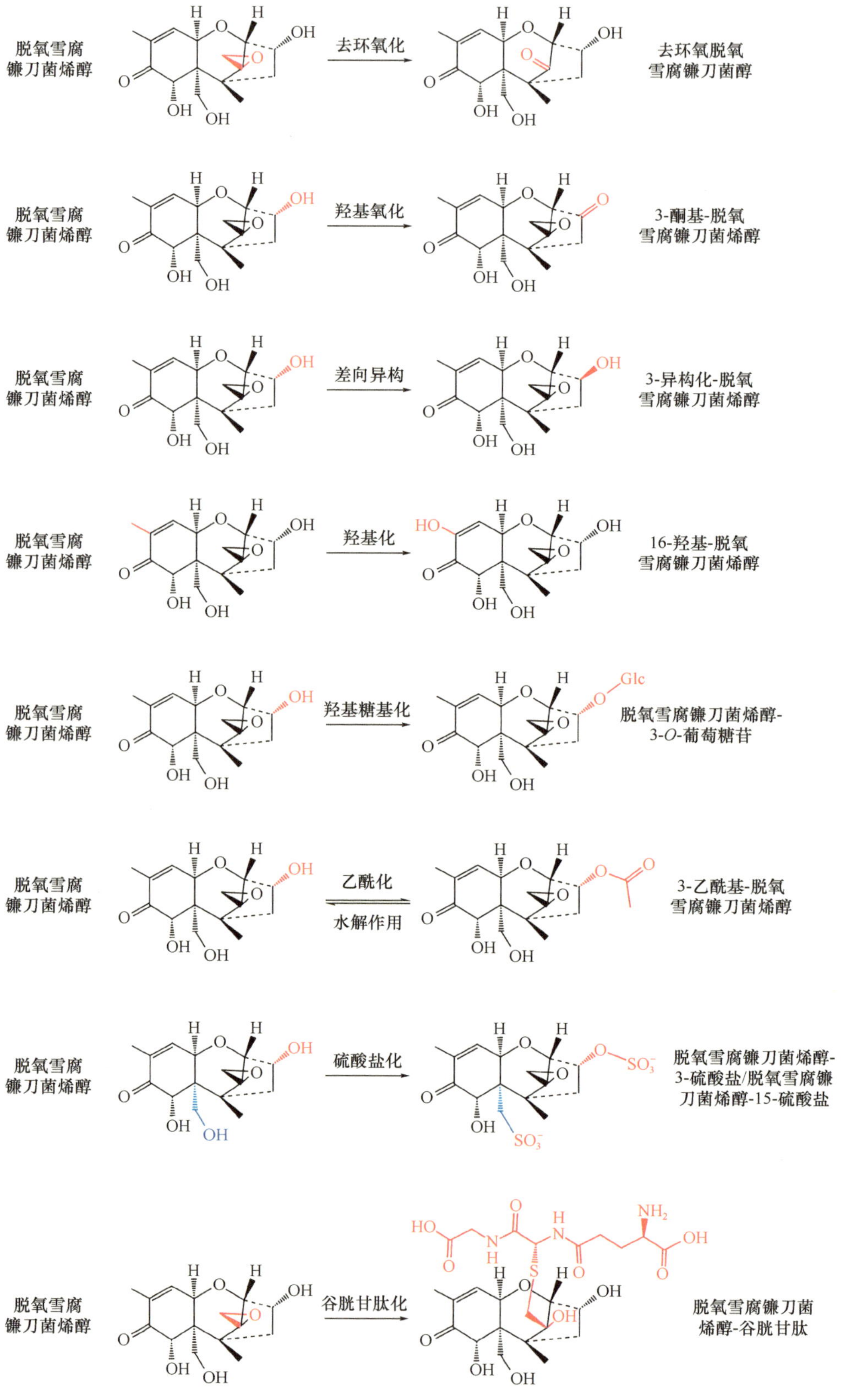

图 3-35 呕吐毒素的生物转化途径

用，转化产物为 3-酮基-DCN（3-keto-DON）。③ C3 位上的羟基差向异构化作用，转化产物为 3-异构化-DON（3-epi-DON）。还原型烟酰胺腺嘌呤二核苷酸磷酸（NADPH）依赖的脱氢酶和醛酮还原酶可催化该反应。④ C16 位上甲基羟基化作用，转化产物为 16-羟基-DON（16-HDON）。⑤ C3 位上羟基糖基化作用，转化产物为 DON-3-*O*-葡萄糖苷（D3G）。该转化过程是植物对 DON 的防御机制之一，由 UDP-葡萄糖基转移酶负责催化。⑥乙酰化作用，包括 C3 位和 C15 位上的羟基乙酰化。其中，C3 位上羟基乙酰化产物为 3-乙酰基-DON（3-AcDON），C15 位上羟基乙酰化产物为 15-乙酰-DON（15-Ac-DON）。⑦硫酸盐化作用，该转化过程也是植物的一种防御机制。其中，C3 位上羟基硫酸盐化产物为 DON-3-硫酸盐（DON-3-S），C15 位上羟基硫酸盐化产物为 DON-15-硫酸盐（DON-15-S）。⑧谷胱甘肽化作用，DON 的 C12-13 环氧基可在植物体内谷胱甘肽巯基转移酶的催化下与谷胱甘肽共轭结合生成 DON-谷胱甘肽（DON-GSH）。

5. 交链孢毒素的生物降解机制 交链孢毒素主要包括交链孢酚（AOH）、交链孢酚单甲醚（AME）、细交链孢菌酮酸（TeA）、交链孢霉烯（ALT）和腾毒素（TEN）。交链孢毒素的主要解毒反应是糖基化和葡萄糖醛酸化。交链孢毒素的生物转化途径如图 3-36 所示。①糖基化：AOH 可被糖基化为 3-*O*-β-D-吡喃葡萄糖苷 AOH、9-*O*-β-D-吡喃葡萄糖苷 AOH、9-*O*-β-D-吡喃葡萄糖苷 (1→6)-β-D-吡喃葡萄糖苷 AOH。AME 可通过糖基化被转化为 3-*O*-β-D-吡喃葡萄糖苷 AME 和 7-*O*-β-D-吡喃葡萄糖苷 AME。真菌细胞培养物可将 AOH 和 AME 的糖苷进一步酯化为丙二酰化产物。并且还可以将 AOH 和 AME 的硫酸盐结合物转化为硫酸苷，如 AOH-3-硫酸盐-9-*O*-葡萄糖苷、AOH-9-硫酸盐-3-*O*-葡萄糖苷和 AME 3-硫酸盐-7-*O*-葡萄糖苷。②羟基化：AOH 和 AME 羟基化为其单羟基产物。③还原：具有苝醌结构的交链孢毒素Ⅱ和交链孢菌二萘嵌苯醌类毒素Ⅲ均被还原为醇，从而分别形成交链孢毒素Ⅰ和 alteichin。交链孢毒素Ⅱ在其他人类细胞系如 HCT 116、HepG2 和 V79 中也被还原为乙醇。④甲基化：AOH 通过交链孢酚 *O*-甲基转移酶转化为 AME。⑤去甲基化：在 NADPH 存在下，将 AME 去甲基化为 AOH。

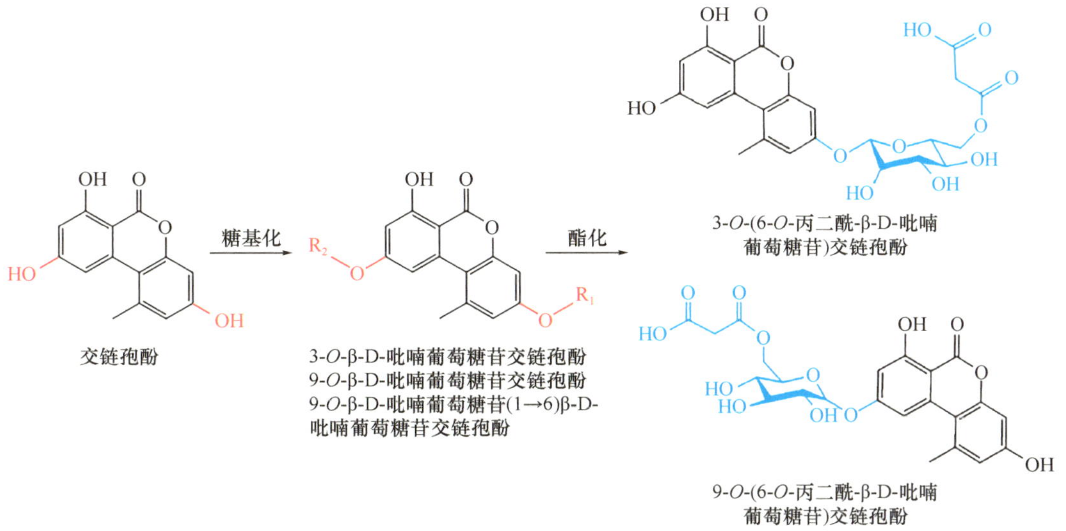

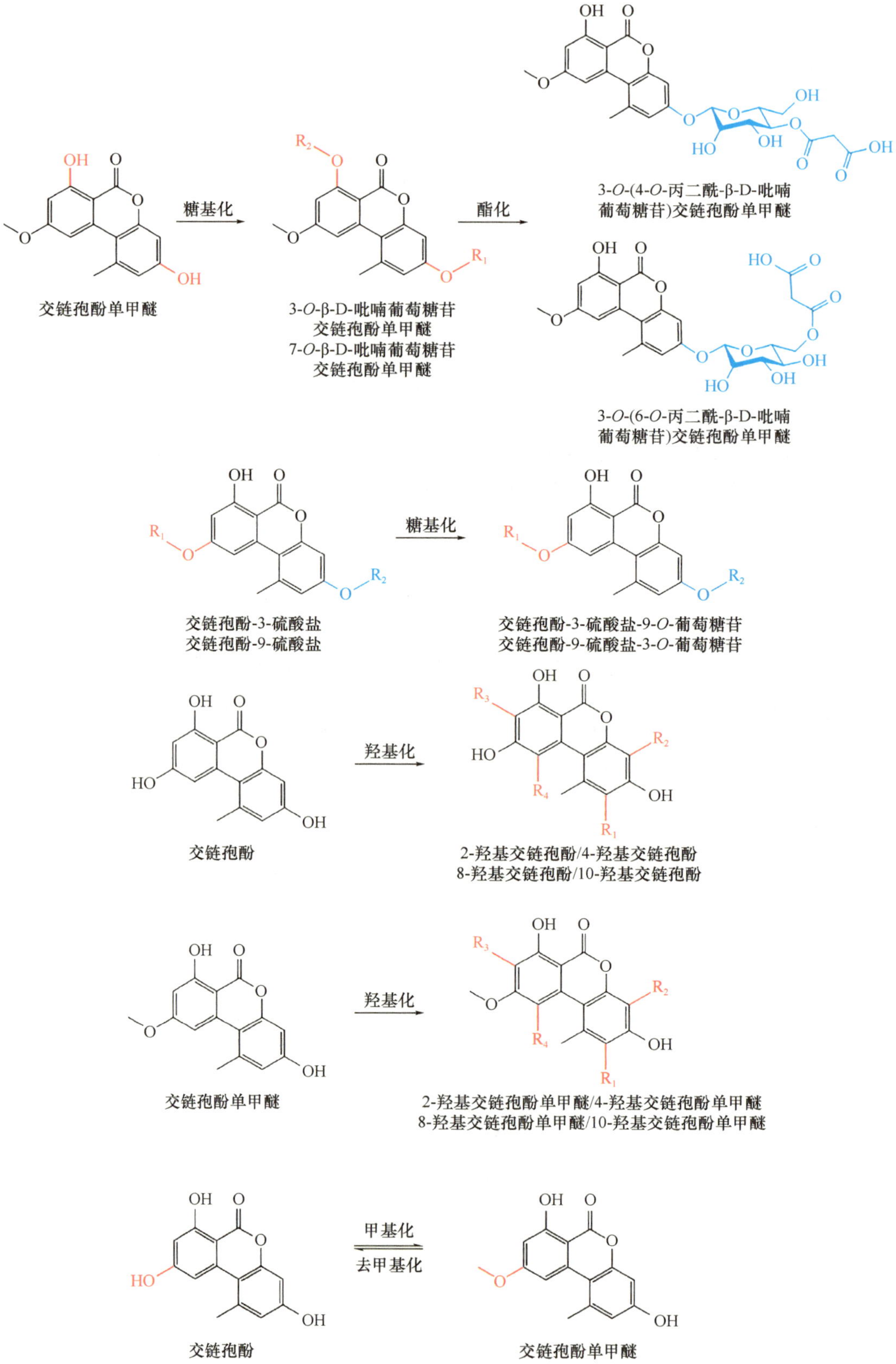

图 3-36　交链孢毒素的生物降解途径

展　望

伴随社会和经济的发展，人们对食品安全问题越来越重视。控制真菌毒素污染引起的果蔬及其加工制品的安全问题任重道远，为更好地保障人民的生命健康，需从以下几个方面不断努力。①深入解析不同真菌毒素的污染规律。新的消费模式下果品生产和加工模式发生转变，真菌毒素污染的途径也会发生变化，加强真菌毒素检测和监控，明确毒素污染规律的新变化才能制定有效的防控策略。②阐明真菌毒素生物合成与侵染之间的关联机制。真菌毒素是真菌的次生代谢产物，其生物合成和调控机制非常复杂，特别是病原菌中真菌毒素合成与侵染寄主之间的关联机制仍有待解析。寻找病原真菌侵染与毒素产生之间的关键节点可为从源头控制真菌毒素污染提供依据。③加强真菌毒素生物降解技术的研发。物理和化学降解毒素的方法尽管简单易用，但存在影响果蔬及其加工制品品质和引起二次污染等问题。因此，未来应重点发展具有专一和高效特点的生物降解技术。

本章思考题

1. 侵染性病害的病程分为几个阶段？每个阶段的特点是什么？
2. 采后病原真菌的主要致病因子有哪些？它们在侵染过程中起什么作用？
3. 病原菌致病力调控的分子机制有哪些方面？
4. 园艺产品抗性应答的主要类型及作用机制有哪些？
5. 污染果蔬及其加工制品的主要真菌毒素有哪些？其主要产生菌是什么？
6. 简述棒曲霉素生物合成的分子基础及调控机制？

本章主要参考文献

毕阳 . 2016. 果蔬采后病害：原理与控制 . 北京：科学出版社.

陈晓亚，薛红卫 . 2014. 植物生理与分子生物学 . 4 版 . 北京：高等教育出版社.

聂继云 . 2020. 果品质量安全学. 北京：中国标准出版社.

薛华丽 . 2018. 果蔬中真菌毒素. 北京：化学工业出版社.

Cai J H, Chen T, Wang Y, et al. 2020. SlREM1 triggers cell death via activating oxidative burst and other regulators. Plant Physiology, 183(2): 717-732.

Chague V, Danit L V, Siewers V, et al. 2006. Ethylene sensing and gene activation in *Botrytis cinerea*: a missing link in ethylene regulation of fungus-plant interactions? Molecular Plant-Microbe Interactions, 19: 33-42.

Chaky J, Anderson K, Moss M, et al. 2001. Surface hydrophobicity and surface rigidity induce spore germination in *Colletotrichum graminicola*. Phytopathology, 91(6): 558-564.

Chen T, Ji D C, Zhang Z Q, et al. 2021. Advances and strategies for controlling the quality and safety of postharvest fruit. Engineering, 7: 1177-1184.

Chen Y, Kistler H C, Ma Z. 2019. *Fusarium graminearum* trichothecene mycotoxins: biosynthesis, regulation, and management. Annual Review of Phytopathology, 57: 15-39.

Dean R, van Kan J A, Pretorius Z A, et al. 2012. The top 10 fungal pathogens in molecular plant pathology. Molecular Plant Pathology, 13(4): 414-430.

El Oirdi M, El Rahma T A, Rigano L, et al. 2011. *Botrytis cinerea* manipulates the antagonistic effects between immune pathways to promote disease development in tomato. Plant Cell, 23(6): 2405-2421.

Heller J, Tudzynski P. 2011. Reactive oxygen species in phytopathogenic fungi: signaling, development, and disease. Annual Review of Phytopathology, 49: 369-390.

Kachroo P, Burch-Smith T M, Grant M. 2021. An emerging role for chloroplasts in disease and defense. Annual Review of Phytopathology, 59: 423-445.

Li B Q, Chen Y, Zhang Z Q, et al. 2020. Molecular basis and regulation of pathogenicity and patulin biosynthesis in *Penicillium expansum*. Comprehensive Reviews in Food Science and Food Safety, 19(6): 3416-3438.

Li B Q, Zong Y Y, Du Z L, et al. 2015. Genomic characterization reveals insights into patulin biosynthesis and pathogenicity in *Penicillium* species. Molecular Plant-Microbe Interactions, 28(6): 635-647.

Peñalva M A, Tilburn J, Bignell E, et al. 2008. Ambient pH gene regulation in fungi: making connections. Trends in Microbiology, 16(6): 291-300.

Pieterse C M, Zamioudis C, Berendsen R L, et al. 2014. Induced systemic resistance by beneficial microbes. Annual Review of Phytopathology, 52: 347-375.

Prusky D, Alkan N, Fluhr R, et al. 2013. Quiescent and necrotrophic lifestyle choice during postharvest disease development. Annual Review of Phytopathology, 51: 155-176.

Silva C J, Abeele C V D, Ortega-Salazar I, et al. 2021. Host susceptibility factors render ripe tomato fruit vulnerable to fungal disease despite active immune responses. Journal of Experimental Botany, 72(7): 2696-2709.

Tian S P, Qin G Z, Li B Q. 2013. Reactive oxygen species involved in regulating fruit senescence and fungal pathogenicity. Plant Molecular Biology, 82: 593-602.

Tian S P, Torres R, Ballester A R, et al. 2016. Molecular aspects in pathogen-fruit interactions: virulence and resistance. Postharvest Biology and Technology, 122: 11-21.

Wang B, Li Z, Han Z, et al. 2021. Effects of nitric oxide treatment on lignin biosynthesis and texture properties at wound sites of muskmelons. Food Chemistry, 362(2): 130193.

Wang H, Liu G, Li C, et al. 2013. Defence responses regulated by jasmonate and delayed senescence caused by ethylene receptor mutation contribute to the tolerance of petunia to *Botrytis cinerea*. Molecular Plant Pathology, 14(5): 453-469.

Wang Y, Wang L, Wu F, et al. 2018. A consensus ochratoxin a biosynthetic pathway: insights from the genome sequence of *Aspergillus ochraceus* and a comparative genomic analysis. Applied and Environmental Microbiology, 84(19): e01009-18.

Wenderoth M, Garganese F, Schmidt-Heydt M, et al. 2019. Alternariol as virulence and colonization factor of *Alternaria alternata* during plant infection. Molecular Microbiology, 112: 131-146.

Williamson B, Tudzynski B, Tudzynski P, et al. 2007. *Botrytis cinerea*: the cause of grey mould disease. Molecular Plant Pathology, 8(5): 561-580.

Xing M Y, Chen Y, Li B Q, et al. 2021. Characterization of a short-chain dehydrogenase/reductase and its function in patulin biodegradation in apple juice. Food Chemistry, 348(15): 129046.

Yun C S, Motoyama T, Osada H. 2015. Biosynthesis of the mycotoxin tenuazonic acid by a fungal NRPS-PKS hybrid enzyme. Nature Communications, 6: 8758.

Zeier J. 2021. Metabolic regulation of systemic acquired resistance. Current Opinion in Plant Biology, 62: 102050.

Zhang Z Q, Chen T, Li B Q, et al. 2021. Molecular mechanism of pathogenesis of postharvest pathogenic fungi and control strategy in fruits: progress and prospect. Molecular Horticulture, 1: 2.

第四章

采后调控技术

第一节　品质保持的调控技术

【学习目标】

1. 了解衰老调控技术的原理和主要方法。
2. 了解水分控制技术的原理和主要方法。
3. 了解催熟技术的原理和主要方法。

【主题词】后熟；衰老；乙烯；1-甲基环丙烯；呼吸跃变；贮藏温度；相对湿度；自发气调；人工气调

园艺产品包括果品、蔬菜和花卉等，其中果蔬是人类膳食结构的重要组成部分，含有人体需要的碳水化合物、维生素、矿物质、蛋白质和可食性纤维等各种营养物质，是人类重要的食物来源。园艺产品的后熟、衰老是一个复杂而高度协调并受遗传控制的程序化过程，该过程不可逆转，但是适宜的贮藏温度、湿度、气体组分等外部环境可以控制其后熟、衰老进程。因不同园艺产品生物学特性不同，存在耐贮性（storability）差异，其品质保持技术也不尽相同。园艺产品的品质保持主要通过控制其衰老、失水和后熟进程来实现。

一、衰老调控技术

衰老（senescence）是个体发育的最后阶段，是组织开始解体、细胞趋向崩溃、功能逐步退化且不可逆转的生命过程。园艺产品衰老后对环境的适应能力降低，品质明显下降，往往出现黄化褐变、失水萎蔫、皱缩软化、营养损耗、抗病性下降等现象，并逐渐趋向死亡。园艺产品在采后贮藏和流通过程中，主要通过控温、控湿、控气和辐照处理等物理调控技术，应用植物生长调节剂和1-甲基环丙烯（1-MCP）等化学调控技术来控制园艺产品的后熟衰老。此外，也可以通过基因编辑、基因沉默等生物调控技术从内部来控制园艺产品的后熟衰老，如病毒诱导的基因沉默（VIGS）和基因编辑（CRISPR/Cas9）等已成功用于控制或调节园艺产品有后熟衰老。

（一）物理调控技术

通过控制温度、相对湿度、气体组分和光照等贮藏环境条件，可抑制园艺产品的生理代谢活性，延缓园艺产品的衰老进程，最大限度地发挥园艺产品的贮藏势（storage potential）和延长采后寿命。物理控制技术主要包括低温贮藏，气调贮藏，减压贮藏，热处理，臭氧、超声、辐照和电磁场处理等技术，这里重点介绍低温贮藏和气调贮藏。

1. 低温贮藏　温度是影响园艺产品采后品质最主要的环境因素。适当低温能够延缓园艺产品的采后衰老进程，有利于保持品质，延长贮藏保鲜时间。低温能够钝化许多代谢过程中酶的活性，抑制呼吸代谢速率，保持细胞抗氧化系统活性，从而延缓采后生理进程。此外，低温抑制乙烯的生物合成速率，防止过快衰老；抑制蒸腾作用，减少水分散失，防止产品失水萎蔫；抑制叶绿素的降解，防止黄化（图 4-1）；抑制微生物生长繁殖，减少腐烂损耗。低温贮藏需要使用专门的冷藏设备，如冰箱、冷库、冷藏车船等，适用于大部分园艺产品的保鲜。

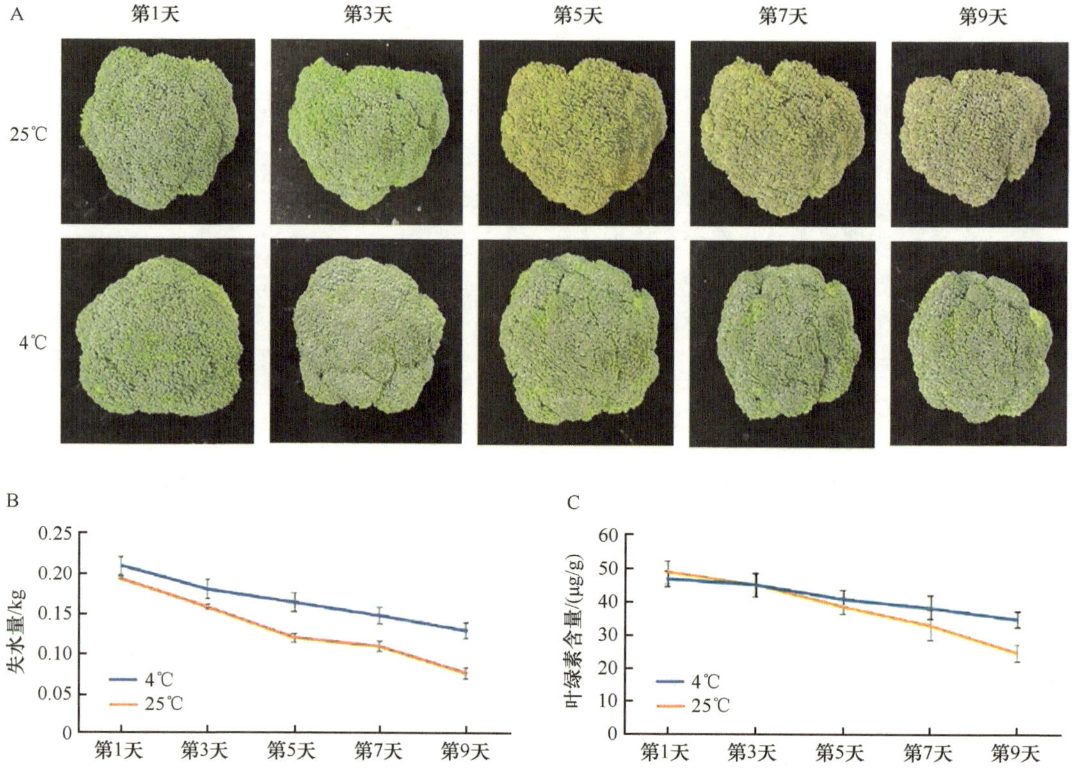

图 4-1　4℃低温贮藏延缓花椰菜采后衰老

花椰菜在室温（25℃）或冷藏（4℃）条件下贮藏 9d 外观（A）、失水量（B）和叶绿素含量（C）的变化

园艺产品采收后应尽快预冷再放入冷库贮藏。预冷的主要作用是尽快排出田间带来的热量，抑制生理代谢和病原微生物生长，减轻冷藏车船、冷库的制冷负担，尽快达到要求温度。预冷方法主要包括冷库预冷、水预冷、冰预冷、真空预冷和差压预冷（图 4-2）。冷库预冷适用于所有园艺产品的预冷。水预冷适用于在水中不易损伤的果蔬。冰预冷适用于不易冻伤的果蔬，如萝卜、西蓝花、甘蓝、欧芹和杨梅等。真空预冷适用于比表面积大的果蔬，如叶菜类果蔬。差压预冷是比冷库预冷更高效的一种预冷形式，适用于大部分园艺产品的预冷，预冷需要的时间比冷库预冷更短。

不同园艺产品的适宜贮藏温度不同，应根据园艺产品的种类、品种、发育阶段和采收成熟度等选择适宜的预冷方法和低温贮藏条件。热带、亚热带起源的园艺产品对低温敏感，在低温贮藏过程中应注意防止出现冷害，贮藏温度不应低于冷害临界温度。冷害是指 0℃以上不适宜的低温对园艺产品造成的伤害，变温贮藏可用于园艺产品低温贮藏过程中对冷害的控制。变温贮藏在一定范围内可以修复低温胁迫造成的细胞膜损伤，抑制活性氧过量产生和抗氧化失调，提高园艺产品耐冷性。

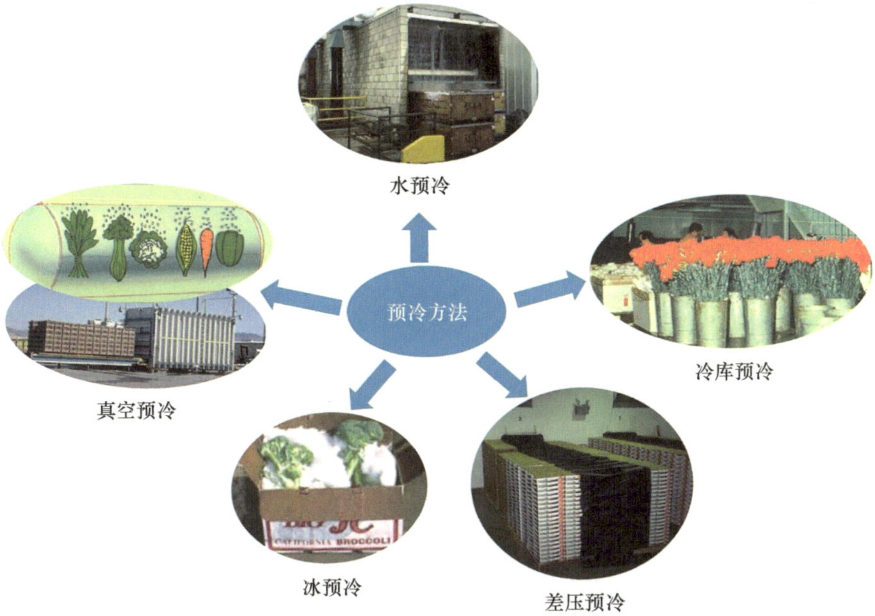

图 4-2 常见的采后预冷方式

冰温贮藏是指在0℃以下、园艺产品冰点以上的温度范围内进行贮藏保鲜的方法。冰温贮藏，也称近冰点贮藏，是一种控温更加精确的低温贮藏方式。由于是在水的冰点以下贮藏园艺产品，所以可以最大限度地限制采后生理代谢活动，保持新鲜品质。然而，不同种类、品种和不同发育阶段、成熟程度的园艺产品的冰点差异较大，在进行冰温贮藏前应测定产品冰点，设置精准的冰温贮藏温度范围，防止贮藏过程温度过低对产品造成冷冻伤害。

2. 气调贮藏 气调贮藏是一种通过控制环境中的气体成分来延长园艺产品保鲜期的技术。通过获得低氧浓度、高二氧化碳浓度的环境条件，结合温、湿度控制抑制园艺产品的生理代谢，从而延长园艺产品的贮藏寿命。气调贮藏是效果最好的园艺产品贮藏保鲜方式，尤其对呼吸跃变型果实后熟控制具有明显优势。具有保鲜期长、安全卫生等特点，是国内外广泛应用的现代化园艺产品贮藏方式。

气调贮藏有控制性气调和自发性气调两种方式，前者需要设备控制，而后者依靠自然降氧。适宜的二氧化碳（CO_2）和氧气（O_2）浓度互相配合，通过降低园艺产品呼吸强度和乙烯产生速率，从而延迟其后熟过程。低 O_2 浓度和高 CO_2 浓度对果实采后生理代谢的影响既独立又协同。在低 O_2 浓度下，呼吸链中氧化酶活性受到抑制，从而降低呼吸作用，并影响许多代谢活动（如抑制乙烯的生物合成）。低 O_2 和高 CO_2 气体环境条件抑制有机酸、脂肪酸、糖类等代谢相关酶系统的活性，从而延缓后熟衰老进程。CO_2 与 O_2 两个因素同时起作用，比任何单一因子的作用效果更显著。在较低浓度的 O_2 和较高浓度 CO_2 的组合条件下，园艺产品的呼吸强度、蒸腾速率和病原微生物被有效控制，生理代谢和衰老进程显著延缓。气调贮藏还有利于减轻菠萝、柑橘、葡萄柚、西葫芦等多种果蔬冷害的发生。一般地，3%～6% O_2 和2%～10% CO_2 是比较适宜的气调贮藏条件（表 4-1）。因受种类与品种、发育时期与成熟程度等的影响，具体的果蔬气调贮藏条件应通过大量的实验获得。不适宜的气体浓度会导致园艺产品出现无氧呼吸，尤其是过高的 CO_2 浓度会对园艺产品造成伤害。

表 4-1　一些园艺产品的冷藏与气调贮藏条件

园艺产品	贮藏温度 /℃	相对湿度 /%	氧气浓度 /%	二氧化碳浓度 /%
番茄（绿熟）	10～15	85～90	2～4	5～6
番茄（红熟）	5～7	85～90	2～7	1～3
青椒	8～13	85～90	2～8	1～3
甜椒	7～9	85～90	/	/
茄子（长茄）	11～15	90～95	2～5	0～5
茄子（圆茄）	7～10	90～95	2～5	0～5
西葫芦	7～10	90～95	/	/
黄瓜	10～13	90～95	2～5	0～5
蒜薹	0	90～95	2～3	0～5
菜豆	7～10	90～95	6～10	1～2
大白菜	0	95～100	1～6	0～5
小白菜	0	85～95	/	/
甘蓝	0	95～100	2～5	0～5
花椰菜	0	90～95	5～10	2～5
西蓝花	0	95～100	1～2	0～5
菠菜	0	95～100	/	/
芹菜	0	95～100	/	/
莴苣	0～2	95～100	1～2	2～4
马铃薯	4	85～90	/	/
胡萝卜	0～1	95～100	/	/
白萝卜	0～3	95～100	/	/
洋葱	0	65～70	3～6	8～10
生姜	10～13	90～95	/	/
韭菜	0	85～90	/	/
香菜	−0.5～0.5	90～95	/	/
紫背天葵	0～1	>95	/	/

注：“/”表示无相关数据

（1）控制性气调（controlled atmosphere storage，CA）　CA 是指利用机械设备，人工控制贮藏环境中的气体成分，将气调冷库贮藏环境中的 O_2、CO_2 等气体控制在适宜的浓度范围。CA 具有所需时间短、控制精准、贮藏量大、贮藏效果好的特点，是气调贮藏的发展主流。但是 CA 技术要求高、操作复杂、设备和运行成本较高。贮藏环境中的氧气浓度与园艺产品呼吸速率密切相关，并且为乙烯生物合成所必需。乙烯生物合成和感知与 O_2 分压呈正相关，CA 贮藏的重点在于筛选合适的气调系统的参数，O_2/CO_2 的浓度比例应根据园艺产品品种的不同而相应调整。CA 贮藏可实现快速降氧，已经广泛用于苹果、梨、猕猴桃等温带水果的长期贮藏。

（2）自发性气调（modified atmosphere storage，MA）　MA 是利用具有一定 O_2、CO_2 气体透过性的塑料保鲜薄膜、硅窗袋等密闭包装园艺产品，限制包装内外气体交换，通过园艺产品自身的呼吸作用不断消耗包装内的 O_2 和积累 CO_2，经过一段时间贮藏，在包装内形成较低浓度 O_2 和较高浓度 CO_2 的微环境，符合园艺产品气调贮藏对气体成分的要求，从而起到自发气调保鲜的作用。包装内园艺产品呼吸作用消耗的 O_2 和积累的 CO_2，与外界透过薄膜包装

材料渗透进入的 O_2 和扩散出去的 CO_2 之间最终会形成气体交换动态平衡，从而维持包装内微环境气体成分的相对稳定。自发气调包装（modified atmosphere package，MAP）受到包装材料的气体成分选择透过性、园艺产品的呼吸强度、初始气体成分、外界环境中气体成分、温度和湿度等因素的影响。此外，根据不同果蔬的生理特性，可选用 O_2、CO_2 和 N_2 的两种或多种气体组成一定比例的混合气体充入包装袋内，以快速形成稳定的气调保鲜环境，从而降低新鲜果蔬的生理活动，延长保鲜时间。

20 世纪 70 年代以来，MAP 在国际国内广泛用于园艺产品的贮藏保鲜。MAP 成本较低、方法简单，但是气体浓度变化慢，控制不够精准。近年 MAP 逐渐向功能化、智能化发展，如使用不同气体透过性的活性 MAP、加入抗菌剂的抗菌包装、具有屏障特性的可食用薄膜，以及使用非传统气体改变呼吸速率。

（二）化学调控技术

利用一定浓度外源化学物质喷施、浸泡、涂抹或熏蒸处理园艺产品，可以抑制园艺产品的生理代谢，从而延缓后熟和衰老进程。用于化学调控的物质主要包括植物生长调节剂及其抑制剂和一般化学物质。植物生长调节剂及其抑制剂通过信号识别、信号转导、转录因子途径调控园艺产品相关生理过程代谢基因的表达，产生生理效应，最终引起衰老进程和品质性状的改变。而一般化学物质由于缺少细胞识别受体往往通过直接的生化效应或化学胁迫作用影响园艺产品的生理代谢进程。采用较多的化学控制技术主要包括乙烯控制技术和其他生理活性调节剂保鲜技术。

1. 乙烯控制技术　乙烯具有促进园艺产品成熟和衰老的作用，在控制乙烯生物合成的同时，减少环境的乙烯含量是延长园艺产品货架期的关键举措。因此，应及时清除贮藏及物流环境中的乙烯。园艺产品的品种、栽培条件、成熟度、收获时间（白天或季节）和贮藏时间长短等内外因素均会影响乙烯的产生。此外，手工采摘或机器采摘过程，以及运输和包装过程中造成的机械损伤也会诱导内源乙烯的生物合成。在贮藏运输实践中，应尽量避免和减轻机械损伤，避免不同种类园艺产品混放混存，降低乙烯对园艺产品的不利影响。生产上通常采用乙烯受体抑制剂，如 1-甲基环丙烯（1-MCP）、高锰酸钾（$KMnO_4$）和臭氧等延缓园艺产品的后熟衰老。其中，沸石、二氧化钛（TiO_2）和金属催化剂等制成的乙烯清除剂和添加乙烯清除剂/抑制剂的复合包装膜/袋的研发和应用受到了广泛关注（图 4-3）。

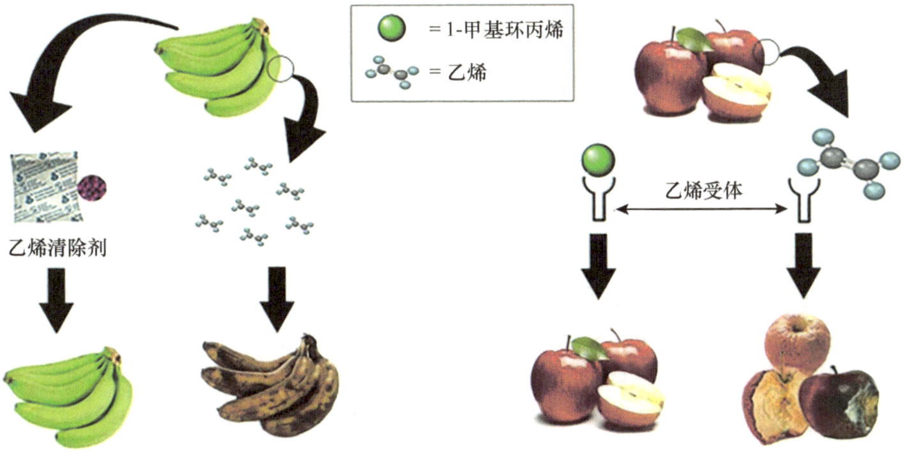

图 4-3　乙烯清除剂和乙烯受体抑制剂 1-MCP 控制果实后熟示意图

（1）乙烯受体抑制剂　1-MCP 是一种人工合成的小环烯烃类植物生长调节剂。在常温下，它是一种无色无味的气体，性质十分活泼。1-MCP 不可逆地作用于乙烯受体，从而阻断乙烯与受体蛋白的正常结合，阻断乙烯的信号转导，降低乙烯对园艺产品的不利影响。1-MCP 主要用于自身产生乙烯或乙烯敏感型果蔬、花卉的保鲜。相较于其他传统乙烯抑制剂，如硫代硫酸银和 2,5-降冰片二烯，1-MCP 具有无毒安全、使用浓度低、残留量低和保鲜效果好等优点。已成功应用于苹果、梨、李、杏、猕猴桃、柿子、香甜瓜和番茄等园艺产品的后熟控制和贮藏保鲜。1-MCP 对非跃变型果实如柑橘、葡萄、草莓等的作用效果往往不如对跃变型果实的作用效果明显。1-MCP 对番茄、西蓝花、胡萝卜、香菜、莴苣等蔬菜有非常显著的保鲜效果，可保持蔬菜的绿色或推迟转色，保持新鲜度，减缓软化速度和衰老，抑制生理性病害的发生。1-MCP 处理浓度一般为 1～10μL/L，密闭熏蒸时间一般为 12～24h，具体处理条件应依据具体果蔬种类和品种来确定。1-MCP 的处理效果与园艺产品的发育程度、处理浓度、环境温度、熏蒸处理时环境的密封条件、贮藏室空气循环等都有关系。如果处理浓度和时间不合适，会造成某些水果不能正常后熟，香味减少，影响口感。

（2）乙烯清除剂　按照清除原理可以分为物理吸附剂、氧化分解剂和触媒型脱除剂。乙烯清除剂能够通过物理吸附作用和化学反应清除乙烯（图 4-4）。利用活性炭、沸石、硅藻土、高岭土、蛭石、活性氧化铝等多孔材料负载的高锰酸钾被广泛地用作乙烯清除剂。普通金属铜粉、锌粉、铁粉，贵金属钯、铂等也能够催化乙烯的氧化清除反应，可用于制备乙烯吸收清除剂。

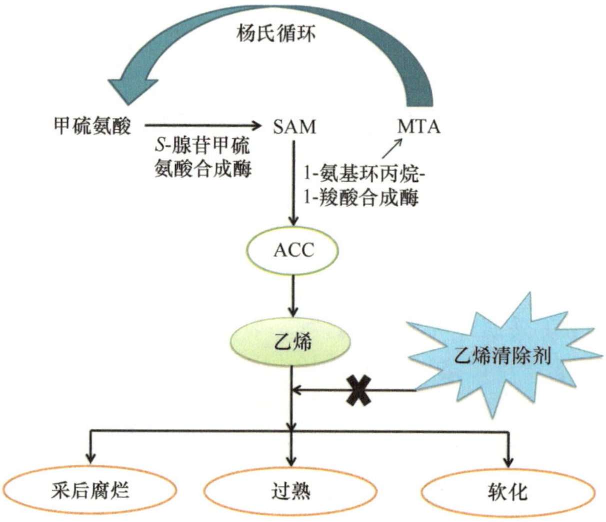

图 4-4　乙烯清除剂作用位点和作用机制

SAM. *S*-腺苷甲硫氨酸；MTA. 5′-甲硫腺苷；ACC. 1-氨基环丙烷-1-羧酸

利用酸化活性炭负载的 $PdCl_2$-$CuSO_4$ 乙烯吸收剂能够清除乙烯，以控制贮藏过程中西蓝花的花球开放、黄化和食用品质的劣变。在 TiO_2 催化下，紫外线照射可引起乙烯的氧化降解。负载 TiO_2 的聚丙烯腈纳米纤维膜包装材料在低剂量紫外线照射下就能通过光催化作用分解乙烯。用纳米 TiO_2 低密度聚乙烯复合薄膜包装能够有效地保持草莓果实的新鲜度，降低腐烂率和失重率。

（3）臭氧　臭氧是由 3 个氧原子组成的分子，因其较高的氧化电位而被称为强力消毒剂。臭氧分解形成氧气，因而不会在果实表面留下残留物。臭氧具有多种功能，包括将乙烯氧化成二氧化碳、灭活食源性和腐败微生物及降解化学残留物。臭氧能破坏微生物的细胞膜致其死亡，可通过激活多种酶参与的次级代谢，诱导合成大量抗氧化剂和生物活性化合物。例如，0.5μL/L 臭氧处理可以抑制 ACS 和 ACO 活性，*AdACS1* 和 *AdACO1* 基因表达，以及 ACC 和 MACC 积累，从而抑制猕猴桃果实乙烯合成，保持猕猴桃果实硬度，延长货架期。

2. 其他生理活性调节剂保鲜技术　生理活性调节剂在园艺产品中应用广泛，其中马来酰肼、氯苯胺灵可以有效地抑制根茎类产品，如洋葱、大蒜、萝卜在贮藏期间的生根、发芽和抽薹现象；6-苄氨基嘌呤（6-BA）、激动素（KT）抑制叶绿素降解、延缓叶菜类衰老；萘乙酸甲酯抑制马铃薯萌芽；脱落酸（ABA）抑制细胞分裂，诱导种子休眠。虽然这些生理活性调节剂保鲜效果显著，但会带来潜在的健康危害和环境污染等问题。因此，在选择保鲜剂的种类和剂量方面需要慎重。

（三）生物调控技术

生物调控技术是利用基因工程将园艺产品采前与采后相结合的调控技术，其策略是筛选调控后熟衰老关键基因，通过基因编辑、基因沉默等技术，从内部控制园艺产品后熟衰老。一些转录因子，如细胞壁降解酶，乙烯合成、调控、感知相关基因受到普遍关注。例如，抑制或沉默乙烯合成、调控、感知相关基因 *ACO* 和 *ACS*，可延缓番茄、香蕉、甜瓜、番木瓜和猕猴桃等果实成熟，降低乙烯生成，并延长货架期。控制或延缓细胞壁降解，可以降低后熟、衰老和真菌侵染造成的腐烂损耗。例如，抑制果胶裂解酶（pectin lyase，PL）表达可以显著增加草莓和番茄果实硬度和贮藏寿命。控制这些细胞壁降解酶活性和基因表达，可望生产出在采后处理、运输和贮藏过程中质地品质保持良好和软化程度较低的果实，为果实从农场到餐桌整个产业链中的品质保持提供技术支持（图 4-5）。

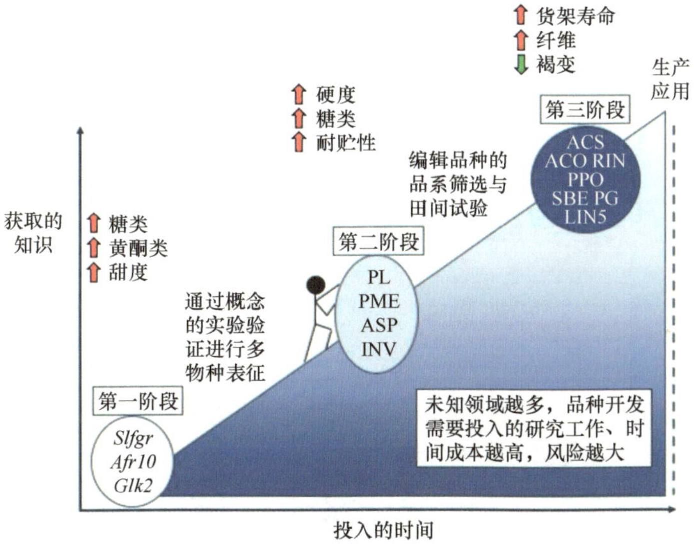

图 4-5　基因编辑作物商品化应用常见靶标基因

右上角深蓝色圆圈中的基因功能研究已经比较深入，部分基因已经获得可以商业化的表型。左下角白色椭圆中的基因只在个别物种进行了功能验证，尚需做进一步研究。第一阶段：*Slfgr*. 高甜度番茄；*Afr10*. 高糖果实；*Glk2*. 高糖、高类黄酮番茄。第二阶段：INV、ASP. 降低马铃薯冷藏加工过程中甜味增加和丙烯酰胺积累；PME 和 PL. 延缓果实软化、提高耐贮性和消费者的接受度。第三阶段：ACS、ACO 和 RIN. 延迟后熟；PG. 降低果实硬度，减少物流运输过程中的碰伤；PPO. 不褐变，改善水果切片的外观品质；LIN5. 糖积累增多；SBE. 提高马铃薯膳食纤维含量。图中基因编码的蛋白质分别为：*Slfgr*. 葡萄糖外排转运蛋白；*Glk2*. Golden2-like；*Afr10*. 未知；PL. 果胶裂解酶；PME. 果胶甲酯酶；ASP. 天冬酰胺酶；INV. 蔗糖转化酶；ACS. 1-氨基环丙基-1-羧酸合成酶；ACO. 1-氨基环丙基-1-羧酸氧化酶；RIN. 番茄成熟突变体；PPO. 多酚氧化酶；SBE. 淀粉分支酶；PG. 果胶酶；LIN5. 蔗糖转化酶

我国学者在国际上率先建立香蕉高效遗传转化体系和基因编辑（CRISPR/Cas9）体系，创制出了耐贮运的香蕉新种质。利用转录组学分析筛选出香蕉乙烯合成的关键基因 *MaACO1*。采用 CRISPR/Cas9 基因组编辑技术对 *MaACO1* 进行敲除突变，获得 *MaACO1* 突变且能稳定遗传的新种质。突变果实乙烯的合成减少，将香蕉货架寿命从野生型（对照）果实的 20d 延长至 80d，乙烯处理后突变株香蕉果实能正常成熟，主要营养品质与对照无明显差别（图 4-6）。

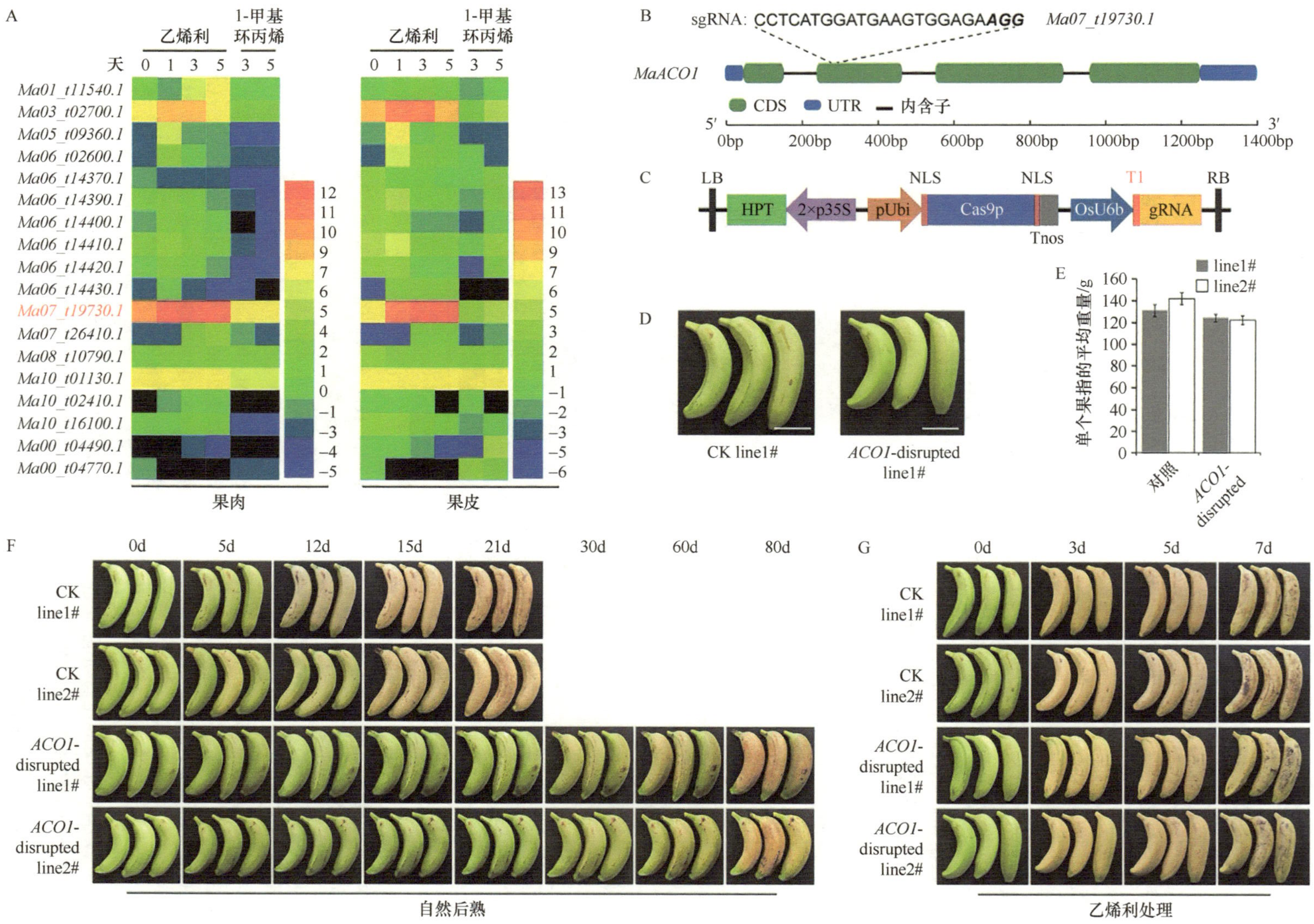
A
乙烯利
1-甲基环丙烯
天
0 1 3 5 3 5
Ma01_t11540.1
Ma03_t02700.1
Ma05_t09360.1
Ma06_t02600.1
Ma06_t14370.1
Ma06_t14390.1
Ma06_t14400.1
Ma06_t14410.1
Ma06_t14420.1
Ma06_t14430.1
Ma07_t19730.1
Ma07_t26410.1
Ma08_t10790.1
Ma10_t01130.1
Ma10_t02410.1
Ma10_t16100.1
Ma00_t04490.1
Ma00_t04770.1
12 11 10 9 7 6 5 4 2 1 0 −1 −3 −4 −5
果肉
13 11 10 9 7 6 5 3 2 1 −1 −2 −3 −5 −6
果皮
B
sgRNA: CCTCATGGATGAAGTGGAGAAGG
Ma07_t19730.1
MaACO1
CDS
UTR
内含子
5′
3′
0bp 200bp 400bp 600bp 800bp 1000bp 1200bp 1400bp
C
LB
NLS
NLS
T1
RB
HPT
2×p35S
pUbi
Cas9p
Tnos
OsU6b
gRNA
D
CK line1#
ACO1-disrupted line1#
E
line1#
line2#
单个果指的平均重量/g
160 140 120 100 80 60 40 20 0
对照
ACO1-disrupted
F
0d 5d 12d 15d 21d 30d 60d 80d
CK line1#
CK line2#
ACO1-disrupted line1#
ACO1-disrupted line2#
自然后熟
G
0d 3d 5d 7d
CK line1#
CK line2#
ACO1-disrupted line1#
ACO1-disrupted line2#
乙烯利处理

H

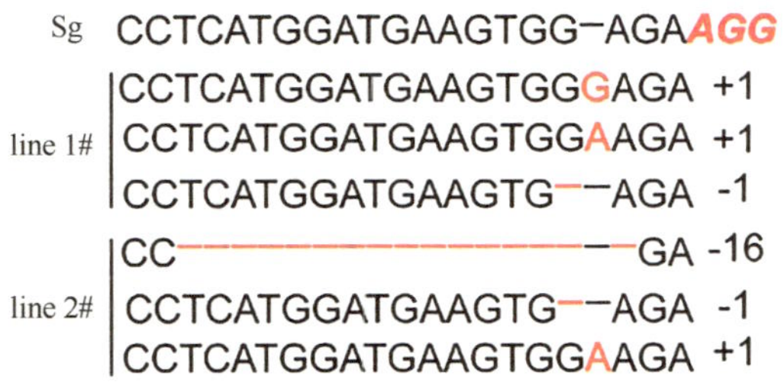

样品	读长			突变频率/%
	总数	INS	DEL	
line 1#	188642	185490	190	98.43
line 2#	168827	161	166311	98.61
line 3#	159071	156415	2584	99.95
line 4#	154685	145398	80	94.05
line 5#	147510	7523	85944	63.36
line 6#	142370	1280	74153	52.98
WT	121007	62	30	0.08

I

样品	维生素C/(mg/100g)	总可溶性固形物/%	总酸/(g/kg)	总糖/(g/100g)
CK line 1#	8.55±0.49[a]	19.30±0.93[a]	2.01±0.24[a]	13.40±0.85[a]
aco1-disrupted line 1#	10.20±0.71[b]	18.20±0.96[a]	2.16±0.32[a]	14.30±0.70[a]

J

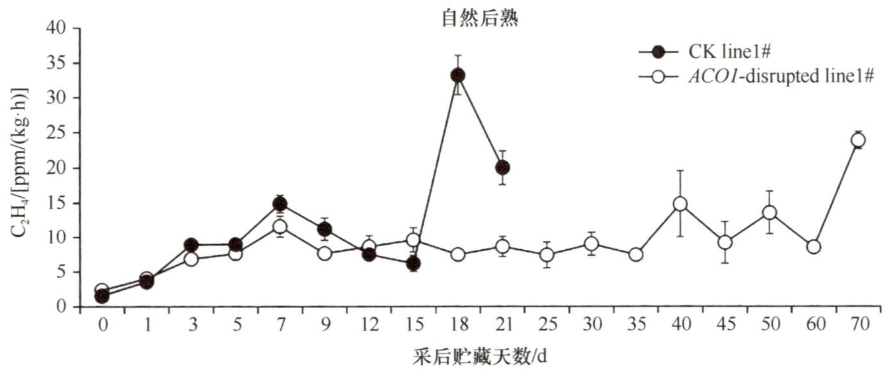

K

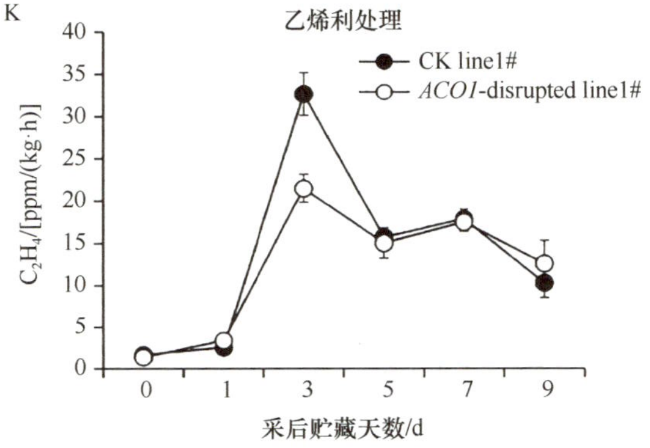

图 4-6 CRISPR/Cas9 介导的 *MaACO1* 编辑延长香蕉果实货架寿命

A. 基于香蕉果实转录组分析，用 *MaACO* 基因家族的 FPKM 值制作热图。B. *MaACO1* 基因结构和编辑靶点的示意图。C. *MaACO1* 编辑载体的示意图。D. *MaACO1* 敲除和野生型香蕉果实的对比图。比例尺 =5cm。CK line1#. 野生型香蕉株系 1；*ACO1*-disrupted line1#. *MaACO1* 敲除香蕉株系 1。E. 香蕉果串第三果梳的单个果指的平均重量。F. 两个 *MaACO1* 突变株系和野生型在自然成熟条件下的果实成熟表型。果实贮藏温度为 22℃。G. 乙烯利催熟对两个 *MaACO1* 突变株系和野生型果实成熟的影响。H. *MaACO1* 靶点三种最常见的突变类型和突变频率示意图。I. 香蕉果实维生素 C、总可溶性固形物、总糖和总酸含量。表中同一列数字右上角的不同小写字母代表突变株和野生型之间差异显著（$P<0.05$）。J. 在自然成熟条件下，*MaACO1* 突变株和野生型香蕉果实乙烯的产生速率。K. 在乙烯利催熟条件下，*MaACO1* 突变株和野生型香蕉果实乙烯产生速率

二、水分控制技术

（一）湿度控制

在园艺产品贮藏过程中，由于蒸腾作用不断失去水分，水分损耗至初始重量的5%～10%，园艺产品即发生干枯、萎蔫、品质下降，失去商品价值。过度失水除了降低果实重量，还影响质地和风味，加速果实衰老褐变，耐冷性下降和膜脂降解。园艺产品水分散失速率受到自身生物学特性如比表面积、果皮组织结构（如气孔和皮孔数目、孔径大小）、角质蜡质的厚度、化学组分和代谢水平等影响。总体而言，在相同和相似的贮藏条件下，跃变型果实（如香蕉和番茄）的失水率通常高于非跃变型果实（如石榴和葡萄）。

园艺产品水分散失速率还受贮藏环境温度、空气湿度、空气流动状况和气压状况的影响，其中空气相对湿度（RH）是影响园艺产品水分散失速率最主要因素。低RH会引起园艺产品失水和失鲜，出现表皮皱缩、萎蔫；高RH有利于保持园艺产品水分和新鲜程度。为了最大限度地减少蒸腾作用造成的水分散失，贮藏环境的含水量应尽可能接近园艺产品自身的含水量。在冷藏和货架期间，通过控制相对湿度，可显著降低采后水分损耗。大多数园艺产品的含水量为85%～95%，推荐贮藏环境为90%～95% RH。在5℃条件下，RH由95%降到75%，园艺产品的失水率将从1.4%增加到6.1%。然而，在100% RH条件下，水蒸气在果皮微裂隙和水果表面凝结，造成“结露”现象，导致微生物繁殖和腐烂增加。因此，需要精准控制环境湿度。生产上通常采用适当的包装、打蜡/涂膜、增加空气湿度等方式以降低果实水分散失速率。例如，果蜡已经广泛用于苹果、芒果、李子等的贮藏保鲜。近年来，超声波加湿系统和纳米喷雾系统技术的研发和应用受到普遍关注，这些新技术的应用可以明显降低果实失水率，延长果实货架寿命。

（二）包装控制

适宜的包装不仅有助于减少水分蒸腾损耗，防止病害传播，还有利于贮藏操作和管理。除前述的自发气调包装（MAP）外，纳米材料制成的保鲜袋透氧性能优异，能够在贮藏期内自发地调节包装袋内的气体环境，形成低氧、高二氧化碳的微环境。这种环境对于抑制园艺产品的呼吸代谢、延缓衰老具有显著效果；同时其良好的透湿性能显著降低鲜切果蔬的水分蒸腾，减少失水率，从而保持果蔬的鲜活状态。利用集成传感器技术，可以实时反映园艺产品的成熟度、呼吸速率和腐烂损耗，成为智能化包装。近年来，功能化和智能化包装材料的研发和应用越来越受到重视，部分产品已用于鲜切果蔬和即食果蔬的保鲜包装。

（三）涂膜保鲜

可食性涂膜是一种常见的园艺产品保鲜技术，它是利用可以被人类食用的天然可食性大分子物质，如蛋白质、多糖和脂肪等作为主要原料，添加增塑剂、交联剂等助剂制备成的一种薄膜。可以喷涂于果蔬的表面或在涂膜液中浸渍果蔬，以延长果蔬的保鲜期。涂膜层具有一定的气体阻隔性，可控制新鲜果蔬与其周围环境之间的气体交换，抑制果蔬的呼吸作用，阻止果蔬水分的蒸发，保持果蔬质地、风味和外观，减轻生理紊乱的发生，从而延缓果蔬衰老和提高贮藏性。常见涂膜材料包括壳聚糖、魔芋多糖、淀粉、纤维素衍生物、海藻酸钠、虫胶、棕榈蜡、蔗糖酯等。涂膜的厚度直接影响涂膜层的生物稳定性和保鲜功能。涂膜过厚可能导致果实

内部 O_2 浓度过低，出现无氧呼吸和过多积累 CO_2。涂膜材料作为载体可制备缓释抑菌剂、抗氧化剂或乙烯吸收剂等复合保鲜剂。例如，利用壳聚糖复合植物精油及纳米银颗粒组装的复合膜包装能够有效地抑制贮藏过程中草莓的腐烂。

三、催熟技术

后熟是跃变型果实特有的现象，是品质形成的重要阶段。有些跃变型果实需要经过后熟才能达到最佳可食品质。为了便于保存和运输，香蕉等果实一般在绿熟期采收，完成后熟后再上市销售。果实自然后熟需要的时间较长，且成熟度不够均一，需要对其进行催熟处理，促使果实快速成熟，达到最佳可食期。乙烯是苹果、香蕉、桃、鳄梨和番茄等呼吸跃变型果实正常后熟的关键因素。通过调控乙烯的生成，可以有效地控制这些果实的后熟速度。在果实成熟跃变前施用乙烯受体抑制剂如 1-MCP，能够阻断或降低乙烯的生物合成，有效地延缓果实的后熟。相反，在跃变前施用外源乙烯，能够刺激果实内部的乙烯生成机制，使得乙烯的产量迅速增加，进一步诱导乙烯合成通路中 ACS 和 ACO 的表达和酶活迅速升高，将 ACC 转化生成乙烯，从而加速后熟进程。常用的催熟技术主要包括乙烯（利）处理、冷库催熟和热处理。

（一）乙烯（利）处理

在园艺产品的贮藏和流通过程中，可以通过外源乙烯处理促进内源乙烯的生物合成和加快园艺产品的后熟。关于乙烯的使用方法，主要有乙烯气体催熟、乙烯利液体催熟和乙烯利缓释材料催熟三种方式。乙烯气体催熟虽然效果直接，但成本较高，不利于大规模使用。乙烯利作为一种人工合成的有机磷植物生长调节剂，在特定的 pH 条件下能够分解释放乙烯。由于植物细胞的 pH 通常大于 4.1，乙烯利水溶液进入植物组织细胞后，能够自然分解释放出乙烯，从而发挥催熟作用。乙烯利液体催熟虽然成本较低，但存在化学残留量高、催熟不均匀等问题。而乙烯利缓释包装材料则是通过缓慢释放乙烯达到催熟效果，乙烯利残留量相对较少。乙烯不仅可以推动跃变型果实的后熟，还可用于柑橘脱绿和柿子脱涩。乙烯处理使柑橘果皮由绿色变为黄色/橙色，但是高剂量乙烯会对柑橘造成伤害，加速衰老和品质劣变，影响柑橘果实外观品质。

（二）冷库催熟

园艺产品采后在冷库中贮藏一定时间可以自然完成后熟过程（图 4-7）。例如，欧洲梨在 0～10℃贮藏 15～90d、鳄梨在 5～10℃贮藏 14d 可以完成后熟。为提高生产效率，节约时间和人力成本，也可以采用催熟库催熟。催熟库是一种专门用于催化园艺产品成熟的冷库，在冷藏保鲜的基础上，通过控制贮藏环境中温度、相对湿度、二氧化碳、乙烯浓度，同时通过强制压差改善冷库内气流方向，可以精准控制园艺产品催熟时间或加速园艺产品后熟，并且催熟后的园艺产品外观、品质和成熟度相对均一，已经广泛用于香蕉等果实的催熟。

（三）热处理

热处理是果实采后的一种有效处理方式，通过短时间的高温处理来提高园艺产品的品质并延长其保鲜期。这种处理方式依据加热介质的不同，可以细分为热水处理、热蒸汽处理和热空气处理，不同的加热介质具有各自的特点和适用范围，可以根据园艺产品的种类和处理需求选择合适的方法。

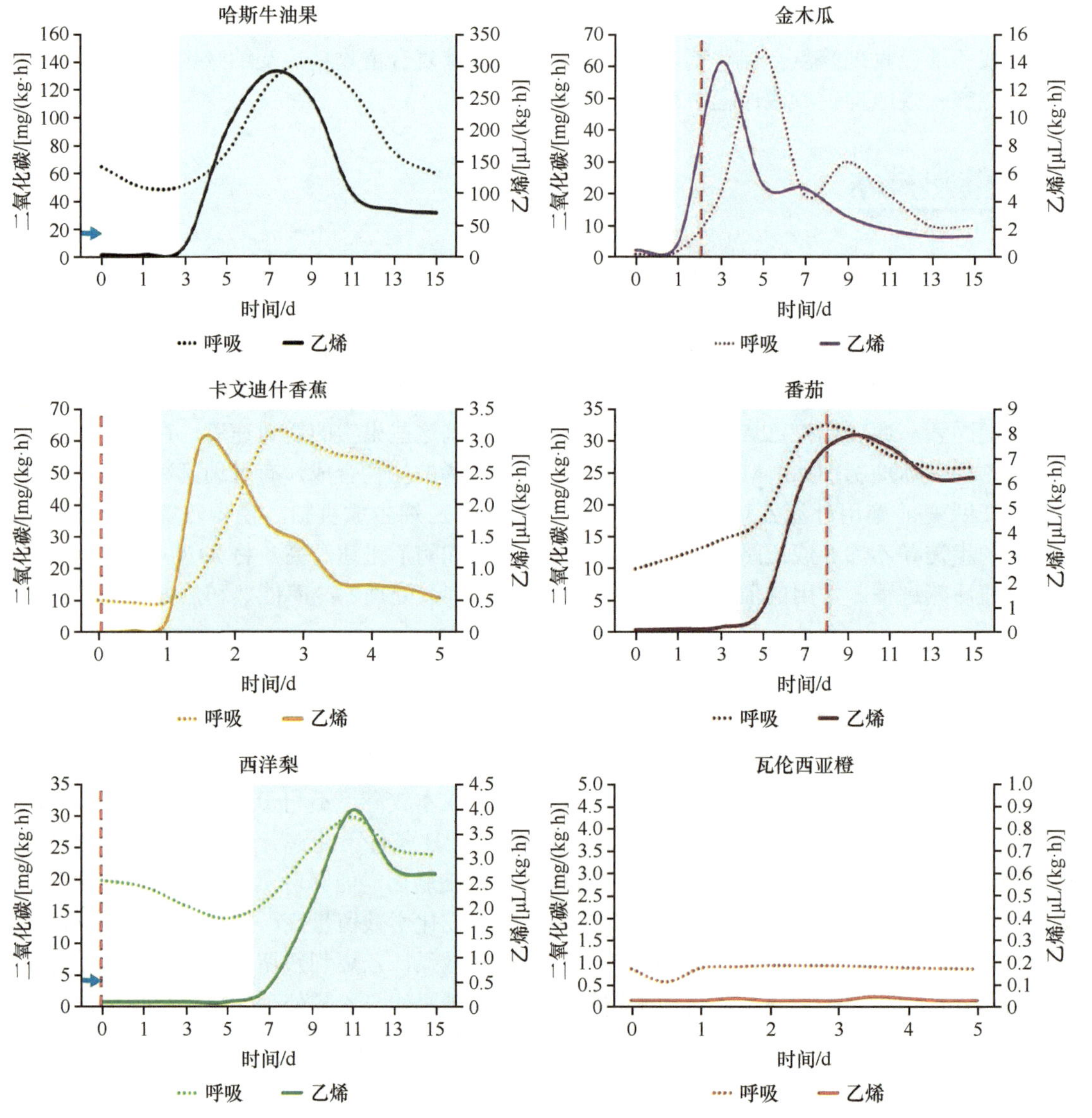

图 4-7　冷库催熟果实的后熟特性

部分园艺产品冷藏一定时间可以自然完成后熟，如图中箭头所示，西洋梨在 0～10℃贮藏 15～90d，牛油果在 5～10℃贮藏 14d，可以完全成熟。虚线和实线分别代表果实的呼吸速率和乙烯产生速率。西洋梨、番木瓜、香蕉和番茄中，交替氧化酶 *AOX* 基因表达水平和酶活与果实的呼吸跃变密切相关；垂直虚线表示 *AOX* 基因表达峰值。白色和灰色背景代表果实乙烯合成从跃变前期（S1 型）转变为跃变期（S2 型）

生产实践中常用 37～55℃的热水或热空气处理 0.5～10min。热处理方式对园艺产品具有多重益处。第一，高温可以钝化乙烯受体，使得园艺产品无法响应内源乙烯信号。第二，热处理可以抑制多种细胞壁降解酶和氧化酶的活性。抑制细胞壁降解酶（如果胶酶）活性可以降低软化速度，保持其硬度和脆度；降低氧化酶（如过氧化物酶）活性可以减少园艺产品贮藏期间的氧化损伤，保持其良好的色泽和风味。第三，热处理通过杀灭园艺产品表面的微生物，有效降低其在贮藏期间的感病性。第四，热处理通过激活或抑制/降低酶活性，影响园艺产品中营养物质的含量。芒果是热带地区第三大水果，富含维生素 C、维生素 E、β-胡萝卜素、叶黄素、槲皮素、芒果苷、Ω-3 和 Ω-6 等多不饱和脂肪酸。48℃热水处理 60min 通常是芒果进口国家的强制性检疫措施，该措施不影响芒果的外观，处理后的芒果风味更好，TSS 含量略有增加，糖酸比和维生素 C 含量更高。热处理在产业应用时，需严格控制处理时间和处理温度，处理时间过长或温度过高会破坏细胞结构，造成营养成分损耗，反而不利于园艺产品的保鲜。表 4-2 列举了热处理在部分果蔬品质保持中的应用。

表 4-2 热处理在部分果蔬品质保持中的应用

果蔬	处理方式	生理生化变化
苹果	热空气，45℃，3h	提高总酚含量和抗氧化能力
苹果切片	热水，55℃，30s；或 65℃，30s + 抗坏血酸/柠檬酸	提高可溶性固形物、可滴定酸和维生素 C 含量
香蕉	热水，53℃，9min；或 55℃，7min	提高可溶性固形物、总糖、总酸和 β-胡萝卜素含量
芒果	热水，48℃，60min；	保持外观和营养品质
	热水，46℃，70～110min	降低总可溶性酚、没食子酸和五倍子单宁含量
猕猴桃切片	热水，45℃，25min 或 75min	提高总酚含量
番木瓜	热水，48℃，20min + 1% 氯化钙	提高维生素 C、总酚和抗氧化物含量
番石榴	热空气 47.5℃，25min	提高糖酸比、维生素 C 含量、总酚含量和食用品质
哈密瓜	热水，55℃，3min + 壳聚糖	提高总酚含量和抗氧化能力
番茄	热水，52℃，5min + 乙烯，30℃，24～72h	提高抗氧化物质含量

展 望

园艺产品后熟衰老是高度复杂、不可逆的代谢活动，涉及一系列基因的表达和调控。随着分子生物学技术的发展应用，许多控制园艺产品后熟衰老相关的基因被鉴定和验证，为园艺产品采后品质调控技术研发提供了新途径。因此，未来重点关注的内容包括：①如何有效整合采前采后，物理、化学和生物等多种调控技术，全面提升果实采后品质？②如何利用物联网、大数据和人工智能等技术，实现果实后熟和品质实时检测和精准调控？③动态贮、运、销条件下，园艺产品营养物质和生物活性成分与温度、湿度等环境因素的耦合机制是怎样的？④如何开发绿色、无污染、低能耗、高效率、智能化的保鲜技术和保鲜材料，以实现果实后熟和采后品质的绿色调控和可持续发展？近年来，园艺产品品质控制技术正在由单一技术向复合技术发展，智能、精准、绿色安全保鲜技术的研发及各种保鲜技术和装备的集成应用越来越受到重视。

第二节 质量安全的防控技术

【学习目标】

1. 了解园艺产品采后病害的控制技术。
2. 了解果蔬中真菌毒素的消减和脱除技术。

【主题词】热处理；紫外线照射；电离辐射；化学方法；生物防控；消解；脱除

果蔬采后腐烂主要由病原真菌及细菌侵染所引起。部分病原菌在生长发育期间会在果蔬体内代谢产生真菌毒素。这些毒素不仅会在果蔬腐烂部位积累，还会扩散至病部周围健康组织，以及用这些果蔬生产的相关产品如果汁、果酱和酒类等中，存在潜在的食品安全隐患。控制果蔬采后病害的常用方法主要有物理、化学及生物方法。不同果蔬适用的方法有所不同，因此，需了解各种方法的控制原理及其在果蔬采后病害控制中的应用。同时，研究真菌毒素的控制方法及其消除和脱除机制，以控制果蔬中真菌毒素的污染。

一、病害防控技术

果蔬采后病害的防控方法主要包括物理方法、化学方法及生物方法。物理方法主要有热处理、紫外线照射、电离辐射、磁场杀菌等。化学方法主要包括使用化学杀菌剂、化学药物或一些天然化学成分杀灭病原菌，进而达到降低果蔬采后病害的发生率。生物方法主要是利用拮抗微生物，通过抑制病原菌的生长，提高寄主的抗病性，进而实现对果蔬采后病害的控制。

（一）物理方法

1. 热处理　热处理是指在适宜温度和时间下处理果蔬，以杀死病原菌或抑制其生长，改变水果对外界胁迫的反应，从而控制病害、保持采后果蔬质量的一种物理方法。20 世纪 20 年代，热处理第一次在果蔬上使用以防治采后病害。用于采后果蔬热处理的方法包括热水浸泡、热水冲刷、热蒸汽、热空气、干热空气、强制热空气、红外辐射、微波辐射等。在实际商业生产中，最常用的热处理方法是热水浸泡处理和热蒸汽处理。

热水浸泡处理是将热水（45～55℃）的热量传递至果蔬表皮进而到达中心组织。与热蒸汽和强制热空气处理相比，热水浸泡处理效率高、时间短（3～90min）、成本较低、易于监测和控制，能部分清除果蔬表面的病原菌及其分泌物，抑制果蔬中心组织的病原菌生长，便于商业化应用。

热蒸汽处理是一种高湿度的热处理方法。在处理期间，饱和水蒸气（43～47.5℃）在果蔬表皮凝结放热，热量向果皮及体内传递，进而杀灭病原菌，但这种热处理方式对操作和监测的设备及程序要求较高，设备成本几乎达到热水浸泡处理的 3 倍以上，整个处理过程的耗时也较长，常用于果蔬的检疫除害。

（1）热处理控制原理

1）直接杀灭病原菌或抑制病原菌的生长。热处理会影响植物病原菌的原生质流动和细胞膜渗透性，抑制病原菌孢子萌发和菌丝生长，减少果蔬腐烂。热处理会损伤真菌孢子的外观和结构，导致菌丝皱缩、细胞壁增厚、细胞质大量空泡化，增加核酸和蛋白质的渗漏。

2）热处理引起果蔬表皮的物理变化，阻挡病原菌侵入。除能清除部分灰尘和病原菌外，热处理还能影响果蔬表皮天然的蜡质结构，使蜡质融化，延展性提高，从而堵塞表皮孔隙，形成物理屏障阻挡病原菌侵入。经热处理后的木瓜和香瓜，蜡质部分或完全堵塞了果实表皮的缝隙和裂纹，以抵御病原菌的入侵，降低病害发生率。

3）热处理诱导寄主分泌具有抑菌作用的物质从而提高抗性能力。热处理可诱导水果分泌与自身抗病性有关的酶、抗生素、木质素、脂肪酸和黄酮类化合物等。热处理能激活苯丙烷代谢途径中的关键酶苯丙氨酸解氨酶及过氧化物酶，诱导植物产生抗毒素生物合成和积累等防御反应。热水浸泡处理还能提高猕猴桃体内抗氧化酶活性及总酚类化合物水平，促进桃果实体内总酚、黄酮和木质素的积累。而热空气处理改变了柑橘的代谢反应，影响糖、有机酸、氨基酸、多元醇、苯丙素和磷脂的水平，提高果实合成橙皮苷的能力。

（2）热处理在果蔬采后病害控制中的应用　对采后果蔬进行热处理既能起到预防病害的效果，也能起到缓解病害的作用，已广泛应用于多种果蔬中（表 4-3）。热处理的效果与果实结构、处理方法条件、病原菌和果实的采收运输等因素密切相关。

表 4-3　热处理在果蔬采后病害控制中的应用

果蔬	病害（病原菌）	热处理方法及条件	控制效果
苹果	青霉病（扩展青霉）	热水浸泡（45℃，10min）	发病率降低 30%～100%
草莓	青霉病（扩展青霉）	热空气（44℃，114min）	发病率和病斑直径分别降低 11.0% 和 32.9%
猕猴桃	灰霉病（灰葡萄孢）、青霉病（扩展青霉）	热水浸泡（45℃，10min）	发病率和病斑直径显著降低
柑橘	绿霉病（指状青霉）、青霉病（意大利青霉）	热水浸泡（53 ℃，3min）	腐烂率显著降低
桃	褐腐病（实生链核盘菌）	热水浸泡（50 ℃，1min）	发病率降低 46%
芒果	炭疽病（盘长孢状刺盘孢）	热水冲刷（55℃，15～20s）	病害程度降低
木瓜	炭疽病（盘长孢状刺盘孢）	热水浸泡（54 ℃，4min）	表皮炭疽菌孢子数量减少 58.3%
香蕉	香蕉冠腐病（香蕉炭疽病菌、轮枝镰刀菌）	热水浸泡（50℃，20min）	7d 后腐烂程度减轻 50%，14d 后减轻 33%
红薯	软腐病（匍枝根霉）	热水浸泡（55℃，10min）	病斑直径减少 78.68mm

2. 紫外线照射　紫外线是电磁波谱中波长为 10～400nm 辐射的总称。按波长划分，可分为长波紫外线（315～400nm，UVA）、中波紫外线（280～315nm，UVB）、短波紫外线（200～280nm，UVC）和真空紫外线（100～200nm，VUV）。20 世纪 90 年代，UVC 处理能够降低果蔬贮藏期间的腐烂率，UVC 被认为是化学杀菌剂的替代品，开始应用于采后园艺产品以控制病害。

（1）紫外线照射控制果蔬采后病害原理

1）直接杀灭病原菌或抑制病原菌的生长。UVC（尤其是波长 254nm）能穿透微生物细胞膜和细胞核，破坏微生物 DNA 的分子键，导致 DNA 翻译和复制受阻或遗传物质活性丧失，微生物最终失去繁殖能力或直接死亡。

2）诱导果蔬产生抗性相关物质，延缓果蔬的成熟与衰老，提高果蔬抗性。紫外线照射对果蔬成熟衰老的延缓主要表现为抑制呼吸速率和乙烯释放。UVC 处理能明显降低 21℃贮藏条件下番茄的乙烯产量，延缓成熟。UVC 还能减轻草莓、龙眼、西蓝花和木薯等果蔬在贮藏过程中的失重和变软现象，减缓衰老。紫外线能诱导提高果蔬体内抗性相关物质含量和植物抗毒素合成，增强果实的抗病性。另外，采用 UVC 处理苹果能增强果实体内抗性酶活，诱导其酚类物质的积累，还能诱导葡萄产生白藜芦醇，使其体内的白藜芦醇含量在贮藏 14d 后升高近 10 倍。

（2）紫外线照射在果蔬采后病害控制中的应用　紫外线照射处理的效果受果蔬、病原菌、照射剂量和时间、照射后的贮藏温度等多方面因素的影响（表 4-4）。目前已有国家研制出适用于果蔬采后处理与加工的 UVC 处理设备并在生产中应用。在我国，该项技术虽然还没有在商业中应用，但其发展前景很好，被认为是最具有潜力和商用价值的方法。

表 4-4　紫外线照射在果蔬采后病害控制中的应用

果蔬	病害（病原菌）	紫外线照射剂量 / （kJ/m^2）	控制效果
草莓	绿霉病（指状青霉）	0.76	接种 6d 后发病率降低 20%
番茄	绿霉病（指状青霉）	8.00	降低病斑直径
苹果	灰霉病（灰葡萄孢）	3.50	接种 2d 后发病率降低 20%
苹果	青霉病（扩展青霉）	1.20	减少病原菌数量 1.8lg CFU/g
樱桃	青霉病（扩展青霉）	2.10	减少病原菌数量 2.4lg CFU/g
草莓	青霉病（扩展青霉）	2.10	减少病原菌数量 2.5lg CFU/g
树莓	青霉病（扩展青霉）	1.20	减少病原菌数量 1.5lg CFU/g

续表

果蔬	病害（病原菌）	紫外线照射剂量 / (kJ/m^2)	控制效果
梨	青霉病（扩展青霉）	3.10	减少病原菌数量
甜瓜	黑斑病（互隔交链格孢）	4.00（结合拮抗酵母使用）	降低病斑直径和腐烂率

3. 电离辐射　辐射是以电磁波或粒子的形式在空间中传播的任何能量，可分为电离辐射和非电离辐射。电离辐射杀菌效果显著，辐射剂量可调节，可有效保持食品特性及感官品质。但其在高剂量使用下，对人体存在危害，同时设备成本高昂，人员操作需要被严格管控。

（1）电离辐射控制原理　在直接效应中，碳水化合物、DNA 和脂质等细胞成分会被电离辐射直接破坏。电离辐射的间接效应是指水与电离辐射发生反应分解产生的自由基和活性物质（如水电子、氢原子或羟基自由基）通过其扩散作用产生的生物学效应。电离辐射可灭活食品中的病原菌，使病原菌细胞的遗传物质突变，造成细胞死亡。果蔬常用的电离辐射技术是γ辐射源技术，一般分为高档（10 000～50 000Gy）、中档（1000～10 000Gy）和低档（1000Gy）。其中，中档的能量足以抑制细菌生长，高档则能彻底杀灭细菌。电离辐射还能通过间接作用诱导果蔬产生抗性相关物质，延缓果蔬的成熟衰老，提高果蔬抗性。例如，γ辐射能刺激水果体内生物活性化合物的合成，如精胺、邻苯三酚、有机酸、儿茶酚、水溶性维生素等化合物。

（2）电离辐射在果蔬采后病害控制中的应用　电离辐射能显著降低贮藏期间果实的腐烂率和病害程度。已有 60 多个国家批准了食品辐照技术，国内的辐照食品大多是大蒜、香料、水果和蔬菜。其中，果蔬对电离辐射较为敏感，在经过高剂量照射后可能会发生品质劣变与感官变化，因此，在实际生产中使用的能量较低。食物中所允许的最大照射剂量为 10kGy，而采后果蔬通常的耐受剂量低于 1kGy。研究报道，γ辐射剂量为 1kGy 时能完全抑制柑橘指状青霉的生长及芽管伸长和孢子萌发，但会导致产品质量下降；γ辐射被建议作为处理柚子的有效检疫方法；美国农业部建议使用 0.4kGy 辐照能量作为石榴的检疫水平。

4. 其他物理方法

（1）磁场杀菌　磁场（magnetic field，MF）由导体中的直流或交流电流或永磁体产生，是一种看不见、摸不着但客观存在的物理场，包括静磁场（static magnetic field，SMF）、振荡磁场（oscillating magnetic field，OMF）和脉冲磁场（pulsed magnetic field，PMF）。与其他的杀菌方法相比，磁场杀菌具有灭菌能力强、范围广、能耗低、时间短、易于控制、穿透力强、杀菌效果好等优点。磁场处理对微生物的致死作用依赖于细胞膜、细胞器、生物大分子和自由基等理化性质的改变。MF 能抑制多种细菌的生长，包括对大肠杆菌的细胞膜造成损害。高强度 PMF 会破坏微生物细胞膜和细胞器，其作用效果与磁场强度有关。磁场杀菌在使用时的温度一般不超过 5℃；而在此温度下既不会破坏果实组织结构，又可以增加果实中的营养成分。在樱桃番茄中，番茄红素和总可溶性固形物的平均含量随 MF 处理强度增加而增加。

（2）低温等离子体　等离子体（plasma）是一种电离气体形式，具有能耗低、效率高、无任何残留污染等优点。低温等离子体技术主要应用于真菌毒素的净化、对微生物的灭活和对产品质量的影响等方面。

低温等离子体是 20 世纪 90 年代发明的一项新型低温灭菌技术，具有能耗低、效率高、无任何残留污染等优点。低温等离子体灭活的微生物范围包括革兰氏阳性菌和革兰氏阴性菌、生物膜形成细菌、细菌孢子、酵母和真菌，其作用机制是引起微生物细胞壁损伤（细胞内成分的泄漏）、细胞蛋白质破坏、菌丝体或孢子变形、细胞凋亡及 DNA 的断裂和释放。在采后果蔬病害防控方面，低温等离子体能够抑制柑橘上意大利青霉、玉米粒上曲霉、蓝莓和草莓上好氧菌等的生长，并且对产品质量没有显著的影响。

（二）化学方法

化学方法主要是利用化学物质对病原菌的抑制作用达到保鲜效果。该方法的作用原理较为简单，使用的成本和效果与化学物质的特性紧密相关。根据杀菌剂的来源，将其归类为化学杀菌剂、化学药物、天然化学成分及臭氧 4 类。化学杀菌剂的保鲜效果较好，成本较低，但是有些可能存在低毒的缺点，因此，可将化学药物处理和其他方法相结合，达到保鲜和降低毒性的双重效果。常用的化学方法主要有以下几类。

1. 化学杀菌剂　　化学杀菌剂是最早被研制和广泛应用的一类杀菌剂。化学杀菌剂种类繁多，按照药物结构可分为有机磷、有机硫、无机杀菌剂等，按照作用方式分为内吸性杀菌剂和保护性杀菌剂，即杀灭已侵入的病原菌和作用于果蔬表面的微生物。化学杀菌剂的作用机制不同，作用效果也不同。了解杀菌剂的作用方式和作用效果是有效控制果蔬采后病害的基础。

（1）传统化学杀菌剂　　内吸性杀菌剂主要有苯并咪唑类杀菌剂（苯菌灵、多菌灵和双胍盐等）和甾醇合成抑制剂（戴唑霉和咪鲜胺）等。保护性杀菌剂主要有仲丁胺等。苯并咪唑类杀菌剂对芒果、香蕉、苹果、梨等的病害控制效果较好。该类化学杀菌剂与纺锤丝的微管蛋白相结合，阻碍有丝分裂进程，从而抑制病原菌的生长和繁殖。甾醇合成抑制剂的作用方式是破坏微生物细胞膜的结构，增加细胞的泄漏，从而达到控制病原菌的目的。该类化学杀菌剂已经被批准用于多种水果的保鲜，如柑橘、芒果等。与壳聚糖、乳酸链球菌素等其他化学药物复合使用，一方面可减少化学杀菌剂的使用量，另一方面可提高保鲜效果。与内吸性杀菌剂相比，保护性杀菌剂的作用位点较单一，只能在果蔬表面发挥作用，这限制了该类化学杀菌剂的应用。

（2）新型化学杀菌剂　　传统化学杀菌剂已被广泛应用在果蔬保鲜中，但是容易导致在果蔬和环境中残留量高、危害人体和动物体的健康、引起病原菌产生抗药性等问题。咯菌腈（fludioxonil，FLU）、嘧霉胺（pyrimethanil，PYR）和嘧菌酯（azoxystrobin，AZX）是被美国环保局认定为“低风险”的杀菌剂，已被批准应用于柑橘采后保鲜。这些杀菌剂对其他果蔬的病害也有控制效果。

FLU 属于吡咯杀菌剂中的一种，其杀菌机制较为清晰，主要是调节有关渗透的信号转导途径、抑制与葡萄糖磷酸化相关的酶活性。FLU 属于保护性杀菌剂，是天然产物硝吡咯菌素的结构类似物，化学性质较为稳定。FLU 被证明对柑橘的绿霉病、马铃薯枯萎病和干腐病、火龙果褐腐病、草莓灰霉病都有抑制效果。PYR 属于嘧啶胺类杀菌剂，浸泡处理能控制柑橘的绿霉病、对互隔交链格孢（*Alternaria alternata*）的抑制效果与咪鲜胺相当，以 0.75mg/ 伤口的 PYR 处理樱桃、番茄时，能有效控制黑曲霉（*Aspergillus niger*）的生长。不论是雾化还是浸泡处理，PYR 对苹果牛眼果腐病的控制效果相当。直接使用传统杀菌剂可能造成果实上较多的残留量。近年来，与其他方式复合使用或者将化学杀菌剂与其他材料进行复配是提高保鲜效果和安全性的主要措施。AZX 属于内吸性杀菌剂，有研究表明，AZX 对苹果梨的黑斑病、甜瓜的粉霉病和白霉病、桃的褐腐病都有较好的控制效果。商用化学药物 Custodia®（包含 12% 的 AZX 和 20% 的戊唑醇）可有效抑制由腐皮镰刀菌（*Fusarium solani*）和拟茎点霉（*Phomopsis* sp.）引起的榴莲果腐病。AZX 与热处理结合使用可有效降低芒果的茎端腐烂发病率，延长保质期。

2. 化学药物

（1）氯　多种化学药物都能通过氯的抑制病原菌作用达到保鲜的效果。次氯酸钠和二氧化氯是两种代表性的化学药物。次氯酸钠雾化处理草莓果实，能有效抑制果实的腐烂和果实表面微生物的数量。由于氯自身不稳定，而二氧化氯较为稳定和作用的酸碱范围更广，因此，二氧化氯成为应用的主要方式。二氧化氯属于强氧化剂，因其能产生次氯酸分子和原子态氧，在使用过程中不产生有害物质，使用后无有害物质残留，不影响果蔬外观品质，因此被列为果蔬和鱼类加工的食品添加剂，并作为食品加工助剂，被世界卫生组织列为A1级保鲜剂。二氧化氯能直接透过细胞膜，影响磷酸戊糖途径，破坏遗传信息的结构，促进病原菌活性氧产生、脂质过氧化、程序性死亡等，从而进行杀菌。二氧化氯可对果蔬也产生影响，如阻碍乙烯的产生和破坏已经产生的乙烯，延缓成熟过程，还能通过抑制酶活性来减轻酶促褐变的进程。

（2）食品添加剂类　食品添加剂是食品中必不可少的成分，发挥着抗菌、抗氧化、调节风味等多种功能。食品添加剂具有良好的采后果蔬保鲜效果。碳酸钠和碳酸氢钠属于盐类添加剂，其对多种果蔬都具有保鲜作用。例如，应用1.0%的碳酸氢钠和0.8%的碳酸钠都能有效控制南国梨轮纹病的发病率和病斑直径，且对离体条件下病原菌的抑制效果更好。与其他结合使用是提高碳酸钠和碳酸氢钠保鲜效果的主要方式，如与拮抗菌联合使用或结合臭氧处理等。

山梨酸钾和苯甲酸钠被认为是公认安全（generally recognized as safe，GRAS）的盐类，因控制效果相近或优于传统杀菌剂而被广泛应用。山梨酸是绿色高效的防腐剂，而山梨酸钾具有良好的水溶性和广谱的抑菌性，通过抑制脱氢酶活性和破坏细胞膜结构来抑菌，是一种传统的食品添加剂。采用与其他方式结合使用或与其他物质复配使用不仅能减少盐类的使用，而且能提高保鲜效果。例如，苯甲酸钠与丙基甲基纤维素和蜂蜡复合涂层后，降低了樱桃番茄黑斑病的发生。苯甲酸钠与低剂量的化学杀菌剂抑霉唑联合使用明显降低了柑橘青霉病和绿霉病的发生。山梨酸钾与热水结合处理有效降低了猕猴桃灰霉病的发生。山梨酸钾与水性有机硅复配后涂抹在包装盒上，有助于减少灰葡萄孢在树莓、黑莓和蓝莓上的生长。此外，盐类添加剂还能作为电解水的电解质而发挥作用。电解水是有效的消毒剂，成本较低，处理方式简单。山梨酸钾与偏亚硫酸钠、碳酸钾和氯化钠制备的酸性电解水和碱性电解水均能有效控制晚橙青霉病和绿霉病的发生。

微生物源的食品添加剂对果蔬采后病害也有良好的控制作用，其中，以多聚赖氨酸和纳他霉素为主。多聚赖氨酸是白色链球菌的天然产物，是一种具有广谱抑菌效果的多肽，并且耐高温和水溶性好，已被美国食品药品监督管理局批准为食品添加剂，应用于面食类、水产品、饮料等食品中。多聚赖氨酸处理提高了多种水果的抗病性，如苹果的青霉病，枣的灰霉病，苹果、枣和番茄的黑斑病。多聚赖氨酸控制果实病害的机制主要通过激活活性氧代谢、苯丙烷代谢等诱导果实抗性。纳他霉素是由链霉菌产生的次级代谢产物，是多烯烃大环内酯类的多谱抗真菌化合物。同多聚赖氨酸一样，纳他霉素被美国食品药品监督管理局批准为食品添加剂。纳他霉素控制果蔬病害机制包括对病原菌细胞膜的破坏作用及提高抗氧化酶活性等。

3. 天然化学成分　乙醇是天然存在于果蔬内的次生代谢产物。乙醇处理可以延缓呼吸跃变型果实的后熟，抑制果实表面病原菌的生长，保持果蔬采后的品质，达到贮藏保鲜的效果。常用的乙醇保鲜方式包括浸泡和熏蒸处理。乙醇熏蒸处理可有效抑制李子的自然腐烂率和双孢蘑菇的菌落总数，抑制灰霉菌的生长及其在甜樱桃果实上的发病率和灰葡萄孢在葡萄果实上的发生。乙醇浸泡处理可有效抑制草莓果实的腐烂和表面微生物的生长；而乙醇熏蒸可有效抑制尖孢炭疽菌的孢子萌发和菌丝生长，并抑制该病原菌在枇杷果实上的生长。乙醇处理还能抑制鲜切樱桃果实褐腐病的发生。此外，乙醇结合高温、气调、辐照等方式均能增强对果实的保鲜效果。

乙醛是植物天然的次生代谢产物，也是水果中的天然香气成分之一，在果实成熟过程中含量逐渐积累。适当的乙醛处理同样能够延缓果实成熟、抑制果实病害、保持果实品质。乙醛能够直接抑制病原菌的生长，如乙醛处理直接抑制了互隔交链格孢菌丝的生长，改变了孢子形态。

植物精油是植物的次生代谢产物，不溶于水，具有挥发性、芳香气味等特性。精油的来源主要是香辛料和中草药，植物精油成分复杂，抑菌机制也较为复杂。植物精油抑菌机制主要包括三个方面：首先是对细胞壁的抑制，具体机制是抑制病原菌的几丁质酶等其他细胞壁成分的构建；其次是增大细胞膜的通透性，导致核酸、蛋白质等细胞内容物泄露，植物精油对细胞膜的破坏与其抑制麦角固醇生物合成有关；最后是引发活性氧、DNA 损伤，以及破坏氧化磷酸化进程等。植物精油主要分为萜类化合物（单萜、倍半萜、二萜等）、芳香族化合物（苯丙烷类衍生物）、脂肪族化合物（异戊醛、异戊酸、芳樟醇等）及含硫氮的其他化合物（三硫化物、异硫氰酸酯）。植物源精油在抑制病原菌、控制果蔬病害方面发挥重要作用。但其易挥发、难溶于水的缺点限制了更多的应用，降低了应用效果。将植物精油与其他材料复配、包埋或者结合气调包装都可提高精油的稳定性和抑菌效果。例如，用聚乳酸纳米囊包埋的柠檬精油处理苹果，对胶孢炭疽菌引起的病斑直径的抑制是未包埋的 3 倍；醇质体包被的丁香酚释放的速度减慢，对枇杷果实炭疽病的抑制率达到 100%，显著高于游离丁香酚的处理效果。

4. 臭氧　2001 年，臭氧（O_3）作为一种食品添加剂被美国食品药品监督管理局（FDA）列入一般公认安全（GRAS）名单。它是一种常温下不稳定的淡蓝色气体，具有强氧化性。用于通过转化乙烯为二氧化碳和水来去除果蔬呼吸释放的乙烯，延缓果实成熟衰老，从而达到保鲜作用。此外，O_3 具有高渗透性，有助于破坏致病微生物，以控制果蔬采后侵染性病害。臭氧处理也被发现可以有效减少水果中某些杀菌剂的残留，如苯甲胺、环虫腈和嘧虫胺等。值得注意的是，由于在水果和蔬菜表面的冷凝水分中的溶解性增强，臭氧在高相对湿度下非常有用。

虽然臭氧保鲜安全、无残留，但也要谨慎使用，因为其对人体健康存在安全风险。美国职业安全与健康管理局（OSHA）建议工人最多在单位体积空间内臭氧的含量为 0.3μL/L 的水平下暴露 1.5min，而在大于 1700μL/L 的水平下暴露可能是致命的，且臭氧处理在杀菌、降解农药的同时，会无选择地破坏易被氧化的营养物质，降低果蔬品质。另外，臭氧使用浓度过大，还会引起果蔬表面质膜损害，加速果蔬的衰老和腐败等。因此，在生产上应用时要选择合适的臭氧剂量。

（三）生物方法

生物方法是指利用拮抗微生物或天然产物抑制病原菌的生长，从而达到防治果蔬采后病害效果的方法。果蔬采后病害的生物防治研究始于 20 世纪 70 年代。果蔬采后病害生物防治因其具有环保、安全和高效等特点，部分拮抗微生物已进行商业化推广应用。

1. 拮抗微生物　拮抗微生物的分类主要有拮抗细菌、拮抗酵母、拮抗真菌[①]和放线菌。细菌类主要包括芽孢杆菌属和假单胞菌属；拮抗酵母的种类很多，应用较为广泛的有假丝酵母、毕赤酵母、隐球酵母等；拮抗真菌主要包括哈茨木霉、棘孢木霉和绿色木霉等（表 4-5）。

---

① 除酵母之外的具有拮抗性的真菌

表 4-5　果蔬采后病害生物防治的部分拮抗微生物

拮抗微生物	病害	果蔬	体内控制效果
拮抗酵母			
异常威克汉姆酵母（*Wickerhamomyces anomalus*）	绿霉病	柑橘	100%
海洋红冬孢酵母（*Rhodosporidium paludigenum*）	青霉病	苹果	67%～86%
汉逊德巴利酵母（*Debaryomyces hansenii*）	褐腐病	苹果	70%～85%
葡萄汁有孢汉逊酵母（*Hanseniaspora uvarum*）	灰霉病	草莓	54%～72%
浅白隐球酵母（*Cryptococcus albidus*）	青霉病	柑橘	90%
美极梅奇酵母（*Metschnikowia pulcherrima*）	炭疽病	芒果	94%
拮抗细菌			
芽孢杆菌属（*Bacillus* sp.）	灰霉病	葡萄	50%
解淀粉芽孢杆菌（*Bacillus amyloliquefaciens*）	褐腐病	苹果	75%
荧光假单胞菌（*Pseudomonas fluorescens*）	青霉病	苹果	88%
嗜根寡养单胞菌（*Stenotrophomonas rhizophila*）	炭疽病	芒果	89%
拮抗真菌			
绿色木霉（*Trichoderma viride*）	枯萎病	西瓜	60%
棘孢木霉（*Trichoderma asperellum*）	炭疽病	草莓	87.23%
深绿木霉（*Trichoderma atroviride*）	菌核病	莴苣	71.66%
球孢链霉菌（*Streptomyces globisporus*）	干腐病	马铃薯	65.45%

（1）拮抗细菌　　拮抗细菌的数量和种类众多，在植物根际和地上部位广泛存在，具有环境适应性强，繁殖速度快，易于培养等优点。应用较多的拮抗细菌主要有芽孢杆菌属和假单胞菌属等。荧光假单胞菌可以控制苹果、番茄、草莓、柑橘果实的采后青霉病、酸腐病和灰霉病等。芽孢杆菌和假单胞菌分别将灰霉病菌和链格孢菌的菌丝生长率降低了 42% 和 27%，这两种细菌还抑制了蓝莓果实腐烂，使腐烂发生率和严重程度分别降低了 50% 和 64%。从甜瓜根部分离纯化获得一株多粘类芽孢杆菌（*Paenibacillus polymyxa*）NBmelon-1，对甜瓜多种真菌病害的病原菌均有抑制作用；采用苗期灌根的方法，发现 *P. polymyxa* NBmelon-1 对甜瓜幼苗的生长具有促生作用，幼苗的茎粗、叶片大小、鲜质量与对照相比均有显著提高。

（2）拮抗酵母　　在各类拮抗微生物中，酵母因具有繁殖速度快、拮抗效果好、抗逆能力强、安全性高、抑菌谱较广、对寄主缺乏致病性，以及可以和其他物理、化学方法联用等优点，在全球范围内备受关注，逐渐成为果蔬采后病害防治主要手段。此外，酵母不会产生对人类或动物有潜在毒性的代谢物，也不会污染环境。

迄今为止，已在实验室筛选和分离出许多拮抗酵母，如罗伦隐球酵母（*Cryptococcus laurentii*）、海洋红冬孢酵母（*R. paludigenum*）、季也蒙毕赤酵母（*Pichia guilliermondii*）、念珠菌属酵母（*Candida* spp.）、隐球菌属酵母（*Cryptococcus* spp.）、梅斯氏菌属酵母（*Metschnikowia* spp.）及类酵母的出芽短梗霉（*Aureobasidium pullulans*）。橄榄假丝酵母（*C. oleophila*）和酿酒酵母（*Saccharomyces cerevisiae*）等拮抗酵母菌株已经注册为生物防治产品，在商业上实现了果蔬病害生物防治应用。

（3）拮抗真菌和放线菌　　除细菌和酵母之外，部分真菌和放线菌也能够控制果蔬的采后病害。拮抗木霉可以提高植物对各种病原菌的抵抗力，包括真菌、细菌、病毒和线虫等。其中，木霉属中哈茨木霉（*Trichoderma harzianum*）、棘孢木霉（*T. asperellum*）、绿色木霉（*T.*

viride）等在果蔬采后病害防治中应用较多。放线菌是广泛应用于植物病害防治的微生物之一，种类繁多，可以产生多种对植物病害具有抑制作用的抗生素和酶类。例如，SJK18 弗氏链霉菌（*Streptomyces fradiae*）中一个新的亚种菌株 F188 抑菌效果较好，其发酵原液和发酵滤液对离体魔芋球茎软腐病菌的防治效力为 62.5%；*S. fradiae* F188 可用作魔芋软腐病的生防菌种，具有良好的应用前景。

2. 拮抗微生物的作用机制 拮抗微生物的控制机制主要包括：产生抗生素、营养和空间的竞争、直接寄生和诱导寄主产生抗性等方面。

（1）产生抗生素 抗生素是由各种微生物产生的化合物，能抑制或杀死潜在病原体，其主要作用包括抑制细胞壁合成、破坏和改变细胞膜结构和防止蛋白质合成过程中核糖体小亚基上起始复合物的形成。拮抗细菌产生的主要抗生素有伊枯草菌素（iturin）、枯草芽孢杆菌产生的抗真菌肽、洋葱假单胞菌产生的吡咯菌素、丁香假单胞菌产生的丁香霉素，以及其他脂肽类具有抗菌和抗真菌活性的抗生素，如表面活性素和丰原素。解淀粉芽孢杆菌可以有效抑制桃褐腐病原真菌扩展，显著减少病斑直径。尽管抗生素代表了采后病害控制的一个方面，但非抗生素产生拮抗剂的开发可能更为公众所接受，可避免病原菌对这些抗菌物质出现耐药性的可能性。

（2）营养和空间的竞争 拮抗微生物与病原菌之间竞争营养和空间是控制采后病害的主要作用方式。在果实的表面和伤口部位，拮抗菌适应环境的能力更强，在病原菌侵染之前或者侵染后的最短时间内占据位点，通过与病原菌争夺氧气和营养物质，阻止病原菌繁殖，控制果蔬的病变。另外，生物膜是水果表面附着的由胞外多聚物包裹的微生物群落，使拮抗微生物能够更好地附着在果实创口表面，形成物理屏障，通过阻断病原菌从果实获取营养物质和减少病原菌生长的空间来抑制采后腐烂。例如，酵母样拮抗酵母出芽短梗霉（*Aureobasidium pullulans*）能快速占据番茄伤口和表面，稳定定殖、生长，并在体外形成生物膜，从而与灰霉菌（*Botrytis cinerea*）竞争营养和空间。拮抗酵母与病原菌进行营养、空间竞争之后，也通过其他作用机制来控制果蔬采后病害。

（3）直接寄生 寄生作用是指拮抗菌吸附在病原菌的菌丝周围，通过分泌胞外水解酶（β-1,3-葡聚糖酶、几丁质酶和蛋白酶等）水解病原菌的细胞壁，破坏菌丝体，将细胞壁的主要成分降解为单糖或者二糖，从而抑制菌丝的生长。由酶分解真菌病原菌菌丝会导致细胞畸形，包括细胞学损伤、菌丝裂解和扭曲、细胞膜通透性改变和细胞质含量泄漏等。如尼泊尔德巴利酵母（*Debaryomyces nepalensis*）能在芒果伤口中存活并产生水解酶（β-1,3-葡聚糖酶）；扫描电子显微镜显示，酵母在芒果表面产生生物膜，酵母细胞相互附着并嵌入病原菌菌丝壁（图 4-8）。

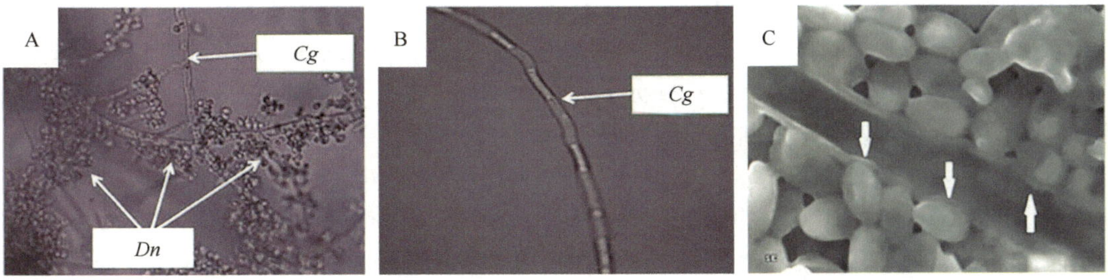

图 4-8 *Colletotrichum gloeosporioides* 与 *D. nepalensis* 的相互作用

A. 尼泊尔德巴利酵母在炭疽病菌上的黏附现象；B. 阴性对照，酿酒酵母在同样条件下未观察到黏附在炭疽病菌上；C. 箭头指向的位置表示尼泊尔德巴利酵母已经嵌入炭疽病菌菌丝壁。*Cg*. 炭疽病菌（*Colletotrichum gloeosporioides*）；*Dn*. 尼泊尔德巴利酵母（*Debaryomyces nepalensis*）

（4）诱导寄主产生抗性　在果实表面、伤口处，拮抗菌作为一种生物激发子，能够诱导果蔬产生抗性。诱导机制主要包括增加抗性相关酶的活性、防卫基因和相关蛋白质的表达、抗菌物质的积累及细胞结构的强化（图 4-9）。

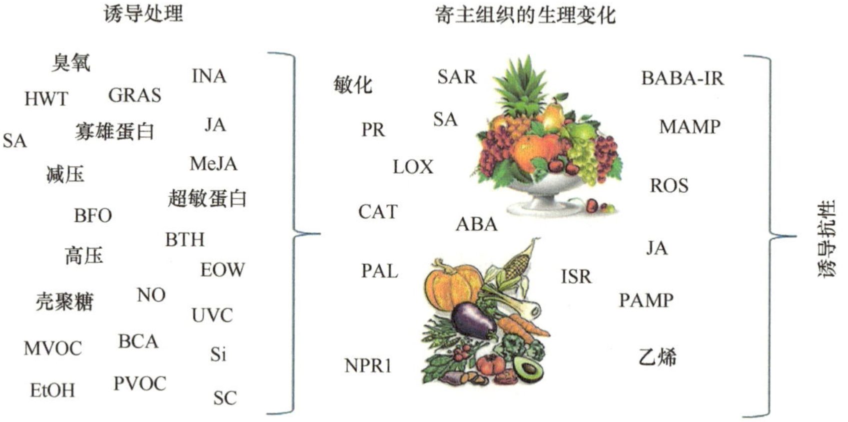

图 4-9　诱导果蔬产生抗性的方法及涉及的相关机制或酶

INA. 2,6-二氯烟酸；HWT. 热水处理；GRAS. 一般认为是安全的；JA. 茉莉酸；SA. 水杨酸；MeJA. 茉莉酸甲酯；BFO. 牛蒡寡糖；BTH. 苯并噻二唑；EOW. 酸性氧化水；NO. 一氧化氮；UVC. 紫外线照射；BCA. 生物控制剂；MVOC. 微生物挥发性有机化合物；Si. 硅；PVOC. 植物挥发性有机化合物；EtOH. 乙醇；SC. 碳酸；SAR. 系统获得抗性；BABA-IR. β-氨基丁酸诱导抗性；PR. 病程相关蛋白；MAMP. 微生物相关分子模式；LOX. 脂氧合酶；ROS. 活性氧类；CAT. 过氧化氢酶；ABA. 脱落酸；PAL. 苯丙氨酸氨裂合酶；ISR. 诱导全身抗性；PAMP. 病原相关分子模式；NPR1. 发病相关基因的非表达基因

蜡状芽孢杆菌（*B. cereus* AR156）和枯草芽孢杆菌（*B. subtilis* SM21）处理均可以显著提高桃果实防御酶活性，主要包括几丁质酶（chitinase，CHI）、β-1,3-葡聚糖苷酶、超氧化物歧化酶（SOD）和过氧化氢酶（CAT）的活性，从而导致了桃果中积累了较多的 H_2O_2，有效抑制了由 *R. stolonifer* 引起的根霉腐烂病。苯丙氨酸代谢途径中的过氧化物酶（POD）、苯丙氨酸氨裂合酶（PAL）、肉桂酸-4-羟基化酶（C4H）、4-香豆酸辅酶 A 连接酶（4CL）等关键酶也可以调控抗性物质的积累。盔状毕赤酵母（*P. galeiformis*）能有效提高李果实苯丙烷代谢途径中的关键酶（PAL、POD、C4H 和 4CL）活性，促进抗性物质（总酚、类黄酮）积累，显著增强李果实中木质素积累，提高其对褐腐病菌 *Monilinia fructicola* 的防御反应。

拮抗菌在果蔬伤口定殖过程中诱导了多种防卫基因和病程相关蛋白质的表达。枯草芽孢杆菌（*B. subtilis* SM21）处理匍枝根霉（*R. stolonifer*）侵染的桃果，其防御相关基因的表达增强，包括 *NPR1-like*、*PR-like*、*CHI*、*GNS*、*PAL*、*LOX1*、*CAT1* 等。罗伦隐球酵母（*C. laurentii*）能够上调番茄防御相关蛋白 LePR5 的表达，提高对致病菌灰葡萄孢（*B. cinerea*）和软腐链格孢菌（*A. alternate*）的抗性。解脂亚罗酵母（*Yarrowia lipolytica*）、异常威克汉姆酵母（*W. anomalus*）、季也蒙迈耶氏酵母（*Meyerozyma guilliermondii*）分别通过改变苹果和梨果实抗性相关的基因和蛋白质表达来抵御病原菌入侵。

此外，寄主可以依靠自身的自然屏障来抵抗病原菌的感染，通过积累木质素或愈伤葡聚糖，增厚细胞壁以抵抗病原菌的感染。如膜醭毕赤酵母（*P. membranaefaciens*）和柠檬形克氏酵母（*Kloeckera apicuiata*）能够促进李子、柑橘中木质素的积累，增强对菌核病、青霉病和绿霉病的抗性。海洋红冬孢酵母（*R. paludigenum*）可以诱导柑橘果实积累香豆素、7-羟基-6-甲氧基香豆素、咖啡酸、绿原酸、阿魏酸等酚类物质，刺激柑橘皮中木质素的积累，增强果实的结构和生化抗性。

由于拮抗菌、病原菌及寄主三者均为活的有机体，三者相互接触后的致病及诱抗作用模式复杂多样。总体来说，拮抗菌控制果蔬采后病害的机制主要涉及营养与空间的竞争、直接寄生及拮抗菌对寄主抗病性的诱导等（图 4-10）。在拮抗菌、病原菌和寄主的互作中，关于病原菌对拮抗菌及寄主对拮抗菌的作用模式的相关报道较少，三者互作信号中的启动和传递等机制有待进一步揭示。

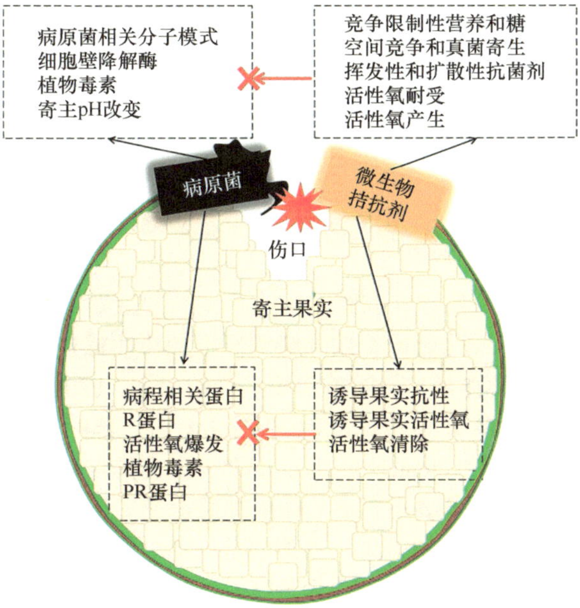

图 4-10　寄主、病原菌与拮抗菌之间可能发生的互作模式

二、真菌毒素防控技术

果蔬及其加工产品不可避免存在真菌毒素的污染，且这些真菌毒素对热较稳定，同时具有极强的扩散能力。果蔬中真菌毒素的消解技术主要是通过物理、化学和生物的方法，破坏真菌毒素的化学结构，降低其毒性，从而达到脱毒的目的。果蔬中真菌毒素的脱除技术主要是利用吸附剂具有较大的比表面积，可将真菌毒素吸附在其表面，从而达到去除真菌毒素的目的。不同种类真菌毒素，不同污染途径，消解和脱除技术不尽相同。

（一）真菌毒素的消解

1. 物理消解　　真菌毒素的物理消解主要是通过高温加热、微波法、辐照法等，破坏真菌毒素的化学结构，从而使毒素失活或发生降解，最终达到脱毒的目的。

（1）高温加热　　在通常情况下，真菌毒素对热较稳定，沸水和高压灭菌等热处理措施无法完全将其破坏。黄曲霉毒素（AFT）因其结构中含有稳定的共轭体系，是目前已发现的真菌毒素中最稳定的一种，通常的加热条件很难将其破坏。当加热到 268℃以上时，AFT 仅部分被破坏。不过一定的水分活度有助于 AFT 的分解，其主要作用机制是水分子可破坏 AFT 中的内酯环结构。同样，赭曲霉毒素和单端孢霉烯族类毒素对热也很稳定，当加热至 200℃时，仅部分被降解。总体而言，高温加热不仅能耗高，而且容易破坏原料中的营养成分，因而在实践生产中应用较少，很难有效脱除果蔬中的真菌毒素。

（2）微波法　微波是一种频率为 103～105MHz 的电磁波，能深入物料的内部引起物质分子偶极子的摆动，从而产生热效应和高频波动效应。微波处理可有效降解苹果汁和杏汁中的棒曲霉素（PAT）。例如，当苹果汁中 PAT 的浓度在 100～1000μg/L 时，在微波条件下处理 90s，降解效率可达 100%，且对其营养和风味无显著影响。另外，虽然 PAT 极性较弱，但也可吸收特定频率的电磁波。在波动与热效应的共同作用下，PAT 的化学结构被破坏。微波处理比较符合苹果汁的酸性条件，且能较好维持苹果汁中的营养成分。所以，微波处理更适合于苹果汁的杀菌与浓缩。

（3）辐照法　辐照法可分为离子型（X 射线、γ 射线和紫外线）和非离子型（无线电波、微波、红外和可见光）两种模式。在离子辐照过程中，待处理样品在低温或未发生明显改变时，真菌毒素的化学结构可能已被破坏。真菌毒素经过辐照处理后可降解成无毒或低毒的终产物。且辐照法对液态食品效果更佳，而固态食品由于辐照处理过程中穿透性较差，因而处理效果不理想。

γ 射线对真菌毒素的辐射降解因其高效、快速和无二次污染等优点，目前被广泛应用，且辐照技术已经相当成熟。γ 射线照射可有效降解果汁中的棒曲霉素。^{60}Co-γ 射线辐照处理对苹果清汁中 PAT 具有较高的降解作用，且随着辐照剂量的增大，PAT 降解效果显著。γ 射线辐照还可破坏 OTA 的结构。当 OTA 水溶液浓度为 100ng/mL 时，降解率达 95% 以上。^{60}Co-γ 射线辐照对果蔬中的细交链孢菌酮酸（tenuazonic acid，TeA）也具有良好的降解效果，且溶剂中含有水时，比纯甲醇为溶剂的降解率要高得多。在低辐照剂量率处理条件下，溶液中 TeA 的降解效果明显高于高辐射剂量率中的降解效果。重要的是，经 γ 射线辐照后的果汁中氨基酸、还原糖和可滴定酸含量均无明显变化，维生素 C 含量略有下降，但果汁的色泽和澄清度有所提高。美国食品药品监督管理局规定 γ 射线辐照剂量 10kGy 以下是安全的，可作为降解果蔬中真菌毒素的一种有效手段。

紫外线照射技术由于其二次污染小、对降解产物影响小等优点，被认为是一种去除真菌毒素的高效方法，目前已广泛应用于食品中有害光敏物质的降解与消除。紫外线辐照对棒曲霉素具有明显的降解效果。在 pH 为 4，照射 40min 时，棒曲霉素降解效率达 100%。不同波长（222nm、254nm 和 282nm）的 UVC 降解效率为：222nm＞282nm＞254nm。经 222nm 的 UVC 处理后，果汁的亮度（L^* 值）有所提高，但红色值（a^*）和黄色值（b^*）均有所降低，维生素 C 含量减少。紫外线照射也会破坏 OTA 的结构。通常 UVA 比 UVB 更有利于 OTA 的降解。同时，紫外线对 OTA 的降解与环境温度、pH 有关，温度越高，OTA 的降解速率越快。紫外线辐照对单端孢霉烯族毒素和 AFB1 也具有明显的降解效果，且在相同紫外灯功率下，其降解效果受辐照时间、辐照距离、毒素溶液 pH 的影响。

2. 化学消解　化学消解是采用强氧化剂、强酸、强碱等化学物质对受真菌毒素污染的食物或制品进行处理，使真菌毒素分解，从而达到破坏毒素结构的目的。

（1）臭氧　臭氧作为一种强氧化剂，由于其具有杀菌谱广，使用后无残留和二次污染的特点，在果蔬病害的防控及真菌毒素降解方面得到了广泛的应用。臭氧对果汁中 PAT、OTA 的氧化降解和解毒方法十分有效。例如，10mg/L 臭氧处理 15s 可将 PAT 彻底降解，且无副产物生成。50mg/L 臭氧处理 OTA 溶液 180s，可有效降解 OTA。臭氧还可降解白霉病甜瓜果实组织中的单端孢霉烯族类毒素新茄病镰刀菌烯醇（NEO），通过作用于 NEO 结构中的 C9═C10，发生环氧化反应，从而破坏 NEO 毒素的化学结构（图 4-11）。由于臭氧在降解果蔬中真菌毒素的过程中，对果汁的 pH、维生素 C 含量、可溶性固形物和色度均无显著的影响。因此，臭氧可广泛应用于食品加工领域中的果汁中棒曲霉素去除，该技术也被视为是一种绿色、高效、安全、环保的真菌毒素消除技术。

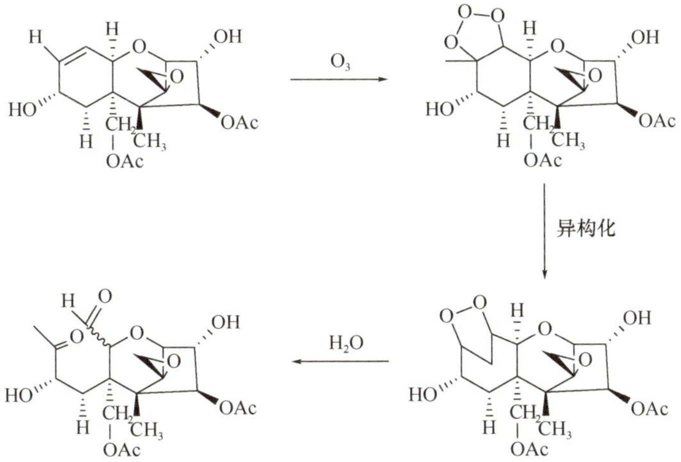

图 4-11　臭氧对 NEO 毒素的降解作用机制

（2）辉光放电等离子体技术　　辉光放电等离子体（glow discharge plasma，GDP）作为一种绿色环保、新兴的电化学高级氧化技术，其特点是降解效率高，不会造成二次污染。GDP 处理可有效降解苹果汁中的 PAT，GDP 处理 5min，降解率达 96.63%，且对果汁品质无任何影响。GDP 对单端孢霉烯族类 T-2 毒素也具有良好的降解效果，GDP 处理 40min 后检测不到 T-2 毒素的存在，对降解产物进行毒理学分析，未发现毒性作用。

（3）亚硫酸　　H_2SO_3 作为一种弱酸，可通过 SO_2 溶于水制得。H_2SO_3 可有效降解 PAT，用浓度为 2000mg/kg 的 H_2SO_3 处理 48h，可将苹果汁中棒曲霉素降解 90%。应用一定浓度的 H_2SO_3 处理被黄曲霉毒素 B1 污染的坚果，50℃下浸泡处理，黄曲霉毒素 B1 可以被完全脱除。

（4）食品添加剂　　一些食品添加剂如抗坏血酸、SO_2、维生素 B_1、维生素 B_6、泛酸钙等对真菌毒素也有较好的降解效果。例如，向 2mg/L 棒曲霉素的柠檬酸-磷酸二氢钠缓冲液中加 482mg/L 的抗坏血酸，孵育 34d 后，棒曲霉素浓度可降解至原来的 30%。向含有棒曲霉素的果汁中分别添加 1000mg/kg 维生素 B_1、625～875mg/kg 维生素 B_6、1000～2500mg/kg 泛酸钙，在 4℃贮藏 6 个月后，果汁中棒曲霉素的浓度降低幅度达 55.5%～67.7%，而对照组中棒曲霉素浓度仅降低了 35.8%。采用乙酸、丙酸或山梨酸等低碳链脂肪酸处理含有 OTA 污染的食品，OTA 含量显著降低。次氯酸钠、甲醛、含氨化合物也对 OTA 的化学结构具有破坏作用，从而达到降解 OTA 的目的。NaOH 和 $Na_2S_2O_5$ 也可用于 B 型单端孢霉烯族类毒素中的呕吐毒素（DON）的降解，其降解后的产物毒性作用显著降低。化学方法在一定程度上能够有效地降低和减少果蔬中真菌毒素的污染，但会引起果蔬中营养成分的流失。

3. 生物脱毒　　物理脱毒技术由于成本高、脱毒不彻底，在生产上很难大规模应用；而化学脱毒技术虽然具有良好的效果，但存在脱毒效果不稳定、营养成分损失、产生有毒有害的物质从而造成二次污染等问题。微生物及其产生的酶的生物降解被认为是控制真菌毒素污染的一种具有发展前景的方法，其作用是利用微生物及其代谢产生的酶与真菌毒素作用，破坏真菌毒素的化学结构，从而降低其毒性。生物脱毒具有副作用小和环境友好等优势。

（1）细菌脱毒　　细菌脱除真菌毒素的菌株主要包括乳杆菌（*Lactobacillus* spp.）、芽孢杆菌（*Bacillus* spp.）、短杆菌（*Brevibacterium* spp.）和不动杆菌（*Acinetobacter* spp.）等。嗜酸

乳杆菌（*L. acidophilus*）对 PAT、OTA 和黄曲霉毒素均具有较高的脱除效率，且毒素的浓度、pH、细胞密度和菌株生长等显著影响嗜酸乳杆菌对毒素的脱除。不动杆菌对 OTA 也具有良好的脱毒效果，但灭活的不动杆菌无脱毒能力。

乳酸菌作为一种重要的胃肠道益生菌，在果蔬真菌毒素脱除方面发挥了重要的作用。当向 PAT 的磷酸盐缓冲液（pH 5.0）中分别加入乳酸杆菌、双歧杆菌、乳酸链球菌时发现棒曲霉素的浓度显著降低，且降解产物为 5-(2-羟基亚乙基)-4-(羟基甲基)-2(5H)-呋喃酮（ascladiol）（图 4-12）。其中，以双歧杆菌 VM12 的降解效果最好，明显降低了 PAT 的毒性。恶臭假单胞菌能够高效降解黄曲霉毒素 B_1，经混合培养 24h 后，培养基中检测不到黄曲霉毒素 B_1 的存在。梭状芽孢杆菌在培养 60h 后，黄曲霉毒素 B_1 几乎完全降解。

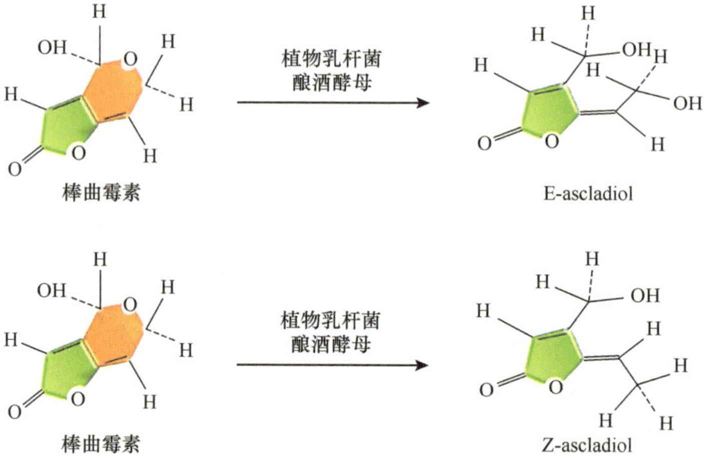

图 4-12　植物乳杆菌和酿酒酵母对棒曲霉素的生物降解

单端孢霉烯族类毒素也可在细菌菌株作用下发生降解。从乳牛瘤胃液中分离得到的菌株 BBSH 797 可通过脱环氧化的作用将 DON 氧化降解。此外，从鸡肠道消化物中分离得到的细菌菌株 LS100 和 SS3 对单端孢霉烯族类毒素也具有良好的降解效果。

（2）酵母脱毒　酵母对 PAT 和 OTA 均具有良好的降解效果，如奥默毕赤酵母（*Pichia ohmeri*）、酿酒酵母（*Saccharomyces cerevisiae*）、红酵母属（*Rhodotorula* spp.）和拟青霉属（*Paecilomyces* spp.）等均能有效降解 PAT 作用。在无氧条件下，*S. cerevisiae* 能有效降解苹果汁中的棒曲霉素。海洋红冬孢酵母（*R. paludigenum*）和胶红酵母（*R. mucilaginosa*）可体外 100% 降解 PAT。解脂亚罗酵母（*Yarrowia lipolytica*）Y-2 在一定条件下处理 OTA 溶液，降解率达 95.7%，而采用相同浓度的解脂亚罗酵母直接处理微皱篮状菌侵染的葡萄果实，果实病部组织中 OTA 浓度可降至 10%，并且添加 2% 海藻糖，极大提高了有孢汉逊酵母（*Hanseniaspora uvarum*）对 OTA 毒素的降解作用。

（3）生物酶脱毒　从季也蒙假丝酵母中克隆、纯化分离得到的 CgSDR，在 NADPH 辅酶作用下可将 PAT 转化为 *E*-ascladiol，且当 CgSDR 添加量一定的情况下，处理时间越长，对苹果汁中 PAT 降解效率越高。同时，对果汁品质无任何影响。以多巴胺/聚乙烯亚胺共沉积改性的磁性纳米 Fe_3O_4 颗粒作为载体，研发出高效稳定、易回收、可重复使用、安全性高的首个生物酶制剂(图 4-13)。该固定化酶制剂与游离酶相比，其热稳定性和贮存期都得到显著提升，可在 30s 内实现从果汁产品中磁分离回收，重复使用 7 次后保留 50% 以上的降解效率，大幅度降低了应用成本。猪胰脂肪酶是一种重要的水解酶类，也是一种高效的生物反应催化剂。利用碳酸钙作为载体，固定化猪胰脂肪酶来降解果汁中 PAT，且随着 PAT 初始浓度的增加，降解效果呈明显的正相关。

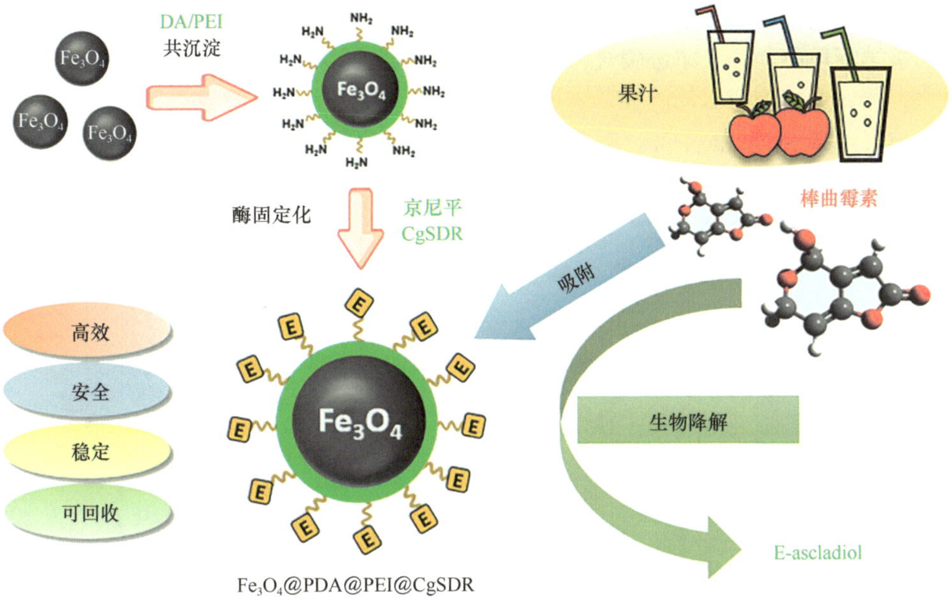

图 4-13　Fe_3O_4@PDA@PEI@CgSDR 对果汁中棒曲霉素降解的作用机制

（二）吸附脱除

1. 常规吸附剂　吸附处理主要是依据吸附剂具有巨大的比表面积，可通过物理吸附或化学键合，从而达到脱除真菌毒素的目的。

活性炭作为最常用的一种吸附剂，可对果汁进行吸附处理，从而有效去除果汁中棒曲霉素，不过，活性炭在吸附棒曲霉素的同时，对果汁中的可溶性固形物、还原糖、总酸等营养物质也有一定的吸附，选择性不强。将极为细小的活性炭颗粒吸附在石英砂颗粒上，再将其装在固定床式吸附柱中，从而获得吸附效果更为优良的新型吸附剂，该吸附剂极大地提高了棒曲霉素的去除率，但吸附选择性仍不够理想。活性炭还可吸附 OTA 和 DON，然而，活性炭在吸附真菌毒素的同时，营养物质也被吸附，从而降低了营养物质的利用率。

2. 凹凸棒土　凹凸棒土（attapulgite，ATP）作为一种水合镁铝硅酸盐黏土矿物，由于具有独特的三维空间结构和较大的比表面积，因而具有不同寻常的吸附性能。采用凹凸棒土虽然可有效吸附梨果汁 PAT，但吸附过程对梨果汁营养品质影响较大。为了克服该不利的影响，将磁性 Fe_3O_4 纳米颗粒分散在天然凹凸棒土上，采用沉淀法制备得到高效的磁性吸附剂 Fe_3O_4@ATP。该磁性吸附剂对 AFT 具有特异的亲和性，可以高效去除花生油中的 AFB1，同时对维生素 E 和甾醇等营养物质损失小。

3. 荷电膜技术　纳米 MgO 荷正电陶瓷膜脱除葡萄及其制品中 OTA 具有良好的效果，其作用机制主要是利用纳米 MgO 荷正电陶瓷膜与 OTA 分子间的静电吸附作用从而对 OTA 进行有效脱除，并且具有良好的再生能力。该方法与传统吸附剂相比，成本低廉、设备简单、免去吸附剂烦琐预处理步骤，且快速、高效。

4. 分子印迹技术　分子印迹技术（molecular imprinting technique，MIT）是利用模板分子、交联剂及功能单体通过离子键、共价键等合成所需聚合物的前驱体，再将聚合物的前驱体中的模板分子利用一定的方法去除，得到的聚合物只能特异性吸附特定结构的分子。分子印迹技术对苹果汁中 PAT 具有良好的吸附效果，吸附效率高达 90%。与其他吸附材料相比，分子印迹聚合物显示出更为优良的吸附特异性和高效性。同时，即使在强酸、强碱或有机溶剂、金属离子存在的极端环境中，分子印迹聚合物仍保持高度的生物识别特异性和广泛的适用性。

总之，果蔬中真菌毒素的防控，一方面需要从源头抓起，控制果蔬病害的发生；另一方面对于已经被真菌毒素污染的果蔬，需要采取措施直接脱除其中的真菌毒素（图 4-14）。

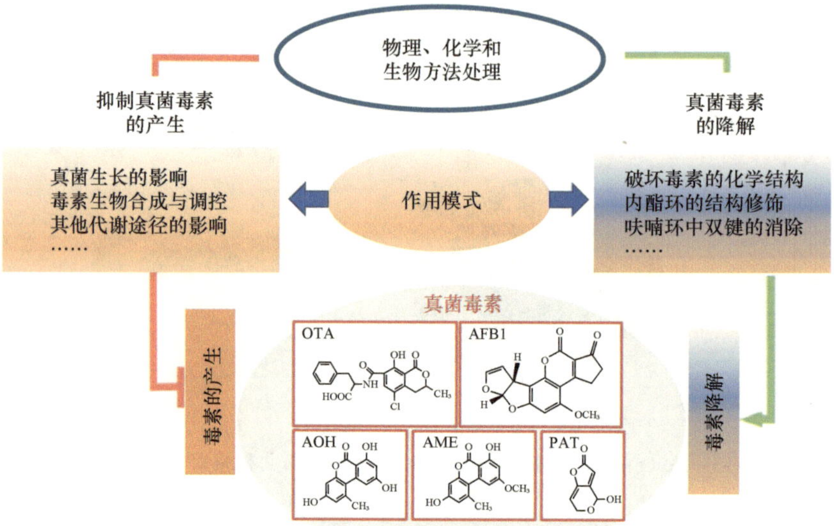

图 4-14　果蔬中真菌毒素的防控措施

展　望

果蔬采后病害主要有物理、化学及生物控制方法。由于每种方法均有其优缺点，需根据具体情况选用。为了研发果蔬产品采后品质与安全的有效防控技术，未来的研究应该重点关注以下几个方面：①抗菌肽在果蔬采后病害防治方面显示了巨大的潜在价值，但是目前抗菌肽的控制效果有待于进一步提高，如何获得抗菌活性更高的改良肽？其抗菌机制有哪些？②在拮抗菌、病原物与果蔬的互作关系中，病原物对拮抗菌及果蔬对拮抗菌的作用模式有哪些？三者互作信号中的启动和传递机制又有哪些？③基于真菌毒素生物合成调控机制，如何鉴定阻断真菌毒素合成的关键内部调节因子、挖掘真菌毒素合成抑制剂的靶点？④在对园艺产品进行真菌毒素脱除过程中，如何在不影响园艺产品品质的前提下，实现绿色、高效地脱除产品中的真菌毒素？

本章思考题

1. 后熟衰老调控技术主要有哪几类？其原理如何？
2. 气调贮藏有哪几类？其方法原理如何？有何注意事项？
3. 乙烯控制技术有哪些？其原理是什么？
4. 采后病害分为哪几类？常见的病害有哪些控制措施？

5. 拮抗微生物控制果蔬采后病害的原理主要包括哪些？
6. 常见的真菌毒素防控技术主要包括哪些？

本章主要参考文献

Ahlawat Y, Li S, Timilsena P R, et al. 2022. Identification of senescence-associated genes in broccoli (*Brassica oleracea*) following harvest. Postharvest Biology and Technology, 183: 111729.

Awalgaonkar G, Beaudry R, Almenar E. 2020. Ethylene-removing packaging: basis for development and latest advances. Comprehensive Reviews in Food Science and Food Safety, 19(6): 3980-4007.

Bayrac C, Camizci G. 2019. Adsorptive removal of patulin from apple juice via sulfhydryl-terminated magnetic bead-based separation. Journal of Hazardous Materials, 366(15): 413-422.

Chen T, Qin G Z, Tian S P. 2020. Regulatory network of fruit ripening: current understanding and future challenges. New Phytologist, 228(4): 1219-1226.

Chen Y, Xing M Y, Chen T, et al. 2023. Effects and mechanisms of plant bioactive compounds in preventing fungal spoilage and mycotoxin contamination in postharvest fruits: a review. Food Chemistry, 415: 135787.

Diao E J, Hou H X, Hu W C, et al. 2018. Removing and detoxifying methods of patulin: a review. Trends Food Science Technology, 81: 139-145.

Dias C, Ribeiro T, Rodrigues A C, et al. 2021. Improving the ripening process after 1-MCP application: implications and strategies. Trends in Food Science and Technology, 113(5): 382-396.

Ebrahimi A, Khajavi M Z, Ahmadi S, et al. 2021. Novel strategies to control ethylene in fruit and vegetables for extending their shelf life: a review. International Journal of Environmental Science and Technology, 19(5): 4599-4610.

Espley R V, Jaakola L. 2023. The role of environmental stress in fruit pigmentation. Plant Cell and Environment, 46(12): 3663-3679.

Fan X T. 2021. Gaseous ozone to preserve quality and enhance microbial safety of fresh produce: recent developments and research needs. Comprehensive Reviews in Food Science and Food Safety, 20(5): 4993-5014.

Hawar S, Vevers W, Karieb S, et al. 2013. Biotransformation of patulin to hydroascladiol by *Lactobacillus plantarum*. Food Control, 34(2): 502-508.

Hewitt S, Dhingra A. 2020. Beyond ethylene: new insights regarding the role of alternative oxidase in the respiratory climacteric. Frontiers in Plant Science, 11: 543958.

Hu C H, Sheng O, Deng G M, et al. 2021. CRISPR/Cas9-mediated genome editing of *MaACO1* (aminocyclopropane-1-carboxylate oxidase 1) promotes the shelf life of banana fruit. Plant Biotechnology Journal, 19(4): 654-656.

Li X M, Wang X M, Zhang Y, et al. 2022. Regulation of fleshy fruit ripening: from transcription factors to epigenetic modifications. Horticulture Research, 9: uhac013.

Li W, Zhou T, Wu T, et al. 2018. *Saccharomyces cerevisiae* YE7 reduces the risk of apple blue mold disease by inhibiting the fungal incidence and patulin biosynthesis. Journal of Food Processing and Preservation, 42(1): e13360.

Moake M M, Padilla-Zakour O I, Worobo R W. 2005. Comprehensive review of patulin control methods in foods. Comprehensive Reviews in Food Science and Food Safety, 4: 8-21.

Nan M N, Xue H L, Bi Y. 2022. Contamination, detection and control of mycotoxins in fruits and vegetables.

Toxins, 14(5): 1-30.

Ngea G L N, Yang Q Y, Castoria R, et al. 2020. Recent trends in detecting, controlling, and detoxifying of patulin mycotoxin using biotechnology methods. Comprehensive Review in Food Science and Food Safety, 19(5): 2447-2472.

Romanazzi G, Sanzani S M, Bi Y, et al. 2016. Induced resistance to control postharvest decay of fruit and vegetables. Postharvest Biology and Technology, 122: 82-94.

Sadeghi K, Lee Y, Seo J. 2021. Ethylene scavenging systems in packaging of fresh produce: a review. Food Reviews International, 37(2): 155-176.

Sajid M, Mehmood S, Yuan Y H, et al. 2019. Mycotoxin patulin in food matrices: occurrence and its biological degradation strategies. Drug Metabolism Reviews, 51: 105-120.

Shipman E N, Yu J, Zhou J, et al. 2021. Can gene editing reduce postharvest waste and loss of fruit, vegetables, and ornamentals? Horticulture Research, 8(1): 51-71.

Wang K L, Ngea G L N, Godana E A, et al. 2021. Recent advances in *Penicillium expansum* infection mechanisms and current methods in controlling *P. expansum* in postharvest apples. Critical Reviews in Food Science and Nutrition, 63(15): 2598-2611.

Wei H Y, Seidi F, Zhang T W, et al. 2021. Ethylene scavengers for the preservation of fruits and vegetables: a review. Food Chemistry, 337: 127750.

Wei M L, Dhanasekarana S, Ji Q H, et al. 2023. Sustainable and efficient method utilizing *N*-acetyl-L-cysteine for complete and enhanced ochratoxin A clearance by antagonistic yeast. Journal of Hazardous Materials, 448: 130975.

Wilson M D, Stanley R A, Eyles A, et al. 2019. Innovative processes and technologies for modified atmosphere packaging of fresh and fresh-cut fruits and vegetables. Critical Reviews in Food Science and Nutrition, 59(3): 411-422.

Xing M Y, Chen Y, Li B Q, et al. 2021. Characterization of a short-chain de hydrogenase/reductase and its function in patulin biodegradation in apple juice. Food Chemistry, 338: 129046.

Xing M Y, Chen Y, Dai W Q, et al. 2023. Immobilized short-chain dehydrogenase/reductase on Fe_3O_4 particles acts as a magnetically recoverable biocatalyst component in patulin bio-detoxification system. Journal of Hazardous Materials, 448: 130986.

Xu H W, Wang L Z, Sun J D, et al. 2021. Microbial detoxification of mycotoxins in food and feed. Critical reviews in Food Science and Nutrition, 62(18): 4951-4969.

Xu X D, Chen Y, Li B Q, et al. 2022. Molecular mechanisms underlying multi-level defense responses of horticultural crops to fungal pathogens. Horticulture Research, 9: uhac066.

Yang J Y, Li J, Jiang Y M, et al. 2014. Natural occurrence, analysis, and prevention of mycotoxins in fruit and other processed products. Critical Reviews in Food Science and Nutrition, 54: 64-83.

Zhang H Y, Boateng N A S, Ngea G L N, et al. 2021. Unravelling the fruit microbiome: the key for developing effective biological control strategies for postharvest diseases. Comprehensive Review in Food Science and Food Safety, 20: 4906-4930.

Zhou Y, Li W, Zeng J, et al. 2018. Mechanisms of action of the yeast *Debaryomyces nepalensis* for control of the pathogen *Colletotrichum gloeosporioides* in mango fruit. Biological Control, 123: 111-119.